中国科学院数学与系统科学研究院
中国科学院华罗庚数学重点实验室

数学所讲座 2019

葛力明　付保华　郑维喆　胡永泉　主编

科　学　出　版　社
北　京

内 容 简 介

中国科学院数学研究所一批中青年学者发起组织了数学所讲座,介绍现代数学的重要内容及其思想、方法,旨在开阔视野,增进交流,提高数学修养. 本书的文章系根据 2019 年数学所讲座的 8 个报告中的 7 个报告,按报告的时间顺序排序. 具体内容包括: Hecke 代数简史, Fourier 与 Fourier 分析, 高维黎曼问题、丢番图问题、算术几何与凸几何, 有限复叠与曲面的映射类群, 全正性、丛变异和泊松结构, 纳维–斯托克斯方程的研究——成就与挑战等.

本书可供数学专业的高年级本科生、研究生、教师和科研人员阅读参考, 也可作为数学爱好者提高数学修养的学习读物.

图书在版编目 (CIP) 数据

数学所讲座 2019/葛力明等主编. —北京: 科学出版社, 2023.11
ISBN 978-7-03-076465-2

I. ①数⋯ II. ①葛⋯ III. ①数学–普及读物 IV. ①O1-49

中国国家版本馆 CIP 数据核字 (2023) 第 184802 号

责任编辑: 李 欣 范培培 / 责任校对: 彭珍珍
责任印制: 张 伟 / 封面设计: 陈 敬

科 学 出 版 社 出版
北京东黄城根北街 16 号
邮政编码: 100717
http://www.sciencep.com

北京建宏印刷有限公司 印刷
科学出版社发行 各地新华书店经销
*
2023 年 11 月第 一 版 开本: 720×1000 1/16
2023 年 11 月第一次印刷 印张: 19 3/4
字数: 396 000
定价: 98.00 元
(如有印装质量问题, 我社负责调换)

前　言

　　"数学所讲座" 始于 2010 年, 讲座的宗旨是介绍现代数学的重要内容及其思想、方法和影响、扩展科研人员和研究生的视野、提高数学修养和加强相互交流、增强学术气氛. 那一年的 8 个报告整理成文后集成《数学所讲座 2010》, 杨乐先生作序, 于 2012 年由科学出版社出版发行. 2011 年和 2012 年数学所讲座 16 个报告整理成文后集成《数学所讲座 2011—2012》, 于 2014 年由科学出版社出版发行. 2013 年数学所讲座的 8 个报告整理成文后集成《数学所讲座 2013》, 于 2015 年由科学出版社出版发行. 2014 年数学所讲座的 8 个报告中的 7 个整理成文后集成《数学所讲座 2014》, 于 2017 年由科学出版社出版发行. 2015 年数学所讲座的 9 个报告整理成文后集成《数学所讲座 2015》, 于 2018 年出版发行. 2016 年数学所讲座 8 个报告整理成文后集成《数学所讲座 2016》, 于 2020 年出版. 数学所讲座 2017 年和 2018 年的 8+8 个报告已整理成文, 分别集成《数学所讲座 2017》和《数学所讲座 2018》, 于 2022 年出版. 这些文集均受到业内人士的欢迎. 这对报告人和编者都是很大的鼓励.

　　本书的文章系根据 2019 年数学所讲座的 8 个报告中的 7 个报告整理而成. 如同前面的文集, 在整理过程中力求文章容易读, 平易近人, 流畅, 取舍得当. 文章要求数学上准确, 但对严格性的追求适度, 不以牺牲易读性和流畅为代价.

　　文章的选题, 也就是报告的选题, 有 Hecke 代数简史, Fourier 与 Fourier 分析, 高维黎曼问题, 丢番图问题、算术几何与凸几何, 有限复叠与曲面的映射类群, 全正性、丛变异和泊松结构, 纳维–斯托克斯方程的研究——成就与挑战等. 从题目可以看出, 数学所讲座的主题是广泛的, 对拓展视野是有益的. 报告内容的选取反映了作者对数学和应用及交叉的认识与偏好, 但有一点是共同的, 它们都是重要的主题, 有其深刻性. 希望这些文章能对读者认识现代数学及其应用和交叉有帮助.

编　者

2022 年 2 月

目　　录

1 漫谈 Hecke 代数的范畴化

单　芃[①]

摘　要

Hecke 代数是表示论中的重要研究对象. 范畴化将 Hecke 代数与李代数的表示和旗流形的几何紧密地结合在了一起, 极大地推动了李理论的发展. 本文首先介绍了 Hecke 代数的定义和基本结构, Hecke 代数与李型群的卷积代数的关系和 Kazhdan-Lusztig 定义的典范基及其背景. 之后重点介绍了 Hecke 代数三个最著名的范畴化, 分别是 Kazhdan-Lusztig 通过旗流形上的斜截层范畴给出的范畴化、Soergel 双模的范畴化和 Elias-Williamson 的图范畴化, 以及它们在李理论中的应用.[②]

1.1　Iwahori-Hecke 代数

1.1.1　Coxeter 群

群是研究对称的工具. 线性空间中, 最常见的一类对称是反射, 即关于平面的镜像. 由反射生成的群称为反射群. 在我们熟知的数学对象中, 有丰富的反射群的例子, 比如二面体群、n 个元素的置换群 $\mathfrak{S}_n$, 以及半单李代数对应的 Weyl 群等.

Coxeter 发现所有的反射群对结构都可以用生成元和关系的形式来表达:

$$W = \langle s \in S \mid s^2 = 1, \ (st)^{m_{st}} = 1, \ \forall \, s, t \in S \rangle. \tag{1.1.1}$$

这里 S 是 W 作为群的一组生成元, m_{st} 是依赖于 s 和 t 的正整数. 由群中元素可逆性, 关系 $(st)^{m_{st}} = 1$ 也可写成 s, t 的交错乘积的等式 $sts \cdots = tst \cdots$. 这里等式两边乘积的长度均为 m_{st}.

定义 1.1.1 (Coxeter)　具有形如 (1.1.1) 的表达形式的群 W 称为 Coxeter 群; (W, S) 称为 Coxeter 系统.

---

① 清华大学数学系与丘成桐数学中心, 100084. 邮箱: pengshan@tsinghua.edu.cn.

② 本文整理自作者 2019 年 3 月在中国科学院数学所的讲座, 在此向讲座组织者表示感谢.

例 1.1.1   置换群 $\mathfrak{S}_n$ 由初等置换 $\sigma_i = (i, i+1)$, $1 \leqslant i \leqslant n-1$ 生成. 它们满足的关系是

$$\sigma_i^2 = 1,$$

$$\sigma_i \sigma_j = \sigma_j \sigma_i, \quad \text{如果} \ |j-i| > 1,$$

$$\sigma_i \sigma_{i+1} \sigma_i = \sigma_{i+1} \sigma_i \sigma_{i+1}.$$

因此 $\mathfrak{S}_n$ 是一个 Coxeter 群. 当 $|j-i| > 1$ 时, $m_{\sigma_i, \sigma_j} = 2$; 当 $|j-i| = 1$ 时, $m_{\sigma_i, \sigma_j} = 3$.

Coxeter 群 W 中的元素 w 总可以写成 S 中元素的乘积 $w = s_1 \cdots s_n$. 所有写法中长度最短的称为 w 的约化表达. 注意约化表达并不唯一, 但它们的长度总是相同的. 这个长度称为 w 的长度, 记为 $l(w)$. 在 W 上有一个良定的偏序关系, 称为 Bruhat 序, 它是由以下关系生成的:

$$\text{对} \ w \in W, s \in S, \text{若} \ l(ws) < l(w), \text{则} \ ws \prec w.$$

1.1.2   Iwahori-Hecke 代数的定义

本文的主角 Iwahori-Hecke 代数是 Coxeter 群 W 的群代数的一个形变代数. 令 v 是一个不定元.

定义 1.1.2   Coxeter 系统 (W, S) 的 Iwahori-Hecke 代数 (以下简称 Hecke 代数) $\mathcal{H}_v(W, S)$ 是一个含幺的 $\mathbb{Z}[v^{\pm 1}]$-代数. 它的生成元是 $\{H_s \mid s \in S\}$, 满足的关系是

$$\underbrace{H_s H_t H_s \cdots}_{m_{st} \ \text{项}} = \underbrace{H_t H_s H_t \cdots}_{m_{ts} \ \text{项}},$$

$$(H_s + v)(H_s - v^{-1}) = 0.$$

由定义可以证明, 对 $w \in W$, 任意选取约化表达 $w = s_1 \cdots s_n$, 乘积 $H_w = H_{s_1} \cdots H_{s_n}$ 只与 w 有关, 而不依赖于约化表达的选取; 并且 $\{H_w\}_{w \in W}$ 是 $\mathcal{H}_v(W, S)$ 作为 $\mathbb{Z}[v^{\pm 1}]$-模的一组基, 称为标准基.

对于任意环同态 $\mathbb{Z}[v^{\pm 1}] \to R$, 令 $\mathcal{H}_v(W, S)_R := \mathcal{H}_v(W, S) \otimes_{\mathbb{Z}[v^{\pm 1}]} R$, 从而将 Hecke 代数变成 R-代数. 特别地, 由 $\mathbb{Z}[v^{\pm 1}] \to \mathbb{Z}$, $v \mapsto 1$ 得到的代数 $\mathcal{H}_v(W, S)_{\mathbb{Z}}$ 就是 W 的群代数 $\mathbb{Z}W$. 因此说 Iwahori-Hecke 代数是 $\mathbb{Z}W$ 的形变代数.

1.1.3   卷积代数

事实上, Hecke 代数起源于群论中的卷积代数.

对任意的有限群 G, 它在域 k 上的群代数 kG 作为线性空间是由形如 $\sum_{x \in G} a_x x$ 的元素组成的, 其中 $a_x \in k$, 乘法规则是

$$\left(\sum_{x \in G} a_x x \right) \left(\sum_{x \in G} b_x x \right) = \sum_{x \in G} \left(\sum_{y \in G} a_y b_{y^{-1}x} \right) x.$$

注意到 kG 中的元素 $a = \sum_{x \in G} a_x x$ 等同于函数 $G \to k$, $x \mapsto a_x$. 因此, 作为线性空间, kG 同构于所有映射 $G \to k$ 构成的函数空间 $k[G]$. 在这个同构下 kG 上的乘法对应函数空间上的下述乘法: 对 $a, b \in k[G]$,

$$a * b(x) = \sum_{y \in G} a(y) b(y^{-1}x), \quad \forall\, x \in G.$$

这个乘法称为卷积乘法.

更一般地, 对 G 的子群 H, 考虑 H 上平凡表示 k 的诱导表示 $\mathrm{Ind}_H^G(k) = kG \otimes_{kH} k$.

定义 1.1.3 称 $\mathrm{Ind}_H^G(k)$ 的自同态代数 $\mathrm{End}_G(\mathrm{Ind}_H^G(k))$ 为 (G, H) 的 Hecke 代数, 记为 $\mathcal{H}(G, H)$.

作为线性空间, 在下述同构下

$$\mathrm{End}_G(\mathrm{Ind}_H^G(k)) \simeq \mathrm{Hom}_H\left(k, \mathrm{Res}_H^G \mathrm{Ind}_H^G(k)\right),$$

$\mathcal{H}(G, H)$ 同构于 G 上在 H 的左乘和右乘作用下均不变的函数构成的空间, 也就是双陪集 $H \backslash G / H$ 上的函数空间,

$$\mathcal{H}(G, H) \simeq k[H \backslash G / H] = \{ a : G \to k \mid a(y_1 x y_2) = a(x), \forall\, y_1, y_2 \in H \}.$$

它作为自同态环的乘法结构对应于 $k[H \backslash G / H]$ 上的卷积:

$$a * b(x) = \frac{1}{|H|} \sum_{y \in G} a(y) b(y^{-1}x), \quad \forall\, x \in G. \tag{1.1.2}$$

事实上, 这个 Hecke 代数的定义适用于任意局部紧的拓扑群 G 和它的闭子群 $H \subset G$. 这时只需用 G 上具有紧支集的 H 左右作用不变的函数构成的子环来取代 $k[H \backslash G / H]$, 将求和 $\sum_{x \in G}$ 换成积分 $\int_G$, 就可以依照同样的方式定义卷积代数.

历史上, Iwahori 和 Matsumoto 最早使用这类 Hecke 代数来研究李型群的诱导表示的分解问题. 直到今天, Hecke 代数仍然是拓扑群、p 进群、有限李群的表示研究中的重要工具. 当 G 是有限李群, H 是 Borel 子群时, 这个 Hecke 代数是我们上一节介绍的 Iwahori-Hecke 代数的一个特例.

令 $\mathbb{F}$ 是有限域 $\mathbb{F}_q$ 的代数闭包. G 是 $\mathbb{F}_q$ 上分裂 (split) 的连通约化代数群. 它的 $\mathbb{F}_q$ 点 $G_q = G(\mathbb{F}_q)$ 是一个有限李群. 令 $T \subset B \subset G$ 分别是 G 中在 $\mathbb{F}_q$ 上分裂的极大环面和 Borel 子群, 令 $T_q = T(\mathbb{F}_q)$, $B_q = B(\mathbb{F}_q)$. 记 $N_G(T)$ 是 T 在 G 中的正规化子. Weyl 群 $W = N_G(T)/T$ 是一个 Coxeter 群. 由 Bruhat 分解理论, 包含映射 $N_G(T) \to G$ 诱导一个双射

$$W \xrightarrow{\sim} B_q \backslash G_q / B_q. \tag{1.1.3}$$

例 1.1.2 考虑 $G = \mathrm{GL}_n$, 此时 G_q 是系数在 $\mathbb{F}_q$ 中的 $n \times n$ 可逆矩阵全体. 取 B 是上三角矩阵构成的 Borel 子群, T 是对角矩阵构成的极大环面. 记 $e_1, \cdots, e_n$ 是 $\mathbb{F}^n$ 中的标准基. 考虑 G 在 $\mathbb{F}^n$ 上的自然作用. 称 $\mathbb{F}^n$ 中一串维数依次递增的子空间 $V_\bullet = (0 = V_0 \subset V_1 \subset \cdots \subset V_n = \mathbb{F}^n)$ 为一个旗. 旗流形是由所有旗构成的一个光滑的射影代数簇. 我们有

$$G/B = \{(V_0 \subset V_1 \subset \cdots \subset V_n = \mathbb{F}^n) \mid \dim V_k = k\}.$$

这是因为 G 可牵的作用在旗流形上, 并且 B 是由 $V_k = \langle e_1, \cdots, e_k \rangle$, $1 \leqslant k \leqslant n$, 组成的标准旗的稳定化子. 现在, 考虑 T 在 G/B 上的左作用, 可以看出一个旗 $V_\bullet$ 是 T 作用下的不动点当且仅当每个 V_k 都是标准基中的元素张成的, 也就是说存在 1 到 n 的一个排序 $i_1, \cdots, i_n$ 使得对任意 k 有 $V_k = \langle e_{i_1}, \cdots, e_{i_k} \rangle$. 因此 T 在 G/B 上的不动点一一对应于 1 到 n 的置换. 也就是说 $(G/B)^{\mathrm{T}} = \mathfrak{S}_n$. 最后, B 在 G/B 上作用的每个轨道有唯一的 T 不动点, 因此得到双射 $\mathfrak{S}_n \xrightarrow{\sim} B \backslash G / B$.

上述讨论在 $\mathbb{F}_q$ 上也成立, 因此我们得到 (1.1.3).

现在, 我们来讨论卷积 Hecke 代数 $\mathcal{H}(G_q, B_q)$, 以及它和 Iwahori-Hecke 代数 $\mathcal{H}_v(W, S)$ 的关系. 首先, 对 $w \in W$, 令 δ_w 是在 $B_q w B_q$ 上取 1, 其余处为零的特征函数. 那么由 (1.1.3) 看出 $\{\delta_w \mid w \in W\}$ 构成 k-线性空间 $\mathcal{H}(G_q, B_q)$ 的一组基. 另外, 设 q 在 k 中非零且可以开方, 取定它的一个平方根, 考虑环同态 $\mathbb{Z}[v^{\pm 1}] \to k$, $v \mapsto q^{-1/2}$. 记 $\mathcal{H}_q(W, S) := \mathcal{H}_v(W, S) \otimes_{\mathbb{Z}[v^{\pm 1}]} k$.

命题 1.1.1 以下两个代数同构

$$\mathcal{H}(G_q, B_q) \xrightarrow{\sim} \mathcal{H}_q(W, S),$$

$$\delta_w \mapsto v^{-l(w)} H_w.$$

例 1.1.3 让我们对 $G = \mathrm{GL}_2$ 证明上述同构. 根据例 1.1.2 的讨论, 此时一个旗即是 $\mathbb{F}^2$ 中的一条直线, 因此 $G_q/B_q = \mathbb{P}^1(\mathbb{F}_q)$. 环面 T_q 作用的两个不动点是 $L_1 = \{(a, 0) \mid a \in \mathbb{F}_q\}$, $L_2 = \{(0, a) \mid a \in \mathbb{F}_q\}$, 分别对应 Weyl 群 $\mathfrak{S}_2$ 中的两个元素 1 和 $s = (1, 2)$. 注意到 B_q 是直线 L_1 的稳定化子, 而 L_2 是置换

矩阵 $s = \begin{pmatrix} 0 & -1 \\ 1 & 0 \end{pmatrix}$ 作用在 L_1 上的像. 因此 $B_q 1 B_q / B_q = \{L_1\}$, $B_q s B_q / B_q =$ $B_q(L_2) \simeq \mathbb{F}_q$.

由卷积映射的定义可知 δ_1 是 $\mathcal{H}(G_q, B_q)$ 中的单位元. 由 G_q 乘法, 可知映射

$$B_q s B_q \times B_q s B_q \to G_q, \quad (x, y) \mapsto xy$$

为满射. 它在 1 处原像是 $\{(x, x^{-1}) \mid x \in B_q s B_q\}$. 这个集合有 $q|B_q|$ 个元素. 计算其补集元素个数, 可知上述映射在 s 处原像集有 $(q-1)|B_q|$ 个元素. 因此

$$\delta_s * \delta_s = (q-1)\delta_s + q\delta_1.$$

最后, 由 $q = v^{-2}$, $\delta_s = v^{-1} H_s$ 得到 $(H_s + v)(H_s - v^{-1}) = 0$. 这与 $\mathcal{H}_q(W, S)$ 定义中的关系一致.

1.1.4 典范基

Kazhdan-Lusztig 于 1979 年发表的文章 [6] 中定义了 Hecke 代数上一组新的 $\mathbb{Z}[v^{\pm 1}]$-基, 称为典范基 (canonical basis). 这组基的发现有深刻的几何背景, 也让人们对 Hecke 代数的结构有了全新的认识. 由此发展出来的胞腔理论、各种正性猜想以及量子群上典范基的研究等, 在过去 40 年中结出了丰硕的成果. 下面我们就来介绍典范基的定义.

首先考虑由 $\bar{v} = v^{-1}$, $\overline{H_s} = H_s^{-1} = H_s + (v - v^{-1})$ 定义的对合映射

$$\mathcal{H}_v(W, S) \to \mathcal{H}_v(W, S), \quad x \mapsto \bar{x}. \tag{1.1.4}$$

定理 1.1.1 (Kazhdan-Lusztig[6]) 作为 $\mathbb{Z}[v^{\pm 1}]$-模, $\mathcal{H}_v(W, S)$ 上存在唯一一组满足下述两条性质的基 $\{\underline{H}_w \mid w \in W\}$:

- (自对偶性) $\overline{\underline{H}_w} = \underline{H}_w$;
- (Bruhat 上三角性) $\underline{H}_w = H_w + \sum_{y \prec w} h_{y,w} H_y$, $h_{y,w} \in v\mathbb{Z}[v]$.

这组基称为 Hecke 代数的典范基, 也称 Kazhdan-Lusztig 基. 第二个等式中的系数 $h_{y,w} \in \mathbb{Z}[v]$ 称为 Kazhdan-Lusztig 多项式.

Kazhdan-Lusztig 在定义这组基的同时, 提出了两个重要的猜想. 第一个猜想是说对任意的 Coxeter 群 W 和 $y, w \in W$, 多项式 $h_{y,w}$ 的系数总是正整数. 这个猜想称为正性猜想. Kazhdan-Lusztig 在 1980 年证明了该猜想对 Weyl 群成立, Elias-Williamson 在 2014 年完全解决了这个猜想. 两个证明都用到了 Hecke 代数的范畴化, 我们将在后面的章节中详细叙述. 第二个猜想是关于半单李代数范畴 $\mathcal{O}$ 中单模的特征标, Kazhdan-Lusztig 用典范基中的多项式 $h_{y,w}$ 在 $v = 1$ 处的取值给出一个计算单模特征的公式. 这个猜想在 1981 年由 Beilinson-Bernstein

和 Brylinski-Kashiwara 解决. 解决的方法和后续的研究极大地推动了李理论的发展. 我们将在 1.2.4 节中给出更详细的介绍. 在进入这些章节之前, 我们需要先说说什么是范畴化.

1.1.5 范畴化

范畴是由对象和态射组成的代数结构. 数学中很多对象的研究都可以放在范畴论的框架下讨论, 比如所有的群构成的范畴、所有表示的范畴、流形的范畴、流形上的层范畴等等. 这些范畴中的态射都是保持相应代数结构的态射. 大部分的范畴结构都非常复杂, 难以用简单的方式刻画. 不过对于一些具有某种正合结构的范畴 $\mathcal{C}$, 比如加性范畴、Abel 范畴、三角范畴等, 我们可以通过它们的 Grothendieck 群来获悉范畴中的一些不变量.

定义 1.1.4   范畴 $\mathcal{C}$ 的 Grothendieck 群是如下定义的 Abel 群

$$[\mathcal{C}] = \frac{\oplus_{M\in\mathrm{Ob}(\mathcal{C})}\mathbb{Z}[M]}{\langle [M]=[M']+[M''],\ \text{若}\,M,M',M''\ \text{满足}(*)\rangle},$$

这里 $(*)$ 指以下关系:
- 当 $\mathcal{C}$ 是加性范畴时, 存在同构 $M \simeq M'\oplus M''$;
- 当 $\mathcal{C}$ 是 Abel 范畴时, 存在正合列 $0\to M'\to M\to M''\to 0$;
- 当 $\mathcal{C}$ 是三角范畴时, 存在正合三角 $M'\to M\to M''\xrightarrow{+1}$.

当范畴 $\mathcal{C}$ 上有更多的结构时, 它的 Grothendieck 群也会继承更丰富的结构. 比如, 通过给定 $\mathcal{C}$ 上的自同构函子 ϑ 可赋予 $\mathcal{C}$ 分次范畴的结构. 此时 ϑ 在 Grothendieck 群上诱导的自同构 $v=[\vartheta]:[\mathcal{C}]\to[\mathcal{C}]$ 是一个可逆的算子, 它使得 $[\mathcal{C}]$ 成为一个 $\mathbb{Z}[v^{\pm 1}]$-模. 再比如, 当 $\mathcal{C}$ 是幺半 (monoidal) 范畴时, 也就是说存在满足结合律的正合双函子 $\mathcal{C}\times\mathcal{C}\to\mathcal{C}$ 时, Grothendieck 群 $[\mathcal{C}]$ 上会继承一个环结构. 特别地, 当 $\mathcal{C}$ 是分次的幺半范畴时, $[\mathcal{C}]$ 就是一个 $\mathbb{Z}[v^{\pm 1}]$-代数.

例 1.1.4   (1) 令 $\mathcal{V}\mathrm{ect}_k$ 为域 k 上的有限维线性空间构成的范畴, 其中的态射是线性映射. 它是一个幺半 Abel 范畴, 其中幺半结构由张量积 $\otimes_k$ 给出. 我们有以下环同构

$$[\mathcal{V}\mathrm{ect}_k]\simeq\mathbb{Z},\quad [V]\mapsto\dim_k(V).$$

(2) 一个分次线性空间是指给定直和分解 $V=\bigoplus_{n\in\mathbb{Z}}V_n$ 的线性空间, 它的分次维数是

$$\mathrm{gdim}_k(V)=\sum_{n\in\mathbb{Z}}\dim_k(V_n)v^n\in\mathbb{Z}[v^{\pm 1}].$$

分次线性映射是指线性映射 $V\to V'$ 使得对每个 $n\in\mathbb{Z}$, V_n 都被映到 V'_n. 令 $\mathcal{V}\mathrm{ect}_k^{\mathbb{Z}}$ 是有限维分次线性空间构成的范畴, 其中的态射为分次线性映射. 它自然地

构成一个分次幺半范畴, 其中自同构 ϑ 是分次平移函子, 即 $\vartheta(V)_n = V_{n+1}$; 幺半结构由张量积给出. 注意 $\operatorname{gdim}_k(\vartheta(V)) = v\operatorname{gdim}_k(V)$. 所以我们有 $\mathbb{Z}[v^{\pm 1}]$-代数同构

$$[\mathcal{V}ect_k^{\mathbb{Z}}] \simeq \mathbb{Z}[v^{\pm 1}], \quad [V] \mapsto \operatorname{gdim}_k(V).$$

(3) 遗忘掉分次线性空间上的分次, 给出一个正合函子 $\mathcal{V}ect_k^{\mathbb{Z}} \to \mathcal{V}ect_k$. 它在 Grothendieck 群上诱导的映射 $\mathbb{Z}[v^{\pm 1}] \to \mathbb{Z}$ 是取 $v = 1$ 的映射.

将一个 Abel 群或 $\mathbb{Z}[v^{\pm 1}]$-代数实现为某个范畴的 Grothendieck 群的构造称为范畴化. 上面的例子可以看成是 $\mathbb{Z}$ 和 $\mathbb{Z}[v^{\pm 1}]$ 的范畴化. 我们看到, 范畴的 Grothendieck 群中有一类特殊的元素, 即范畴中的对象等价类 (而不是它们的线性组合) 给出的元素. 在上面的例子中, 这些元素分别对应 $\mathbb{N}$ 和 $\mathbb{N}[v^{\pm 1}]$. 范畴化的构造可以让我们看到原先的 Abel 群或代数上更深层的结构. Hecke 代数的范畴化在表示论中有极其重要的应用. 下面, 我们来介绍这方面三个里程碑式的工作, 分别是 Kazhdan-Lusztig 用旗流形上的斜截层 (perverse sheaves) 建立的范畴化、Soergel 的双模范畴化和 Elias-Williamson 的图范畴化.

1.2　Hecke 代数与旗流形上的斜截层

1.2.1　Grothendieck 层与函数对应

在这一节中, 我们先介绍如何用 Grothendieck 的层与函子对应建立旗流形上的可构造层范畴与 Hecke 代数的联系.

令 X 是定义在 $\mathbb{F}_q$ 上的有限型的概型 (scheme). 考虑 X 上的 ℓ-adic 层的有界导出范畴 $D_c^b(X, \overline{\mathbb{Q}}_\ell)$. 这里的层指可构造层 (constructible sheaves). 令 $X(\mathbb{F}_q)$ 是 X 上的 $\mathbb{F}_q$ 点全体, $\overline{\mathbb{Q}}_\ell[X(\mathbb{F}_q)]$ 是全体映射 $X(\mathbb{F}_q) \to \overline{\mathbb{Q}}_\ell$ 构成的函数环. Grothendieck 定义了以下对应:

$$t: D_c^b(X, \overline{\mathbb{Q}}_\ell) \rightsquigarrow \overline{\mathbb{Q}}_\ell[X(\mathbb{F}_q)],$$

$$\mathscr{K} \mapsto \big(t_{\mathscr{K}}: x \mapsto \operatorname{tr}(\mathrm{Fr}_x, \mathscr{K})\big).$$

这里 Fr_x 是 Frobenius 映射, 对一个 ℓ-adic 层 $\mathscr{F}$, $\operatorname{tr}(\mathrm{Fr}_x, \mathscr{F})$ 指 Frobenius 映射在 $\mathscr{F}$ 在 x 上的一个几何点 $\bar{x}$ 处的纤维上作用的迹. 当 $\mathscr{K}$ 是 ℓ-adic 层的复形时

$$\operatorname{tr}(\mathrm{Fr}_x, \mathscr{K}) = \sum_{i \in \mathbb{Z}} (-1)^i \operatorname{tr}(\mathrm{Fr}_x, \mathscr{H}^i \mathscr{K}),$$

其中 $\mathscr{H}^i \mathscr{K}$ 是 $\mathscr{K}$ 的 i 次上同调层. 以下, 我们也称 t 为迹映射. 它满足一系列好的性质, 我们会用到以下几条:

(1) 对三角范畴 $D_c^b(X, \overline{\mathbb{Q}}_\ell)$ 中任意正合三角 $\mathscr{K}' \to \mathscr{K} \to \mathscr{K}'' \xrightarrow{+1}$, 有 $t_{\mathscr{K}} = t_{\mathscr{K}'} + t_{\mathscr{K}''}$. 因此 t 给出良定的映射

$$t : [D_c^b(X, \overline{\mathbb{Q}}_\ell)] \to \overline{\mathbb{Q}}_\ell[X(\mathbb{F}_q)], \quad [\mathscr{K}] \mapsto t_{\mathscr{K}}.$$

(2) 对任意 $\mathbb{F}_q$ 上的概型映射 $f : X \to Y$, 层范畴上的拉回 (pull-back) 和逆紧下推 (proper push forward) 的导出函子

$$f^* : D_c^b(Y, \overline{\mathbb{Q}}_\ell) \to D_c^b(X, \overline{\mathbb{Q}}_\ell), \quad f_! : D_c^b(X, \overline{\mathbb{Q}}_\ell) \to D_c^b(Y, \overline{\mathbb{Q}}_\ell),$$

在迹映射 t 下分别对应函数环上的下述映射:

$$
\begin{aligned}
&f^* : \overline{\mathbb{Q}}_\ell[Y(\mathbb{F}_q)] \to \overline{\mathbb{Q}}_\ell[X(\mathbb{F}_q)], \quad a \mapsto \big(x \mapsto a(f(x))\big), \\
&f_! : \overline{\mathbb{Q}}_\ell[X(\mathbb{F}_q)] \to \overline{\mathbb{Q}}_\ell[Y(\mathbb{F}_q)], \quad a \mapsto \left(y \mapsto \sum_{x \in f^{-1}(y)} a(x)\right).
\end{aligned}
\tag{1.2.1}
$$

(3) 如果代数群 H 作用在 X 上, 记

$$\overline{\mathbb{Q}}_\ell[X(\mathbb{F}_q)]^{H(\mathbb{F}_q)} = \{a : X(\mathbb{F}_q) \to \overline{\mathbb{Q}}_\ell \mid a(hx) = a(x), \ \forall \ h \in H(\mathbb{F}_q)\}.$$

考虑 X 上 ℓ-adic 层的 H 等变导出范畴 $D_H^b(X, \overline{\mathbb{Q}}_\ell)$. 此时迹映射诱导以下 Abel 群的同态

$$t : [D_H^b(X, \overline{\mathbb{Q}}_\ell)] \to \overline{\mathbb{Q}}_\ell[X(\mathbb{F}_q)]^{H(\mathbb{F}_q)}, \quad [\mathscr{K}] \mapsto t_{\mathscr{K}}.$$

关于更多迹映射的性质可参见 [8].

1.2.2　旗流形上的导出范畴

令 $G \supset B \supset T$ 分别是在 $\mathbb{F}_q$ 上分裂的连通约化代数群、Borel 子群和极大环面, W 是 G 的 Weyl 群. 在 1.1.3 节中, 我们已经解释了 Hecke 代数 $\mathcal{H}_q(W, S)$ 是旗流形 $\overline{\mathbb{Q}}_\ell[B_q \backslash G_q / B_q] = \overline{\mathbb{Q}}_\ell[G/B(\mathbb{F}_q)]^{B(\mathbb{F}_q)}$ 上的卷积代数. 因此, 根据 Grothendieck 层与函数对应, Hecke 代数一个自然的范畴化来自于旗流形 G/B 上 ℓ-adic 层的 B 等变导出范畴 $D_B^b(G/B)$.

让我们先来阐述如何将卷积的构造提升到范畴层面. 回顾 (1.1.2) 中卷积的定义, 并结合 (1.2.1) 中函数拉回和下推的定义, 我们可用以下方式来叙述函数环上卷积乘法的定义, 考虑以下图表

$$G/B \times G/B \xleftarrow{p} G \times G/B \xrightarrow{q} G \times_B G/B \xrightarrow{m} G/B,$$

其中的对象和映射定义如下:

．p 是第一个分量上 $G \to G/B$ 的商映射;

．考虑 B 在 $G \times G/B$ 上的对角作用: $b \cdot (g, x) = (gb^{-1}, bx), \forall b \in B$, q 是模掉这个作用的商映射;

．映射 m 的定义为 $m(g, x) = gx, \forall g \in G, x \in G/B$.

现在, 将上图中的流形和映射都限制到 $\mathbb{F}_q$ 点上. 对于 $a, b \in \overline{\mathbb{Q}}_\ell[G_q/B_q]^{B_q}$, 记 $a \boxtimes b : G_q/B_q \times G_q/B_q$ 使得 $a \boxtimes b(x, y) = a(x)b(y)$. 这个函数关于 B_q 在 $G_q \times G_q/B_q$ 上的对角作用不变, 因此存在唯一的 $G_q \times_{B_q} G_q/B_q$ 上的函数 $a\tilde{\boxtimes}b$ 使得 $p^*(a \boxtimes b) = q^*(a\tilde{\boxtimes}b)$. 由 (1.1.2) 和 (1.2.1) 可得

$$a * b = m_!(a\tilde{\boxtimes}b).$$

将同样的操作应用在层范畴上, 就得到 $D_B^b(G/B)$ 上的卷积

$$* : D_B^b(G/B) \times D_B^b(G/B) \to D_B^b(G/B),$$

$$(\mathscr{F}, \mathscr{G}) \mapsto m_!(\mathscr{F}\tilde{\boxtimes}\mathscr{G}),$$

这里 $\mathscr{F}\tilde{\boxtimes}\mathscr{G}$ 是 $D_B^b(G \times_B G/B)$ 中唯一使得 $q^*(\mathscr{F}\tilde{\boxtimes}\mathscr{G}) = p^*(\mathscr{F} \boxtimes \mathscr{G})$ 的对象. 它的存在和唯一性由下降 (descent) 理论得到. 在这个卷积下 $D_B^b(G/B)$ 成为一个幺半三角范畴. 根据 Grothendieck 层与函数对应的第 (2), (3) 条性质, 可得

$$t_{\mathscr{F}*\mathscr{G}} = t_{\mathscr{F}} * t_{\mathscr{G}}.$$

最后, 为了找到与 Hecke 代数上 $\mathbb{Z}[v^{\pm 1}]$ 乘法相容的范畴化, 我们需要考虑 $D_B^b(G/B)$ 中由一些所谓 mixed 复形构成的子范畴, 记为 $D_B^{\text{mix}}(G/B)$. 粗略地讲, mixed 复形是指上同调上 Frobenius 的特征值满足一些特定性质的复形. Deligne 证明了逆紧下推保持 mixed 复形, 因此 mixed 的性质在卷积下得到保持. 另外, 范畴 $D_B^{\text{mix}}(G/B)$ 上的 Tate twist(1) 使其成为一个分次范畴. 对 $\mathscr{K} \in D_B^{\text{mix}}(G/B)$, 我们有 $t_{\mathscr{K}(1)} = q^{-1}t_{\mathscr{K}}$. 经过上述讨论, 我们看出

$$t : [D_B^{\text{mix}}(G/B)] \to \mathcal{H}(G_q, B_q), \quad \mathscr{K} \mapsto t_{\mathscr{K}}$$

是 $\mathbb{Z}[q^{\pm 1}]$-代数同态. 最后, $D_B^{\text{mix}}(G/B)$ 上的 Verdier 对偶

$$\mathbb{D} : D_B^{\text{mix}}(G/B)^{\text{op}} \to D_B^{\text{mix}}(G/B), \quad \mathscr{K} \mapsto \mathscr{H}\text{om}(\mathscr{K}, \overline{\mathbb{Q}}_\ell(d)[2d]),$$

$d = \dim(G/B)$, 在迹映射下对应 Hecke 代数上的对合映射 (1.1.4), 也就是说 $t_{\mathbb{D}\mathscr{K}} = \overline{t_{\mathscr{K}}}$.

我们的下一个目标是讨论典范基在范畴中的对应. 这就要谈到斜截层的理论.

1.2.3 斜截层范畴

斜截层是由导出范畴 $D_B^b(G/B)$ 中的一个跟上同调的支集有关的 t-结构的核 (heart) 定义的 Abel 范畴, 记为 $\mathrm{Perv}_B(G/B)$. 具有 mixed 复形结构的斜截层称为 mixed 斜截层, 它们构成一个分次 Abel 范畴记为 $\mathrm{Perv}_B^{\mathrm{mix}}(G/B)$. 斜截层在代数几何和表示论中都有重要的应用. 因篇幅限制, 我们无法展开叙述它的定义和性质, 只简要介绍与本文有关的一些对象以及它们在 Kazhdan-Lusztig 理论中所扮演的角色.

在例 1.1.2 中我们已经讨论过 GL_n 的旗流形的一些性质. 对一般的连通约化群, 旗流形 G/B 都是光滑的射影簇. 通过 Bruhat 分解, 有

$$G/B = \bigsqcup_{w \in W} B \dot{w} B / B,$$

其中 $\dot{w}$ 是 $w \in W = N_G(T)/T$ 在 $N_G(T)$ 中的一个提升. 对每个 w, 子簇 $B\dot{w}B/B$ 同构于仿射空间 $\mathbb{A}^{l(w)}$. 它的闭包

$$\overline{B\dot{w}B/B} = \bigsqcup_{y \preccurlyeq w} B\dot{y}B/B$$

称为 Schubert 簇. 它们是一些可能有奇点的射影簇.

对每个 $w \in W$, 考虑嵌入 $i_w : B\dot{w}B/B \to G/B$ 和 $B\dot{w}B/B$ 上的常值层 $\mathscr{L}_w = \overline{\mathbb{Q}}_\ell \left(\dfrac{l(w)}{2} \right) [\ell(w)]$, 将它通过 ! 和 * 两种不同方式延拓到 G/B 上, 可得到两个 $\mathrm{Perv}_B^{\mathrm{mix}}(G/B)$ 中的对象

$$\Delta_w = i_{w!}(\mathscr{L}_w), \quad \nabla_w = i_{w*}(\mathscr{L}_w),$$

并且有自然的映射 $\Delta_w \to \nabla_w$, 它的像

$$\mathrm{IC}_w = i_{w!*}(\mathscr{L}_w)$$

是 $\mathrm{Perv}_B^{\mathrm{mix}}(G/B)$ 中的单对象. 这个对象称为相交上同调复形 (intersection cohomology complex). 相交上同调是 Goresky-MacPherson 在 1974 年左右为研究非光滑流形上满足 Poincaré 对偶的上同调理论所构建的对象. 斜截层的理论是研究这类上同调最合适的框架. 下面一个定理告诉我们, 相交上同调复形正是典范基的范畴化.

定理 1.2.1 (Kazhdan-Lusztig[7]) 在迹映射 $t : [D_B^{\mathrm{mix}}(G/B)] \to \mathcal{H}_q(W, S)$ 下, 有

$$t_{\Delta_w} = (-1)^{l(w)} H_w, \quad t_{\mathrm{IC}_w} = (-1)^{l(w)} \underline{H}_w.$$

证明概要　首先, 根据 !-延拓的定义容易得到

$$t_{\Delta_w} = (-v)^{l(w)}\delta_w = (-1)^{l(w)}H_w.$$

下面我们来证明 t_{IC_w} 满足典范基定义中的自对偶性和 Bruhat 上三角性.

首先, 在 1.2.2 节的末尾, 已经解释过 Hecke 代数上的对合映射对应 $D_B^{\mathrm{mix}}(G/B)$ 上的 Verdier 对偶 $\mathbb{D}$, 而 Verdier 对偶保持 IC_w 不变, 因此 $\overline{t_{\mathrm{IC}_w}} = t_{\mathbb{D}\,\mathrm{IC}_w} = t_{\mathrm{IC}_w}$.

其次, 根据迹映射的定义

$$t_{\mathrm{IC}_w} = \sum_{y \in W} \mathrm{tr}(\mathrm{Fr}_y, \mathrm{IC}_w)\delta_y.$$

因为 IC_w 的支集是 $\overline{BwB/B} = \bigsqcup_{y \preccurlyeq w} ByB/B$, 所以只有 $y \preccurlyeq w$ 时, $\mathrm{tr}(\mathrm{Fr}_y, \mathrm{IC}_w)$ 才有可能非零. 另外, 根据定义 $\mathrm{IC}_w|_w = \mathscr{L}_w|_w$, 因此 $\mathrm{tr}(\mathrm{Fr}_w, \mathrm{IC}_w) = (-v)^{l(w)}$. 最后, 根据斜截层 t-结构的定义, 对 $y \prec w$, 复形 $\mathrm{IC}_w|_y$ 只在次数 $\leqslant -l(y)-1$ 处有上同调, 而且 IC_w 是一个 pure 复形, 因此 $\mathrm{tr}(\mathrm{Fr}_y, \mathrm{IC}_w)$ 作为 $v = q^{-1/2}$ 的多项式属于 $v^{l(y)+1}\mathbb{Z}[v]$. 综上几点, 我们得到 $t_{\mathrm{IC}_w} = (-1)^{l(w)}H_w + \sum_{y \prec w} d_{y,w}H_y$, 并且 $d_{y,w} \in v\mathbb{Z}[v]$. 因此 $(-1)^{l(w)}t_{\mathrm{IC}_w}$ 满足 Bruhat 上三角性质.

由定理 1.1.1, 典范基由以上两个性质唯一决定. 因此 $(-1)^{l(w)}t_{\mathrm{IC}_w} = \underline{H}_w$.　□

从上面的证明还可以得到 Kazhdan-Lusztig 多项式 $h_{y,w}$ 的系数计算的是复形 IC_w 的上同调在 y 点处的维数. 因此它们总是正整数. 所以 Kazhdan-Lusztig 正性猜想成立.

推论 1.2.1 (Kazhdan-Lusztig[7])　若 W 是 Weyl 群, 则 Kazhdan-Lusztig 多项式 $h_{y,w} \in \mathbb{N}[v]$.

由上面的定理可推出 t 诱导 Grothendieck 群 $[\mathrm{Perv}_B^{\mathrm{mix}}(G/B)]$ 与 $\mathcal{H}_q(W, S)$ 的同构. 因此 $\mathrm{Perv}_B^{\mathrm{mix}}(G/B)$ 是 Hecke 代数的范畴化.

1.2.4　范畴 $\mathcal{O}$ 与局部化理论

Kazhdan-Lusztig 理论在李代数表示方面一个极其重要的应用是它可以用来计算一类无限维不可约表示的特征. 下面, 我们简要介绍这个漂亮的理论.

令 $\mathfrak{g}$ 是一个复半单李代数, 取定它的 Borel 子代数 $\mathfrak{b}$ 和 Cartan 子代数 $\mathfrak{t}$. 令 $\Phi \subset \mathfrak{t}^*$ 是 $\mathfrak{g}$ 的根系, 由 $\mathfrak{b}$ 决定的正根的集合记为 Φ^+. Weyl 在 1925 年左右就证明了复半单李代数的有限维表示都是半单的, 并且给出了不可约表示的特征公式. 70 年代末期, Bernstein-Gelfand 开始研究 $\mathfrak{g}$ 上的一些重要的无限维表示, 并定义了下述范畴: 记 $U(\mathfrak{g})$ 是 $\mathfrak{g}$ 的泛包络代数, 注意 $\mathfrak{g}$ 的表示和 $U(\mathfrak{g})$-模是等价的.

定义 1.2.1　范畴 $\mathcal{O}(\mathfrak{g})$ 是满足以下三个条件的 $U(\mathfrak{g})$-模 M 构成的范畴:

. M 作为 $U(\mathfrak{g})$-模是有限生成的;

. M 是一个权模, 即

$$M = \bigoplus_{\lambda \in \mathfrak{t}^*} M_\lambda, \quad M_\lambda = \{m \in M \mid hm = \lambda(h)m, \ \forall\, h \in \mathfrak{t}\},$$

且 $\dim_{\mathbb{C}}(M_\lambda) < \infty$;

. $\mathfrak{b}$ 在 M 上的作用局部有限, 即 $\forall\, v \in M$, 存在一个有限维的 $\mathfrak{b}$-子模 $V \subset M$ 使得 $v \in V$.

范畴 $\mathcal{O}(\mathfrak{g})$ 中对象之间的态射为 $\mathfrak{g}$-模同态.

范畴 $\mathcal{O}(\mathfrak{g})$ 是一个 Abel 范畴. 它里面一类很重要的对象是 Verma 模. 记 $\rho = \dfrac{1}{2}\sum_{\alpha \in \Phi^+} \alpha \in \mathfrak{t}^*$. 对 $\lambda \in \mathfrak{t}^*$, 考虑 $\mathfrak{t}$ 通过 $\lambda - \rho$ 作用在 $\mathbb{C}$ 上得到的一维表示 $\mathbb{C}_{\lambda-\rho}$. 它可通过投影映射 $\mathfrak{b} \to \mathfrak{t}$ 被视为一个 $\mathfrak{b}$-模. Verma 模是下面的诱导表示

$$M(\lambda) = U(\mathfrak{g}) \otimes_{U(\mathfrak{b})} \mathbb{C}_{\lambda-\rho}.$$

Verma 模有一个唯一的是单模的商模, 记为 $L(\lambda)$. 不同的 λ 给出互不同构的单模, 并且范畴 $\mathcal{O}(\mathfrak{g})$ 中的任意单模都同构于某一个 $L(\lambda)$. 这些单模是范畴 $\mathcal{O}(\mathfrak{g})$ 中最基本的对象, 所以了解它们的性质是很根本的问题.

范畴 $\mathcal{O}(\mathfrak{g})$ 大部分单模都是无限维的, 所以我们需要引入特征的概念来标记它们的维数. 对 $\lambda \in \mathfrak{t}^*$ 考虑形式符号 e^λ 依照乘法 $e^\lambda e^\mu = e^{\lambda+\mu}$ 生成的环 $\mathcal{X} = \mathbb{Z}[[e^\lambda;\ \lambda \in \mathfrak{t}^*]]$. 我们定义 $\mathcal{O}(\mathfrak{g})$ 中的对象 M 的特征是

$$\mathrm{Ch}(M) = \sum_{\lambda \in \mathfrak{t}^*} \dim_{\mathbb{C}}(M_\lambda) e^\lambda.$$

注意到特征以形式级数的方式记录了 M 中各个权空间的维数. 特别地, 如果 $0 \to M_1 \to M \to M_2 \to 0$ 是 $\mathcal{O}(\mathfrak{g})$ 中的正合列, 则有 $\mathrm{Ch}(M) = \mathrm{Ch}(M_1) + \mathrm{Ch}(M_2)$. 因此取特征是一个良定的加法群映射

$$\mathrm{Ch} : [\mathcal{O}(\mathfrak{g})] \to \mathcal{X}. \tag{1.2.2}$$

注意, 由 $\mathfrak{g}$ 的三角分解 $\mathfrak{g} = \mathfrak{n} \oplus \mathfrak{t} \oplus \mathfrak{n}^-$ 和泛包络代数的 PBW 定理, Verma 模 $M(\lambda)$ 作为 $\mathfrak{t}$-模同构于 $U(\mathfrak{n}^-) \otimes \mathbb{C}_{\lambda-\rho}$. 因此

$$\mathrm{Ch}(M(\lambda)) = \frac{e^{\lambda-\rho}}{\prod_{\alpha \in \Phi^+}(1 - e^{-\alpha})}.$$

例 1.2.1   考虑 $\mathfrak{g} = \mathfrak{sl}_2$. 它由

$$e = \begin{pmatrix} 0 & 1 \\ 0 & 0 \end{pmatrix}, \quad h = \begin{pmatrix} 1 & 0 \\ 0 & -1 \end{pmatrix}, \quad f = \begin{pmatrix} 0 & 0 \\ 1 & 0 \end{pmatrix}$$

张成, $\mathfrak{b}$ 由 e, h 张成, $\mathfrak{t}$ 由 h 张成. 泛包络代数 $U(\mathfrak{g}) = \mathbb{C}\langle e, f, h\rangle/(ef - fe - h, he - eh - 2e, hf - fh + 2f)$. 此时 $\rho \in \mathfrak{t}^*$ 满足 $\rho(h) = 1$, $\alpha = 2\rho$. 作为 $\mathfrak{t}$-模, Verma 模 $M(\lambda) \simeq \mathbb{C}[f] \otimes \mathbb{C}_{\lambda-\rho}$. 所以 $\mathrm{Ch}(M(\lambda)) = \dfrac{e^{\lambda-\rho}}{1 - e^{-\alpha}}$.

对于这个情形, 可通过计算证明当 $n = \lambda(h) \notin \mathbb{Z}_{>0}$ 时, $M(\lambda) = L(\lambda)$; 当 $n \in \mathbb{Z}_{>0}$ 时, 我们有下述的正合列

$$0 \longrightarrow M(-\lambda-\rho) \xrightarrow{\ a\ } M(\lambda) \xrightarrow{\ b\ } L(\lambda) \longrightarrow 0,$$

其中映射 a 将 $\mathbb{C}_{-\lambda-\rho}$ 映到 $f^n \otimes \mathbb{C}_{\lambda-\rho}$, 映射 b 是典范的商映射. 由此看出此时 $\mathrm{Ch}(L(\lambda)) = \dfrac{e^{\lambda-\rho} - e^{-\lambda-\rho}}{1 - e^{-\alpha}}$.

对一般的 $\mathfrak{g}$, 直接计算单模的特征是非常复杂的. 此时, 我们首先通过下面的途径将问题转化为单模在 Verma 模中的重数. 根据 Linkage 原理, 范畴 $\mathcal{O}(\mathfrak{g})$ 有以下的直和分解

$$\mathcal{O}(\mathfrak{g}) = \bigoplus_{\varpi \in \mathfrak{t}^*/W} \mathcal{O}_\varpi,$$

其中 $\mathcal{O}_\varpi$ 是由 $L(\lambda)$, $\lambda \in \varpi$ 生成的在扩张下封闭的满子范畴, 称为范畴 $\mathcal{O}(\mathfrak{g})$ 的块 (block). 注意到 Verma 模是不可分解的, 因此对任意 $\lambda \in \varpi$, 有 $M(\lambda) \in \mathcal{O}_\varpi$. 范畴 $\mathcal{O}_\varpi$ 中每个对象 M 都有一个有限长的滤过 $0 = M_0 \subset M_1 \subset \cdots \subset M_n = M$ 使得 M_i/M_{i-1} 是某个 $L(\lambda)$, $\lambda \in \varpi$. 因此 $\{[L(\lambda)]\}_{\lambda\in\varpi}$ 是 $[\mathcal{O}_\varpi]$ 的一组基. 另一方面, 定义 $\mathfrak{t}^*$ 上的一个偏序使得当 $\lambda - \mu$ 是一些正根的和时, 有 $\mu < \lambda$. 由 Verma 模的特征可以看到, 如果权空间 $M(\lambda)_\mu$ 非零, 那么一定有 $\mu \leqslant \lambda$. 特别地, 只有 $\mu \leqslant \lambda$ 时, 单模 $L(\mu)$ 可能在 $M(\lambda)$ 中出现, 并且 $L(\lambda)$ 只可能出现一次. 由此可见, Grothendieck 群 $[\mathcal{O}_\varpi]$ 中的两组基 $\{[M(\lambda)]\}_{\lambda\in\varpi}$ 与 $\{[L(\lambda)]\}_{\lambda\in\varpi}$ 之间的变换矩阵 D_ϖ 是一个单位上三角矩阵, 称为 $\mathcal{O}_\varpi$ 分解矩阵 (decomposition matrix). 因为单位上三角矩阵总是可逆的, 求解分解矩阵的逆, 就可以得到用 Verma 模的特征来计算单模特征的表达式. Kazhdan-Lusztig 猜想告诉我们分解矩阵和它的逆的系数均是一些 Kazhdan-Lusztig 多项式在 $v = 1$ 处的取值.

猜想 1.2.1 (Kazhdan-Lusztig[6,Conjecture 1.5])

$$\mathrm{Ch}(M(-x\rho)) = \sum_{y \leqslant x} h_{w_0 y, w_0 x}(1) \mathrm{Ch}(L(-y\rho)),$$

$$\mathrm{Ch}(L(-x\rho)) = \sum_{y \leqslant x} (-1)^{l(y)-l(x)} h_{y,x}(1) \mathrm{Ch}(M(-y\rho)).$$

这里 $h_{y,x}(1)$ 是定理 1.1.1 中定义的多项式 $h_{y,x}$ 在 $v = 1$ 处的取值, w_0 是 W 中的最长元.

尽管这个猜想看上去只陈述了主块, 即 $\varpi = W(-\rho)$ 的情形, 但事实上根据范畴 $\mathcal{O}(\mathfrak{g})$ 的一些结构性定理, 其他 $\mathcal{O}_\varpi$ 的情形均可划归为主块的情形. 因此由这个猜想可以得到 $\mathcal{O}(\mathfrak{g})$ 中所有单模的特征标公式.

Beilinson-Bernstein[1] 和 Brylinski-Kashiwara[2] 在 1981 年证明了这个猜想. 证明过程建立了 $\mathfrak{g}$ 的模范畴与旗流形上 D-模的等价, 并进一步通过 Riemann-Hilbert 对应, 将范畴 $\mathcal{O}(\mathfrak{g})$ 等价于旗流形上的斜截层范畴. 在这个等价下, Verma 模 $M(-x\rho)$ 对应于 Δ_x, 单模 $L(-y\rho)$ 对应于 IC_y. 从而由定理 1.2.1 得出猜想的结论.

1.2.5　意义与推广

Kazhdan-Lusztig 理论是 Hecke 代数范畴化的第一个成功范例. 它建立了 Hecke 代数与李理论和 Schubert 簇的几何之间的深刻联系. 通过 Kazhdan-Lusztig 猜想各种形式的推广, 人们又陆续得到了仿射李代数范畴 $\mathcal{O}$ 中单模的特征标、量子群的单模特征标等. 在这个理论中, 用几何的方法来解决表示论问题的思想显示出强大的威力.

在模表示方面, 1980 年 Lusztig 提出了一个用仿射 Kazhdan-Lusztig 多项式来计算李代数在特征 p 的代数闭域的单模特征的猜想. 这个猜想催生了很多新的 Hecke 代数的范畴化构造. 特别地, Bezrukavnikov-Mirković-Rumynin[3] 通过建立模 p 的局部化理论, 证明了这个猜想当 p 足够大时成立. 这个结果也给出了李代数模表示与旗流形余切丛上凝聚层范畴的导出等价关系, 建立了新的表示与几何的联系.

1.3　Hecke 代数与 Soergel 双模

上一节中, 我们阐述了用旗流形上的层范畴实现的 Hecke 代数的范畴化. 但这只适用于 W 是 Weyl 群或仿射 Weyl 群的情形, 因为对一般的 Coxeter 群, 并没有约化群 G 或者旗流形这样的对象与之对应. 那么我们能否找到适用于所有 Hecke 代数的范畴化呢? Wolfgang Soergel 在本世纪初给出了一个这样的构造.

1.3.1　Soergel 双模

令 (W, S) 是一个 Coxeter 系统. k 是一个特征不为 2 的无限域. 令 $\mathfrak{h}$ 是 W 在 k 上的一个忠实表示, 也就是说 W 在 $\mathfrak{h}$ 上的作用诱导的映射 $W \to \mathrm{GL}(\mathfrak{h})$ 是单射. 比如 $k = \mathbb{R}$ 时, W 的几何表示就是一个这样的例子. 令 $R = k[\mathfrak{h}]$ 是 $\mathfrak{h}$ 上的正则函数环, 它也是 $\mathfrak{h}^*$ 的对称代数. R 上具有分次代数的结构使得 $\deg(\mathfrak{h}^*) = 2$. 群 W 通过在 $\mathfrak{h}$ 上的作用自然地作用在 R 上.

令 R-mod-R 是 R 的分次双模范畴. 令 (1) 是其上将分次平移 1 的函子, 换言之, 对分次模 $M = \bigoplus_i M_i$, 有 $M(1)_i = M_{i+1}$. 我们考虑 R-mod-R 中一些特殊的对象: 首先, R 通过自身上的左乘和右乘成为一个 R 双模; 其次, 任取 $s \in S$, 令 $R^s = \{f \in R \,|\, s(f) = f\}$ 是 R 中在 s 作用下不变的元素全体. 定义

$$B_s = R \otimes_{R^s} R(1).$$

定义 1.3.1 Soergel 双模范畴 $\mathbb{S}\mathrm{Bim}$ 是 R 和所有 B_s 在 R-mod-R 中通过取张量积 $\otimes_R$、直和、直和因子, 以及分次平移 (1) 生成的加性满子范畴. 具体来讲, $\mathbb{S}\mathrm{Bim}$ 中的对象是形如 $B_{s_1} \otimes_R B_{s_2} \otimes_R \cdots \otimes_R B_{s_n}(k)$ 的双模的直和因子的直和. 对象之间的态射是 R-双模映射.

可以证明, $\mathbb{S}\mathrm{Bim}$ 是 Krull-Schmidt 范畴, 也就是说每个 $\mathbb{S}\mathrm{Bim}$ 的对象都是不可分解对象的直和, 并且这些不可分解的直和因子在同构意义下唯一. 根据定义, $\mathbb{S}\mathrm{Bim}$ 在张量积和分次平移下封闭, 所以是一个分次的幺半范畴, 因此它的 Grothendieck 群是一个 $\mathbb{Z}[v^{\pm 1}]$ 代数.

定理 1.3.1 (Soergel[9]) 将 $\underline{H}_s$ 映到 $[B_s]$ 定义一个 $\mathbb{Z}[v^{\pm 1}]$-代数同构

$$\mathcal{H}(W, S) \to [\mathbb{S}\mathrm{Bim}].$$

让我们叙述一下定理证明的几个关键点. 首先, Soergel 通过定义 $\mathbb{S}\mathrm{Bim}$ 中对象的特征构造了上述映射的逆映射. 注意到 $R \otimes_k R = k[\mathfrak{h} \times \mathfrak{h}]$, 所以任何 R-双模 M 可被视为 $\mathfrak{h} \times \mathfrak{h}$ 上的拟凝聚层. 任取 $w \in W$, 令 $G(w) = \{(v, wv) \,|\, v \in \mathfrak{h}\}$. 那么 $G(w)$ 的结构层是 R_w, 它作为 R 左模与 R 同构, R 的右作用为 $m \cdot a = m(w(a))$, 这里 $m \in R_w, a \in R$. 记

$$\Gamma_{\geqslant w}(M) := \{m \in M \,|\, \mathrm{supp}(m) \subset \cup_{y \geqslant w} G(y)\}.$$

类似地, 将 $\geqslant$ 变成 $>$ 可定义 $\Gamma_{>w}(M)$, 它是 $\Gamma_{\geqslant w}(M)$ 的子模. 可以证明当 M 是 Soergel 双模时, $\Gamma_{\geqslant w}(M)/\Gamma_{>w}(M)$ 同构于 R_w 的一些分次平移的直和, 即存在多项式 $p_w(M) \in \mathbb{N}[v^{\pm 1}]$ 使得

$$\Gamma_{\geqslant w}(M)/\Gamma_{>w}(M) \simeq R_w^{\oplus p_w(M)},$$

这里 $R_w^{\oplus v^m} = R_w(m)$. 双模特征的定义为

$$\mathrm{Ch}(M) = \sum_{w \in W} p_w(M) v^{l(w)} H_w \in \mathcal{H}(W, S).$$

Soergel 证明了特征映射 $\mathrm{Ch}: [\mathbb{S}\mathrm{Bim}] \to \mathcal{H}(W, S)$ 是定理 1.3.1 中映射的逆映射.

对 $w \in W$ 的一个约化表达 $\underline{w} = s_1 \cdots s_n$, 定义 Bott-Samuelson 双模

$$\mathrm{BS}(\underline{w}) = B_{s_1} \otimes_R \cdots \otimes_R B_{s_n}.$$

Soergel 还证明了 $\mathrm{BS}(\underline{w})$ 有唯一的一个不可分解的直和因子 B_w 不在任何 $y < w$ 的 Bott-Samuelson 双模 $\mathrm{BS}(\underline{y})$ 中出现, 并且在同构意义下 B_w 不依赖于 w 的约化表达的选取. Soergel 进一步提出了下面这个重要的猜想.

猜想 1.3.1 (Soergel 猜想)　当 k 的特征为零时, 对任意 $w \in W$, 有

$$\mathrm{Ch}(B_w) = \underline{H}_w.$$

根据 Soergel 猜想, Kazhdan-Lusztig 多项式 $h_{y,w} = p_y(B_w)$ 计算的是一个模的分次秩, 因此系数总为正整数.

推论 1.3.1　对任意 Coxeter 群, Kazhdan-Lusztig 多项式的系数总是正整数.

当 W 是 Weyl 群时, Soergel 用几何办法证明了这个结论. 对一般的 Coxeter 群, 这个猜想由 Elias-Williamson 在 2014 年证明[5].

1.3.2　Soergel 双模的几何背景

让我们来看看 W 是 Weyl 群时, Soergel 双模与旗流形的关系. 令 G 是复半单代数群, B 是 Borel 子群, T 是极大环面. 在这节中, 我们考虑复流形上 G/B 中的经典拓扑和其上 k-线性空间的可构造层. 令 $\mathfrak{h} = X^*(T) \otimes_{\mathbb{Z}} k$, Weyl 群 $W = N_G(T)/T$ 自然地作用在 $\mathfrak{h}$ 上. 考虑 B 在旗流形 G/B 上的左作用, 我们有以下范畴等价

$$D_B^b(G/B) \simeq D_{B \times B}^b(G).$$

根据等变上同调理论, 对 $D_{B \times B}^b(G)$ 中的复形 $\mathscr{K}$ 取超上同调 (hypercohomology) 得到的 k-线性空间 $\mathbb{H}(\mathscr{K})$ 是 B 的分类空间的上同调环 $H_B^*(\mathrm{pt})$ 上的双模, 而 $H_B^*(\mathrm{pt}) = R$. 因此取超上同调给出如下函子:

$$\mathbb{H} : D_B^b(G/B) \to R\text{-mod-}R. \tag{1.3.1}$$

这个函子将左边三角范畴的平移函子 [1] 对应到双模范畴中的分次平移 (1). 它还是一个幺半函子, 将 1.2.2 节中定义的 $D_B^b(G/B)$ 上的卷积对应到张量积 $\otimes_R$.

现在我们来讨论复形 IC_w 在 $\mathbb{H}$ 下的像. 首先, 由定义有 $\mathbb{H}(\mathrm{IC}_1) = R$. 其次, 对 $s \in S$, 令 $P_s = B \cup BsB$ 是 G 中由 B 和 s 生成的抛物子群. 商映射 $\pi_s : G/B \to G/P_s$ 是一个 $\mathbb{P}^1$-纤维丛. 通过简单的计算可知 $\mathrm{IC}_s = \pi_s^* \pi_{s*} (\mathrm{IC}_1)^{[1]}$. 因此

$$\mathbb{H}(\mathrm{IC}_s) = R \otimes_{R^s} R(1) = B_s.$$

对 $w \in W$ 的一个约化表达 $\underline{w} = s_1 \cdots s_n$, 定义 Bott-Samuelson 流形

$$X(\underline{w}) = P_{s_1} \times_B \cdots \times_B P_{s_n}/B.$$

它是一个光滑的代数簇. 映射

$$\pi_w : X(\underline{w}) \to \overline{BwB/B}, \quad (g_1, \cdots, g_n) \mapsto g_1 \cdots g_n$$

给出 Schubert 流形 $\overline{BwB/B}$ 的奇点消解. 特别地, 它是一个逆紧映射. 由卷积定义可得到以下等式

$$\pi_{w!}(\underline{k}_{X(\underline{w})}[l(w)]) = \mathrm{IC}_{s_1} * \cdots * \mathrm{IC}_{s_n}.$$

两边取超上同调, 则得到

$$\mathbb{H}(\pi_{w!}(\underline{k}_{X(\underline{w})}[l(w)])) = \mathrm{BS}(\underline{w}).$$

另一方面, 当 k 的特征为零时, 由 Beilinson-Bernstein-Deligne-Gabber 分解定理

$$\pi_{w!}(\underline{k}_{X(\underline{w})}[l(w)]) = \mathrm{IC}_w \oplus \left(\bigoplus_{y<w} \mathrm{IC}_y^{\oplus m_{y,w}} \right).$$

由此可以看出, $\mathbb{H}(\mathrm{IC}_w)$ 是唯一一个没出现在 $\mathrm{BS}(\underline{y})$, $y < w$, 中的直和因子. 因此

$$\mathbb{H}(\mathrm{IC}_w) = B_w.$$

这时, 再用定理 1.2.1, 便得到 Weyl 群情形的 Soergel 猜想.

1.3.3 Elias-Williamson 的证明

从上一节的讨论可以看出, Weyl 群情形下 Soergel 猜想证明的核心是 BBDG 分解定理. 分解定理本身是一个关于上同调群的陈述, 但是它的证明需要用到相关代数簇上深刻的几何性质. 如果想对一般的 Coxeter 群证明 Soergel 猜想, 就需要一个排除掉对代数簇的依赖而只分析上同调群的分解性质的方法. 对任意的 $X \to Y$ 的逆紧映射, X 是光滑流形, de Caltado 和 Migliorini 通过 Hodge 理论给出的 X 的上同调的性质和一些 Lefschetz 算子的作用, 给出了分解定理的一个代数证明. Elias-Williamson 用类似的思想, 细致地研究了 Schubert 流形相交上同调的 Hodge 结构, 从而得到了一般情况下 Soergel 猜想的证明, 参见 [5].

1.3.4 意义

Soergel 双模的理论简洁优美, 提炼了 Kazhdan-Lusztig 范畴化中最核心的代数性质, 得到了一个适用于一般 Coxeter 群的范畴化. 它与范畴 $\mathcal{O}$ 的 Koszul 性质密切相关, 在表示论中有很多重要的应用. 此外, Khovanov 等的工作还显示 Soergel 双模在低维拓扑中链环同调的研究方面也有重要的应用.

1.4   Hecke 代数与图范畴

我们已经讲述了 Hecke 代数范畴化的两个重要模型, 一个是旗流形上的斜截层范畴, 另一个是 Soergel 双模范畴, 也看到 Hecke 代数范畴化在李理论研究中的应用. 那么, 我们能不能找到这些范畴更加内蕴的刻画把上面的范畴化统一起来? 让我来阐述一下这个问题的背景: 比如在李群表示的研究中, 人们一开始只是注意到一些自然出现的对象上的李群作用, 但是当我们有了半单李群的 Chevalley 生成元和关系的描述后, 就可以系统地研究它们的结构, 并且分类它们的表示. 对于 Hecke 代数的范畴化, 我们可以问同样的问题: 是否存在一个生成元/关系形式定义的 Hecke 范畴, 使得斜截层范畴、双模范畴等都是这个抽象定义的 Hecke 范畴的具体实现?

解决这个问题的切入点是要从一个具体的模型入手进行计算. 一个可行的方法是从 Soergel 双模范畴入手, 计算 Bott-Samulson 双模之间的映射, 也就是寻找

$$\bigoplus_{x,y\in W}\bigoplus_{\underline{x},\underline{y}}\mathrm{Hom}_{\mathbb{S}\mathrm{Bim}}(\mathrm{BS}(\underline{x}),\mathrm{BS}(\underline{y}))$$

在映射复合下构成的代数的生成元和关系. Nicolas Libedinsky 证明了, 这个代数由下面图表的后两列给出的映射生成:

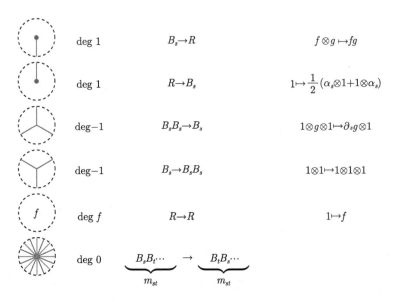

这里, $\partial_s=\dfrac{1-s}{\alpha_s}$ 是 R 上的 Demazure 算子. 其中, 最后一个映射并不容易显式地表达, 但它有一个概念性的定义. 令 $B_{s,t}$ 是 s,t 在 W 中生成的抛物子群中最长

的元素对应的不可分解 Soergel 双模, 它在 $B_sB_t\cdots$ 和 $B_tB_s\cdots$ 均出现且只出现一次; 最后一个映射就是先将 $B_sB_t\cdots$ 投影到这个分量, 再嵌回到 $B_tB_s\cdots$ 中.

　　Elias-Williamson 通过平面图的方式给出了这些生成元之间的关系, 从而给出 Hecke 范畴的生成元/关系式的定义. 这些平面图的记法是对 Coxeter 群中的每个元素 S 指定一个颜色, 将每一个 Bott-Samulson 双模 $\mathrm{BS}(\underline{x})$ 对应到直线 $\mathbb{R}$ 上由 $\underline{x}=s_1\cdots s_n$ 对应的颜色依次排列的一串点; $\mathrm{BS}(\underline{x})$ 到 $\mathrm{BS}(\underline{y})$ 的一个态射是 $\mathbb{R}\times[0,1]$ 中连接 $\underline{x}$ 在 $\mathbb{R}\times\{0\}$ 中的点和 $\underline{y}$ 在 $\mathbb{R}\times\{1\}$ 中的点的带色平面图的各向同性类 (isotropy class) 的线性组合. 态射的复合由这些图从下向上的叠加给出. 上面列表中最左侧一列给出了生成元对应的图. 关系的列表比较长, 感兴趣的读者可参看 [4].

　　Hecke 代数的图范畴为李群李代数的模表示研究带来了全新的视角. 通过研究这个图范畴中 Hom 空间上的一些双线性型的退化性, Williamson 找到了一系列特征 p 时特征标不是由 Lusztig 公式给出的例子. 相信在未来, Hecke 范畴化的研究还会给几何表示论带来更多新的突破.

参 考 文 献

[1] Beilinson A, Bernstein J. Localisation de g-Modules. Comptes Rendus Des Séances de l'Académie Des Sciences. Série I. Mathématique, 1981, 292(1): 15-18.

[2] Brylinski J L, Kashiwara M. Kazhdan-Lusztig conjecture and holonomic systems. Inventiones Mathematicae, 1981, 64(3): 387-410.

[3] Bezrukavnikov R, Mirković I, Rumynin D. Localization of modules for a semisimple Lie algebra in prime characteristic. Annals of Mathematics, 2008: 945-991.

[4] Elias B, Williamson G. Soergel calculus. Representation Theory of the American Mathematical Society, 2016, 20(12): 295-374.

[5] Elias B, Williamson G. The Hodge theory of Soergel bimodules. Annals of Mathematics. Second Series, 2014, 180(3): 1089-1136.

[6] Kazhdan D, Lusztig G. Representations of Coxeter groups and Hecke algebras. Inventiones Mathematicae, 1979, 53(2): 165-184.

[7] Kazhdan D, Lusztig G. Schubert varieties and Poincaré duality//Osserman R, Weinstein A. Proceedings of Symposia in Pure Mathematics, 36: 185-203. Providence, Rhode Island: American Mathematical Society, 1980.

[8] Laumon G. Transformation De Fourier constantes D'équations fonctionnelles et conjecture De Weil. Publications Mathématiques De l'IHÉS, 1987, 65(1): 131-210.

[9] Soergel W. Kazhdan-Lusztig-Polynome und unzerlegbare bimoduln über Polynomringen, J. Inst. Math. Jussieu, 2007, 6(3): 501-525.

2 Fourier 与 Fourier 分析①

范爱华②

2.1 引 言

今天我向大家介绍法国数学家 Fourier 和以他的名字命名的 Fourier 分析. 首先介绍 Fourier 是一位什么样的科学家, 以及他所处的时代背景. 简单地说, 他是法国大革命时期成长起来的革命科学家. 其次介绍 Fourier 的 Fourier 分析. Fourier 分析从何而来? 那是由研究热、求解热传导方程的解应运而生的, 或者说是 Fourier 发明的一种求解偏微分方程的方法. Fourier 分析早期的三位重要贡献者分别是 Dirichlet, Riemann 和 Cantor. 他们都是德国人而不是法国人. 我将主要围绕这三位学者的工作介绍 Fourier 分析的相关研究成果. 另一位法国数学家 Lebesgue 在 20 世纪初创立了 Lebesgue 积分, 这是 Fourier 分析研究的转折点, 也是现代分析研究的转折点. Lebesgue 积分的一个重要应用就是 Lebesgue 展开的 Fourier 分析. Fourier 分析 19 世纪初叶诞生于法国, 但整个 19 世纪关注 Fourier 分析的主要是德国人, 进入 20 世纪后, Lebesgue 让 Fourier 分析重新回到了法国. 但是, 其后直至第二次世界大战结束, 经典 Fourier 分析的研究主要集中在苏联与东欧国家. 最后, 我要大概讲一讲 20 世纪 Fourier 分析的研究在法国是怎样的状况. 我们将看到, Fourier 分析的研究对数学的许多基本概念的形成, 对整个数学的发展都起到非常重要的作用; 现代广义的 Fourier 分析渗入到了数学的每一个角落.

2.2 谁是 Fourier?

2.2.1 Fourier 简介

首先简单介绍 Fourier. Joseph Fourier 的一生与法国大革命紧密相连. Fourier 出生在 1768 年, 距离现在 251 年. Fourier 家境贫穷, 父母早亡. 然而, 他天

---

① 这是在 2019 年 5 月 8 日的数学所讲座的基础上整理而成的, 略有修正和补充.

② 法国 Picardie 大学. 邮箱: ai-hua.fan@u-picardie.fr.

资聪慧, 读过由教会管理的军校, 那个时候算是受到过最好的教育. 毕业后他想进榴弹炮部队, 因为他不是贵族出生所以未获批准; 不得已转向做修士以便将来作神父, 同时在修道院里当老师. 21 岁的 Fourier 遇上 1789 年的法国大革命. 正因为大革命爆发, 政府中断了对神父的任命. 神父做不成了, 他就回到自己的母校去教书. 同时, 他随波逐流干起了革命. 大革命稍微平静一点后的 1794 年, 政府开办了巴黎高师, 他被选中在高师做了几个月的学生. 后来, 他被推荐去刚创办的巴黎高工当老师. 那是中国的乾隆后期. 法国大革命六年之后 (1795) 乾隆皇帝退位, 再过五年 (1799) 乾隆驾崩. 这个时候, 30 岁的 Fourier 正跟随拿破仑东征埃及. 三年的埃及考古 (1798 年 7 月—1801 年 9 月) 成就了考古学家 Fourier; 三年的埃及学院的终身秘书任职锻炼出一位政治家 Fourier. 1801 年, 33 岁的 Fourier 回到法国, 拿破仑任命他为省长, 他当了 15 年的省长. 在当省长期间, Fourier 建立了热传导理论, 引入了三角级数求解热传导方程的方法. 后来, 他被选为法国科学院院士和法兰西学院院士. 1830 年, 62 岁的 Fourier 去世.

Fourier 生平简介

图 1　Jean-Baptiste Joseph Fourier (1768 年 3 月 21 日—1830 年 5 月 16 日)
　　　[乾隆 (1711—1799)　嘉庆 (1760—1820)　道光 (1782—1850)]
　　　[波拿巴 · 拿破仑 (1769 年 8 月 15 日—1821 年 5 月 5 日)]

- 1768 年 3 月 21 日生于法国中北部欧塞尔, 父亲是裁缝, 十岁成为孤儿.
- 1780 年 (12 岁) 入学欧塞尔军校, 17 岁时写过论代数方程的论文.

- 1787 年 (19 岁) 毕业于欧塞尔军校.
- 1787—1789 年 (19—21 岁) 修道院做修士.
- 1790—1794 年 (22—26 岁) 回欧塞尔母校教书, 介入大革命.
- 1794 年 (26 岁) 入巴黎高师做学生 (第一届).
- 1794 年 (27 岁) 巴黎高工当老师.
- 1797 年 (29 岁) 继承 Joseph-Louis Lagrange 在巴黎高工的教职.
- 1798 年 (30 岁) 随拿破仑出征埃及.
- 1802 年 (34 岁) 被拿破仑任命为伊泽尔省省长 (直至 1815 年).
- 1807 年 (39 岁) 投稿论文《固体内之热转导》.
- 1812 年 (44 岁) 热传导的研究获法国科学院大奖.
- 1817 年 (49 岁) 当选法国科学院院士.
- 1822 年 (54 岁) 当选法国科学院终身秘书, 出版专著《热的解析理论》.
- 1823 年 (55 岁) 当选英国皇家科学院院士.
- 1826 年 (58 岁) 当选法兰西学院院士, 当选普鲁士皇家科学院院士.
- 1929 年 (61 岁) 当选俄罗斯科学院院士.
- 1830 年 (62 岁) 当选瑞典皇家科学院院士, 5 月 16 日病逝于巴黎.

2.2.2   拿破仑与法国大革命

如果要了解 Fourier, 就需要了解法国大革命. Fourier 的一生也与拿破仑密切相关. 法国大革命延续了十年, 从 1789 年 5 月份的三级会议或 7 月 14 日攻占巴士底狱开始, 到 1799 年 11 月 9 日雾月政变拿破仑成为第一执政为止.

法国大革命时期, 社会激进, 政治动荡. 经历了欧洲列强之间的七年战争 (1756—1763) 和美国独立战争 (1775—1783), 路易十六的法国面对财经危机, 强加税赋; 工业革命导致失业率提高; 蓬勃发展的启蒙思想助长了阶级意识. 这一切终于使得法国大革命在 1789 年 5 月的三级会议中爆发.

什么是三级会议? 三级会议 (États généraux) 是在国家遇到困难时, 国王为寻求援助而召开的三个等级阶层的代表会议. 因此, 会议是不定期的. 三个不同等级阶层的代表分别是: 第一等级的神职人员、第二等级的贵族、第三等级的平民. 从 1614 年到 1789 年, 三级会议中断了 175 年. 1789 年的会议导致了法国大革命.

有个叫西哀士 (Sieyès, 1748—1836) 的神父, 草根出身, 拥抱启蒙思想. 他将是第一帝国的理论家, 督政府督政官. 1799 年, 西哀士煽动雾月政变 (11 月 9 日), 协助拿破仑夺得政权. 早在 1789 年 1 月, 西哀士发表了他的著名的小册子——《什么是第三等级?》. 小册子是这样开头的: "我们有三个问题需要回答. 第三等级是什么? 是一切; 第三等级在现有政治秩序中的地位是什么? 什么也不是; 第三等级要求什么? 要求取得某种地位." 6 月 10 日, 西哀士提出由第三等级自行为与会者认证, 并邀请另外两个阶级参加. 他们通过投票做出一个意义深远的决定, 自称 "国民议会", 一个不是为国家而是为 "人民" 服务的议会. 为了保持对三级会议的控制, 阻止国民议会的行动, 路易十六以装修场地为国王演讲做准备为由, 下令关闭国民议会大厅. 1789 年 6 月 20 日, 第三等级只得在一个室内网球场发表《网球场宣言》, 宣称国民会议将延续到宪法建立为止. 大部分的教士代表很快就加入到国民议会中去, 贵族阶层也有人加入. 6 月 27 日, 国王做出让步. 但是, 大量军队在巴黎和凡尔赛集结. 保守贵族们对王室的行为不满, 对政局产生怀疑, 有人开始流亡, 另有人投入国家内乱或参与欧洲其他封建王朝的反法同盟. 7 月 14日, 民众攻占巴士底监狱; 8 月 26 日颁布《人权宣言》. 10 月 6 日, 王室被迫从凡尔赛返回巴黎杜伊勒里宫 (Palais des Tuileries), 承认国民制宪议会.

革命的对象也有天主教会. 天主教会是法国最大的土地所有者, 对百姓征税. 教会的 13 万教士构成第一等级. 1789 年 11 月, 国民议会宣布没收教会财产, 教会的财产由国家处置. 1790 年 6 月, 议会废除世袭贵族、封爵头衔, 宣布法国教会脱离教宗统治.

路易十六对革命感到气馁, 王后坚决反对革命. 在感到个人和家庭的安全受到威胁时, 路易十六决定离开巴黎. 1791 年 6 月 20 日的乔装出逃没有成功. 这激发了某些革命领袖和民众要求废除王政.

后来, 法国经历了短暂的君主立宪时期 (1791 年 9 月 4 日—1792 年 9 月 21日). 1792 年 8 月 10 日, 民众占领杜伊勒里宫, 最终结束了法国君主制, 开启了法兰西第一共和国时期 (1792 年 9 月到 1804 年 5 月).

几个月后的 1793 年 1 月 21 日, 路易十六被推上断头台. 10 月 16 日, 王后被处死. 派系斗争及民众情绪的日益高涨导致 1793 年至 1794 年恐怖统治的产生. 以罗伯斯庇尔 (Robespierre) 为代表的雅各宾派实施恐怖政策, 最后罗伯斯庇尔自己被反对派热月党送上断头台. 热月党人建立督政府, 于 1795 年夺取政权. 后来, 反对新宪法的将军们被拿破仑镇压. 1796 年, 督政府派拿破仑远征意大利, 取得重大胜利. 1798 年, 拿破仑远征埃及和叙利亚. 1799 年 11 月, 拿破仑发动雾月政变, 结束督政府的统治, 建立执政府. 大革命结束, 法国开始 15 年的拿破仑时代.

2.2.3 谁是 Fourier?

现在来回答谁是 Fourier 的问题. Fourier 经历丰富, 我们得慢慢说. 如果从他先后所做出的贡献来讲, Fourier 首先是考古学家, 其次是政治家, 然后是物理学家, 最后才是数学家. 在他做出最重要的科学贡献时, 他只是一位业余的科学家, 他当时是拿破仑所任命的法国东部伊泽尔省 (Isère) 省长.

Fourier 的全名为 Jean-Baptiste Joseph Fourier, 通常简称 Joseph Fourier (约瑟夫·傅里叶). 1768 年 3 月 21 日生于欧塞尔 (Auxerre). 他的祖父是农民, 父

亲是个小裁缝店的老板. 他父亲第一次结婚生有三个小孩, 第二次结婚生有十三个小孩, Fourier 是其中之一. Fourier 十岁时不幸父母双亡, 幸好教堂收养了他, 因为他有个远房的亲戚是一位神父. 在由教会管理的皇家军校里, Fourier 受到了良好的教育. 原来, 巴黎的军校在 1760 年被拆成十所军校, 分布在全国十座城市. Laplace 和拿破仑都是从这种军校毕业的. 相对而言, 这是一种新式学校, 可以学习语言像德语、拉丁语等, 学习使用地图, 没有体罚, 重视体育课. Fourier 在学校的生活很愉快, 他很喜欢拉丁语, 文章写得很好. 据说, 巴黎的一些有身份的神父采用 Fourier 写的文章做布道演说. 在校期间, Fourier 非常用功. 1784 年 12 月至 1785 年 11 月 Fourier 大病了一场. 从那以后, 身体状况一直不好, 常常失眠, 消化不良, 再加哮喘. Fourier 在 17 岁时写过论代数方程根的分布的论文, Legendre 知道 Fourier 的工作. Fourier 十九岁毕业时, Legendre 曾支持 Fourier 加入炮兵部队, 但是被拒绝了. 国防部这样回复 Legendre: "Fourier 非贵族出生, 不能加入炮兵部队, 哪怕他是第二个牛顿." 没办法, Fourier 只得留校, 教了两年半的书. 后来, 他去一个修道院做了两年的修士 (1787—1789). 这时碰上大革命, 新的国民议会取消了所有神职人员的任命, 对 Fourier 的任命原定在 1789 年 11 月宣布. 如果大革命不爆发, 历史上或许会产生一位出色的 Fourier 神父. 1790 年初, 他回到母校当教师, 学校已改名为 "国立军校". 他在这里做了四年的教师, 教历史、哲学、数学, 教如何辩论.

当教师期间, 1793 年初, 他加入了欧塞尔城有点像 "革委会" 的机构, 1794 年 6 月当上了 "革委会主任". 1793—1794 年是个血腥的恐怖时期. Fourier 对大革命持保留态度, 为此他被关押过, 差一点坐牢. 1794 年 7 月 28 日, 罗伯斯庇尔被砍头. 如果罗伯斯庇尔没有被砍头, Fourier 有可能被判死刑. 1794 年 8 月 11 日 Fourier 被释放. 1794 年底, 作为年轻的教师, 他被选入刚开办的巴黎高师. 学校只办了一个学期, 但是教师们注意到 Fourier 是个出色的学生. 因为 Fourier 曾属于雅各宾派, 他原来所在城市新的当局写信要求开除 Fourier 的学籍. 这回, Fourier 真的坐牢了 (1795 年 6 月). 一个月左右之后, Fourier 恢复了公民身份. Monge, Laplace, Lagrange 是 Fourier 在高师的老师. 经由 Monge 推荐, 自 1795 年 9 月起, Fourier 在巴黎高工任数学教师. 他在这个职位上工作了两年多.

1798 年, 拿破仑东征埃及, 带上一大批学者, 其中包括 Monge 和 Fourier.

2.2.4　考古学家: 埃及行

剑桥大学的 T. W. Körner 是一位 Fourier 分析专家, 曾获得 1972 年的 Salem 奖. 我们后面要讲到数学家 Salem. 许多 Fields 奖获得者曾获得过 Salem 奖. Gauss 奖和 Abel 奖获得者 Y. Meyer 也曾获得过 Salem 奖. Körner 著有 *Fourier Analysis* 一书[26], 一本有特色的教科书. 该书有 110 章, 每一章不长, 读起来比较轻松. 第 91 章和第 92 章专门讲述 Fourier 其人. Körner 说他曾经跟一个埃及学家聊天, 谈到 Fourier. 埃及学家说 Fourier 为《埃及描述》所写的前言, 是埃及历史研究的杰作, 是埃及历史研究的转折点; 他很惊讶地得知 Fourier 还是一位有名的数学家.

1798 年, 拿破仑东征埃及. 对这件事, 法国人的措辞为 "远征或探险" (expedition), 英国人的措辞为 "侵略" (invasion). 表面上看, 法国人要把埃及从土耳其人手里解放出来, 并且威胁英国人在印度的地位. 要知道, 英国最反感法国大革命. 东征埃及的实情是, 巴黎的当局者想把惹麻烦的拿破仑送得越远越好; 而拿破仑本人呢, 把它看成是成为东方皇帝的第一步. 拿破仑还带了一批学者, 以便发掘埃及丰富的历史和文化. 可以说, 这批学者是来探险的, 而拿破仑的部队将要进行一场 "埃及战役".

1798 年 3 月, Fourier 随队离开巴黎. 东征的队伍里, 有一百七十来位科学家. 有 1794—1797 届高工的学生 42 人, 其中 7 人再也没有回来. 侵略埃及的队伍来自法国和意大利, 达三万余人. Fourier 于 5 月中离开土伦, 8 月抵达亚历山大. 一年后, 在离亚历山大 50 公里外的罗塞塔, 法国人发现了著名的罗塞塔石碑. 在罗塞塔 Fourier 是负责 "埃及通讯" (Courrier de l'Egypte) 的编辑, 为拿破仑东征埃及做宣传. 仿照法兰西学院 (l'Institut de France), 拿破仑在埃及创建埃及学院 (l'Institut d'Egypte, 1798 年 8 月 22 日成立), 任命 Fourier 为终身秘书, Monge 为主席 (拿破仑自己只作副主席). 学院分为四个分部: 数学、物理与自然史、政治经济、文学与艺术. 拿破仑属数学部, 拿破仑是军校毕业的理科生, 是懂得数学的. 拿破仑有个法兰西学院院士的头衔, 他很看重这个头衔. 他签署命令的时候, 首先排在首位的头衔是法兰西学院院士, 然后才是东征军司令. 1799 年 2—6 月, 拿破仑进攻叙利亚. 8 月份, 因为国内的局势, 拿破仑偷偷地返回了巴黎. Monge 也返回了巴黎. 于是, Fourier 成为非军事的主要负责人. 1800 年 6 月, 军事指挥官 Kléber 将军在开罗被暗杀, Fourier 致悼词. 此时, Fourier 负责协调民事与军事. 1801 年 9 月法国投降, Fourier 负责与英国人交涉.

有必要讲一讲罗塞塔石碑 (Rosetta Stone). 碑高 1.14 米, 宽 0.73 米, 制作于公元前 196 年, 刻有古埃及国王托勒密五世登基的诏书. 石碑上刻有内容相同的古埃及象形文 (Hieroglyphic, 又称为圣书体)、埃及草书 (Demotic, 又称为世俗体) 和古希腊文. 这三种文字写的是同一件事情. 这使得近代的考古学家可以对照各语言版本的内容, 解读出已经失传千余年的埃及象形文字, 这是研究古埃及历史的重要里程碑. 罗塞塔石碑现存大英帝国博物馆, 是镇馆之宝. Fourier 当时要求英国允许法国人带回罗塞塔石碑, 英国不同意. 法国人就偷偷地装上船, 最后还是被英国给截了下来. 这块石头就这样被大英帝国抢走了.

《埃及描述》是对埃及的历史文物的详细记录, 共有 23 卷, 出版时间长达 20

年 (1809—1829). Fourier 写了很长的序言. 这个序言可比一篇博士论文的份量要重得多. 所以说, Fourier 是一位真正的历史学家.

拿破仑回到巴黎, 发动雾月政变. 自此 (1799), 拿破仑成为真正的统治者.

2.2.5　政治家 Fourier: 两任省长

1801 年 11 月, Fourier 在土伦上岸回到法国. 1802 年 1 月回到巴黎高工继续当教师. 二月份, 拿破仑提供给他伊泽尔省省长的职位. 伊泽尔省, 他的家乡, 省城是格勒诺布尔市, 那里的一所大学后来取名 Fourier 大学, 数学研究所称为 Fourier 研究所. Fourier 接受了拿破仑的建议, 四月份上任. 当时, 法国分为 83 个省, 省长是中央政府的代理人. 直到现在, 省长是任命的不是选举的. Fourier 时期的省长比现在的省长权力大. 有人认为, 埃及的经历培养了 Fourier 做行政管理的兴趣.

Fourier 在省长的位置上坐了 14 年, 是一个受欢迎、办事有效率的省长. 一件值得一提的事是, Fourier 说服各个不同利益团体将二十万顷的湿地改造成耕地. 还有一件事值得一提, 他开辟了一条从格勒诺布尔到意大利都灵的穿越阿尔卑斯山的新路, 是现在的一条国道. 在此期间, Fourier 帮助组织出版《埃及描述》. Fourier 的主要贡献是为《埃及描述》作序, 一个埃及历史的综述. 《埃及描述》唤起了欧洲人对埃及的兴趣, 是东征在考古学方面衍生的两大成就之一. 另一成就是发现罗塞塔石碑.

在省长任上, Fourier 开始研究热. 1805 年他就写好了一个没有发表的手稿, 算是一个草稿. 1807 年底, 他向巴黎科学院提交了关于热传导的第一篇论文. 四位评审人给出了评审意见, 意见纪录在 12 月 21 日科学院的会议记录里. Lagrange 的意见不太好, Laplace 的意见稍好一点. 不过, Laplace 在他 1810 年的著作里承认, Fourier 是热传导方程之父.

1807 年的论文未能发表, 但是保留在国立桥梁公路学校里. Fourier 的朋友 Navier 是那里的教授, 他是 Fourier 手稿的 "遗嘱执行人". 论文还附有 1808 年和 1809 年 Fourier 转给科学院的相关材料. 可见, Fourier 获得过评审意见, 他也做了答复. 材料里可以看到, 一份对论文内容非数学的介绍 (只保留有前面十页) 和十页纸的 Fourier 对论文评审的答复. 科学院对 Fourier 的 1807 年的论文没有公开回应. 1808 年, 由 Poisson 起草的一份报告发表在《科学通报》(*Bulletin des Sciences*) 上, 报告提到热方程, 未提 "Fourier" 级数.

1809 年, Fourier 写完了《埃及描述》的序言. 这一任务繁重. 这个时期, 他内心还怀揣着 "热", 期望着 1807 年的论文能得到承认. 那 90 页的序言需提交给拿破仑审阅, Fourier 亲自去巴黎当面呈交. 序言论及埃及的古代史与现代史, Fourier 的写作风格无可挑剔.

Fourier 作序得到了 Jaques-Joseph Champollion-Fireac 的帮助. 后者热衷于埃及学, 他有一位弟弟, 叫 Jean-François, 当时还是个中学生, 参加过一点点序言的准备工作, 是他从 1822 年起慢慢地破译出了埃及象形文字. Fourier 去世两年后他就去世了, 按照他的遗愿, 他被埋在 Fourier 旁边.

1813 年冬, 拿破仑在俄国的战役失败. 英、奥、普、俄的联军威胁到法国领土. 30 岁的司汤达[①] 被派往 Fourier 所在的地区, 协助一个特别委员会研究抵抗措施. 1814 年 1 月, 奥地利军队可能从日内瓦进入法国, Fourier 需要与军队和司汤达等组织抵抗奥军. 司汤达认为 Fourier 不大作为有碍军事行动, 在他后来的文字里对省长很是蔑视. 3 月 31 日, 巴黎沦陷. 拿破仑 4 月 6 日退位, 4 月 12 日签订《枫丹白露条约》, 然后被迫流亡地中海中的厄尔巴岛. 4 月 16 日, Fourier 和省政府的大部分人员归顺第一次复辟的波旁王朝. 拿破仑南下从格勒诺布尔附近路过. Fourier 很是尴尬, 他在省长位置上留任了一年.

1815 年, 拿破仑从厄尔巴岛返回巴黎, 进入格勒诺布尔. Fourier 离开格勒诺布尔以免面见拿破仑. 同年 3 月 9 日, 拿破仑撤了 Fourier 的职并威胁要逮捕他. 两天过后, 拿破仑改了主意, 任命 Fourier 为罗纳河省的省长, 省府所在地是里昂市. Fourier 开始新职位的工作. 但是, 他拒绝执行拿破仑和内政部长的清肃政策. 5 月 3 日, Fourier 最终被撤职.

因为 Fourier 是拿破仑政府的官员, 特别是他参加过拿破仑的百日王朝, 第二次复辟的波旁王朝取消了 Fourier 退休金. 幸好, 塞纳河省的省长给 Fourier 提供了一个省统计局局长的职位. 这位省长是高工 94 届的学生, Fourier 曾教过他, 他也在埃及待过很久. 在统计局局长这个职位上, Fourier 发表了《巴黎市和塞纳河省统计研究》, 共四卷. 这项工作没有 Laplace 的相关工作重要, 但是对法国政府的统计工作起到重要的作用.

2.2.6 物理学家 Fourier: 热传导方程和温室效应

现在讲述他的科学成就. Fourier 基于相邻两分子的热流和它们之间的温差成正比的原理推导出 Fourier 方程, 即热传导方程:

$$\frac{\partial v}{\partial t} = \frac{K}{CD}\left(\frac{\partial^2 v}{\partial x^2} + \frac{\partial^2 v}{\partial y^2} + \frac{\partial^2 v}{\partial z^2}\right).$$

这里 v 表示固体在时刻 t 在空间点 (x, y, z) 处的温度, D 表示物体的密度, K 表示物体的内部的传热性, C 表示物体的特殊比热. Fourier 也为上述方程建立了准确的边界条件. 20 世纪的物理教材基本上沿用 Fourier 的推算. 同时, 他建立了

[①] 法国作家 Marie-Henri Beyle (1783—1842) 的笔名. 他最有名的著作是《红与黑》, 1830 年出版.

Fourier 定律:

$$\frac{\partial Q}{\partial t} = -k \oint_S \overrightarrow{\nabla T} \cdot d\overrightarrow{A}.$$

在热传导理论成功建立之后, 1817 年和 1825 年, Fourier 发表了关于热辐射的论文. 热辐射意指, 热无接触地远距离传播. 这一理论, 在 19 世纪末得到进一步发展 (Stefan, 1860; Boltzmann, 1879).

温室气体存在的想法属于 Fourier. Fourier 通过计算发现, 如果仅仅考虑太阳辐射的加热效应, 那么地球温度的理论值比地球的实际温度要低. 为什么? 他试图寻找其他热源[①]. Fourier 认为地球大气层可能是一种隔热体. 这种看法被公认是"温室效应" 的雏形. 温室效应是指行星的大气层吸收辐射能量从而使其表面升温的效应. 正因为温室效应, 行星表面温度会比没有大气层时的温度要高. 如果没有温室效应, 地球就会冷得不适合人类居住.

2.2.7 数学家 Fourier: Fourier 级数与 Fourier 变换

对我们而言, Fourier 是当然的数学家. 1807 年 12 月 21 日可以说是 Fourier 分析的诞生日. Fourier 在他投稿的论文里宣称:

> 区间上的任何 (用图形表示的) 函数可以展开成这样的级数, 其系
> 数由一个积分公式给出; 而级数逐点收敛于该函数.

那时的函数不是我们现在的函数, 收敛性也是含糊的. 两百多年过去了, 数学家们还在思考这个问题, 或者说这一类问题.

据 Riemann 说 (1854), 年迈的大学者 Lagrange (71 岁) 对 Fourier 的断言感到特别意外, 表示坚决反对. Riemann 说, Dirichlet 告诉他, Lagrange 的反对意见在法国科学院有案可查, 我们前面已经谈到过. Riemann 又说, Fourier 的竞争对手 Poisson 驳斥 Fourier, 将 Fourier 所得到的公式的优先权归于 Lagrange. Riemann 查看了 Poisson 所引用的 Lagrange 的原文, 发现 Lagrange 所考虑的, 用现代的观点来看, 是有限群上的 Fourier 分析. Riemann 认为, Lagrange 离 Fourier 的那个信仰还很遥远; Lagrange 倒是认为, 任意具有解析表达的周期函数可以表示为三角级数. 注意, 这里牵涉到如何理解函数的问题.

Fourier 的重要贡献是, 一方面, 提供了分解函数的 Fourier 公式:

$$a_n = \frac{1}{\pi} \int_{-\pi}^{\pi} f(x) \cos nx \, dx, \quad b_n = \frac{1}{\pi} \int_{-\pi}^{\pi} f(x) \sin nx \, dx.$$

---

① J. Fourier, Remarques générales sur les températures du globe terrestre et des espaces planétaires, Annales de Chimie et de Physique. 1824, 27: 136-167. J. Fourier, Mémoire sur les températures du globe terrestre et des espaces planétaires, Mémoires de l'Académie Royale des Sciences. 1827, 7: 569-604.

另一方面, 指出了三角函数可以合成原来的函数, 即可以有下述 Fourier 级数表示

$$f(x) = \frac{1}{2}a_0 + \sum_{n=1}^{\infty}(a_n \cos nx + b_n \sin nx).$$

Fourier 的研究中, 用到了卷积的方法, 即考虑到所研究的函数与 $\frac{1}{2} + \cos x +$ $\cos 2x + \cos 3x + \cdots$ 所表示的函数的卷积 (这个级数只是现代意义的广义函数①).

对于直线上非周期的函数, Fourier 也自然地导出了我们现在所谓的 Fourier 变换和 Fourier 逆变换:

$$\widehat{f}(\xi) = \int_{\mathbb{R}} f(x)e^{-2\pi i\xi x}dx, \quad f(x) = \int_{\mathbb{R}} \widehat{f}(\xi)e^{2\pi i\xi x}d\xi.$$

应该指出, 三角级数不是 Fourier 发明的, 因为前人用到过三角级数, 如 Euler, Bernoulli, Taylor 等. 前人的工作主要涉及弦振动. 下面我们会讲到这一些. 但是, Fourier 给出了许多漂亮的例子, 特别是, 系统地研究了函数与它的级数之间的关系. 正是因为这一项工作, Fourier 修正了函数的概念. 当然, 完善的函数概念将由二十年后的 Dirichlet 给出. Fourier 计算了许多 2π-周期的非连续函数的三角级数. 如, 当 $|x| < \pi$ 时取值 x 的函数的三角级数. 他指出 Euler 得到过这个级数, 并特别指出展开的适用范围是 $|x| < \pi$. 他将在 $0 < x < \pi$ 时取值 $\cos x$ 的奇函数展开成正弦的级数 ([16], no. 223)

$$\cos x = \frac{2}{\pi} \sum_{m=1}^{\infty} \left(\frac{1}{2m-1} + \frac{1}{2m+1} \right) \sin 2mx \quad (0 < x < \pi).$$

Lagrange 对此很震惊, Laplace 也同样震惊.

2.2.8 Fourier 的前辈: Bernoulli, Euler, d'Alembert, Lagrange

我们来看看 Fourier 的大胆与成功有什么样的基础, 看看他的前辈所做的工作.

三角函数出现在天体物理里是很自然的, 因为天体的运动是周期的. 柏拉图在论述宇宙演化时, 谈到球的 "和谐", 和谐一词借鉴于音乐. 柏拉图将数学分为五个部分: 数、平面几何、立体几何、天体物理和音乐. 从古希腊直到 Fourier 时期, 有不少对周期运动和三角函数的研究. 弦振动自然是与音乐有关的. 弦振动与三角级数是 18 世纪科学家的研究对象.

---

① 级数 $1 + 2\cos x + 2\cos 2x + 2\cos 3x + \cdots = \sum_{-\infty}^{+\infty} e^{inx}$ 处处发散, 但是在众多不同的求和意义下收敛于 0 $(x \neq 0)$. 这是 Dirac 测度 δ_0 的 Fourier-Stieljes 级数.

1854 年, Riemann 有一篇研究三角级数的论文, 我们将专门讲述. 在论文里, 他首先回顾了弦振动的研究历史以及三角函数在其中的作用, 特别是三位代表人物的工作, 他们分别是 Bernoulli (1700—1782), Euler (1707—1783) 和 d'Alembert (1717—1783). 按照年龄排序, d'Alembert 最小, 小 Bernoulli 17 岁, 其实是学生辈了. 但是, 如果从工作上来说, 顺序应该倒过来. 在弦振动研究方向上, d'Alembert 的工作最重要, 他在 1747 年[①]得到了弦振动方程

$$\frac{\partial^2 y}{\partial t^2} = \alpha^2 \frac{\partial^2 y}{\partial x^2}$$

的一般解

$$\phi(x + \alpha t) + \psi(x - \alpha t).$$

d'Alembert 用到变量代换的方法. 如果弦的两端 $(x = 0, \ell)$ 是固定的, 那么解具有如下形式

$$y = \phi(x + \alpha t) - \psi(x - \alpha t).$$

在接下来的一篇文章里, d'Alembert 考虑了 2ℓ-周期函数 ϕ.

接下来的 1748 年, Euler 首创了初值问题的提法[②]. 在 d'Alembert 的工作基础之上, Euler 指出, 弦振动完全由初始位置和初始速度决定. 假定在 $t = 0$ 时,

$$y = g(x), \qquad \frac{\partial y}{\partial t} = h(x),$$

那么对于 0 与 ℓ 之间的 x, ϕ 必须满足等式

$$\phi(x) - \phi(-x) = g(x), \qquad \phi(x) + \phi(-x) = \frac{1}{\alpha} \int h(x) dx.$$

由此可以导出 $\phi(x)$ 在 $-\ell$ 与 ℓ 之间的值, 进而由周期性导出 $\phi(x)$ 的所有值. 这就是 d'Alembert 的决定性函数 ϕ 与 Euler 初始条件之间的关系. 但是, d'Alembert 反对 Euler 的做法, 认为 Euler 的解太过广泛, 而他自己的解是由 t 和 x 解析表达的函数.

接下来, Bernoulli 登场. 在此 (1715 年) 之前, Taylor 注意到了由正弦和余弦函数表示的基音. Bernoulli 注意到, 固定长度的弦也能产生基音的整数倍频率的谐音, 将所有谐音适当地混合起来应该得到所有可能产生的声音. 换句话说, 我们拥有带边值的方程的特殊解

$$\sin n\frac{\pi x}{\ell} \cos n\frac{\pi \alpha t}{\ell}, \quad \sin n\frac{\pi x}{\ell} \sin n\frac{\pi \alpha t}{\ell} \quad (n = 1, 2, \cdots).$$

---

① Mémoires de l'Académie de Berlin, p.214, 1747.

② Mémoires de l'Académie de Berlin, p.69, 1748.

方程的一般解应该是

$$y(x,t) = \sum_{n=1}^{\infty} \sin n\frac{\pi x}{\ell} \left(a_n \cos n\frac{\pi \alpha t}{\ell} + b_n \sin n\frac{\pi \alpha t}{\ell} \right).$$

Euler 对此表示反对. 如果 Bernoulli 是对的, 那么

$$y(x,0) = \sum_{n=1}^{\infty} a_n \sin n\frac{\pi x}{\ell} = g(x), \quad \frac{\partial y}{\partial t}(x,0) = \sum_{n=1}^{\infty} b_n \frac{\pi \alpha n}{\ell} \sin n\frac{\pi x}{\ell} = h(x).$$

Euler 认为, 两个级数表示的函数是 "连续的", 但是 g 和 h 可以 "不连续". 显然, 有矛盾.

争议在科学界传播. Lagrange (1736—1813) 在他 1759 年的关于声音的属性与传播的研究中详细地描述了这一争议. 这个时候的 Lagrange 只有 23 岁, 但是已经进入大师的行列, Euler 称他是非常有学问的几何学家. Lagrange 引入一种新方法. 他假定弦上等距离地分布有有限个质点, 然后分析弦的振动. 通过细致的研究, 他得到一个公式, 初看起来就是 Bernoulli 的公式或 Fourier 的级数. 其实, 那是有限循环群上的 Fourier 公式. Riemann 认为, 这是走向 Euler 命题的一步, 但是还需要取极限才能得到 Euler 的解. Euler 当时的反应很热烈. 一方面, Lagrange 佐证了他的方法, Lagrange 也用到过 "不连续" 函数. 但是, Riemann 指出, Lagrange 的那个取极限怎么个取法是个问题. d'Alembert 一直认为他的解是一般解. 争论在继续, 大家各持已见.

关于对任意函数的研究以及用三角级数表示的可能性, Riemann 这样总结当时情况. Euler 将任意函数引入分析, 根据几何直觉对它们实施无穷小计算. Lagrange 试图精确化 Euler 的结果, 但是觉得 Euler 几何法不能令人满意. d'Alembert 倒是承认 Euler 的那种微分计算, 但是抱怨 Euler 结果的准确性, 因为对于任意函数, 不能知道微商是否连续. 对于 Bernoulli 给出的解, 三人都认为那不是一般解. d'Alembert 为了坚持他的解比 Bernoulli 的解更一般, 不得已申明, 周期解析函数不能表示成三角级数. Lagrange 则相信可以证明解析函数能够表示成三角级数.

函数的三角级数的表示问题在 18 世纪的确是一个困难的分析问题, 不可得到解决的问题, 因为人们还没有真正理解连续和可微的概念, 甚至函数本身的概念也是模糊的. 由 d'Alembert 的弦振动问题的一般解产生出若干问题: 哪一类函数可以是弦振动方程的解? 这些函数是否可以展开成三角级数?

Fourier 迈出了决定性的一步. Riemann 在论文里, 描述完历史发展之后写道: "大约 50 年过去了, 关于任意函数解析表示的可能性的问题没有任何实质性进展. 此时, Fourier 的一个记注对这一课题投入来了一束新的曙光, 这一部分的数学发展开启了一个新的时期. 它即刻响亮地宣告数学物理的蓬勃发展."

顺带提一下, Monge, Laplace, Lagrange 是 Fourier 在巴黎高师的老师. Fourier 的竞争对手有 Poisson 和 Cauchy. 其实从年龄上看后者是学生辈; Poisson 比 Fourier 小 13 岁; Cauchy 比 Fourier 小 21 岁. Fourier 在 19 世纪的继承人全是德国人. Riemann 认为, 真正理解 Fourier 的第一个人是 Dirichlet. Dirichlet 严格地证明了 Fourier 分析中的第一个定理, 那是 1829 年, Fourier 去世的前一年. 接下来是 Riemann 的工作, 那已经是 1854 年, 离 Fourier 去世已经四分之一个世纪. 再接下来是 Cantor 的工作. 我们将分别讲述这三位的工作.

2.2.9　被遗忘的 Fourier: 遗忘与重生

19 世纪末, 好像 Fourier 在法国被遗忘了. 雨果的《悲惨世界》(1862) 是一本现实主义的历史小说, 几近编年史. 1817 年, Fourier 入选科学院. 《悲惨世界》第三卷有一章, 名为 1817 年. 雨果写道:

> ······ 无名之徒圣西门正计划他的好梦. 科学院有了一位闻名于世的傅里叶, 后世已把他忘却; 我不知道从哪个黑暗的角落里又钻出了另一位傅里叶, 后世将永志不忘.

雨果所说的第一个 Fourier 是我们熟知的 Fourier, 第二个 Fourier 是空想社会主义者 Charles Fourier (1772—1837). Fourier 已经被遗忘了吗? 雨果只是陈述当时在法国社会中感觉到的一种氛围. Arago[1] 是雨果的朋友, 肯定给雨果讲述过科学界的故事. Fourier 去世后, Arago 继任科学院终身秘书, 为 Fourier 致悼词. 在悼词中, Arago 几乎未提 Fourier 的数学工作. 可以说, 讣告直接埋葬了数学家 Fourier. 当时, Fourier 很有影响力的竞争对手 Poisson 和 Cauchy 正活跃在舞台上. 或者是说, 1862 年雨果写《悲惨世界》的时候, 大家都把 Fourier 忘了, 没有人记得 Fourier 了.

巴黎有一条街叫作 "查尔斯–傅里叶街". 除了巴黎, 没有哪里有一条以数学家 Fourier 命名的街道.

Fourier 全集未曾编辑出版. 《Fourier 选集》在 1880—1890 年由 Darboux 编辑出版. 直到 1974 年, 在法国的百科全书上才有 Fourier 的词条.

Fourier 在 1826 年当选法兰西学院院士, 拿破仑很看重这个头衔, Fourier 也算是法兰西的不朽的人物. 巴黎的埃菲尔铁塔上刻有 72 位法国科学家名字, 其中有 Fourier 的名字 (也有 Lagrange 的名字, Lagrange 其实是意大利人). 可见, Fourier 也受到一定程度的尊重. Fourier 的重生或永生在于 Fourier 的思想和方法渗入数学的各个角落.

---

① François Arago (1786—1853), 法国数学家、物理学家、天文学家和政治家. 曾任法国第二共和国总理 (1848). 1835 年, 创建《法国科学院通报》(*les Comptes rendus de l'Académie des sciences*).

2.2.10 纯数学与应用数学之争: 为民服务还是为了人类精神之荣耀?

Fourier 去世之后不久, 1830 年 7 月 4 日, 26 岁的 Jacobi (1804—1851) 给 78 岁的 Legendre (1752—1833) 寄去一封法文书信, 讨论他投稿的论文, 其中谈到 Poisson 的审稿意见. Jacobi 在信中写道:

> Poisson 先生本不该在他的报告里转述 Fourier 先生那句不太恰当的话——他指责 Abel 和我关心其他的事物而不愿关心热的运动. 诚然, Fourier 先生的观点是, 数学的主要目的是为民服务和解释自然现象; 但是, 像他这样的哲学家应该不会忘记, 科学的唯一目标是人类精神之荣耀. 因此, 一个数学问题等值于一个有关世界体系的问题.

的确, Fourier 是数学物理学家, 也是应用数学的捍卫者.

2.3 Fourier 的贡献

现在, 我们通过 Fourier 的著作, 来了解他的具体科学贡献.

2.3.1 《热的解析理论》

Fourier 对科学的最主要的贡献是他在 1822 年出版的著作《热的解析理论》(*la théorie analytique de la chaleur*). Fourier 级数是作为求解热传导方程的工具而出现的. 全书共 9 章, 再分成若干节和小节, 小节从 1 号编到 433 号. 下面出现的, 如 no.166, 表示第 166 小节.

第一章描述一系列固体内观测到的热传导现象, 包括金属环、球、立方体、无限棱柱体等. 第二章导出热传导方程. Fourier 级数出现在第三章, 它是求解无限长方棱柱体内热平衡态的方法 (下面细讲这一方法). 第四章到第八章讨论不同的具体情形的热传导 (圆环、球体、圆柱体、长方棱柱体、立方体). 最后一章是热传导的一般研究, 采用前面用过的不同方法; Fourier 积分在此起重要作用.

2.3.2 Fourier 方法: 无限长方棱柱体内热平衡态

在《热的解析理论》的第三章中, 考虑一般情形之前, Fourier 就一个实例讲述他的三角级数解热方程的方法. 考虑一个垂直的无限长方棱柱体, 它可以表示为

$$0 \leqslant x < \infty, \quad -\frac{\pi}{2} \leqslant y \leqslant \frac{\pi}{2}, \quad -\infty < z < +\infty.$$

假定三个边界面上的温度是固定的常数, 平衡状态的温度将不依赖坐标 z. 于是, 问题转化为在矩形 $R = [0, +\infty) \times [-\pi/2, \pi/2]$ 内解调和方程

$$\frac{\partial^2 v}{\partial x^2} + \frac{\partial^2 v}{\partial y^2} = 0.$$

假定边界条件

$$v(0,y) = 1, \ \forall \, y \in [-\pi/2, \pi/2]; \quad v(x, -\pi/2) = v(x, \pi/2) = 0, \quad \forall \, x > 0.$$

因为边界条件是 y 的偶函数, Fourier 就在 y 的偶函数中寻找解, 即在形如 e^{-kx} $\cos(ky)$ 的函数的线性组合里寻找解. 另外, 因为在端点 $y = \pm \dfrac{\pi}{2}$ 解的边界值等于零, 这使得 k 必须是奇数. 再者, 某些物理的考量使得可以限制 $k > 0$. 所以, Fourier 寻找如下形式的解 (no. 166-169)

$$v(x,y) = a\,e^{-x}\cos y + b\,e^{-3x}\cos 3y + c\,e^{-5x}\cos 5y + \cdots. \tag{2.3.1}$$

这里用到的分离变量法, d'Alembert 和 Euler 已经用过; 而叠加原理 (甚至无穷个函数的叠加) Bernoulli 已经用过. 为了求出系数 $a, b, c, \cdots$, Fourier 利用边界条件

$$1 = a\cos y + b\cos 3y + c\cos 5y + \cdots \quad \left(|y| < \frac{\pi}{2}\right), \tag{2.3.2}$$

先确定 a, 再确定其他的系数. 为此, Fourier 对上述方程求导偶数次, 得到

$$0 = a\cos y + b\,3^{2j}\cos 3y + c\,5^{2j}\cos 5y + \cdots \quad \left(|y| < \frac{\pi}{2}\right). \tag{2.3.3}$$

Fourier 先假定只有 m 个未知量 $a, b, \cdots, r$, 考虑 m 个未知量的 m 个方程组. 第一个方程出自 (2.3.2), 其余 $m-1$ 个方程出自 (2.3.3), $j = 1, 2, \cdots, m-1$:

$$0 = a\cos y + b\,3^{2j}\cos 3y + c\,5^{2j}\cos 5y + \cdots + r\,(2m-1)^{2j}\cos(2m-1)y.$$

令 $y = 0$, 得到方程组

$$1 = a + b + c + \cdots + r,$$
$$0 = a + 3^2 b + 5^2 c + \cdots + (2m-1)^2 r,$$
$$0 = a + 3^4 b + 5^4 c + \cdots + (2m-1)^4 r,$$
$$\vdots$$

Fourier 给出了详细的计算以便求出 $a, b, \cdots, r$. 我们现在可直接采用 Cramer 法则求解, $a, b, \cdots, r$ 中的每一个数是两个 Vandermonde 行列式的商. 因此可以得到

$$a = \frac{3 \cdot 3 \cdot 5 \cdot 5 \cdots \cdots (2m-1)(2m-1)}{2 \cdot 4 \cdot 4 \cdot 6 \cdots \cdots (2m-2)(2m)}.$$

其实, 这只是 a 的近似值. 利用 Wallis 公式, Fourier 得到极限值 a. Fourier 得到的系数是

$$a = \frac{4}{\pi}, \quad b = -\frac{4}{3\pi}, \quad c = \frac{4}{5\pi}, \quad d = -\frac{4}{7\pi}, \cdots.$$

从而, Fourier 得到展开式 (no. 177)

$$\frac{\pi}{4} = \cos y - \frac{1}{3}\cos 3y + \frac{1}{5}\cos 5y - \frac{1}{7}\cos 7y + \cdots \quad (y \in [-\pi/2, \pi/2]).$$

将系数代入 (2.3.1) 就得到方程用级数展开的解. 进一步地, Fourier 求出了简单形式的公式 (no. 205)

$$v(x, y) = \frac{2}{\pi}\arctan\frac{2\cos y}{e^x - e^{-x}}.$$

　　Fourier 所展示求解方法远比他所得到的结果重要得多. 但是, 对求解的过程有人不高兴.

　　$v(x, y)$ 的图像如图 2 所示.

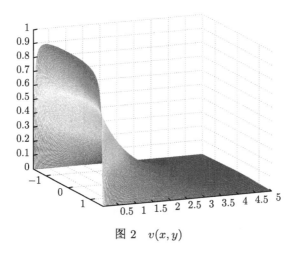

图 2　$v(x, y)$

2.3.3　热亦数控 (Et ignem regunt numeri): 科学院大奖

　　在 Fourier 之前, 热的理论比较含糊. 1736 年, 法国科学院提出一个公开的课题 "火的性质与传播的研究". 所有人, 包括 Euler 和 Voltaire, 无视主题, 讨论了一番火灾的传播. 18 世纪末, 谈到热的学术名词是热量. 人们关心, 热是否是类似于化学元素的一种物质? Fourier 的研究途径是全新的, 无论热的本性, 他研究热的传播方式.

Fourier 当省长期间研究热. 从他第一次投稿 (1807) 到著作出版 (1822) 间隔了 15 年.

. 1807 年固体中的热传导理论 (投稿科学院) [审稿人: Lagrange, Laplace, Lacroix, Monge].

. 1811 年热亦数控 (参加竞争科学院大奖) [审稿人: Lagrange, Laplace, Malus, Haüy, Legendre].

. 1812 年 (元月 6 号) 获得大奖.

. 1822 年出版《热的解析理论》.

Fourier 在 1807 年投了他的第一稿. 科学院的终身秘书 Delambre[①]邀请四人评审论文. Lagrange 极力反对那样使用三角级数. 论文没有发表, 稍后 Poisson 在科学院通报上发表了一个简短扭曲的报告. 后来, 科学院又一次将热作为公开的研究课题. Fourier 进一步完善他的论文, 并且引述了柏拉图的 "热亦数控" 的名言. 1811 年 9 月, Fourier 在规定时间的最后一刻投了稿. 这一次 Fourier 的论文获得了科学院的大奖 (1812 年元月颁发). 但是论文没有获得发表的许可. Lagrange 两次都是评审委员, 他追求严密性. 评审委员会认为那是非完善的创新, 所以没有允许发表论文. 评审报告中有这样一段:

> 这项工作确实得到了热在物体内部和表面传导的真实方程. 该研究的创新性及其重要性促使评委会授予此项工作科学院大奖. 然而, 我们也注意到, 作者导出他的那些方程的方法并非没有困难, 用以求解方程的分析有待进一步改善, 无论是其一般性还是其严格性都是如此.

评审委员会有一定的道理. 的确, 后来者直到现在为严密性和一般性工作了两百年. 现在还不能说我们把问题都解决了.

2.3.4 《热的解析理论》的前言

读一读《热的解析理论》的前言, 它让你心潮澎湃. 一个大科学家如何信心十足地希望发现并且成功地发现了物质世界新的运动规律. "我" 发现了这些规律. "我" 开创新的研究领域, 指明研究方法. 下面只是前言的最前面的一部分:

> 我们不了解热的根源, 但是它们服从永恒不变的简单规律, 通过观察可以发现的规律. 自然哲学的目的就是研究这些规律.
>
> 就像重力一样, 热渗入宇宙万物, 它的射线无处不在. 我们的工作目标是建立这一元素所服从的数学定律. 从此以后, 热的理论将成为普通物理学最重要的分支之一.

① Jean Baptiste Joseph Delambre (1749—1822), 法国数学家、天文学家. 曾任巴黎天文台台长, 科学院终身秘书.

　　我们不了解最古老的文明所获取的经典力学的知识. 除了有关谐振的最初几个定理, 这一学科的历史最多追溯到阿基米德. 这位伟大的几何学家解释了固体和流体的平衡态的数学原理. 大约流逝了十八个世纪的光阴后, 出现了第一位力学的发明者. 伽利略发现重物的运动规律. 牛顿让这一理论涵括整个宇宙系统. 这些哲学家的继承人发扬光大建立了一个令人赞叹的完美理论. 他们教导我们, 各式各样的现象服从少数几个可以在各种自然行为里重现的基本定律. 现在我们知道这些原理控制着恒星的运动——它们的运动轨迹, 海面的平静与起伏, 空气和发声体的和谐振动, 光的转播, 毛细现象, 液体的波动. 总而言之, 所有自然之力所产生的最复杂的效应.

　　然而, 无论力学的范围有多广, 它根本就不适用于热的效应. 它们构成一类特殊的现象, 不能用运动与平衡的原理来解释. 长时间以来, 我们拥有适用于测量热的效应的精巧设备, 积累了珍贵的观测资料. 但是, 我们也只得到部分的结果, 没有对隐含这些效应的规律做出数学证明.

　　通过长期的研究, 对现今为止所知事实的细心对比, 我推导出了这些规律. 数年以来, 借助迄今一直在使用的精密仪器, 我重新观察到了这些事实.

　　为了建立这一理论, 必须首先辨清并准确定义确定热运动的基本属性. 然后, 我意识到与这一运动有关的现象都化解为极少数几个简单的一般事实. 故此, 任何这一类的物理问题都被转化为数学分析的研究. 根据这些一般事实, 我得出如下结论, 为从数值上确定各种各样的热的运动只需对每一物质做三项基本观察. 事实上, 不同物体不具备相同的容纳热的能力、在其表面接收或传播热的能力、在其内部传导的能力. 我们的理论清晰地甄别并指导如何测量这三种特殊性质.

　　…

2.4　Fourier 级数的收敛性: Dirichlet 定理

　　Fourier 分析中第一个一般而又严密的结果是关于 Fourier 级数收敛的 Dirichlet 定理. Dirichlet 的论文发表于 1829 年, 用法语写成[9].

2.4.1　Dirichlet

　　1805 年, Dirichlet 出生于普鲁士的迪伦. 迪伦当时属于拿破仑统治时期的法国, 1815 年返归普鲁士. Fourier 的著作发表的那一年, 1822 年 5 月, 十七岁的 Dirichlet 去巴黎学习. 1825 年, 他证明了 $n = 5$ 时的 Fermat 大定理的两种情形之一, 另一情形很快由 Legendre 补充证明 (Dirichlet 在 1828 年 *Crelle* 杂志上也发表了他的补充证明). Abel 也在巴黎逗留过几个月 (1826 年 7 月 10 日至 12 月 29 日), 在他给友人的信里谈到曾遇到过 Dirichlet: "Dirichlet 先生, 普鲁士人, 有一天来找我, 视我为同胞." 但是, 不像 Dirichlet, Abel 好像没有与巴黎的数学家有深交. Abel 的通信里谈到 Poisson 和 Fourier: "我只在路上碰到过 Poisson; 我觉得他有点自恋. 但是, 他人不这样感觉 (1826 年 8 月 12 日)······Poisson 个子小, 有个漂亮小肚皮, 举止端庄. Fourier 也一样 (1826 年 10 月 24 日)."

Dirichlet 自始至终对数论情有独钟. 为什么会对三角级数感兴趣呢? Dirichlet 在巴黎期间属于 Fourier 的圈子, 该圈子还包括 Navier (1785—1836), Sophie German (1776—1831), Sturm (1803—1855), 以及后来加入的年轻的 Liouville (1809—1882). 据 Abel 的书信编辑所说, Fourier 在 1827 年推荐 Dirichlet 出任他的第一个职位 (在 Breslau, 现今波兰的 Wroclaw).

2.4.2 Dirichlet 定理

现在讲述 Fourier 分析的第一个有关收敛性的定理, 也是分析中严格证明的典范. 1829 年, 二十四岁的 Dirichlet 在 Fourier 的专著出版七年之后用法文发表了如下的结果[9].

定理 2.4.1 (Dirichlet, 1829) 假设函数 $\varphi : [-\pi, \pi] \to \mathbb{R}$ 具有有限个不连续点和有限个极大或极小值. 那么, 对任何 x, 它的 Fourier 级数收敛到 $\frac{1}{2}\big(\varphi(x+) + \varphi(x-)\big)$.

证明用到现在我们称之为 Dirichlet 积分的积分 $\int_0^\infty \frac{\sin x}{x} dx = \frac{\pi}{2}$. 证明的关键是下列 Riemann-Lebesgue 引理的雏形. 其中的函数 $\frac{\sin nx}{\sin x}$ 本质上就是 Dirichlet 核.

引理 2.4.1(关键引理) 设函数 $f : [a, b] \to \mathbb{R}$ 连续且单调 $(0 \leqslant a < b < \pi/2)$. 那么积分 $\int_a^b \frac{\sin nx}{\sin x} f(x) dx$ 趋于 $\frac{\pi}{2} f(0)$ 或 0, 视 $a = 0$ 或 $a > 0$ 而定.

半个世纪后的 1881 年, Jordan 引入有界变差函数, 将 Dirichlet 定理推广到有界变差函数. 目前的教科书里讲述的要么是 Dirichlet 定理, 要么是 Dirichlet-Jordan 定理.

在 1829 年的著名论文里, Dirichlet 对 Fourier 大加赞赏, 对 Cauchy 的工作给予了批评, 同时提出了我们现在熟知的 Dirichlet 不可积函数. 尽管在通篇论文里 Dirichlet 没有提到 Fourier 的名字, Dirichlet 对 Fourier 的赞赏溢于言表. 这或者是他的写作技巧, 或者是他认为 Fourier 的大名无须提及. 论文是这样开始的:

"正弦和余弦之级数, 通过它们可以表示给定区间上的任意函数, 该级数具有许多引人注目的性质, 其中之一是其收敛性. 这一性质没有逃脱那位大数学家的法眼, 他引入了表示给定函数的方式, 从而开拓出分析应用的新道路. 这个性质陈述在最早的关于热的研究的论文当中. 但是, 就我所知, 没有人给出一般的证明. 我只知道, Cauchy 先生的一项工作, 发表在 1823 年的巴黎科学院的论文集里; 作者承认, 他的证明不适合某些函数, 而这些函数的级数的收敛性其实是毋庸置疑的. 仔细考查上述论文后, 我认为他的证明对于他认为适用的函数也是不足的."

Dirichlet 完全否定了 Cauchy 的结果, 指出 Cauchy 犯了两个错误. Cauchy 要求函数能解析延拓, 他的证明方法最终只适用于常数函数, 这是第一个错误. 第二个错误是认为通项等价的两个级数同时收敛. Dirichlet 给出反例: $\sum \dfrac{(-1)^n}{\sqrt{n}}$, $\sum \dfrac{(-1)^n}{\sqrt{n}} \left(1 + \dfrac{(-1)^n}{\sqrt{n}}\right)$.

用现代的观点看, Cauchy 的错误不止于此, 大家听说他弄错过一致收敛性. 但是, Cauchy 不失为大数学家、大科学家. 法国科学院的主要报告厅的墙上有他的雕像, 墙上的位置是很有限的. 正如 Lagrange 所指出的, Fourier 的推理很值得商榷. 但是, 无论是 Cauchy 还是 Fourier, 他们的直觉推动了科学的发展.

必须强调, Dirichlet 的证明无懈可击, 哪怕是用我们现在的标准去衡量.

2.4.3 Fourier 级数的收敛性研究

下面是关于 Fourier 级数的收敛性具有历史意义的标志性结果:

. Dirichlet (1829): 收敛性第一项工作, 严格分析的典范.

. du Bois-Reymond (1873): 存在 Fourier 级数在某处发散的连续函数.

. Luzin (1915): Luzin 猜想 (平方可积函数的 Fourier 级数几乎处处收敛).

. Kolmogorov (1923): 存在 Fourier 级数几乎处处发散的可积函数.

. Kolmogorov (1926): 存在 Fourier 级数处处发散的可积函数.

. Hardy ($p = 1$), Kolmogorov-Seliverstov 和 Plessner ($p = 2$), Littlewood-Paley ($p > 1$): 部分和的估计

$$\forall f \in L^p, \quad S_n f(x) = o((\log n)^{1/p}) \quad \text{a.e.} \quad (1 \leqslant p < \infty).$$

. 龙瑞麟 (1981): 假设 $\{n_j\} \subset \mathbb{N}$ 是凸序列, 存在常数 $C > 0$ 使得

$$\forall f \in L^\infty, \forall J, \forall x, \quad \frac{1}{J} \sum_{j=0}^{J-1} |S_{n_j} f(x)| \leqslant C \|f\|_\infty$$

. Konyagin (2000): $L(\log_+ L)^{1/2}$ 中存在 Kolmogorov 型函数.

. Hardy-Littlewood: 存在常数 $C > 0$ 使得

$$\forall f \in L^\infty, \forall n, \forall x, \quad \frac{1}{n}\sum_{j=0}^{n-1}|S_j f(x)| \leqslant C\|f\|_\infty.$$

当且仅当

$$\limsup_{j\to\infty} \log\frac{n_j}{\sqrt{j}} < \infty.$$

我们将两个重要的结果陈述为下面两个定理 (见 [5, 23, 25]).

定理 2.4.2 (Kahane-Katznelson, 1965) *存在连续函数其 Fourier 级数在给定的零测集上发散.*

定理 2.4.3 (Carleson, 1966) *平方可积函数的 Fourier 级数几乎处处收敛 (Luzin 猜想成立). 若 f 属于 L^p $(p > 1)$, 则 $S_n f(x) = o(\log\log\log n)$ a.e..*

20 世纪 60 年代, 是 Fourier 分析的辉煌时期. 1962 年, J. P. Kahane 在斯德哥尔摩国际数学大会上做大会报告; 1966 年, L. Carleson 在莫斯科国际数学大会上做大会报告.

顺带指出, 多变量周期函数的 Fourier 级数的收敛性有待进一步研究, 尤其是球面求和的收敛性[14,15]. 一维的对称求和 (球面求和) 是十分自然的. 但是, 高维有许多显得自然的求和方式, 如立方体求和、长方体求和、球面求和等. 现有研究表明, 不同求和方式的收敛性有所不同. 这也是自然的, 在一维的情形, 普通的对称求和与 Abel 求和就有所区别.

2.4.4 正交级数的收敛性

正交级数的收敛性是一个更普遍的问题. 三角函数系 $\{e^{inx}\}$ 是平方可积函数空间 $L^2(\mathbb{T})$ 中的正交系. 设有测度空间 $(X, \mathcal{B}, \mu)$ 以及 $L^2(\mu)$ 中的标准正交系 $\{\varphi_n\}$. 系数 $\{c_n\}$ 满足什么条件可以保证级数 $\sum c_n \varphi_n(x)$ 几乎处处收敛? 这是一个庞大的问题, 问题的答案与正交系 $\{\varphi_n\}$ 有关. 如果条件 $\sum|c_n|^2 < \infty$ 能保证级数 $\sum c_n \varphi_n(x)$ 几乎处处收敛, 我们则称 $\{\varphi_n\}$ 为收敛系. Carleson 定理就是说, 三角函数系是 $L^2(\mathbb{T})$ 中的收敛系. Kolmogorov 三级数定理的特殊情形表明, 概率意义下的独立函数系是收敛系.

下面的 Rademacher-Menshov 定理是一个普遍适用的定理[35,42]. Kac-Salem-Zygmund 将它推广到了拟正交系[19].

定理 2.4.4 (Rademacher-Menshov, 1923) *设有标准正交系 $\{\varphi_n\}$. 如果 $\sum|c_n|^2\log^2 n < \infty$, 那么级数 $\sum c_n \varphi_n(x)$ 几乎处处收敛.*

如果 $\{c_n\}$ 不满足 Rademacher-Menshov 条件 $\sum|c_n|^2\log^2 n < \infty$, 即 $\sum|c_n|^2 \cdot \log^2 n = \infty$, 那么存在 $L^2(\mathbb{T})$ 中的标准正交系使得 $\sum c_n \varphi_n(x)$ 几乎处处发散

(此结果属于 Tandori, 见 [1], p.88). 故, 在正交系这个范畴之内, 最佳的条件是 Rademacher-Menshov 条件.

给定函数 $f \in L^2(\mathbb{R}/\mathbb{Z})$ 满足 $\int f(x)dx = 0$, 给定整数序列 $\{n_k\} \subset \mathbb{N}$, 函数系 $\{f(n_k x)\}$ 何时成为收敛系? 如果 f 的 Fourier 级数绝对收敛, 那么 $\{f(nx)\}$ 是收敛系. 这可以由 Carleson 定理导出 (结论属于 Gaposhkin). 对于 Hadarmard 缺项序列 $\{f(n_k x)\}$ $\left(\text{即 } \inf_k \frac{n_{k+1}}{n_k} > 1\right)$, 下述定理给出几乎最佳的对 f 的正则性要求[8]. 记 $\omega_2(f, \delta)$ 为 f 的 L^2-连续模.

定理 2.4.5 (Cuny-Fan, 2017) 若 $\omega_2(f, 2^{-n}) = O(n^{-\gamma})$ 对某个 $\gamma > \frac{1}{2}$ 成立, 则 $\{f(n_k x)\}$ 是收敛系. 任给 $\gamma < \frac{1}{2}$, 存在 f 使得 $\omega_2(f, 2^{-n}) = O(n^{-\gamma})$, 但是 $\{f(n_k x)\}$ 不是收敛系.

正则性 $\omega_2(f, 2^{-n}) = O(n^{-\gamma})$ 是比较弱的. 上述定理表明, 弱正则性可以保证收敛性, 但是没有一点正则性是不行的. 函数 f 的 Fourier 级数绝对收敛等价于 $\sum_{n=1}^{\infty} n^{-1/2} e_n(f) < \infty$, 其中 $e_n(f)$ 表示 f 用 n-阶三角多项式平方逼近的最佳逼近度 (Stetchkine, 见 [21], p.10). 记 $\omega(f, \delta)$ 为 f 的一致连续模. 正则性 $\omega(f, \delta) = O(\delta^{1/2+\epsilon})$ 可以保证函数 f 的 Fourier 级数绝对收敛 (S. Bernstern). 这个正则性是较强的条件.

历史上最早的概率论的研究属于函数论的范畴. 最早的独立随机变量序列是 Rademacher 函数序列 $\{r_n\}$, 也就是概率论中 Bernoulli 序列的代表. Rademacher 函数序列是上述函数系中的一种, 即 $r_n(x) = r(2^n x)$, 其中 r 是 1-周期函数, 满足

$$r(x) = 1_{[0,1/2]}(x) - 1_{[1/2,1]}(x).$$

Rademacher 级数 $\sum a_n r_n(x)$ 的和函数在函数论里得到了全方位的研究, 促进了独立随机级数的研究. 一般的非独立的级数 $\sum a_k f(n_k x)$ 值得进一步研究.

2.4.5 数论与 Dirichlet 级数

值得一提的是, 后来 Dirichlet 把 Fourier 分析引入数论, 或准确地说是把有限群的 Fourier 分析引入数论. L 函数的原型是 Fourier 级数, Riemann 的 ζ-函数将特殊的 Dirichlet 的 L 函数延拓到复平面, 从而建立数论与复分析的联系. Dirichlet 首先用 Fourier 的分析方法来研究算数序列里是否有无穷个素数的数论问题.

定理 2.4.6 (Dirichlet) 如果正整数 a 和 b 互素, 那么序列 $\{a, a+b, a+2b, a+3b, \cdots\}$ 中有无穷个素数.

2.5 三角级数表示的函数: Riemann 求和法

第一个系统地对三角级数进行严格研究的是 Riemann.

2.5.1 Riemann 和他的任教资格论文

获得博士学位之后, Riemann 为了取得编外讲师职位 (Privatdozent), 必须向校学术委员会提交任教资格论文 (Habilitationsschrift), 独立的专业性学术论文集, 包括若干年的工作. 此外, 还必须做一个演讲 (Habilitationsvortrag), 就校学术委员会选定的特殊专题做研究可行性报告. Riemann 在 1853 年 12 月提交了任教资格论文《论函数三角级数表示的可能性》. 而他的那个报告, 是 Gauss 给他指定的 "论几何学基础". 论三角级数的论文在 1867 年由 Dedekind 发表. Dedekind 说, Riemann 好像没有发表论文的意图; 但是, 有足够的理由印发这篇未加任何修改的论文. 论文的主题很有意义, 论文包含了处理无穷小分析的最重要原理的方法.

Riemann 的任教资格论文研究了什么问题呢? 他没有继续 Dirichlet 所关心的函数的 Fourier 级数的收敛性. 他提了一个反问题: 给定一个收敛的三角级数, 和函数是什么样的函数? 也就是说, 什么样的函数可以用三角函数表示.

首先我们需要明确两个概念: 三角级数和 Fourier 级数. 任意系数的正弦和余弦的无穷级数称为三角级数, 一般形式为

$$\frac{a_0}{2} + \sum_{n=1}^{\infty}(a_n \cos nx + b_n \sin nx) \quad (a_n, b_n \in \mathbb{R}). \tag{2.5.1}$$

Fourier 级数是特殊的三角级数, 它的系数来自一个可积函数, 由 Fourier 公式所确定. Riemann 假设三角级数收敛, 同时假设系数趋向于零, 即 $a_n \to 0, b_n \to 0$ (Cantor 后来证明这个趋于零的条件是多余的. 后面我们会讨论这一点). Riemann 的论文分四个部分, 共 13 节.

第一部分: 函数的三角级数的可表示性研究的历史 (1—3 节);

第二部分: 论定积分 (4—6 节);

第三部分: 函数的三角级数的可表示性研究 (7—11 节);

第四部分: 考察某些特殊情形 (12—13 节).

2.5.2 Riemann 理论

Riemann 证明了, 若三角级数 (2.5.1) 处处收敛, 则和函数是某个连续函数的二次对称导数. 非常完美地回答了什么是三角级数的和函数.

如何找到这个二次对称可导函数呢? Riemann 是这样做的, 做法具有革命性. 假定 $a_n \to 0, b_n \to 0$. 为方便起见, Riemann 把级数的通项记为 $A_n(x)$. 所以, 级

数 (2.5.1) 简写为

$$A_0(x) + A_1(x) + A_2(x) + \cdots.$$

对级数 (2.5.1) 积分两次得到连续函数:

$$F(x) := C + C'x + A_0(x)\frac{x^2}{2} - \sum_{n=1}^{\infty} \frac{A_n(x)}{n^2}. \tag{2.5.2}$$

定理 2.5.1 (Riemann)　假设 $\sum A_n(x)$ 收敛于 $f(x)$ 且 $a_n \to 0, b_n \to 0$. 那么 F 的二阶对称导数等于 $f(x)$. 更一般地, 有

$$\lim_{(\alpha,\beta) \to (0,0)} \frac{1}{(2\alpha)(2\beta)} \Delta_\beta \Delta_\alpha F(x) = f(x),$$

这里要求商 $\dfrac{\alpha}{\beta}$ 保持有界, 其中 $\Delta_\alpha g(x) := g(x+\alpha) - g(x-\alpha)$.

直接且简单的计算导出函数 F 与原有级数的如下关系

$$\frac{F(x+2\alpha) - 2F(x) + F(x-2\alpha)}{(2\alpha)^2} = A_0 + \sum_{n=1}^{\infty} A_n(x) \left(\frac{\sin n\alpha}{n\alpha}\right)^2. \tag{2.5.3}$$

假如级数 $\sum A_n(x)$ 收敛到 $f(x)$, 当 α 趋向于零时等式 (2.5.3) 的右端趋向于 $f(x)$. 定理 2.5.1 的结果更强. 即使级数 $\sum A_n(x)$ 不收敛, 等式右端在 α 趋向于零时也可能有极限存在. 这就是我们现在所谓的对级数 $\sum A_n(x)$ 的 Riemann 求和. 可以证明, Fourier 级数是几乎处处 Riemann-可求和的, 特别地, 在连续点 Riemann-可求和. 通常的二阶导数不存在 (甚至一阶导数不存在) 时, 二阶对称导数有可能存在. Riemann 的求和法契合广义函数的思想.

在 $a_n \to 0, b_n \to 0$ 的假设下, Riemann 还证明了下面两个定理.

定理 2.5.2 (Riemann)　对任意 x (关于 x 一致地),

$$\lim_{\alpha \to 0} \frac{1}{2\alpha} \Delta_\alpha \Delta_\alpha F(x) = 0.$$

定理 2.5.3 (Riemann)　任给检验函数 $\lambda(x)$,

$$\int_a^b \cos \xi(x-c) F(x) \lambda(x) dx = o\left(\frac{1}{\xi^2}\right).$$

2.5.3　Riemann 积分

Riemann 在他论文开篇的第一段就指出, 必须明确定积分的概念. 论文的第 4, 5, 6 节的共同标题是 "论定积分及其应用范围". 两页篇幅的第 4 节, 给出了现行教材里所见的 Riemann 积分的定义 (有些教材采用 Darboux 的大和与小和的陈述方

式), 非常清晰和完善. 第 5 节给出一个可积性的充分必要条件, 这个条件本质上就是 Lebesgue 的不连续点集是零测集的条件. 第 6 节给出了一个具有可数稠密不连续点集的 Riemann 可积函数, 也考虑了广义 Riemann 可积性及具体的例子.

函数的概念在 Riemann 的论文里是很清晰的. 在论文开篇的第一段里, 谈到对函数研究的历史时, Riemann 用到 "图像表示的任意函数" 的措辞. Fourier 就是这样理解 "任意" 函数的. Riemann 在第 2 节首先提到 Fourier 公式, 他说, Fourier 看到他的公式适用于 "函数 (值)$f(x)$ 任意给定的" 函数. 这就是我们现在理解的映射.

Riemann 给出了第一个具有可数稠密不连续点集的 Riemann 可积函数, 通过级数定义如下

$$f(x) = \frac{(x)}{1} + \frac{(2x)}{4} + \frac{(3x)}{9} + \cdots = \sum_{n=1}^{\infty} \frac{(nx)}{n^2},$$

其中 (x) 是 1-周期函数, 满足 $(x) = x \left(|x| < \frac{1}{2}\right)$ 且 $(1/2) = 0$. 函数 f 是有界的 1-周期函数. Riemann 证明了 (未给证明细节), f 的不连续点形如 $\frac{p}{2q}$(不可约分数); 当 $x = \frac{p}{2q}$ 时,

$$f(x+0) - f(x) = -\frac{\pi^2}{16q^2}, \quad f(x) - f(x-0) = \frac{\pi^2}{16q^2}.$$

学习 Riemann 积分的大学生可以去读一读 Riemann 的原始论文, 包括这个不连续的可积函数.

在第 6 节, Riemann 也研究了在某处趋于无穷的函数的广义积分. 假设 0 是这样的奇点, f 是在某个区间 $[0,a]$ 上定义的只有有限个极大和极小值的正函数. Riemann 证明我们熟知的事实: 若 f 可积, 则必有 $xf(x) = o(1)$; 若 $x^\alpha f(x) = o(1)$ $(0 < \alpha < 1)$, 则 f 可积. 同时指出, 如果 f 可积, 那么下列函数

$$f(x)x \log \frac{1}{x}, \quad f(x)x \log \frac{1}{x} \log \log \frac{1}{x}, \quad \cdots, \quad f(x)x \log \frac{1}{x} \cdots \log^{n-1} \frac{1}{x} \log^n \frac{1}{x}$$

当 x 趋于零时都是 $o(1)$; f 可积的一个充分条件是

$$f(x)x \log \frac{1}{x} \cdots \log^{n-1} \frac{1}{x} \left(\log^n \frac{1}{x}\right)^\alpha = o(1) \quad (\alpha < 1).$$

最后, Riemann 指出, 如果 f 有无穷个极大和极小值点, 那么函数值的大小不能判别函数的可积性; 给定一个函数的绝对值, 通过改变函数值的符号总可以使得

积分 $\int f(x)dx$ 收敛. 他给出了一个有无穷个极大和极小值点, 绝对值是指数级的大$\left(\text{以 } \dfrac{1}{x} \text{ 为无穷大的基本级}\right)$, 而积分收敛的函数:

$$\frac{d(x\cos e^{\frac{1}{x}})}{dx} = \cos e^{\frac{1}{x}} + \frac{1}{x}e^{\frac{1}{x}}\sin e^{\frac{1}{x}}.$$

在最后的第 13 节, Riemann 回到可积性与 Fourier 展开的问题. 该节给出了许多有趣的例子. 第一个例子是广义可积函数

$$f(x) = \frac{d}{dx}\left(x^{\nu}\cos\frac{1}{x}\right) \quad \left(0 < \nu < \frac{1}{2}\right).$$

它的 Fourier 系数不趋向于零:

$$\int_0^{2\pi} f(x)\cos n(x-a)dx \approx \frac{1}{2}\sin\left(2\sqrt{n} - na + \frac{\pi}{4}\right)\sqrt{\pi}n^{\frac{1-2\nu}{4}}.$$

因此得出结论, 广义可积函数的 Fourier 级数可以发散.

Riemann 心里应该想到过, 是否存在处处收敛而和函数不可积的三角级数? 他因为没能构造出这样的级数, 所以没有明确地提出这个问题吧. 这样的三角级数确实存在, 下面是 Fatou 给出的例子

$$\sum_{n=1}^{\infty}\frac{\sin 2\pi nx}{\log n}.$$

该级数处处收敛, 但是它的和函数既非 Riemann 可积也非 Lebesgue 可积. Riemann 给出了几个 Riemann 不可积的函数, 它们与某些在稠密集上收敛的三角级数有关. 他首先考虑的是

$$h(x) = \sum_{n=1}^{\infty}\frac{(nx)}{n}.$$

Riemann 证明了, 在有理点该级数收敛[1], 且可以表示为三角级数[2]:

$$h(x) = \sum_{n=1}^{\infty}\frac{d_o(n) - d_e(n)}{n\pi}\sin 2\pi nx,$$

[1] 用 Rademacher-Menshov 定理可以证明, 该级数几乎处处收敛, 且和函数是 Lebesgue 平方可积函数. 证明如下. 我们有 Fourier 展式 $(x) = \dfrac{2}{\pi}\sum_{n=1}^{\infty}\dfrac{(-1)^{n+1}}{n}\sin 2\pi nx = \dfrac{1}{\pi i}\sum_{n\neq 0}\dfrac{(-1)^{n+1}}{n}e^{2\pi inx}$. 等式处处成立. 设 p, q 互素, 由 Parseval 等式得到 $\int(px)(qx)dx = \dfrac{1}{pq\pi^2}\sum_{k=1}^{\infty}\dfrac{(-1)^{(p+q)k}}{k^2}$. 由此导出, $\{(nx)\}$ 是拟正交系.

[2] 因为 $d_o(n)$ 和 $d_e(n)$ 的阶为 $O(\log n)$, Rademacher-Menshov 定理同样证明该三角级数几乎处处收敛. 可以这样证明两个级数表示相同的函数: 将 (nx) 用三角级数代替, 然后交换求和次序.

其中 $d_o(n)$ 是 n 的奇因子的个数, $d_e(n)$ 是 n 的偶因子的个数. 函数 h 在任何区间上都不是 Riemann 可积的, 因为它在任何区间上的振幅无穷大. 但是, h 是 Lebesgue 可积的.

Riemann 引入了一类 "弱缺项" 的三角级数

$$\sum_{n=0}^{\infty} c_n \cos n^2 x, \quad \sum_{n=1}^{\infty} c_n \sin n^2 x \quad \left(c_n \downarrow 0, \sum c_n = +\infty\right).$$

他只研究了 $x = r\pi$ (r 为有理数) 时, 级数的收敛性. 他用到了 Gauss 的二次同余的结果, 即 Gauss 和

$$\sum_{n=0}^{m-1} c_n \cos n^2 x, \quad \sum_{n=0}^{m-1} c_n \sin n^2 x$$

在 $\dfrac{2\pi}{m}$ 的某些倍数处等于零, 在其他的倍数处不等于零. Riemann 最后给出的例子是

$$\sum_{n=1}^{\infty} \sin n!\pi x.$$

这个三角级数的系数不趋向于零. 但是, 级数显然在有理点收敛. Riemann 证明, 级数在某些无理点也收敛. 当然, 我们知道这个级数几乎处处发散.

2.5.4 Riemann 之后某些特殊三角级数和函数的研究

Riemann 用三角级数来构造可积的或不可积的函数, 连续的或不连续的函数. Weierstrass 认为, Riemann 应当想到过存在连续但是无处可微的函数, 并提到候选的函数

$$R(x) = \sum_{n=1}^{\infty} \frac{\sin n^2 x}{n^2}.$$

Weierstrass 说, 他不能证明这个 Riemann 函数无处可微, 按照同样的想法, 他考虑并证明了下列函数的无处可微性

$$W(x) = \sum_{n=1}^{\infty} a^n \cos b^n x \quad (0 < a < 1, b \text{ 是充分大的整数}).$$

关于 Weierstrass 函数 $W(x)$ $(0 < a < 1, b > 1, ab \geqslant 1)$, 我们列举下列已知事实:

. Hardy (1916): 无处可微.

‧ $ab = 1$: 类似布朗运动的轨道, 存在常点、慢点、快点三种局部行为

$$0 < \limsup_{h \to 0} \frac{|W(x+h) - W(x)|}{|h| \log \frac{1}{|h|} \log \log \log \frac{1}{|h|}} < \infty;$$

$$0 < \limsup_{h \to 0} \frac{|W(x+h) - W(x)|}{|h|} < \infty;$$

$$0 < \limsup_{h \to 0} \frac{|W(x+h) - W(x)|}{|h| \log \frac{1}{|h|}} < \infty.$$

‧ $ab > 1$ $(a = b^{-\alpha}, 0 < \alpha < 1)$: W 是 α-Hölder

$$\forall\, x, \quad |W(x+h) - W(x)| \leqslant C|h|^{\alpha}, \quad \limsup_{h \to 0} \frac{|W(x+h) - W(x)|}{|h|^{\alpha}} > 0.$$

‧ $ab > 1$ $(a = b^{-\alpha}, 0 < \alpha < 1)$: W 的函数图像的 Hausdorff 维数等于 $2 - \alpha$ (Barański et al.[2], 沈维孝[44]).

最后一点是对所谓的 Mandelbrot 猜想的肯定. 20 世纪 80 年代分形几何兴起时, B. Mandelbrot 提出这个猜想, 他注意到 Weierstrass 函数的类似于自相似集的某种自相似性. Mandelbrot 猜想的解决需要考虑由 $x \mapsto bx \mod 1$ 所定义的动力系统.

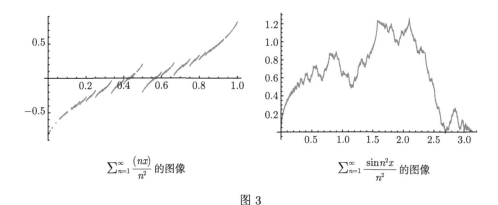

$\sum_{n=1}^{\infty} \frac{(nx)}{n^2}$ 的图像 $\qquad\qquad$ $\sum_{n=1}^{\infty} \frac{\sin n^2 x}{n^2}$ 的图像

图 3

Weierstrass 函数无处可微. 我们可以考虑改善的 Weierstrass 函数[11]:

$$W^*(x) = \sum_{n=1}^{\infty} \frac{\sin b^n x}{b^n n^{\beta}}.$$

这里, $b \geqslant 2$ 是整数. 这种级数是特殊的遍历级数. 记 D_β 为函数 W^* 的不可微点的集合. 下列结论成立[11]:

- $0 < \beta \leqslant \dfrac{1}{2}$: $\dim D_\beta = 1$, $\mathrm{Leb}(D_\beta^c) = 1$;
- $\dfrac{1}{2} < \beta \leqslant 1$: $\mathrm{Leb}(D_\beta) = 1$, $\dim D_\beta^c = 1$;
- $\beta > 1$: $D_\beta = \mathbb{T}$ (平凡结论).

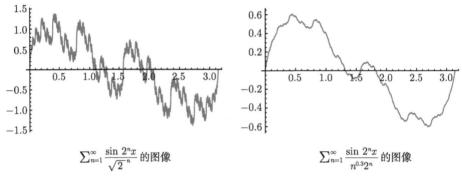

$\sum_{n=1}^{\infty} \dfrac{\sin 2^n x}{\sqrt{2}^n}$ 的图像 $\qquad$ $\sum_{n=1}^{\infty} \dfrac{\sin 2^n x}{n^{0.3} 2^n}$ 的图像

图 4

图 3 和图 4 给出了四个遍历级数所定义的函数的图像.

回到 Riemann 函数 $R(x)$. 它的广义函数意义下的导数具有三角级数表述

$$R': \sum_{n=1}^{\infty} \cos n^2 x.$$

它可以视为, 当 $y \downarrow 0$ 时, 下列 Gauss 和的极限

$$\sum_{n=1}^{\infty} e^{in^2(x+iy)}.$$

通过发掘这一想法, Hardy 证明了, Riemann 函数 $R(x)$ 确实不可微, 除非 $x = \dfrac{2p+1}{2q+1}\pi$ (1916). 半个世纪之后, 当时哥伦比亚大学的大学生 Joseph Gerver 证明了, Riemann 函数在 Hardy 的例外点处是可微的 (1971). 考虑复形式的 Riemann 函数

$$R_c(x) = \sum_{n=1}^{\infty} \dfrac{1}{n^2} e^{i\pi n^2 x}.$$

以小波为工具, S. Jaffard 对该 Riemann 函数局部 Hölder 指数做了完整的重分形分析[18] (1996).

2.6　三角级数的唯一性问题: Cantor 的集合论

1870 年, Cantor 继续 Riemann 的工作. Riemann 曾提出过一个基本问题: 一个函数是否只能以唯一的一种方式展开成三角级数? 这就是原始的唯一性问题. Riemann 的另一个问题是: $a_n \sin nx + b_n \cos nx \to 0$ ($\forall\, x$) 是否蕴含 $a_n \to 0$, $b_n \to 0$? Riemann 只证明过 Riemann 可积函数的 Fourier 系数 a_n, b_n 趋向于零 (Riemann 引理).

正是对三角级数的研究促使 Cantor 建立集合论和研究拓扑问题. 我们下面将看到, 导集的概念是如何产生的.

2.6.1　Cantor 的唯一性定理: 集合论的第一篇文章[4]

关于三角级数, Cantor 在 1870—1872 年发表了 5 篇文章. Cantor 最初的两篇文章 (1870) 回答了 Riemann 的两个问题. 我们将对第二个问题的答案复述成下列定理.

定理 2.6.1 (Cantor, 1870)　若 $a_n \sin nx + b_n \cos nx \to 0$ ($\forall\, x$), 则 $a_n \to 0$, $b_n \to 0$.

Cantor 给出的证明不是显然的. 他在 1871 给了个简化证明, 用到了 Kronecker 的一个想法. 我们给一个快速的 "现代" 证明. 像 Cantor 一样, 可以重新表示

$$a_n \cos nx + b_n \sin nx = \rho_n \cos(nx + \phi_n).$$

所要证明的是 $\lim \rho_n = 0$. 如果不然, 那么某子序列 $\rho_{n_k} \geqslant \delta > 0$ (存在 $\delta > 0$). 然而, 序列 $\{n_k x + \phi_{n_k}\}$ 对几乎所有的 x 模 2π 一致分布. 特别地, $\{n_k x + \phi_{n_k}\} \in [-\eta, \eta] \bmod 2\pi$ 对无穷个 k 成立 (取充分小的 $\eta > 0$). 这将导出矛盾, 因为 $\cos x$ 连续且 $\cos 0 = 1$. 一致分布的概念由 Weyl 提出并给出判别准则 (1916), 用 Weyl 准则来证明序列 $\{n_k x + \phi_{n_k}\}$ 对几乎所有的 x 模 2π 一致分布需要某种大数定律. 这些结果在 Cantor 的时代是没有的. 上述证明说明, 我们需要找到某个点 x 使得 $n_k x + \phi_{n_k}$ 可以常常靠近 0. 下面另一个证明是更直接的构造法证明. 证明基于如下引理: 若 $\{\rho_n\}$ 的任何子序列包含一个趋于零的子序列, 则 $\rho_n \to 0$. 序列 $\{\rho_n\}$ 的任何子序列包含子序列 $\{\rho_{n_k}\}$ 使得 $\frac{n_{k+1}}{n_k} \geqslant 3 + \epsilon$. 我们可以构造一个区间套, 使得在第 k 个区间上有

$$\cos(n_k x + \phi_{n_k}) \geqslant \delta.$$

由此导出 $\lim \rho_{n_k} = 0$.

下面更一般的结果也成立. 但是, Cantor 的年代是想不到的, 因为没有测度的概念.

定理 2.6.2 若 $a_n \sin nx + b_n \cos nx$ 在某个正测度集合上趋向于零, 则 $a_n \to 0$, $b_n \to 0$. [①]

我们把 Cantor 对第一个问题的答案也陈述成定理.

定理 2.6.3 (Cantor, 1870) 若 $\sum A_n(x) = 0$ 对所有的 x 成立, 则 $a_n = b_n = 0$ 对所有的 n 成立.

Cantor 的证明基于 Riemann 求和法, 也用到下列 Schwarz 定理. 该定理刻画二阶对称导数等于零的函数. 更一般地, 二阶对称导数可以用来判别凸性.

定理 2.6.4 (Schwarz) 若 F 的二阶对称导数大于或等于零, 则 F 是凸函数.

进一步地, Cantor 试图将 "处处" 换成 "某个特殊集之外". Cantor 的研究诱导出唯一性集的概念. 设有集合 $E \subset [0, 2\pi)$. 如果任何三角级数 $\sum A_n(x)$ 在 E 之外趋向于零必然导致 $a_n = 0, b_n = 0$ ($\forall n$), 那么 E 被称为是唯一性集 (或 U-集). 反之, E 被称为是多重性集 (或 M-集). 确定集合的唯一性或多重性是 Fourier 分析中的一个引人入胜的困难问题. 问题的研究一直在继续.

Cantor 最初对唯一性集的研究促使 Cantor 严格地定义实数, 并引入导集这个拓扑的概念. 任给集合 E, Cantor 定义了 E 的导集, 记为 E'. 导集 E' 的导集记为 E'' 或 $E^{(2)}$. E 的 m 重导集为 $E^{(m)}$. Cantor 所得到的有关唯一性的结果如下.

定理 2.6.5 (Cantor, 1872) 如果 $E' = \varnothing$, 或 $E^{(m)} = \varnothing$ 对某个 $m \geqslant 1$ 成立, 那么 E 是唯一性集.

2.6.2 唯一性集和多重性集的研究

下面的定理是判别唯一性集的现代准则, 是利用广义函数作为工具的准则 [24].

定理 2.6.6 (Kahane-Salem, 1963) 闭集为唯一性集当且仅当其上不支撑非零的伪函数.

什么是伪函数? 我们有下列明显的函数空间包含关系

$$C^\infty(\mathbb{T}) \subset A(\mathbb{T}) \subset C(\mathbb{T}).$$

其中 $C(\mathbb{T})$ 是连续函数构成的 Banach 空间, 赋有一致收敛范数; $A(\mathbb{T})$ 是绝对收敛的三角级数 $f(t) = \sum c_n e^{int}$ 构成的 Banach 空间, 赋有范数 $\|f\|_A = \sum |c_n|$;

---

① 证明: 根据 Egorov 定理, $\rho_n^2 \cos^2(nx + \phi_n)$ 在某个正测度集合 E 上一致地趋向于零. 于是, 基于 Riemann-Lebesgue 引理, 定理的结论可以从下面的等式推出:

$$0 = \lim_{n \to \infty} \rho_n^2 \int_E \cos^2(nx + \phi_n) dx = \lim_{n \to \infty} \rho_n^2 \left(\frac{|E|}{2} + \frac{1}{2} \int_E \cos 2(nx + \phi_n) dx \right) = \frac{|E|}{2} \lim_{n \to \infty} \rho_n^2.$$

Lebesgue 在他的《三角级数讲义》里 (1906, p.110) 给出一个直接证明, 不用 Egorov 定理也不用 Riemann-Lebesgue 引理. 但是, 用到如下基本事实: 区间 $[0, 2\pi]$ 上满足不等式 $|\cos(nx + \alpha)| < \epsilon$ 的点集的 Lebesgue 测度为 $O(\epsilon)$ ($\epsilon \to 0$), 与 n 和 α 无关.

$C^\infty(\mathbb{T})$ 是无穷可微函数空间, 其收敛性由函数及其导数的一致收敛范数所定义 (这是一个拓扑向量空间). 上述包含关系其实是拓扑包含关系, 也就是说, 左边空间的收敛性隐含右边空间的收敛性. 以此, 它们的共轭空间有如下包含关系

$$C(\mathbb{T})^* \subset A(\mathbb{T})^* \subset C^\infty(\mathbb{T})^*.$$

根据 Riesz 表示定理, $C(\mathbb{T})^*$ 就是圆周上的有限 Borel 测度空间 $M(\mathbb{T})$; $C^\infty(\mathbb{T})^*$ 是圆周上的 Schwarz 广义函数空间 $D'(\mathbb{T})$ ($C^\infty(\mathbb{T})$ 是 Schwarz 检验函数空间 $D(\mathbb{T})$). 我们记 $A(\mathbb{T})^*$ 为 PM$(\mathbb{T})$, 其中元素称为伪测度. 为什么称之为伪测度? 因为, $A(\mathbb{T})$ 同构于 $\ell^1(\mathbb{Z})$, 从而 $A(\mathbb{T})^*$ 同构于 $\ell^\infty(\mathbb{Z})$; 另一方面, 有限 Borel 测度的 Fourier 系数是有界序列, 有界序列不一定是某个有限 Borel 测度的 Fourier 系数. 在无穷远趋于零的序列空间 $c_0(\mathbb{Z})$ 是 $\ell^\infty(\mathbb{Z})$ 的一个闭子空间; 其中元素对应的伪测度称为伪函数, 因为 (真正的) 可积函数的 Fourier 系数趋向于零. 伪函数空间记为 PF$(\mathbb{T})$. 我们有如下包含关系

$$L^1(\mathbb{T}) \subset \text{PF}(\mathbb{T}) \subset M(\mathbb{T}) \subset \text{PM}(\mathbb{T}) \subset D'(\mathbb{T}).$$

任何 T(或广义函数, 或伪测度, 或测度, 或伪函数, 或可积函数) 都是线性泛函, 任何检验函数空间都包含指数函数 $e_n(t) = e^{int}$. 记线性泛函 T 在函数 f 上的作用为 $\langle T, f \rangle$. 我们定义 T 的第 n 个 Fourier 系数为

$$\widehat{T}(n) = \langle T, \bar{e}_n \rangle.$$

这个定义, 与测度的 Fourier 系数和函数的 Fourier 系数

$$\widehat{\mu}(n) = \int e^{-int} d\mu(t), \quad \widehat{g}(n) = \frac{1}{2\pi} \int e^{-int} g(t) dt$$

是统一的. 容易证明, 广义函数 $T \in D'(\mathbb{T})$ 的 Fourier 系数具有多项式增长速度, 即存在 $A > 0$ 使得 $\widehat{T}(n) = O(|n|^A)$ ($|n| \to \infty$). 反之, 具有多项式增长速度的数列是某个广义函数的 Fourier 系数序列. 广义函数与其 Fourier 系数序列, 即具有多项式增长速度的数列, 是一一对应的. 广义函数 $T \in D'(\mathbb{T})$, 作为线性泛函, 由它的 Fourier 系数所确定:

$$\forall f \in C^\infty(\mathbb{T}), \quad \langle T, f \rangle = \sum \widehat{T}(-n) \widehat{f}(n).$$

同样的共轭关系对伪测度 (包括伪函数) 和测度都成立; f 换成相应的检验函数即可. 伪测度 T 和测度 μ 的范数分别为

$$\|T\|_{\text{PM}} = \sup_{f \in A(\mathbb{T})} \frac{|\langle T, f \rangle|}{\|f\|_A} = \sup_n |\widehat{T}(n)|; \quad \|\mu\|_M = \sup_{f \in C(\mathbb{T})} \frac{\left| \int f d\mu \right|}{\|f\|_\infty} = \int |d\mu|.$$

广义函数 T 的支撑集 Supp T 是满足下列条件的最小闭集 E: 若 $f \in C^\infty(\mathbb{T})$ 在 E 的某个邻域里等于零, 则 $\langle T, f \rangle = 0$. 伪测度 T 的支撑集类似地定义 ($f \in A(\mathbb{T})$).

无论是 Cantor 的结果还是上述一般的准则, 其证明都基于 Riemann 的理论. 我们把 Riemann 的理论的基本定理综述如下. 考虑一般的伪函数

$$S : \sum_{n \in \mathbb{Z}} c_n e^{int} \quad (c_n = o(1)),$$

以及它的二次积分

$$F(t) = c_0 \frac{t^2}{2} - \sum_{n \neq 0} \frac{c_n}{n^2} e^{int}$$

(线性项取作零). F 是个实实在在的函数, 不仅连续而且连续可微. 它是我们研究伪函数 S 的工具. 可以定义伪函数 S 与任何函数 $\phi = \sum d_n e_n \in A(\mathbb{T})$ 的乘积 $S \cdot \phi$. 乘积 $S \cdot \phi$ 是伪函数, 其 Fourier 系数由 Cauchy 乘积确定 (这是普通函数乘积的推广):

$$S \cdot \phi : \quad \sum \gamma_n e_n, \quad \gamma_n = \sum_{p+q=n} c_p d_q.$$

定理 2.6.7 [24] 设有伪函数 S 和函数 $\phi, \phi_1, \phi_2 \in A(\mathbb{T})$.
(1) Supp S 与开区间 (a,b) 不相交当且仅当 F 在 (a,b) 的限制是线性函数;
(2) 若 Supp $S \cap$ Supp $\phi = \varnothing$, 则 $\langle S, \phi \rangle = 0$;
(3) $S \cdot (\phi_1 \phi_2) = (S \cdot \phi_1) \cdot \phi_2$.
上述判别准则 (定理 2.6.6) 可以重新陈述成下面更方便使用的形式:
(1) 若 E 上支撑一个伪函数, 则 E 是多重性集;
(2) 若 E 上不支撑任何伪函数, 则 E 是唯一性集.
通常, 我们在集合 E 上构造一个 Fourier 系数趋向于零的测度或广义函数从而断定 E 是多重性集 (即 M-集). 寻找多重性集比寻找唯一性集 (即 U-集) 要容易一些.

下面是有关 U-集和 M-集的若干结果. 以 $0 < \xi < 1/2$ 为比例构造的三分 Cantor 集记为 C_ξ, 即去掉中间占比 $1 - 2\xi$ 的 Cantor 集.

U-集:

- Young (1909): 可数集.
- Rajchman (1921): Cantor 集 $C_{1/q}$ ($q \geqslant 3$ 为整数).
- Salem-Zygmund (1955): Cantor 集 C_ξ 是 U-集当且仅当 $1/\xi$ 是 Pisot 数[①].

---

① Pisot 数是 Galois 共轭都在单位圆内部的代数整数. 如, 黄金分割数 $\dfrac{1+\sqrt{5}}{2}$.

M-集:

- Lebesgue (1906): 正测集.
- Bary (1937): Cantor 集 C_ξ ($0 < \xi = p/q < 1/2$ 且 $p > 1$).

任何紧 Abel 群上都可定义伪测度和伪函数, 也有 U-集和 M-集的概念. 但是, 唯一性问题与求和模式有关. 在圆周 $\mathbb{T}$ 上, 考虑级数 $\sum c_n e^{int}$ 的对称部分和是很自然的. 但是, 在环面 $\mathbb{T}^d$ 上, 就没有那么自然的求和模式——可以有球面求和、立方体求和, 也可考虑长方体求和. 在圆周 $\mathbb{T}$ 上, 也可以考虑 Abel 求和

$$\lim_{r\uparrow 1} \sum r^n (a_n \cos nx + b_n \sin nx).$$

Cantor 的唯一性定理对于 Abel 求和不成立: 非零三角级数 $\sum_{n=1}^\infty n \sin nx$ 的 Abel 和处处等于零.

可以展开成绝对收敛 Fourier 级数的连续函数构成 Banach 空间 $A(\mathbb{T})$. 它其实是一个交换 Banach 代数, 它是一般交换 Banach 代数的雏形, 称为 Wiener 代数. 对 Wiener 代数 $A(\mathbb{T})$ 的研究可以参见 [21]. 对交换 Banach 代数的研究归功于 I. M. Gelfand 学派, 可以参见 [17]. 群 $\mathbb{T}^d$ 的 Wiener 代数 $A(\mathbb{T}^d)$ 在主理想代数动力系统的研究中起到重要作用[30], 特殊函数的 Fourier 系数表示某些代数动力系统的同宿轨道, 这与下面要讲到的 Wiener 定理有关.

Wiener 代数 $A(\mathbb{T})$ 的几个基本性质: $A(\mathbb{T})$ 由平方可积函数的卷积构成[①]; 平方可积函数 f 属于 $A(\mathbb{T})$ 的充分必要条件是 $\sum_{n=1}^\infty \frac{e_n(f)}{\sqrt{n}} < \infty$, 其中 $e_n(f)$ 是 f 用 n 个非零系数的三角多项式 $\sum_{m=1}^n \gamma_m e^{2\pi i \lambda_m x}$ 平方逼近的逼近度 (Stetchkine); 较早的由一致逼近度描述的充分条件属于 S. Bernstein; 特别地, $\left(\frac{1}{2} + \epsilon\right)$-Hölder 函数属于 $A(\mathbb{T})$ (Bernstein); 若 $f \in A(\mathbb{T})$ 不取值 0, 则 $1/f \in A(\mathbb{T})$(Wiener); 更一般地, 若全纯函数 F 在 $f \in A(\mathbb{T})$ 的值域上不等于零, 则 $F \circ f \in A(\mathbb{T})$ (Lévy); 上述 Lévy 定理只对全纯函数成立 (Kahane-Katznelson); 特别地, 存在 $f \in A(\mathbb{T})$ 使得 $|f| \notin A(\mathbb{T})$[②].

2.6.3 Rajchman 测度和 Riesz 乘积测度

Fourier 系数在无穷远趋向于零的测度称为 Rajchman 测度, 这样的测度构成空间 $M_0(\mathbb{T})$. Rajchman 及其学派获得了有关 Rajchman 空间 $M_0(\mathbb{T})$ 的基本信息.

---

① 容易由 Riesz-Fisher 定理 $L^2(\mathbb{T}) \simeq \ell^2(\mathbb{Z})$ 导出, 需要利用卷积的 Fourier 系数等于因子函数 Fourier 系数的乘积这个公式, 关于复形式的 Fourier 系数的关系. 陈建功先生也证明了 $A(\mathbb{T}) = L^2(\mathbb{T}) \star L^2(\mathbb{T})$, 用的是实形式的 Fourier 系数的关系, 证明相对麻烦[7].

② 1955 年, Kahane 在突尼斯报告了 Kahane-Katznelson 定理的这一初步结果. 听众里面有几位请来充数的中学生, 其中有 Y. Meyer. Kahane 的报告可能就这个中学生听出一点道道, Meyer 几十年后都记得当时的情景. 这个报告也决定了 Meyer 的学术兴趣. 一个学术报告有半个知音足矣.

定理 2.6.8　假设 $\mu, \nu \in M(\mathbb{T})$ 且 $\nu \ll \mu$.

(1) $\mu \in M_0(\mathbb{T}) \Longrightarrow \nu \in M_0(\mathbb{T})$;

(2) $\lim_{n \to +\infty} \widehat{\mu}(n) = 0 \Longrightarrow \lim_{n \to -\infty} \widehat{\mu}(n) = 0$;

(3) $\mu \in M_0(\mathbb{T}) \Longrightarrow |\mu| \in M_0(\mathbb{T})$.

定理 2.6.9　设 $\mu \in M(\mathbb{T})$. 下列条件等价:

(1) $\mu \in M_0(\mathbb{T})$;

(2) 任给区间 I, 有 $\lim_{|n| \to +\infty} \int 1_I(nx) d\mu(x) = |I|\widehat{\mu}(0)$;

(3) 任给函数 $f \in C(\mathbb{T})$, 有 $\lim_{|n| \to +\infty} \int f(nx) d\mu(x) = \widehat{f}(0)\widehat{\mu}(0)$.

如果集合 E 支撑一个非零的 Rajchman 测度, 那么我们称 E 是严格 M-集. 严格 M-集是 M-集, M-集不一定是严格 M-集.

Riemann-Lebesgue 引理 (1903) 可以表示为 $L^1(\mathbb{T}) \subset M_0(\mathbb{T})$. Menshov (1916) 给出过奇异的 Rajchman 测度, 从而得到了第一个具有 Lebesgue 零测度的 M-集. 经典 Cantor 三分集上的均匀测度 $\nu_{1/3}$(称为 Cantor-Lebesgue 测度) 的第 n 项 Fourier 系数等于

$$\prod_{k=1}^{\infty} \cos \frac{2\pi n}{3^k}.$$

它不趋向于零 (可见, $\widehat{\nu}_{1/3}(3n) = \widehat{\nu}_{1/3}(n)$; 这也意味着 $\nu_{1/3}$ 是在 $x \mapsto 3x \mod 1$ 作用下的不变测度). 因此, Cantor-Lebesgue 测度是连续测度, 不是 Rajchman 测度. Menshov 构造的测度是三分 Cantor 集上 Cantor-Lebesgue 测度的变形.

但是, F. Riesz (1918) 没注意到 Menshov 构造的测度, 他另外构造了这样一个测度, 我们现在称之为 Riesz 乘积, 它们有许多 Riesz 未曾想到的作用, 是 Fourier 分析中的工具, 某些特殊的 Riesz 乘积是特定动力系统的不变测度. Riesz 乘积可以定义在任何紧 Abel 群上. 在 $\mathbb{T}$ 上可以这样定义. 设 $\{\lambda_n\} \subset \mathbb{N}$ 是一列正整数, 满足缺项条件 $\lambda_{n+1} \geqslant 3\lambda_n$; 设 $\{a_n\} \subset \mathbb{C}$ 是一列复数, 满足有界条件 $|a_n| \leqslant 1$. 它们定义一个 Borel 概率测度, 记之为 μ_a:

$$\mu_a = \prod_{n=1}^{\infty} \left(1 + \operatorname{Re} a_n e^{i\lambda_n t}\right).$$

Riesz 乘积 μ_a 是上述无穷乘积的部分乘积的弱极限. 它的 Fourier 系数可以明确地表示出来. 记 $a_n^{(\epsilon)} = \frac{a_n}{2}, 1$ 或 $\frac{\overline{a}_n}{2}$, 根据 $\epsilon = 1, 0$ 或 -1 而定. 那么

$$\widehat{\mu}_a\left(\sum \epsilon_k \lambda_k\right) = \prod a_k^{(\epsilon_k)},$$

其中 $\sum \epsilon_k \lambda_k$ 是有限和, $\epsilon_k \in \{-1,0,1\}$; 而且, 若 $n \in \mathbb{Z}$ 不能写成这样的有限和, 则 $\widehat{\mu_a}(n) = 0$. 容易看出, Riesz 乘积 μ_a 是 Rajchman 测度, 当且仅当 $a_n \to 0$. Zygmund (1932) 证明, 若 $\sum |a_k|^2 < \infty$, 则 μ_a 是绝对连续的; 若 $\sum |a_k|^2 = \infty$, 则 μ_a 是奇异的. 因此, Riesz 乘积 μ_a 是奇异的 Rajchman 测度, 当且仅当, $a_n \to 0$ 而 $\sum |a_k|^2 = \infty$. Riesz 乘积 μ_a 不便用于构造 M-集, 因为它的支撑集总是 $\mathbb{T}$.

更一般地, 我们可以比较两个 Riesz 乘积 μ_a 和 μ_b. 记号 $\mu \perp \nu$ 表示两个测度 μ 和 ν 相互奇异; $\mu \sim \nu$ 表示 μ 和 ν 相互绝对连续.

定理 2.6.10 (Peyrière, 1975) 考虑具有不同系数的两个 Riesz 乘积 μ_a 和 μ_b.

(1) $\sum |a_k - b_k|^2 = \infty \Longrightarrow \mu_a \perp \mu_b$;

(2) $\sum |a_k - b_k|^2 < \infty, \sup_n |a_n| < 1 \Longrightarrow \mu_a \sim \mu_b$.

函数系 $\left\{ e^{i\lambda_n t} - \dfrac{a_n}{2} \right\}$ 是 $L^2(\mu_a)$ 的正交系. 下面定理表明它是收敛系.

定理 2.6.11 (Fan[10], Peyrière[40]) 考虑 Riesz 乘积 μ_a. 级数 $\sum c_n \left(e^{i\lambda_n t} - \dfrac{a_n}{2} \right) \mu_a$ 几乎处处收敛当且仅当 $\sum |c_n|^2 < \infty$.

特殊的 Riesz 乘积, 如 $\prod_{n=1}^{\infty}(1 + r\cos(2\pi(3^n x + \phi)))$ $(0 \leqslant r < 1, 0 \leqslant \phi < 1)$, 都是动力系统 $x \mapsto 3x \mod 1$ 的遍历不变测度[①]. 某些 Riesz 乘积或广义的 Riesz 乘积也可成为动力系统的谱测度[3,29,41], 也是研究动力系统的工具[12,13].

N. Wiener 的一个著名的定理用 Fourier 系数描述连续测度 ($\mu(\{x\}) = 0, \forall x$): 更一般地, 对任何 $\mu \in M(\mathbb{T})$, 有

$$\lim_{N \to \infty} \frac{1}{2N+1} \sum_{n=-N}^{N} |\widehat{\mu}(n)|^2 = \sum_{x \in \mathbb{T}} |\mu(\{x\})|^2.$$

由此可见, Rajchman 测度是连续测度. 按定义, 连续测度在单点集取零值. 可否找到一类集合类似地刻画 Rajchman 测度? 圆周上的一列点 $\{t_n\} \subset \mathbb{T}$ 具有渐近分布 $\nu \in M(\mathbb{T})$, 如果

$$\forall f \in C(\mathbb{T}), \quad \lim_{N \to \infty} \frac{1}{N} \sum_{n=1}^{N} f(t_n) = \int f(t) d\nu(t),$$

即, $N^{-1} \sum_{n=1}^{N} \delta_{t_n}$ 收敛于概率测度 ν. 若 ν 是 Lebesgue 测度, 则称 $\{t_n\} \subset \mathbb{T}$ 一致分布. Weyl 给出了一个方便的一致分布准则, 即上述等式中取 f 为指数函数 e_m 即可. 渐近分布有相同的准则. 我们称 Borel 集 E 是 W-集, 若存在单调上升的整

---

① 通过 Fourier 系数很容易看出不变性.

数序列 $\{n_k\}$ 使得对每一个 $x \in E$, 序列 $\{n_k x\}$ 具有非 Lebesgue 分布的渐近分布. 这一概念由 Sreider 提出 (1950). 为了试图描绘 Rajchman 测度, Kahane-Salem (1964) 引入了 W^*-集的概念 (也称非正规集). 我们称 Borel 集 E 是 W^*-集, 若存在单调上升的整数序列 $\{n_k\}$ 使得对每一个 $x \in E$, 序列 $\{n_k x\}$ 不是一致分布的. W^*-集类包含 W-集类. R. Lyons 证明, Rajchman 测度可以用 W-集来描绘 ([31], 1985), 而不能用 W^*-集来描绘 (1986).

定理 2.6.12 (Lyons, 1985) $\mu \in M_0(\mathbb{T})$ 当且仅当对任何 W-集 E, $\mu(E) = 0$.

2.7   Lebesgue 积分和三角级数

从 Riemann 时期到 20 世纪初, 除了 Cantor 的工作, 只有零星的对 Fourier 级数的研究. 只有等到 Lebesgue 测度和 Lebesgue 积分的出现, 才有广阔的天地和便于灵活使用的工具. 这个天地就是 Lebesgue 可积函数空间, 这个工具就是 Lebesgue 测度和 Lebesgue 零测集的概念. 现实 "世界" 本来就千疮百孔, 遍地都是零测集. 如, Riemann 可积函数恰好是不连续点集是零测集的函数.

2.7.1   Lebesgue 积分

1902 年, 26 岁的 Lebesgue 构造出了 Borel 一直想获得的描述长度的测度. Lebesgue 在他 1906 年的书里写道: "我将应用积分的概念研究非 Riemann 可积函数的三角级数."[28]

Henri Léon Lebesgue (1875—1941) 的父亲是个排字工人, 在 Lebesgue 小时候就去世了. 跟 Fourier 一样, Lebesgue 也是孤儿, 更贫穷, 但是也很出色. 1894 年, 他从巴黎高师毕业, 成为中学老师; 1902 年, 答辩博士论文, 在外省①大学当老师; 1910 年任教于巴黎大学; 1922 年当选科学院院士.

关于三角级数 Lebesgue 写了三个小注记 (1902, 1905) 和两篇文章 (1903, 1905). 研究成果汇总在 1906 年的专著里. 1904—1905 年, Lebesgue 在法兰西学院的 Peccot 讲习班讲授三角级数, Fatou 是听众之一. 1906 年的专著是在讲义的基础上扩展而成的, 其中包含 Fatou 的若干成果. Fatou 在 1907 年博士答辩, 他的论文②是 Lebesgue 工作的继续.

2.7.2   Lebesgue 积分应用于三角级数: Fourier 分析的新起点

Lebesgue 在 1902 年的注记里证明了下述定理③.

---

① 巴黎之外称为外省.

② Fatou P. Séries trigonométriques et séries de Taylor. (French) Acta Math., 1906, 30(1): 335-400.

③ 详细证明可参见《三角级数讲义》, pp. 122-124. 证明基于 Riemann 求和 Schwarz 定理. 对 Riemann 二次积分得到的函数 F, Lebesgue 再积分两次.

定理 2.7.1 (Lebesgue)　　如果三角级数逐点收敛于一个有界函数, 那么三角级数是该有界函数的 Fourier-Lebesgue 级数[①].

为了证明该定理, Lebesgue 首先证明了最初版本的控制收敛定理. 定理 2.7.1 可以推广, 即可以将 "逐点" 换成 "在某个 Cantor 例外集之外". Lebesgue 曾写道: 可以换成 '几乎处处'." 不过, 1903 年他修正了自己的错误. 十多年后, Menshov 给出了反例 (1916).

为了研究 Fourier 级数在某一点 x 的收敛性, Lebesgue 利用下面的公式

$$\pi(S_n f(x) - f(x)) = \int_0^{\frac{\pi}{2}} \frac{\sin(2n+1)t}{\sin t} \varphi(t) dt,$$

其中 $S_n f(x)$ 表示可积函数 f 的 Fourier 级数的部分和, φ 是 f 在 x 点的对称差

$$\varphi(t) := f(x+2t) + f(x-2t) - 2f(x) =: \psi(t) \sin t.$$

定理 2.7.2 (Lebesgue)　　假设

(i) $\lim_{h \downarrow 0} h^{-1} \int_0^h |\varphi(t)| dt = 0$;

(ii) $\lim_{\delta \downarrow 0} \int_\delta^{\frac{\pi}{2}} |\psi(t+\delta) - \psi(t)| dt = 0$.

那么 $S_n f(x)$ 趋向于 $f(x)$. 若仅有条件 (i) 满足, 则 $n^{-1} \sum_0^{n-1} S_k f(x)$ 趋向于 $f(x)$.

这是 Lebesgue 所得到的关于 Fourier 级数收敛的基本定理, 有许多推论, 包括 Dirichlet-Jordan 收敛性定理. Lebesgue 点的概念和 Riemann-Lebesgue 引理应运而生. 条件 (i) 在 Lebesgue 点处成立. 可积函数的 Lebesgue 点集是一个满测集. 因此, $n^{-1} \sum_0^{n-1} S_k f(x)$ 几乎处处趋向于 $f(x)$. 如果 ψ 是 Lebesgue 可积的 (Dini 条件), 那么 $S_n f(x)$ 趋向于 $f(x)$. 部分和 $S_n f(x)$ 是否收敛只取决于 f 在 x 的某个邻域里的值 (Riemann 局部原理). Lebesgue 指出, 所有所得结果都有一个一致收敛的版本, 只要相关条件也是一致地被满足. Lebesgue 指出, 这是 Fatou 所观察到的.

Lebesgue 给出了有趣的特例:

. 处处收敛的 Fourier 级数, 其和函数 Lebesgue 可积, 但是非 Riemann 可积;

. 处处收敛的 Fourier 级数, 其和函数连续, 但是收敛不是一致的;

---

① Fourier-Lebesgue 级数指 Lebesgue 可积函数的 Fourier 级数, 强调 Lebesgue 可积性, 明确区别于 Riemann 可积函数的 Fourier-Riemann 级数. 通常简称 Fourier 级数. Dini, Ascoli, du Bois-Reymond 在 Lebesgue 之前研究过 Riemann 可积的情形. 这个定理蕴含 Cantor 的唯一性定理. 这个定理的和函数有界的条件可以弱化为和函数 Lebesgue 可积, 见 [46], vol. 1, p. 326.

. Fourier 级数在某处发散的连续函数.

我们曾经提到, Fatou 的级数 $\sum \dfrac{\sin nx}{\log n}$ 仅是三角级数而不是 Fourier 级数; 它处处收敛, 和函数既非 Riemann 可积也非 Lebesgue 可积[①]. Lebesgue 通过考虑 Lebesgue 常数 (Dirichlet 核的 L^1-范数) 来研究 Fourier 级数在某处发散的连续函数, 他的研究导致一般的 Banach-Steinhaus 共鸣定理.

在 1902—1903 年, Lebesgue 做了第一次 Peccot 讲座, 题目是 "积分的定义". 以此为基础他写了一本关于积分的专著《积分论和原函数研究讲义》[27](1904) [②]. 无论是在博士论文里还是在 1904 年的讲义里, Lebesgue 只考虑了有界函数的积分. 现代意义的可积函数 (Lebesgue 称为可和函数) 出现在 1906 年的《三角级数讲义》[28] 里. 第零章的引言部分讲解我们现在的教科书里讲述的 Lebesgue 积分, 以及其他许多有用的基本概念、有界变差函数、Schwarz 定理等. 一个重要的结果是不定积分的可微性: 若 f 可积, 则几乎处处有

$$\lim_{t \to 0} \frac{1}{t} \int_0^t |f(x+s) - f(x)| ds = 0.$$

另一个有用的结果是可积函数的平移在 L^1 中连续:

$$\lim_{\delta \to 0} \int |f(x+\delta) - f(x)| dx = 0.$$

平移连续性多次被应用. 比如, 证明 Riemann-Lebesgue 引理[③].

2.8 20 世纪法国的 Fourier 分析

Lebesgue 的积分论及其对 Fourier 级数的研究在东欧, 特别是苏联和波兰得到了强烈的反响. 但是, 在法国, 很少有人关心.

大概有两个人在法国延续着经典 Fourier 分析的香火. 一个是 Raphael Salem (1898—1963), 他是出生在希腊 (那时属奥斯曼帝国) 的犹太人, 十五岁来法国, 受

---

① 通过 Abel 分部求和可以证明收敛性; 通过考虑可积函数的原函数的 Fourier 级数可以证明 $\sum \dfrac{b_n}{n}$ 收敛, 其中 b_n 是可积函数的正弦 Fourier 系数. Riemann 的二次积分导出 Riemann 求和, Lebesgue 的一次积分导出 Lebesgue 求和.

② 此书有 1928 年的第二版, 篇幅从原来的 136 页增加到 340 页. 增加了后四章: 不定积分、原函数与导数的存在性、Totalisation 和 Stieljes 积分. Totalisation 是 Denjoy 所定义的更广义的积分.

③ 引理的简短证明:

$$\left| \int f(t) e^{-int} dt \right| = \frac{1}{2} \left| \int [f(t) - f(t + \pi/n)] e^{-int} dt \right| \leqslant \frac{1}{2} \int |f(t) - f(t + \pi/n)| dt.$$

法国教育. 他先学法律, 后学工程, 在 Hadamard 的指导下学了些数学. 他本是一个银行家, 做了 17 年的银行经理. 但是, 他一直保留着对数学浓烈的业余爱好, 二战之前, 他已发表了一系列关于 Fourier 级数的论文. 1940 年, 经巴黎大学的 Denjoy 教授的提议, Salem 做了论文答辩获得了数学博士学位. 二战期间, 他参加了抵抗运动, 被派往英国作 Jean Monnet [①] 的助手. 他的父亲死在纳粹的集中营. 后来, 他随家人逃亡加拿大, 然后去了美国. 幸好, 他有一个数学博士学位, 在麻省理工得到一个讲师职位, 1950 晋升为教授. 最终, 他回到法国, 先在法国诺曼底任教, 1955 年成为巴黎大学教授. Salem 与 Zygmund, Kac 等有重要的合作研究. 关于 Fourier 分析与代数数论之间的联系可见他的小册子《代数数与傅里叶分析》[43]. 1963 年, Salem 突然病逝. 他的家人出资设立了 Salem 奖——一个重要的国际奖项.

另一个代表人物是二十一岁时来到法国的波兰人 Szolem Mandelbrojt (1899—1983), 后来成为法国科学院院士. 他的一个侄儿是分形几何之父 B. Mandelbrojt. 他家是波兰的富裕犹太家庭, 与 Hadamard 关系很好. Mandelbrojt 来法国拜 Hadamard 为师. 大家知道有个 Cauchy-Hadamard 公式, 表示离原点最近的奇点到原点的距离. 泰勒级数的收敛圆周上一定有奇点. 那么, 从实轴出发沿收敛圆周反时针行走, 第一个奇点的辐角可不可以由泰勒系数确定呢? Mandelbrojt 提出这个问题, 并且得到一个公式. Hadamard 对此结果倍加赞赏. Mandelbrojt 工作出色, 职业生涯顺利, 从 1938 年开始直到退休 (1972) 他一直是法兰西研究院 (Institut de France) 的讲座教授. 在 Fourier 级数方面, Mandelbrojt 有许多新奇的想法, 特别是对缺项三角级数 (缺项泰勒级数研究的始祖是 Hadamard). 他在这方面的代表作是 1935 年出版的专著《三角级数与准解析函数类》[33]. Mandelbrojt 被认为是布尔巴基学派的创始人之一, 尽管他本人的研究与布尔巴基的典型工作没有太大关系. 布尔巴基学派最初时的成员是一群年轻人, 从年龄上看 Mandelbrojt 是老大, 但是没有大到不接受新鲜事物.

Mandelbrojt 有两个出色的学生, Jean-Pierre Kahane (1926—2017) 和 Paul Malliavin (1925—2010), 后来都成为法国科学院院士. 他们是 20 世纪法国 Fourier 分析研究的中流砥柱. Malliavin 在 50 年代关于谱综合做出了出人意料的重要工作 [32]. 1963 年, Kahane 和 Salem 合作出版了专著《完备集与三角级数》[24]. 这本书影响很大. 我把这本书的简短的引言放在这里, 由此可以感觉到法国当时 Fourier 分析研究的生态环境. "这个序言有点像是辩护词, 若在几十年前, 那是没必要写的. 当今这个时代, 大部分数学家——最好的数学家——特别地感兴趣结构性问题; 本书好像有点过时, 它收集了一些有如植物标本一样的东西. 作者

[①] Jean Monnet (1888—1979) 法国的银行家、政治经济学家、外交家, 被认为是欧洲一体化的主要设计师及欧盟创始人之一.

必须说, 他们的言辞没有任何反向而动的意图. 他们知道现代数学长篇巨论之美, 它们的功能是不可替代的, 正如 Lebesgue 所言, 没有这些理论则常常不能解决许多长期以来所提出来的问题. 但是, 作者认为, 不忘统治数学对象的结构的同时, 也允许我们对这些数学对象本身产生兴趣, 这些看上去显得独立的个体, 如果被细加考究, 常常会发现一些隐藏着的引人入胜的特性. 多位朋友称之为做 '精细' (fine) 数学. 作者则自问他们嘴里的精细一词是褒还是贬; 无论如何, 我们希望拙作会得到谅解, 因为我们不仅提出了一些问题而且知道如何解决这些问题."
Salem 在这本书出版之前突然去世了. 这本书 1994 年再版. Kahane 在再版前言里说, Salem 没有看到第一版发表, 他若有知一定很高兴本书对年轻数学家的影响. B. Mandelbrojt 被尊为分形几何之父, 他的主要功绩是认识到并广为宣传分形无处不在. 自 20 世纪 70 年代中期开始, 分形的概念慢慢走入科学的不同领域. 从数学的角度来看, 《完备集与三角级数》包含了分形几何的理论基础, 以及丰富的分形集合. Mandelbrojt 分形概念的形成何尝不是受益于《完备集与三角级数》. Carleson 写有《例外集的某些问题》一书 (1967).

1985 年, Kahane 出版了专著《某些函数项随机级数》[22]. 主要内容包括, 取值于 Banach 空间的随机级数、随机三角级数和随机泰勒级数、布朗运动与分数布朗运动、随机覆盖、分形几何基础等. 这一著作深深地影响到 Banach 空间几何学研究. 实形式的三角级数总可以写成

$$\sum_{n=0}^{\infty} \rho_n \cos(nx + \varphi_n).$$

Kahane 考虑的随机三角级数具有如下形式

$$Y_t = \sum_{n=0}^{\infty} X_n \cos(nx + \Phi_n), \tag{2.8.1}$$

假定 $\{X_n e^{2\pi i \Phi_n}\}$ 是独立的对称随机变量. 一个重要的例子是单位圆周上的布朗运动:

$$B_c(t) = Z_0 t + \sum_{n \neq 0} \frac{Z_n}{2\pi i} e^{2\pi i n t},$$

其中 $\{Z_n\}$ 是独立同分布的复 Gauss 随机变量. 随机三角级数的研究起源于 Wiener, Paley, Zygmund 的工作 (20 世纪 30 年代). 动机之一是因为布朗运动可以由随机三角级数表示, 据此可以证明布朗运动的轨道是连续的无处可微的. 布朗运动作为原子运动的物理模型是爱因斯坦建立的, 数学模型属于 Wiener. 布朗运动也叫 Wiener 过程. Kakutani 把布朗运动视为 Gauss-Hilbert 空间的一条

螺旋线. 布朗运动 B_t 是满足下列条件的 Gauss 过程

$$\|B_t - B_s\|_2 = \sqrt{|t - s|}.$$

Kahane 对一般的随机三角级数所表示的函数的正则性做了细致的研究 (1960). 有两个问题等待最终答案: 随机三角级数的和函数什么时候是连续的? 什么时候是有界的? 关于连续性的最终结果属于 M. Marcus 和 G. Pisier[34], 基于 Dudley 和 Fernique 对平稳高斯过程的研究. 由 (2.8.1) 定义出 $\mathbb{T}$ 上的平稳过程 Y_t. Marcus-Pisier 的条件由伪度量 $\|Y_t - Y_s\|_2$ 所定义的 Kolmogorov 熵所确定. 有界性的完满答案属于 Talagrand[45].

级数 (2.8.1) 可以视为取值于 Banach 空间 $C(\mathbb{T})$ 的随机级数. 随机 Fourier 级数 (2.8.1) 的研究与 Banach 空间几何学密切相关. Rademacher 随机三角级数的自然推广如下. 任给 Banach 空间 $\mathbb{B}$ 中的一列元 $\{u_n\}$, 考虑随机级数

$$\sum_{n=1}^{\infty} \epsilon_n u_n, \tag{2.8.2}$$

其中 $\{\epsilon_n\}$ 是独立同分布的随机变量, 以 $\frac{1}{2}$ 的概率取值 -1 或 1. 这一类级数的行为反映出 Banach 空间 $\mathbb{B}$ 的特性. 这一类级数的一个共性是所谓的 Khintchin-Kahane 不等式: 任给 $1 \leqslant p \leqslant q < \infty$, 级数 (2.8.2) 之和的 p-范数和 q-范数是等价的.

小波的研究是 Fourier 分析的一个重要分支, 应用范围非常广泛. 小波理论的代表人物是 Y. Meyer[38]. 他是 J. P. Kahane 的学生, 曾在经典 Fourier 分析做出重要贡献[36,37,39]. 曾获得 Gauss 奖 (2010) 和 Abel 奖 (2017). Fourier 系数能准确刻画的空间不是很多, 而小波系数常常能给出准确刻画. 这是小波的优势. 但是, Fourier 分析是不可被替代的.

2.9 结 束 语

可以这样讲, Fourier 开创了数学物理. Fourier 说过这样一段话: "热运动方程、波动方程等属于分析中最新发现的科学分支之一; …… 方程建立之后, 必须求解其积分; …… 这一艰难的研究需要一种特殊的分析, 建立在新定理之上的分析, …… 最终将导致数值计算, …… 没有数值计算, 那些个变换都是徒劳无益的 ……" 模拟-理论-计算, Fourier 都想到了.

再回过头来看, 三角级数的研究帮助了我们理解数学中诸如函数、连续、可积等基本概念, 影响到积分论、集合论、拓扑学的建立, 促进数论的发展. 值得一提的还有: 泛函分析的雏形、概率论中的特征函数、Lévy 连续性定理、中心极限

定理、布朗运动等. Fourier 分析是单位圆周这个特殊群上的调和分析. 交换的或非交换的群上的调和分析自然是以经典 Fourier 分析为典范, 代数中的群表示也算 Fourier 分析. 这样说来, Fourier 方法在数学里几乎无处不在.

我的报告到此结束. 谢谢各位!

参 考 文 献

[1]　Alexits G. Convergence Problems of Orthogonal Series. Pergamon: New York, 1961.

[2]　Barański K, Bárány B, Romanowska J. On the dimension of the graph of the classical Weierstrass function. Adv. Math., 2014, 265: 32-59.

[3]　Bourgain J. On the spectral type of Ornstein's class one transformation. Israel J. Math., 1993, 84: 53-63.

[4]　Cantor G. Über die ausdehnung eines satzes aus der theorie des trigonometrischen reihen. Math. Annalen, 1872, 5: 123-132.

[5]　Carleson L. On convergence and growth of partial sums of Fourier series. Acta Math., 1966, 116: 135-157.

[6]　Carleson L. Selected problems on exceptional sets. D. Van Nostrand Co., Inc., Princeton, N.J.-Toronto, Ont.-London, 1967.

[7]　Chen K K. On the class of functions with absolutely convergent Fourier series. Proc. Imp. Acad. Tokyo, 1928, 4: 517-520.

[8]　Cuny Ch, Fan A H. Study of almost everywhere convergence of series by mean of martingale methods. Stochastic Process. Appl., 2017, 127(8): 2725-2750.

[9]　Dirichlet P G L. Sur la convergence des séries trigonométriques qui servent à représenter une fonction arbitraire entre des limites données. Journal für die reine und angew. Math., 1829, 4: 157-169.

[10]　Fan A H. Sur la convergence de séries trigonométriques lacunaires presque partout par rapport à des produits de Riesz. C. R. Acad. Sci. Paris Sér. I Math., 1989, 309(6): 295-298. (Fan A H. Quelques propriétés de produits de Riesz. Bull. Sci. Math., 1993, 117(3): 421-439.)

[11]　Fan A H. Almost everywhere convergence of ergodic series. Ergodic Theory Dynam. Systems, 2017, 37(2): 490-511.

[12]　Fan A H, Fan S L, Ryzhikov V V, et al. Bohr chaoticity of topological dynamical systems. Math. Z., 2022, 302(2): 1127-1154.

[13]　Fan A H, Schmidt K, Verbitskiy E. Bohr chaoticity of principal algebraic actions and Riesz product measures. Ergodic Theory and Dynam Systems, to appear.

[14]　Fefferman Ch. On the divergence of multiple Fourier series. Bull. Amer. Math. Soc., 1971, 77: 191-195.

[15]　Fefferman Ch. On the convergence of multiple Fourier series. Bull. Amer. Math. Soc., 1971, 77: 744-745.

[16] Fourier J. Théorie Analytique De La Chaleur. Paris: Firmin Didot, 1822.

[17] Gelfand I M, Raikov D, Shilov G E. Commutative normed rings. New York: Chelsea Publishing Company, 1964.

[18] Jaffard S. The spectrum of singularities of Riemann's function. Rev. Mat. Iberoamericana, 1996, 12(2): 441-460.

[19] Kac M, Salem R, Zygmund A. A gap theorem. Trans. Amer. Math. Soc., 1948, 63: 235-243.

[20] Kahane J P. Sur les sommes vectorielles $\sum \pm u_n$. Comptes Rendus de l' Académie des Sciences (Paris), 1964, 259: 2577-2580.

[21] Kahane J P. Séries de Fourier absolument convergentes. Ergebnisse der Mathematik und ihrer Grenzgebiete, Band 50, Springer, 1970.

[22] Kahane J P. Some Random Series of Functions. Cambridge: Cambridge University Press, 1985.

[23] Kahane J P, Katznelson Y. Sur les ensembles de divergence des séries trigonométriques. Studia Math., 1966, 26: 305-306.

[24] Kahane J P, Salem R. Ensembles Parfaits et Séries Trigonométriques. Hermann, 1963. 2nd ed, 1994.

[25] Katznelson Y. Sur les ensembles de divergence des séries trigonométriques. Studia Math. 1966, 26: 301-304.

[26] Körner T W. Fourier Analysis. Cambridge: Cambridge University Press, 1988.

[27] Lebesgue H. Leçons sur l'intégration et la recherche des fonctions primitives. Gauthier-Villars, Paris, 1904. 2nd ed. 1928.

[28] Lebesgue H. Leçons sur les Séries Trigonométriques. Paris: Gauthier-Villars, 1906.

[29] Ledrappier F. Des produits de Riesz comme mesures spectrales. Ann. Inst. H. Poincaré, Sect. B, 1970, 6: 335-344.

[30] Lind D, Schmidt K. Homoclic points of algebraic $\mathbb{Z}^d$-actions, J. Amer. Math. Soc., 1999, 12: 953-980.

[31] Lyons R. Fourier-Stieljes coefficients and asymaptotic distribution modulo 1. Ann. Math., 1985, 122: 155-170.

[32] Malliavin P. Impossibilité de la synthèse spectrale sur les groupes abéliens non-compacts droite. Publ. Math. Inst. Hautes Etudes Sci., 1959: 85-92.

[33] Mandelbrojt S. Séries de Fourier et Classes Quasi-analytiques de Fonctions. Paris: Gauthier-Villars, 1935.

[34] Marcus M B, Pisier G. Random Fourier Series with Applications to Harmonic Analysis. 101. Annals of Mathematics Studies. Princeton: Princeton University Press; Tokyo: University of Tokyo Press, 1981.

[35] Menshov D E. Sur les séries de fonctions orthogonales. Fund. Math., 1923, 4: 82-105.

[36] Meyer Y. Nombres de Pisot, Nombres de Salem et Analyse Harmonique. Springer-Verlag, 1970.

[37] Meyer Y. Algebraic numbers and harmonic analysis. North-Holland, 1972.

[38] Meyer Y. Wavelets and Operators. Cambridge: Cambridge University Press, 1992.

[39] Meyer Y, Coifman R. Wavelets. Calderón-Zygmund and Multilinear Operators. Translated from the 1990 and 1991 French originals by David Salinger. Cambridge Studies in Advanced Mathematics, 48. Cambridge: Cambridge University Press, 1997.

[40] Peyrière J. Almost everywhere convergence of lacunary trigonometric series with respect to Riesz products. Australian J. Math., (Series A), 1990, 48: 376-383.

[41] Queffelec M. Substitution Dynamical Systems-Spectral Analysis. Lecture Notes in Mathematics, vol. 1294, Springer, 1987.

[42] Rademacher H. Einige Sätze ïber Reihen von Allemenien orthogonal Funktionen. Math. Annalen, 1922, 87: 112-138.

[43] Salem R. Algebraic Numbers and Fourier Analysis. Boston: D.C. Heath and Company, 1963.

[44] Shen W X. Hausdorff dimension of the graphs of the classical Weierstrass functions. Math. Z., 2018, 289: 223-266.

[45] Talagrand M. Regularity of Gaussian processes. Acta Math., 1987, 159(1,2): 99-149.

[46] Zygmund A. Trigonometric Series, volume I and Volume II. Cambridge: Cambridge University Press, 1959.

3 高维黎曼问题

陈恕行[①]

3.1 从一维黎曼问题说起

黎曼是众所周知的伟大数学家. 以他命名的函数、方程、定理等数学概念甚多. 例如, 在数学大辞典标题中出现黎曼名字的条目就有三十余个, 每个都有极为深刻的含义与丰富的内容, 并对其后的数学发展产生重要的影响. 本章中将介绍的黎曼问题是指非线性双曲型守恒律方程组的黎曼问题. 它在偏微分方程以及流体力学等相关物理科学研究中极为重要.

物理学与力学中许多问题的研究都会导致非线性双曲型守恒律方程组, 它的一般形式为

$$\frac{\partial u}{\partial t} + \sum_{i=1}^{n} \frac{\partial f_i(u)}{\partial x_i} = 0, \tag{3.1.1}$$

其中 u, f_i 均为具有 m 个分量的向量值函数. 很多物理模型会导致非线性双曲型守恒律方程组, 例如无黏流体力学 Euler 方程组、弹性力学方程组、相对论流体力学方程组等, 但 Euler 方程组是最基本的. 一些更复杂的物理模型所导致的偏微分方程如 Navier-Stocks 方程组、Boltzmann 方程组等也都与非线性双曲型守恒律方程组有紧密的联系.

非线性双曲型方程组所描写的是一个物质运动的过程. 它的一个最基本的性质是, 该方程组的解不管初始时刻多么光滑, 随时间的演变, 该解一般都会产生奇性. 例如, 考虑最简单的单个空间变量的双曲型方程

$$\frac{\partial u}{\partial t} + u \frac{\partial u}{\partial x} = 0 \tag{3.1.2}$$

满足初始条件

$$u(0, x) = \phi(x) \tag{3.1.3}$$

的初值问题. 不管 $\phi(x)$ 多么光滑, 只要 $\phi(x)$ 有下降段, 例如在 $x_2 > x_1$ 时, $\phi(x_1) > \phi(x_2)$, 那么到时刻 $t > \dfrac{x_2 - x_1}{\phi(x_1) - \phi(x_2)}$ 后, 初值问题 (3.1.2), (3.1.3) 的光滑解不可能继续存在.

因此, 在研究非线性双曲型方程组时, 不能限制在可微函数类中求解与研究解的性质, 必须在含奇性的函数类中进行, 从而直接允许初值 $\phi(x)$ 有间断是合理的.

著名数学家 P. D. Lax 在含一个空间变数的情形系统地研究了一般形式的非线性双曲型方程组 (即仅含一个空间变量的非线性双曲型方程组)

$$\frac{\partial u}{\partial t} + \frac{\partial f(u)}{\partial x} = 0, \tag{3.1.4}$$

取间断初始值的初值问题, 其中 u, f 都是向量值函数, 初值取为

$$u(0, x) = \begin{cases} u_+, & x > 0, \\ u_-, & x < 0, \end{cases} \tag{3.1.5}$$

其中, u_+, u_- 为不同的常向量值. 这样的具间断常值的初值问题是由黎曼[29] 首先提出的, 故后人称之为黎曼问题.

若对双曲型方程组 (3.1.5) 作自变量变换 $t \mapsto \alpha t, x \mapsto \alpha x$ (α 为任意常数), 它的形式保持不变. 如果初始资料在此变换下也保持不变, 那么方程组的初值问题如果有唯一解的话, 它的解也应该在这样的自变量变换下保持不变. 换句话说, 解 $u(t, x)$ 应当满足 $u(\alpha t, \alpha x) = u(t, x)$. 所以解 u 实际上可表示为单个变量 $\xi = \dfrac{x}{t}$ 的函数. 这样一来, 式 (3.1.4) 就成了常微分方程组, 这给问题的求解带来极大的方便. 正是利用了方程与初值条件在自相似变换下不变的特性, Lax 在方程组 (3.1.4) 为含 m 个方程的严格双曲组, 且它的所有特征为真正非线性或线性退化的假设下构造了黎曼问题的解. 他指出, 当初始间断 $|u_- - u_+|$ 不大时, 黎曼问题的解由 m 个非线性波组成, 其中包括激波、中心疏散波以及接触间断, 每类非线性波都有明确的物理含义相对应[19].

黎曼问题 (3.1.4), (3.1.5) 在含单个空间变量的非线性双曲型方程组的研究中起着非常基本的作用. 例如:

(1) 它给出了间断初始值问题解的局部结构. 对于方程组 (3.1.5) 初值不是分段常值的初值问题, 在每个初值的间断点附近, 解的结构与黎曼问题的结构是相似的. 即在每个间断点附近, 方程的解由出发自间断点并经受扰动的激波、中心疏散波以及接触间断构成. 换言之, 如果我们拿着显微镜观察在初始值间断点附近解的结构, 发现它就是一个黎曼问题的解. 基于这样的认识, 方程组 (3.1.5) 的局部解的存在唯一性得到了建立 (如见 [20, 26, 28] 等).

(2) 它给出了非线性双曲型方程组解的渐近性态. 如果方程组 (3.1.5) 的初值在 $x \to \pm\infty$ 时有 $u(0,x) \to u_{\pm}$, 则 $u(t,x)$ 在 $(t,x) \to \infty$ 时渐近于黎曼问题 (3.1.4), (3.1.5) 的解 (我们此处省略对渐近意义的确切描述). 换言之, 如果我们拿着望远镜观察非线性双曲型方程组初值问题的解, 发现它就近似于一个黎曼问题的解, 初值在有限范围中的变化最终都可忽略.

(3) 对于非线性双曲型方程组取一般初始值的初值问题, 如果将初值函数用阶梯函数代替, 可以在每一个间断点处局部地构造一个黎曼问题的解. 每一个局部区域中的黎曼问题的解成为构造整体解的一个砖块. 利用这些砖块再结合随机选取差分格式等技巧, J. Glimm 证明了非线性双曲守恒律方程组小初值初值问题整体解的存在性. 他的结论是对非线性双曲型方程组研究的一大进展.

(4) 因为黎曼问题的解是精确解, 所以它可用于检验各种偏微分方程近似求解方法的有效性. 特别在数值计算中, 在分析各种计算方法的收敛速度、误差估计时, 它是一个特别重要的实例. 而且有些计算格式 (例如 Godunov 格式) 就是以黎曼问题的求解作为基本元素而构造的.

所以, 黎曼问题研究的意义以及该研究对于非线性偏微分方程理论的作用与重要性是无可置疑的. 在人们欲对多个自变量的非线性双曲型方程组深入研究时, 也很自然地想到是否从类似的黎曼问题入手.

3.2 高维黎曼问题的困难

非定常可压缩无黏流体运动的 Euler 方程组可写为

$$\begin{cases} \dfrac{\partial \rho}{\partial t} + \nabla(\rho\vec{v}) = 0, \\ \dfrac{\partial (\rho\vec{v})}{\partial t} + \nabla(\rho\vec{v} \otimes \vec{v}) + \nabla p = 0, \\ \dfrac{\partial (\rho E)}{\partial t} + \nabla(\rho\vec{v}E + p\vec{v}) = 0. \end{cases} \quad (3.2.1)$$

如前所说, Euler 方程组是物理力学中众多非线性守恒律方程组中最基本的也最为经典的方程组, 对它的研究历史也最为久远. 在 20 世纪人们对单个空间变量的 Euler 方程组的研究取得了长足的进展后, 注意力自然转向于高维问题的研究. 基于对单个空间变量的非线性双曲守恒律方程组的研究中黎曼问题所发挥的重要作用, 人们很自然地想在研究多个空间变量的非线性双曲守恒律方程组时也从相应的黎曼问题入手, 试图由此打开缺口, 进入更困难的问题从而获得全面的进展.

首先遇到的一个问题是在高维情形下黎曼问题该是怎样的? 以下以二维的情形为例讨论之. 此时, 空间变量为 (x,y). 易见, 方程组 (3.2.1) 关于自变量变

换 $t \mapsto \alpha t$, $x \mapsto \alpha x$, $y \mapsto \alpha y$ 仍保持形式不变. 所以二维黎曼问题中初始资料也应关于变换 $x \mapsto \alpha x$, $y \mapsto \alpha y$ 不变. 如果在 (x, y) 平面上过原点作一条直线 ℓ, 在此直线两边给出初始条件

$$(\rho, \vec{v}, p) = \begin{cases} (\rho_+, \vec{v}_+, p_+), & (x, y) \in \ell_+, \\ (\rho_-, \vec{v}_-, p_-), & (x, y) \in \ell_-, \end{cases} \tag{3.2.2}$$

其中 $\ell_\pm$ 分别表示直线 ℓ 的两侧, $(\rho_\pm, \vec{v}_\pm, p_\pm)$ 为常值. 则可得到一个初值问题. 显然, 由于方程组 (3.2.1) 的旋转不变性, 可以将 ℓ 取为 y 坐标轴. 于是问题就化为一维 Euler 方程组的黎曼问题, 它已被 Lax 等许多数学家详细讨论过.

为了增添实质性的内容, 初始条件不能仅由两个半平面上的常值组成. 又为了尽量使问题典型化, 我们可将初始资料取成由三个角状区域中不同的常值组成. 更具体地说, 过原点作三条射线 $\ell_i : y = x \tan \theta_i$ ($i = 1, 2, 3$), 其中 $\theta_i = \dfrac{2i}{3}\pi - \dfrac{1}{2}\pi$. 而初始条件取为

$$(\rho, \vec{v}, p) = (\rho_i, \vec{v}_i, p_i), \quad \theta_{i-1} < \theta < \theta_i, \tag{3.2.3}$$

其中 $(\rho_i, \vec{v}_i, p_i)$ 均为常值 (见图 1). 于是, 问题 (3.2.1), (3.2.3) 就构成了一个二维黎曼问题.

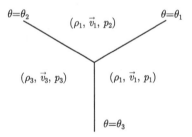

图 1 分片常值的初始资料

初始资料也可以有其他取法. 例如, 方程组 (3.2.1) 的未知函数的初值由在 (x, y) 平面的四个象限中不同的常值组成, 即

$$(\rho, \vec{v}, p) = (\rho_i, \vec{v}_i, p_i), \quad (x, y) \text{ 位于第 } i \text{ 个象限}, \quad i = 1, 2, 3, 4 \tag{3.2.4}$$

也是常见的二维黎曼问题. 这时, 关于 x, y 轴的对称性有可能带来一些简化.

由于双曲型方程具有扰动传播速度有限的性质, 所以如果二维黎曼问题 (3.2.1), (3.2.3) 的解存在, 那么在坐标原点对解的影响范围是有限的. 也就是说, 在离坐标原点足够远的地方, 解将不受坐标原点处复杂间断的影响. 于是在每个方向 ℓ_i 上,

当离坐标原点足够远时, 方程组 (3.2.1) 满足初始条件 (3.2.3) 的求解可以视为一个一维黎曼问题, 从而它的解可以由 Lax 关于一维黎曼问题的结论得到. 也就是说, 对每个 i, 在 ℓ_i 方向充分远的地方, 该黎曼问题的解的结构中将出现由 ℓ_i 发出的激波 (记为 S_i)、中心疏散波 (记为 R_i) 以及接触间断 (记为 C_i), 这些非线性波的波阵面均平行于 ℓ_i. 与一维黎曼问题相仿, 二维黎曼问题的方程和初始条件在自相似变换下是不变的, 所以问题 (3.2.1), (3.2.3) 可以改写为 (ξ, η) 平面上一个以 $\left(\xi = \dfrac{x}{t}, \eta = \dfrac{y}{t}\right)$ 为自变量的方程组

$$\begin{cases} -\xi\dfrac{\partial \rho}{\partial \xi} - \eta\dfrac{\partial \rho}{\partial \eta} + \tilde{\nabla}(\rho\vec{v}) = 0, \\ -\xi\dfrac{\partial (\rho\vec{v})}{\partial \xi} - \eta\dfrac{\partial (\rho\vec{v})}{\partial \eta} + \tilde{\nabla}(\rho\vec{v}\otimes\vec{v}) + \tilde{\nabla}p = 0, \\ -\xi\dfrac{\partial (\rho E)}{\partial \xi} - \eta\dfrac{\partial (\rho E)}{\partial \eta} + \tilde{\nabla}(\rho\vec{v}E + p\vec{v}) = 0, \end{cases} \tag{3.2.5}$$

满足以下初始条件的初值问题. 其初始条件为

$$\lim_{(\xi,\eta)\to\infty} (\rho, \vec{v}, p) = (\rho_i, \vec{v}_i, p_i), \quad \theta_{i-1} < \theta < \theta_i, \tag{3.2.6}$$

其中 $\theta = \arctan(\eta/\xi)$. 在 (3.2.5) 中的 $\tilde{\nabla}$ 是 (ξ, η) 平面上的梯度, 即 $\tilde{\nabla} = \left(\dfrac{\partial}{\partial \xi}, \dfrac{\partial}{\partial \eta}\right)$.

由前面的分析知道, 在 (ξ, η) 平面上问题 (3.2.5), (3.2.6) 的解在原点的一个邻域 (例如, 由某个常数 R 决定的圆 $C: |\xi^2 + \eta^2| < R^2$) 以外的解容易得到. 它在 $\theta = \theta_i$ 的几个方向上有一直延伸到无穷远的非线性波, 其波阵面平行于 $\theta = \theta_i$. 于是, 问题归结为如何将 C 以外的解延拓到 C 的内部. 它相当于在圆 C 的圆周边界上给定边界条件然后在圆内部求方程组 (3.2.5) 的解. 也相当于已知来自无穷远处的一系列非线性波, 求其相互作用与干扰所产生的效果.

方程组 (3.2.5) 在圆 C 内部的求解当然与该方程组的性质有关. (3.2.5) 是由双曲型方程组 (3.2.1) 导来的, 但是, 将自变量 (t, x, y) 替换为 (ξ, η) 以后, 方程组的类型就变了. 可以验证, 方程组 (3.2.5) 在离原点充分远的地方 (即 $|(\xi, \eta)|$ 充分大) 是双曲型的. 而在原点附近会出现椭圆的因素. 通过某些简化, 可以从方程组 (3.2.5) 导出一个凸显其本性的二阶方程, 该方程在远离原点处是双曲型方程, 在原点附近是椭圆型方程. 故在 (ξ, η) 平面上的整个圆 C 中来看, 该方程是一个混合型偏微分方程. 而且, 方程在何处从双曲型转变成椭圆型也不知道.

众所周知, 混合型偏微分方程是偏微分方程中最复杂也最令人头痛的一类方程. 自从 1923 年 F. Tricomi 首次系统地研究了形为 $y\dfrac{\partial^2 u}{\partial x^2} + \dfrac{\partial^2 u}{\partial y^2} = 0$ 的方程 (后

人称之为 Tricomi 方程) 以来已历经百年. 但是, 与对椭圆型方程、双曲型方程的研究相比, 其成果相当有限. 多年来, 人们在研究椭圆型、双曲型等确定类型方程时发展的各类方法用到讨论混合型方程时常常失效. 加之方程组 (3.2.4) 是非线性的, 在求解区域内变型线以及可能出现的自由边界的位置是未知的, 这些困难因素叠加在一起使问题 (3.2.5), (3.2.6) 的难度更是成倍地增长. 尽管在学术界许多学者都知道高维黎曼问题的重要性与难度, 却少有人真正涉及. 文献 [37] 中提出了二维黎曼问题的求解, 也指出该问题可转化为从各不同方向来自无穷远的非线性波的相互作用. 并设想按照来自每个 θ_i 方向的各类非线性波对二维黎曼问题分列成各种子情形处理. 但是, 由于每一种情况的处理都相当艰难, 故未有具体的结果. 在 2009 年科学出版社出版的 "10000 个科学难题" 数学卷中也将 "高维黎曼问题" 列为其中的难题之一.

困难与机遇同在. 正是高维黎曼问题, 给非线性混合型方程提供了明确的物理背景与丰富的源泉. 于是通过对一些特定的高维黎曼问题的研究, 人们有望发展对非线性混合型方程研究的新方法. 不仅可在一些著名的物理力学问题研究中获得突破, 而且能借助此到达偏微分方程研究的制高点.

尽管在单个空间变量的情形, 从研究黎曼问题入手深入探究非线性双曲守恒律方程组理论是一条成功的途径. 但在研究高维非线性双曲守恒律方程组 (例如高维 Euler 方程组) 时, 第一步就遇到了拦路虎: 最典型的黎曼问题 (3.2.1), (3.2.3) 或 (3.2.1), (3.2.4) 不知怎么求解.

3.3 简化方程组的高维黎曼问题

由于方程组 (3.2.1) 的高维黎曼问题求解得困难, 人们就设法寻找一些简化的办法, 降低问题的难度, 试图从简化了的问题中找到一些启发. 上节中就提出了先讨论两个空间变量的黎曼问题, 并将初始条件取为最简单的情形 (3.2.3) 或 (3.2.4). 问题进一步简化就从方程入手. 总之, 总的目标是求得流体动力学方程组 (3.2.1) 高维黎曼问题的解, 具体做法则从简单的情形开始, 逐步向此目标靠近.

在多个空间变量的情形, 最早被研究的是单个方程的高维黎曼问题. 在两个空间变量的情形, 方程为

$$\frac{\partial u}{\partial t} + \frac{\partial f(u)}{\partial x} + \frac{\partial g(u)}{\partial y} = 0. \tag{3.3.1}$$

初始条件仍取为 (3.2.3) 或 (3.2.4). 由于单个一阶偏微分方程的解可以用特征线法构造, 即使在多个空间变量的情形也是如此. 于是, 构造单个一阶偏微分方程的高维黎曼问题的解一般不会遇到特别的困难. 在 20 世纪 80 年代, 这种情形的黎曼问题已得到了较充分的研究 (参见 [27, 35, 36]).

接着就需要讨论方程组的情形. 由于流体运动中压力差与输运效应是引起流体运动的两个动因, 文献 [39] 中提出了将两个因素分开来考虑的想法. 基于此, 他们将方程组 (3.2.1) 分拆成输运方程 (transport equation)

$$\frac{\partial}{\partial t}\begin{pmatrix}\rho \\ \rho u \\ \rho v \\ \rho E\end{pmatrix}+\frac{\partial}{\partial x}\begin{pmatrix}\rho u \\ \rho u^2 \\ \rho uv \\ \rho uE\end{pmatrix}+\frac{\partial}{\partial y}\begin{pmatrix}\rho v \\ \rho uv \\ \rho v^2 \\ \rho vE\end{pmatrix}=0 \tag{3.3.2}$$

与压力梯度方程 (pressure-gradient equation)

$$\frac{\partial}{\partial t}\begin{pmatrix}\rho \\ \rho u \\ \rho v \\ \rho E\end{pmatrix}+\frac{\partial}{\partial x}\begin{pmatrix}0 \\ p \\ 0 \\ up\end{pmatrix}+\frac{\partial}{\partial y}\begin{pmatrix}0 \\ 0 \\ p \\ vp\end{pmatrix}=0, \tag{3.3.3}$$

其中对于状态方程为 $p=A\rho^\gamma$ 的完全气体, $E=\frac{1}{2}(u^2+v^2)+\frac{1}{\gamma-1}\frac{p}{\rho}$. 然后分别讨论这两个模型方程组的二维黎曼问题.

方程组 (3.3.2) 也被称为零压流方程 (equation of pressureless flow), 它恰好可用于描述黏附粒子的运动. (3.3.2) 看似容易入手, 但对于它的研究也出现了一些新的障碍.

在单个空间变量的情形, 零压流方程的形式为

$$\begin{cases}\rho_t+(\rho u)_x=0, \\ (\rho u)_t+(\rho u^2)_x=0.\end{cases} \tag{3.3.4}$$

这个方程组的形式虽然简单, 但它是一个非严格双曲组. 与严格双曲组不同, 它作为 2×2 的方程组, 只有一族特征线. 人们发现, 在对此方程的初值问题求解时, 为研究严格双曲守恒律方程组的弱解所引入的激波、中心疏散波、接触间断还不足以描述所有可能产生的奇性. 例如, 若取初始条件为

$$(\rho,u)|_{t=0}=\begin{cases}(1,1), & x<0, \\ (2,0), & x>0,\end{cases} \tag{3.3.5}$$

则容易说明, 问题 (3.3.4), (3.3.5) 不具有 L^∞ 解. 另一方面, 如果从黏附粒子运动的物理模型出发, 可以发现恰如 δ 函数这样的质量集中现象, 它称为 δ 波. 文

献 [14], [18] 等从测度值解的角度研究了 (3.3.4), (3.3.5) 或更广泛的初值问题. 但是, 想在此基础上讨论含多个自变量的方程组 (3.3.2) 时, 尚需对 δ 波或测度值解的概念给出严格的定义与更多基础性的研究. 而在二维或三维空间中对黏附粒子运动物理模型的讨论也还不够.

再来说一下前面导出的压力梯度方程. 在引入新变量 $p = (\gamma - 1)P, t = \dfrac{\tau}{\gamma - 1}$ 后, 方程组 (3.3.3) 可以变换为一个非线性波动方程

$$\left(\frac{P_T}{P}\right)_T = P_{xx} + P_{yy}. \tag{3.3.6}$$

(3.3.4) 的二维黎曼问题也相应地转变为 (3.3.6) 的黎曼问题. 于是, 也可以进一步通过引入自相似变量 $\xi = \dfrac{x}{T}$, $\eta = \dfrac{y}{T}$, 将方程 (3.3.6) 化为非线性方程

$$(P - \xi^2)P_{\xi\xi} - 2\xi\eta P_{\xi\eta} + (P - \eta^2)P_{\eta\eta} + \frac{(\xi P_\xi + \eta P_\eta)^2}{P} - 2(\xi P_\xi + \eta P_\eta) = 0. \tag{3.3.7}$$

而方程 (3.3.6) 取 (3.2.3) 或 (3.2.4) 型初值的黎曼问题也转化为 (ξ, η) 平面上从无穷远处到来的非线性波的相互作用问题. 它也显示了非线性混合型方程的特性: 在离原点较远处为双曲型方程, 在靠近原点处为椭圆型方程. 幸运的是, 对于压力梯度方程, 当各个方向从无穷远处到来的非线性波仅含中心疏散波的情形, 在双曲区域的解可以先行确定, 直到方程的变型线. 然后通过解一个退化椭圆型方程的边值问题得到问题的整体解[38]. 其后, 文献 [13] 等在此基础上作了进一步的探讨.

对于等熵无旋流, 可以引进由 $\nabla\phi = \text{grad } \phi$ 定义的速度势, 从而由一般的 Euler 方程组 (3.2.1) 导出函数 ϕ 所满足的方程. 在两个空间变量的情形下, 位势流方程的形式为

$$(\rho(\nabla\phi))_t + (\phi_x \rho(\nabla\phi))_x + (\phi_y \rho(\nabla\phi))_y = 0. \tag{3.3.8}$$

因为方程 (3.3.8) 是等熵无旋条件下描述流体运动的方程, 它的物理意义很明确, 并能保留 Euler 方程组 (3.2.1) 的许多特征. 故 (3.3.8) 常被作为 Euler 方程组 (3.2.1) 的简化模型出现. 然而, 也正因为如此, 在 Euler 方程组的高维黎曼问题研究中出现的很多困难在对位势流方程研究时也同样出现. 特别是所导出的非线性混合型方程的不定边界值问题正是所需克服的难点与问题的焦点.

B. L. Keyfitz 等学者注意到在一些特定的流体运动中, 在不同方向流动参量变化速率可能有显著差异. 从这一特性出发, 对不同方向的运动做不同的近似处理, 导出了 Euler 方程组的另一简化模型——UTSD (unsteady transonic small disturbance) 方程组, 它的形式为

$$\begin{cases} u_t + u u_x + v_y = 0, \\ u_y - v_x = 0. \end{cases} \tag{3.3.9}$$

C. Canic 与 B. L. Keyfitz 等研究了 UTSD 方程组的二维黎曼问题. 它也会导致一些特定的混合型方程的边值问题. 利用方程 (3.3.9) 中预设的简化处理, 虽然在引入自相似变量 $\xi = \dfrac{x}{t}$, $\eta = \dfrac{y}{t}$ 后所导出的方程

$$\begin{cases} (u - \xi) u_\xi - \eta u_\eta + v_\eta = 0, \\ u_\eta - v_\xi = 0 \end{cases} \tag{3.3.10}$$

仍为混合型的, 但相应的边值问题稍容易处理些, 见文献 [3,4].

在研究完全气体的 Euler 方程组的二维黎曼问题时, 有一个很有趣的特例值得提及. 这个特例是在楔形区域中气体向真空的扩散. 若初始时刻在一个楔形区域中有静止的常态气体, 在该楔形区域外为真空. 于 $t = 0$ 时抽去区域的边界, 则气体就往真空中扩散[34]. 类似的问题在水力学中也出现: 在一个楔形的水库中存放的水在水坝突然全部坍塌时, 水流向水库外. 这个问题也被称为水坝坍塌问题 (dam-collapse problem). 因为浅水波方程与空气动力学服从的 Euler 方程相似, 故上述两问题在数学处理上实质是相同的. 由于一维情形下静止常态气体向真空的扩散可以用单个完整的中心疏散波表示, 所以当楔形区域的边界被突然抽去时, 我们遇到的也是两个中心疏散波的相互作用. 一般的二维黎曼问题在求自模解时会遇到部分区域双曲、部分区域椭圆的混合型方程, 而本问题中在楔形区域外均为真空的特点使得椭圆区域退缩为一点, 从而只需考虑一个纯双曲的问题. 文献 [22, 23] 的作者证明了这一问题解的存在性. 并对解的性质以及特征分布作了分析. 但由于在一般情形下椭圆区域会出现, 而非线性双曲型方程的整体解又不易决定, 故得不到上述两个理想特例那样美妙的结果[24,25].

当所考察气体的状态方程具有某些特定形式时, 问题也可能会被显著地简化. 这个特殊情形就是 Chaplygin 气体 Euler 方程组的二维黎曼问题.

状态方程为 $p = a - \dfrac{1}{\rho}$ 的气体称为 Chaplygin 气体. 由于该气体特殊的状态方程, 它的激波就是特征曲面, 中心疏散波也退化为零宽度的特征曲面, 恰如具备反向跃度的激波. 基于这个特点, 它的黎曼问题要比完全气体的 Euler 方程组的黎曼问题容易处理. 因为这时双曲区域的解以及具正负跃度的激波位置都可逐次确定, 最后也只剩下求一个退化椭圆方程的边值问题. 在文献 [30] 中 D. Serre 首先考察了 Chaplygin 气体的 Euler 方程组的二维黎曼问题的几个特例. 文献 [11] 的作者证明了, 在初始条件 (3.2.3) 中间断充分小的条件下, Chaplygin 气体 Euler 方程组 (3.2.1) 的二维黎曼问题均可解. 从而不管在无穷远处的几个方向 $\theta = \theta_i$ 上

出现几个非线性波, 都能给出黎曼问题解的全部结构. 这些结构图像可在文献 [11] 中找到. 与 Lax 在单个空间变量关于黎曼问题的结果相仿, 文中对初始条件除小性外没有其他限制.

由于二维黎曼问题的研究尚有许多难点待跨越, 因此对三维空间中的黎曼问题更少有涉及. 文献 [31] 的作者首次讨论了 Euler 方程组的三维黎曼问题, 其结果值得注意.

3.4 高维黎曼初边值问题

在 (t, x, y) 空间的局部区域中讨论 Euler 方程组 (3.2.1) 或位势流方程 (3.3.8) 的初边值问题, 如果该局部区域以及所给定的定解条件在自相似变换 $t \to \alpha t, x \to \alpha x, y \to \alpha y$ 下不变, 那么也可以类似二维黎曼问题的处理方法, 导出在 ξ, η 平面上的一个边值问题, 从而通过讨论这个边值问题得到原初边值问题的解. 以下我们将这类初边值问题称为高维黎曼初边值问题. 有不少具体的物理问题恰具有这样的性质, 它使得高维黎曼问题的研究被赋予了更丰富与有趣的内容.

下面以一个具体例子说明之. 高维非线性守恒律方程组研究中一个著名的问题是激波被斜坡反射的问题. 在行进中的激波遇到一个障碍物时, 会被物体反射. 激波被斜坡反射的问题是由运动激波被一个非光滑物体反射现象所抽象出来的一个典型问题, 它在气体动力学的研究中十分重要. 考虑两个空间变量的情形, 当一个平面激波沿水平方向前进, 遇到一个平面斜坡时就会被斜坡反射. 不同角度的斜坡会导致截然不同的图像. 当激波面与斜坡的夹角较小时, 所产生的反射图像与线性波反射相仿, 称为正则反射; 当激波面与斜坡的夹角较大时, 产生的反射图像与常见的线性波反射有很大的不同, 称为马赫反射. 反射图像分别见图 2 与图 3.

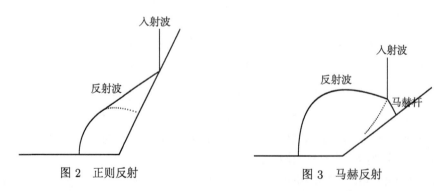

图 2 正则反射 图 3 马赫反射

考察速度为 U 的平面激波冲撞斜坡的过程. 设激波前后的流体状态分别为 $(u_0, 0, \rho_0)$ 与 $(0, 0, \rho_1)$, 斜坡是倾角为 θ 的平面斜坡. 又记激波到达斜坡足的时刻

为 $t = 0$. 则在该时刻气体所处的状态 (即初始条件) 如图 4 所示.

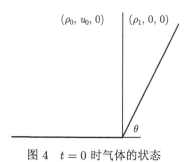

图 4 $t = 0$ 时气体的状态

由激波关系式知 $\rho_0(u_0 - U) = -\rho_1 U$, 即 $U = \dfrac{\rho_0 u_0}{\rho_0 - \rho_1}$. 于是, 以速度为 U 的平面激波冲撞斜坡的问题就等价于在区域 $y > 0, x < y/\tan\theta$ 中讨论方程组 (3.2.1) 取初始条件

$$(u, v, \rho)|_{t=0} = \begin{cases} (u_0, 0, \rho_0), & x < 0, y > 0, \\ (0, 0, \rho_1), & 0 < x < y/\tan\theta, y > 0, \end{cases} \tag{3.4.1}$$

以及边界条件

$$u_n = 0, \quad y = 0 \ \text{或} \ y = x\tan\theta \tag{3.4.2}$$

的初边值问题. G. Q. Chen 与 M. Feldman 等[5] 以位势流方程 (3.1.4) 为模型证明了运动激波冲撞平面斜坡时具正则反射激波情形下整体解的存在性.

当平面斜坡的倾角较小时可能产生马赫反射 (见图 3), 此时入射激波与反射激波的交点就不在斜坡上, 而要通过另一个称为马赫杆的激波与斜坡相连接. 此外在激波、反射波与马赫杆的三叉交点后面还会有一个附加的接触间断. 这样的反射模式称为马赫反射, 而由激波、反射波、马赫杆加一个接触间断的波结构称为马赫结构[8,12]. 这种激波反射情形下整体解的存在性, 至今仍是未知的. 在文献 [10] 中仅对可能产生的马赫结构的局部稳定性给出了证明.

如果在图 4 中表示斜坡倾角的 θ 为小于零的一个角度, 就得到另一组参数所界定的二维黎曼初边值问题. 在流体力学中称为运动激波对凸角的绕射 (见文献 [6]). 又对于给定的斜坡, 若状态 U_0, U_1 可决定一个向右的疏散波, 则可得到疏散波被斜坡反射或疏散波绕射凸角的问题. 这些都是流体力学中很有意义与值得研究的问题.

文献 [1,15] 的作者研究了一个运动的楔冲击静止气体的问题. 给定一个无限延伸的尖楔, 在 $t = 0$ 时刻它突然以一个恒定的速度冲向静止的常态气体, 则在楔的外方会产生一个激波 (见图 5). 如果楔的运动速度是超声速, 则当其顶角不超过一个临界值时, 这个激波必定是附体激波. 利用相对运动的观点, 将楔视为静止, 它所占的区域为气体禁入区, 而在初始时刻给其周围气体一个速度 (与前面所说的楔的速度绝对值相同、方向相反), 即可得到仅相差一个平移速度的运动与周围的非线性波结构. 由于初始条件与边界条件都是自相似的, 故这个问题也可视为黎曼初边值问题. 文献 [1,15] 中建立了此黎曼初边值问题的确切表述并证明了解的存在性.

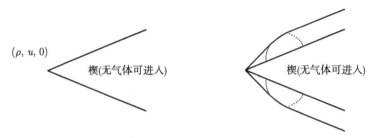

图 5 $t = 0$ 时均匀气体冲向固定楔 (左图), 在 (ξ, η) 平面上激波位置 (右图)

在文献 [1,5,15] 中所研究的问题都导致了混合型方程的边值问题. 幸运的是, 在双曲区域的流动可以从 Ranline-Hugoniot 条件出发用代数方法确定诸流动参量以及声速线的位置. 于是, 混合型方程的边值问题就简化成了一个退化椭圆型方程的边值问题. 这个事实对于建立整体解的存在性给予了很大的帮助. 但是, 在其他问题中例如讨论疏散波被斜坡的反射, 就必须将双曲区域与椭圆区域合在一起讨论, 而变型线的位置是待定的, 且在变型线附近的双曲区域中特征分布呈现从横截到相切的复杂现象[25].

3.5 结 语

总的来说, 关于高维黎曼问题的研究只是在起步阶段. 回顾与对比一维黎曼问题的研究成果, 可以有以下的启示.

(1) 对一些简化的模型方程组, 有可能获得较为一般的结果. 非严格双曲组 (3.3.2) 含测度值解的概念与基础性的事实尚需夯实. 如一维情形那样, 高维黏附粒子运动的物理模型对于质量集中的生成与分析应有帮助. Chaplygin 气体 Euler 方程组的二维黎曼问题已有了一般性的存在性定理. 基于这个结果, 广义黎曼问题、解的渐近性质以及能否用 Glimm 格式构造整体解等问题也可提上日程.

(2) 气体动力学中若干典型问题可化成 Euler 方程组或位势流方程的一些特定黎曼问题或初值取为分块常值的黎曼初边值问题. 这些问题的物理背景明确, 即使是单个问题的深入研究, 都十分有意义. 如能有效地处理含奇性的向量场所引起的困难, 就可将关于位势流方程的结论推进到完全 Euler 方程组的情形. 此外, 可在关于初值为分块常值的高维黎曼问题已有成果的基础上讨论当初值被扰动后的情况, 它也可理解为黎曼问题解的稳定性.

(3) 一些特殊的高维黎曼问题或高维黎曼初边值问题已有了明确的存在性结论甚至解的表达式, 它将可以作为典型实例来检验高维守恒律方程组各种计算方法的适用范围与有效性. 反之, 对高维黎曼问题中一些典型问题的高精度计算也可对非线性波的相互作用及波的结构提供图像上的启示.

(4) 作为非线性混合型方程的重要来源, 高维黎曼问题的研究将促进混合型方程乃至整个偏微分方程理论的发展. 它将直通偏微分方程理论的焦点与制高点. 其对于高维非线性守恒律方程组的整体解研究的推进也是十分令人期待的.

参 考 文 献

[1] Bae M, Chen G Q, Feldman M. Prandtl-Meyer reflection configurations, transonic shocks, and free boundary problems. Quart Appl. Math., 2013, 71: 583-600.

[2] Brenier Y, Grenier E. Sticky particles and scalar conservation laws. SIAM J. Numer. Anal., 1998, 35: 2317-2328.

[3] Canic S, Keyfitz B L. Riemann problems for the two-dimensional unsteady transonic small disturbance equation. SIAM J. Appl. Math., 1998, 58: 636-665.

[4] Canic S, Keyfitz B L, Kim E H. A free boundary problem for a quasi-linear degenerate elliptic equation: Regular reflection of weak shocks. Comm. Pure Appl. Math., 2002, 55: 71-92.

[5] Chen G Q, Feldman M. Global solution to shock reflection by large-angle wedges for potential flow. Ann. Math., 2010, 171: 1067-1182.

[6] Chen G Q, Xiang W. Existence and stability of global solution of shock diffraction by wedges for potential flow//Hyperbolic Conservation Laws and Related Analysis with Applications. Heidelberg: Springer, 2014: 113-142.

[7] Chen S X. Solution to M-D Riemann problems for quasilinear hyperbolic system of propotional conservation laws. Studies in Advanced Math., 1997, 3: 157-173.

[8] Chen S X. Study of multidimensional systems of conservation laws: Problems, difficulties and progress. Proceedings of the International Congress Mathematicians, 2010, 3: 1884-1900.

[9] Chen S X. Stability of a Mach configuration. Comm. Pure Appl. Math., 2006, 59: 1-33.

[10] Chen S X. Mach configuration in pseudo-stationary compressible flow. Jour. Amer. Math. Soc., 2008, 21: 63-100.

[11] Chen S X, Qu A F. Two-dimensional Riemann problems for the chaplygin gas. SIAM J. Math. Anal., 2012, 44: 2146-2178.

[12]   Courant R, Friedrichs K O. Supersonic Flow and Shock Waves. New York: Interscience Publishers Inc, 1948.

[13]   Dai Z H, Zhang T. Existence of a global smooth solution for a degenerate Goursat problem of gas dynamics. Arch. Rational Mech. Anal., 2000, 155: 277-298.

[14]   E W, Rykov Y G, Sinai Y G. Generalized variational principles, global weak solutions and behavior with random initial data for systems of conservation laws arising in adhesion particle dynamics. Comm. Math. Phys., 1996, 177: 349-380.

[15]   Elling V, Liu T P. Supersonic flow onto a solid wedge. Comm. Pure Appl. Math., 2008, 61: 1347-1448.

[16]   Glimm J. Solutions in the large for nonlinear hyperbolic systems of equations. Comm. Pure Appl. Math., 1965, 18: 697-715.

[17]   Gu C H, Li T T, Hou Z Y. The Cauchy problem of hyperbolic systems with discontinuous initial values I, II, III. Acta Math. Sinica., 1961, 4: 314-323, 1961, 4: 324-327, 1962, 5: 132-143.

[18]   Huang F, Wang Z. Well posedness for pressureless flow. Comm. Math. Phys., 2001, 222: 117-146.

[19]   Lax P D. Hyperbolic systems of conservation laws. Comm. Pure Appl. Math., 1957, 10: 537-566.

[20]   Lax P D. Hyperbolic systems of conservation laws and the mathematical theory of shock waves. Conf. Board Math. Sci., 11, SIAM, 1973.

[21]   Levien L E. The expansion of a wedge of gas into a vacuum. Proc. Camb. Philol. Soc., 1968, 64: 1151-1163.

[22]   Li J Q. On the two-dimensional gas expansion for compressible Euler equations. SIAM J. Appl. Math., 2001, 62: 831-852.

[23]   Li J Q. Global solution of an initial-value problem for two-dimensional compressible Euler equarions. J. Diff. Equ., 2002, 179: 178-194.

[24]   Li J Q, Zheng Y X. Interaction of rarefaction waves of the two-dimensional self-similar Euler equations. Arch. Rat. Mech. Anal., 2009, 193: 623-657.

[25]   Li J Q, Zheng Y X. Semi-hyperbolic patches of solutions to the two-dimensional Euler equations. Arch. Rational Mech. Anal., 2011, 201: 1069-1096.

[26]   Li T T, Yu W C. Some existence theorems for quasilinear hyperbolic systems of partial differential equations in two independent variables, I, II. Scienia Sinica., 1964, 4: 529-550, 551-562.

[27]   Lindquist B. The scalar Riemann problem in two apatial dimensions: Piecewise smoothness of solutions and its breakdawn. SIAM J. Math. Anal., 1986, 14: 1178-1197.

[28]   Oleinik O. Discontinuous solutions of nonlinear differential equations. Usp. Mat. Naus., 1957, 12: 3-73.

[29] Riemann B. Uber die forpflanzung ebener luftwellen von endlicher schwingungsweite. Abhandl Koenig Gesell Wiss, Goettingen, 1860, 8.

[30] Serre D. Multidimaensional shock interaction for a Chaplygin gas. Arch. Rat. Mech. Anal., 2009, 191: 539-577.

[31] Serre D. Three-dimensional interaction of shocks in irrotational flows. Confluentes Math., 2011, 3: 543-576.

[32] Sheng W C, You S K. The two-dimensional unsteady supersonic flow around a convex corner. Jour. Hyper. Diff. Equ., 2018, 15: 443-461.

[33] Sheng W, Zhang T. The riemann problem for transportation equations in gas dynamics. Mem. Amer. Math. Soc., 1999, 564.

[34] Suchkov V A. Flow into a vacuum along an oblique wall. Jour. Appl. Math. Mech., 1963, 27: 1132-1134.

[35] Wagner D. The Riemann problem in two space dimensions for a single conservation law. SIAM J. Math. Anal., 1983, 14: 534-559.

[36] Zhang T, Xiao L. The Riemann problem and interaction of waves in gas dynamics. 1989.

[37] Zhang T, Zheng Y X. Conjecture on the structure of solution of the Riemann problem for two-dimensional gas dynamics systems. SIAM Jour. Math. Anal., 1990, 21: 593-619.

[38] Zheng Y X. Existence of solutions to the transonic pressure-gradient equations of the compressible Euler equations in elliptic regions. Comm. in PDEs, 1997, 22: 1849-1868.

[39] Zheng Y X. System of Conservation Laws. Two-Dimensional Riemann Problems. Boston: Birkhaused, 2001.

[40] "10000 个科学难题" 数学编委会. 10000 个科学难题·数学卷. 北京: 科学出版社, 2009.

4 丢番图问题、算术几何与凸几何

陈华一[①]

4.1 引 言

丢番图问题可以说是数学中最古老而又最常新的领域之一. 传统上讲, 丢番图问题研究的是丢番图方程, 即整系数多项式方程. 丢番图方程这一术语和《算术》(Ἀριθμητικά, 即 *Arithmetica*) 一书的作者亚历山大港的丢番图 (Διόφαντος ὁ Ἀλεξανδρεύς, 即 Diophantus of Alexandria) 有关. 丢番图的生平今已大多不可考, 只知道他生活在亚历山大港 (今埃及北部). 丢番图活跃的时代介于公元前 1 世纪与公元 4 世纪之间[②], 历史上属于希腊化时代 (Hellenistic period) 和罗马管辖时期. 其时亚历山大港是古希腊文化的中心, 世界上最大的犹太人城市, 以及欧洲与东方贸易和文化交流的枢纽; 拥有当时世界上藏书最多书目最完备的图书馆和古希腊最好的大学. 文化的繁荣推动了科学与哲学的进步, 孕育了一大批优秀的数学家.

丢番图的《算术》一书有十三卷, 原书应该是用古希腊语写成的, 古希腊文版今有七卷散佚, 现存最早的版本是 13 世纪发现的拜占庭六卷抄本. 1971 年 Rashed 在伊朗马什哈德 (Meshhed) 的阿斯坦·库兹·拉扎维 (Astan Quds Razavi) 中央图书馆发现了 1198 年版巴勒贝克[③]的卢卡之子康斯坦丁 (Qusṭā ibn Lūqā al-Ba'labakkī) 翻译的阿拉伯文七卷, 其中四卷不存在于拜占庭抄本之中[④]. 《算术》是一部问题和解法集, 绝大部分是整系数多项式方程和方程组; 现存的十卷中, 古希腊文六卷有 189 个问题, 阿拉伯文四卷则有 101 个. Ἀριθμητικά 一词源于 ἀριθμός (arithmos), 在古希腊语中是数的意思. 古希腊文化中 ἀριθμητικά 指的

---

① 巴黎大学 Jussieu-Paris Rive Gauche 数学研究所.

② 丢番图在一部关于多边形数的著作中引用了公元前 2 世纪数学家伊普西克里斯 (Ὑψικλῆς, 即 Hypsiclis) 的工作 (见 [117] 第 470 和 472 页); 生活在公元 4 世纪的亚历山大港的希恩 (Θέων ὁ Ἀλεξανδρεύς, 即 Theon of Alexandria) 在针对托勒密 (Κλαύδιος Πτολεμαῖος, 即 Claudius Ptolemy) 所著《至大论》(*Almagestum*) 的评论中提到了丢番图 (见 [118] 第 35 页).

③ 巴勒贝克遗址位于黎巴嫩的贝卡谷地.

④ 见 [112] 第 v 页.

是数的性质的研究, 而运算方法则视为一门单独的学问——λογιστικός (计算术)[1].
自文明之起源, 人类便思考、研究和运用数学. 在丢番图之前, 古老文献中出现
的一些数学问题已可以归结为多项式方程的求解问题. 古埃及的纸莎草书中出现
了一些线性方程和一元二次方程的例子; 古巴比伦泥板中记载了一元二次方程和
某些一元三次方程的解法, 以及一些勾股数组; 欧几里得的《原本》(Στοιχεία, 即
Elements) 和中国的《九章算术》更提出了勾股数问题的通解公式. 然而丢番图的
问题却脱离了测量和几何的背景, 以抽象的代数方程为主, 并用符号来代替一些文
字; 另外, 丢番图只考虑方程的正有理数解, 这样的设定也使得《算术》的行文远
离了数值计算和几何直观, 呈现出与前人迥然不同的风格. 正因如此, 今天数学中
的丢番图问题通常是指和丢番图方程的有理数解或整数解相关的问题. 比方说中
国古算中的同余方程组就可以看成是一种关于线性丢番图方程的丢番图问题. 从
方法论上讲, 丢番图并不拘泥于算式的检验而是力求给出 "形式证明", 也就是说综
合运用变量替换、代入、消元、消项等方法将问题通过一系列步骤转化成一个已
经解决的问题: 虽然丢番图分析不是一个公理化系统, 但其演绎模式却与古希腊
几何学传统一脉相承[2].

从公元 3 世纪开始, 基督化、地震、海啸、迫害异教徒、波斯占领、阿拉伯
占领等历史事件轮番摧残了亚历山大港璀璨的文化. 亚历山大图书馆浩如烟海的
藏书也逐渐湮灭在历史长河之中. 然而人们对知识的追求终究战胜了迷信和野蛮.
随着东西方的交流, 丢番图的著作传播到了阿拉伯世界, 丢番图分析的方法也被
阿拉伯数学家所研究和发扬, 最终又在文艺复兴时期重新传回到西方, 对数学的
发展产生了深远的影响. 后世对于丢番图的《算术》有两种解读[3]. 第一种是代
数[4]解读, 旨在对丢番图的表述进行符号化并用代数方法对其结果进行整理、分类
和推广; 从这样的角度出发, 很自然地将丢番图方程按照多项式方程的次数和形
态来分类, 并试图确定每个问题的解集. 数学史学家长期以来也是将丢番图的《算
术》看成是代数领域的一个开山之作. 然而从代数的观点来看丢番图的解法似乎
并无明显的章法可循. Hankel 说: "《算术》的每个问题都有特定的解法, 经常不
能适用于邻近的其他问题. 因此对于当代数学家来说, 即便是研究了 100 个题以
后, 去解第 101 题时仍然感到困难; 作了几个失败的尝试以后再去读丢番图的解
答, 会惊叹于他如何能够做到突然离开大路而抄近道达到他的目的." [5]可以想见丢
番图应该是掌握了一些一般的手段, 使得他可以设计和解决如此纷繁复杂的问题.

---

① 数学百科全书第一卷, 科学出版社 1994 年版, 第 226 页.

② 见 [113] 第 29-30 页.

③ 这里参考了 Rashed 和 Hozel 的观点, 见 [113] 第 35-37 页.

④ 代数一词来自阿拉伯语单词 al-djabr, 原意是指重组及合并, 阿拉伯数学语境下指移项或合并同类项等方
程求解技巧. 这里使用的 "代数" 一词指其古典含义而并非现代数学中的代数结构.

⑤ 见 [66] 第 164-165 页.

随着现代数学的进步, 数学界逐渐形成了对《算术》一书的第二种解读: 代数几
何解读. 事实上, 虽然丢番图只对方程的正有理数解感兴趣, 但是他的解法却适
用于任意的域, 从而也适用于几何问题. 这个隐含的联系被 Fermat 敏锐地察觉,
他说: "几乎没有真正的数论问题, 也没有蕴含了数论的问题. 难道不是说到目前
为止算术是从几何的角度而不是从数论的角度来研究的? 从古至今的文献无不如
此. 丢番图自己也不例外, 即便是他的分析只考虑有理数而显得更远离几何一些;
然而 Viète[①]的 *Zetetica*[②] 将丢番图的方法拓展到连续量, 也就是说几何情形, 这
充分地证明了几何在丢番图分析中并未真正缺失."[③] 丢番图方程可以在任意的交
换幺环中求解. 特别地, 丢番图方程组的复数解构成了一个复代数簇, 丢番图方程
组可以按其定义的复代数簇的几何性质来分类. 在丢番图方程组的几何分类方面,
Poincaré 是一个先驱者. 他认为有理系数的双有理变换群自然地作用在丢番图方
程上, 从而丢番图方程可以按这个群作用的轨道来分类, 就像二次型可以按整系
数线性群的作用来分类那样. 在 [109] 中 Poincaré 考虑了亏格为 0 或 1 的曲线,
也就是有理曲线和椭圆曲线的情形. 事实上, 丢番图经常使用有理变换, 尤其是双
有理变换的技巧, 而亏格正是代数曲线的一个基本的双有理不变量. Weil 说: "至
于方程的分类, 丢番图完全没有提及, Viète, Fermat 甚至是 Euler 在研究丢番图
问题时也没有考虑过分类的问题. 然而在丢番图的著作中却大量出现了相应于亏
格为 0 或 1 的代数曲线的方程组, 而且对于这些问题丢番图总是运用同样的方法
来解决, 这不得不让人感到惊叹."[④] Bachmakova 认为, 尽管《算术》中没有真正
意义上的几何, 但是其间却蕴含了代数几何的概念和方法, 她甚至大胆地猜测丢
番图掌握了一些代数几何的结论, 只是局限于纯代数和数论的框架, 而没有进行
几何解释[⑤]. 如果说将代数几何这一学科溯源到丢番图的工作也许是对历史的一
种过度解读, 代数几何却是理解丢番图分析最有效也最自然的工具.

从代数几何的观点来看, 丢番图方程对应于有理数域 $\mathbb{Q}$ 上的代数簇, 丢番图
方程的有理数解则对应于代数簇的有理点, 从而丢番图问题就相当于研究 $\mathbb{Q}$ 上的
代数簇有理点集的性质. 给定 $\mathbb{Q}$ 上的代数簇 X, 关于 X 典型的丢番图问题包括:
X 是否有有理点? X 的有理点集是否是有限集? X 的有理点在复数点集中如何
分布? 等等.

假设 X 是 $\mathbb{Q}$ 上至少含有一个有理点的代数曲线. 当 X 的亏格为 0 时, 它
双有理等价于射影直线, 从而具有无穷多个有理点. 至于亏格为 1, 即椭圆曲线的

---

① 中译韦达.

② 见 [123].

③ 见 [52].

④ 见 [128] 第 398 页.

⑤ 见 [6,§7] 和 [7] 第 28 页.

情形, Poincaré 运用了椭圆函数来构造曲线的参数方程, 用切割线法 (tangent and secant method)① 从一些有理点出发利用椭圆函数参数的加法运算生成新的有理点. 之后 Mordell[94] 进一步证明了椭圆曲线的有理点构成一个有限生成 Abel 群, 他还猜测当亏格大于或等于 2 的时候曲线的有理点集是有限集 (Mordell 猜想). 从此, 丢番图方程所对应的代数簇的几何性质决定该方程的算术性质逐渐成为普遍接受的一种观点.

将丢番图方程按几何不变量来分类是丢番图问题研究上的重大革新. 同样亏格的代数曲线, 甚至是同构的代数曲线, 其对应的丢番图方程可以具有非常不同的形式; 反过来, 看起来非常相似的丢番图方程, 定义的代数曲线可以具有非常不同的算术性质. 比如著名的费马大定理断言, 对任意整数 $n \geqslant 3$, 射影空间 $\mathbb{P}^2_{\mathbb{Q}}$ 中的曲线

$$X_n = \{(x:y:z) \,|\, x^n + y^n = z^n\}$$

没有非平凡②的有理点. 注意到 Fermat 曲线 X_n 的亏格等于

$$\frac{(n-1)(n-2)}{2},$$

所以 Mordell 猜想推出, 当 $n \geqslant 4$ 时 X_n 只有有限多个有理点. 当 $n = 1$ 或 2 时曲线 X_n 的亏格为 0, 所以同构于射影直线而具有无穷多个有理点. 费马大定理这个命题来自 Fermat 阅读《算术》第二卷时的旁注③:"将立方数分解成两个立方数之和, 或更一般地将高于二次的幂数分解成两个同次幂数之和, 都是不可能的. 我确信找到了一个美妙的证法, 但页边的空白太窄, 容纳不下." 但 Fermat 传世的资料中只有 $n = 4$ 时命题的证明. 由于大于 2 的自然数要么被 4 整除, 要么具有一个奇素因子. Fermat 的结果说明, 要证明费马大定理, 只需要验证对任意奇素数 p, 曲线 X_p 没有非平凡有理点. Fermat 的旁注困扰了数学界三百余年: 命题提出后的两个世纪之内只有 $p = 3, 5, 7$ 的情形得到了解决; 1983 年, Faltings[47] 证明了 Mordell 猜想; 1987 年, Adleman, Heath-Brown[2] 和 Fouvry[54] 证明了对无穷多个奇素数 p 曲线 X_p 没有非平凡有理点; 最终, 费马大定理迟至 20 世纪末才由 Wiles[129] 所证明 (Taylor 和 Wiles 合作弥补了原证的一个漏洞[120]). Mordell 猜想和费马大定理的证明结合了代数几何、代数数论、Arakelov 理论、Galois 表示理论等学科深刻的概念和方法, 属于算术几何 (arithmetic geometry) 领域的高峰之作. 毫不夸张地说, 是人类对丢番图问题孜孜不倦的追求推动了算术几何领域的诞生和发展.

---

① 感兴趣的读者可以阅读 Rashed 和 Hozel 的数学史著作 [113].

② 即射影坐标不含有 0.

③ Fermat 的手迹如今已经遗失了, 这个记载来自于 Pierre de Fermat 的儿子 Samuel de Fermat 1670 年编辑的其父对《算术》一书的注记.

今天回过头来看 Fermat 的观点, 似乎觉得几何方法在数论中的应用应该是水到渠成的事情. 然而算术几何作为一个学科的产生却是相当晚的: 其始于 20 世纪初, 成形于 20 世纪中叶, 之后逐渐繁盛而成为数学的一个主流领域. Geometry 一词来自古希腊语 γεωμέτρης, 原意是指测地术. 徐光启和利玛窦 (Matteo Ricci) 翻译的欧几里得《原本》, 中译版包含前六卷, 恰是平面几何部分, 因此定名为《几何原本》, 这是 geometry 翻译成几何的由来. 中国古算中常用 "几何" 一词来就数量提问, 这个翻译恰与古希腊文原意暗合. 然而历史上 geometry 一词的含义却随着数学的发展不断丰富, 欧几里得《原本》中的几何已脱离了数量而代之以公理体系和逻辑推导[1], Descartes 的坐标法又反过来建立了欧几里得几何的实数模型. 作为学科名称, 算术几何学中的 "几何" 不仅仅是像 Fermat 指出的那样将连续量引入丢番图分析, 它指的是数系及其衍生集合的结构和体系.

Neukirch 在《代数数论》[2]一书的前言中说: "数论在数学中占有一个理想的地位, 就像数学在科学中一样. 没有任何义务去满足外来的需求, 确立目标的过程完全是自主的, 从而可以保护其不受干扰的和谐." 事实上, 正如数学为自然科学和社会科学提供了模拟的手段, 数系及其衍生的集合为数学的各个分支提供了模型. 然而科学发展的客观规律却是实践先于理论, 现象先于模型. 科学与数学的关系不仅仅是科学利用数学方法来构造模型解释自然和社会现象并推导其规律, 很多时候科学的问题和方法也为数学的发展提供动力和灵感. 没有测量和天文学的需求, 几何学就不会得到发展; 没有经典物理学的兴起, 就难以想象微积分的诞生. 数论大抵也是如此, 与数学的各个分支有着千丝万缕的联系, 给别的学科提供模型的同时也受到别的学科的启发. 所谓 "不受干扰的和谐", 也仅限于问题的提出, 一旦尝试解决问题, 必然受到数学各个分支发展的影响. 算术几何的产生, 有几个机缘: 一、群论和近世代数的兴起为代数数论和代数几何的发展铺平道路, 这个过程从 18 世纪开始一直延续到 20 世纪初; 二、微分几何和多复变函数论的发展为代数簇的解析性质研究提供了必要的工具, 这个过程从 18 世纪开始一直延续到 20 世纪中叶; 三、层论和同调代数的发展和完善为概形论的产生创造条件, 这个过程从 19 世纪末一直延续到 20 世纪中叶; 四、20 世纪中叶 Grothendieck 概形论的产生, 为有理数域及整数环上的代数簇的研究提供了合适的框架. 可以看到, 算术几何的萌芽, 产生和兴起正是伴随着这些学科的发展和完善的.

作为一个新兴分支, 算术几何是如何做到在短短半个世纪之内一跃成为数学的主流方向之一? 要回答这个问题, 还得从数学这个学科自身的特点说起. 通常认为数学是研究数与形的学科, 这个说法言简而意赅: 数, 可以认为是计数、数量、代数, 也可以理解成数系及其衍生集合; 形, 可以认为是形状、空间、几何, 也可

---

① 中华文化圈普遍采用了徐光启和利玛窦的翻译, 唯越南语意译成 hình học (形学).

② 见 [98].

以理解成函数、关系和结构. 数形结合是数学的基本思想, 数学中几乎每一个重大突破都伴随着新结构的发现, 而这些新结构的基础模型往往是数系及其衍生集合. 关于数形结合华罗庚有一个非常生动的描述: "数与形, 本是相倚依, 焉能分作两边飞. 数缺形时少直觉, 形少数时难入微. 数形结合百般好, 隔离分家万事非. 切莫忘, 几何代数统一体, 永远联系, 莫分离!" [1] 如今基础数学的研究, 最引人入胜之处就在于纷繁复杂的数学对象背后所隐藏的结构. 而算术几何的基本方法正是发掘和研究数域及其衍生集合的新结构, 这和数形结合的先进数学思想高度吻合.

　　算术几何的萌芽可以追溯到 19 世纪晚期 Dedekind, Weber[41] 和 Kronecker[80] 的工作. 他们注意到了有理函数域和代数数域之间奇妙的相似性. Dedekind 和 Weber 工作的一个主要动机是黎曼曲面论的代数化. 黎曼曲面这个概念最早是由 Riemann (黎曼) 引进的, 用来研究全纯函数解析延拓的奇点与分支. 在 Riemann 之前的时代, 代数几何的研究往往集中在复射影平面中的曲线之上, 主要使用射影几何的方法. 黎曼曲面论将复射影曲线看作实曲面用分析的方法来研究, 并与 Abel, Jacobi, Weierstrass 和 Riemann 等发展的代数函数论联系起来, 在当时是全新的思想. Riemann 的方法考虑一般的解析函数, 这些函数通常是超越函数. 但用超越方法却可以得到一些深刻的纯代数结论, 比如 Riemann-Roch 定理等等, 这在当时的射影曲线论中属于革新性的成果. 这些代数结果研究方法的代数化要等到 Dedekind 和 Weber[41] 的工作才算是真正完成. Bourbaki 在《数学史》一书中说[2]:"即使对于现代人来讲, Riemann 的超越化方法 (尤其是他对拓扑概念和 'Dirichlet 原则' 的运用) 似乎是建立在不确定的基础之上的; 尽管 Brill 和 Noether[3]比大部分现代 '综合' 几何学家要认真, 他们的分析几何推理仍不能说是无懈可击的. 正是为了给平面代数曲线论建立一个严格的基础, Dedekind 和 Weber 才在 1882 年发表了关于这个论题的大作 …… 他们的工作最本质的想法是在一元代数函数论中模仿 Dedekind 之前刚刚发展的代数数论. 为达到这个目的, 他们首先采用了 '仿射' 的观点 (与之相反, 他们的同代人总是将代数曲线浸入复射影空间来考虑), 然后他们从有理函数域 $\mathbb{C}(X)$ 的某个有限扩张 K 和 K 中的 '整代数函数' 环 A, 也就是说在多项式环 $\mathbb{C}[X]$ 上是整元的那些代数函数组成的环出发, 绕开了所有的拓扑方法, 得到了他们的主要结果: A 是 Dedekind 环. 所有 '附注 XI'[4]中的结果, 经过适当改动后都能适用 (甚至更为简单, Dedekind 和 Weber 意识到了这一点 (见 [42] 第一卷第 268 页), 即便并不确切地知道其原因).

---

① 见 [71] 第 37 页.

② 见 [25] 第 133 页.

③ 见 [28].

④ 这是 Dedekind 对 Dirichlet 的著作 *Vorlesungen über Zahlentheorie* 的重版和附注, 见 [42] 第 III 卷第 1-222 页.

这样他们证明了他们的定理是双有理不变的 (也就是说仅依赖于域 K), 从而不依赖于一开始选取的无穷远线①. 对我们来说更有意思的是, 为了定义相应于 K 的 '黎曼曲面' (特别是不能对应于 A 的理想的 '无穷远点'), 他们引进了域 K 的位这一概念: 这样他们便面临 1940 年 Gelfand 创造赋范代数论时的局面, 也就是说域 K 中的元素不是预先定义的函数, 但希望将它们看作某个空间上的函数; 为了得到这些假想函数的定义空间, 他们首次将传统的习惯反过来, 对一个点 x 赋以一个集合 E, 并对从 E 到某个集合 G 的一些映射组成的集合 $\mathscr{F}$ 赋以从 $\mathscr{F}$ 到 G 的映射 $f \mapsto f(x)$, 即将 f 看成是变量而将 x 看成是函数 (这个思想被 Gelfand 重新运用, 如今已成为当代数学中司空见惯的方法)." 正是这个思想上的革新将数论和代数几何的研究联系在了一起.

　　函数域与数域的相似性迅速引起了数学界的兴趣. Hilbert 在 1900 年数学家大会上提出了二十三个问题, 其中第十二问题的表述中提到: "问题和函数论有关的部分, 研究人员将在这个因发现了一元代数函数论和代数数论之间显著的相似性而格外引人入胜的领域中自由地探索. Hensel 建立并研究了数论中类似于代数函数级数展开的构造②; 而 Landsberg 则研究了代数函数论中的 Riemann-Roch 定理③. 接下来 Riemann 面的亏格与代数数域的理想类数显然是相似的…… 我们看到, 在上述问题中基础数学的三个分支, 即数论、代数和函数论, 是紧密联系着的." ④ Hilbert 敏锐地感觉到了 Landsberg 对 Riemann-Roch 定理的代数证明中的算术意味反过来暗示了代数整数环之上应该具有一些之前没有发现的几何结构. 其后 Weil [124] 用赋值理论刻画了一元有理函数论和代数数论之间的平行对应关系, 从而在代数数域上真正确立了新的几何结构. 他在 1950 年世界数学家大会上说: "我们是时候意识到在 *Grundzüge* 中 Kronecker 不仅仅是想对 Dedekind 终身致力研究的理想理论中的基础问题给出自己的论述, 他的立意更为高远. 他实际上是试图描述和开始建立数学的一个新学科, 同时以数论和代数几何为其特例." ⑤ Weil 还研究了有限域上光滑射影簇的 zeta 函数并猜想它是有理函数, 而且和 Riemann ζ-函数具有类似的性质, 比如解析延拓、函数方程和 Riemann 假设等. 注意到 Weil 的 zeta 函数是用光滑射影簇取值在一些有限域中的点的个数来定义的, 因而具有很强的丢番图问题的意味. 更重要地, Weil 猜测, 如果该代数簇 X 是某个代数整数环上定义的光滑射影簇 $\mathscr{X}$ 的约化, 那么 X 的 zeta 函数可以写成一些多项式的交错积

---

① 这是射影几何的标准技巧.

② 即 p-进数域.

③ 见 [83].

④ 见 [68] 第 89-90 页.

⑤ 见 [126] 第 90 页.

$$\prod_{i=0}^{d} P_i(T)^{(-1)^{i+1}},$$

其中 P_i 的次数即是 $\mathscr{X}$ 对应的复流形的第 i 个 Betti 数, 这便将代数拓扑、代数几何和数论三个学科联系在了一起[①]. Weil 提出用一套纯代数的语言将复流形和微分几何的构造推广到一般的域, 甚至是一般的交换幺环上. Weil 的这个纲领直接推动了 Grothendieck 概形论的产生. *Éléments de géométrie algébrique* 的前言中说:"至于 A. Weil 的影响, 只须说这部著作的主要动机是发展定义最一般的 'Weil 上同调' 所需要的工具集, 并试图建立证明他在丢番图几何中的著名猜想所需要的所有形式性质." [②]

数学上新结构的发现并非易事, 需要多代数学家持续不懈地努力, 往往还要耐心等待数学语言的成熟. Grothendieck 在《收获与播种》中说:"事物的结构不是可以被人们 '发明' 的东西. 我们只能耐心地去更新 (自己的认识), 谦卑地去认识它, 去 '发现' 它. 如果说在这个过程中创造性发挥了作用, 或者说有时我们需要像铁匠或不知疲倦的建筑者那样工作, 也不过是 '锻造' 或 '装配' 一些 '结构'. 这些结构从来没有等着我们来赋予其生命, 再活成它们应该有的样子. 只是在我们想要尽可能准确地描述我们所发现和探查的事物的时候, 如果这个结构犹抱琵琶半遮面, 我们会试图去感受并用也许更为生涩的语言去描绘其轮廓. 于是我们需要不断 '创造' 新的语言去越来越精确地描述数学对象所具有的隐秘结构, 并用这个语言去一块块地逐渐 '构造' 出可以概括所理解到和看到的那些东西的理论. 在这个过程中有一个理解事物和所理解的事物之表达之间连续不断地来回往复, 其媒介正是工作中在现时需求的常态压力下不断完善和重构的语言." [③]

概形论产生的另一个重要动力是层论. 层论是 Leray [87] 在代数拓扑中引进的一个工具, 用来内蕴地构造拓扑空间的上同调. 层这个概念的原型来自拓扑空间上连续函数的构造. 给定拓扑空间的一些开集上的连续函数族, 在重叠之处相同, 那么通过粘贴的方法可以构造这些开集的并集上的唯一的连续函数延拓前述连续函数族中的每一个函数. 具有类似的唯一粘贴性质的代数构造叫作拓扑空间上的层. 从这样的观点出发用同调代数方法可以直接构造拓扑空间各种系数的上同调, 而不需要借助于单纯形分解等外蕴工具. 之后层的概念被 Henri Cartan [30] 应用在复解析几何上. 他研究了复解析空间上的模层和理想层, 提出了凝聚层的概念. 1955 年, Serre 发表了 *Faisceaux algébriques cohérents* 一文[115], 将凝聚层的概念应用在代数簇上.

---

① 见 [125].

② 见 [63] 第 I 卷第 9 页.

③ 见 [64] §2.9

为什么说层论对于概形论来说是关键的语言工具? 在概形论产生之前, 代数几何的研究对象主要是代数闭域上的代数簇. 在这样的框架下, Hilbert 零点定理建立了代数簇的点与其坐标环的极大理想之间的一一对应关系, 然而在一般交换幺环的情形, 仅用极大理想构成的拓扑空间来模拟的话会丢失一部分信息. 熟悉微分流形的读者知道, 相同的拓扑空间上可以具有不同的微分结构, 相应的光滑函数层不同; 反过来给定一个环层空间, 即带一个环层的拓扑空间, 如果这个环层局部同构于欧氏空间开集上的光滑函数层的话, 那么它便决定了拓扑空间上的一个微分结构. Grothendieck 正是用局部环层空间作为框架来研究代数几何. 和经典的连续函数层或解析函数层相比, 一般的局部环层可以描述在不同的点处取值在不同的域中的 "函数", 这对于概形的构造来说是至关重要的.

在 Grothendieck 看来, 数学中的对象和问题应该看成一个整体放在合适的范畴论框架中去研究. 范畴是和集合类似的一种结构, 由一些对象组成, 但范畴比集合多一层结构: 对象之间允许定义一些态射. 比方说交换幺环的整体和它们之间的环同态就构成一个范畴, 集合和它们之间的映射也构成一个范畴. 范畴之间也有类似于集合映射的概念, 在范畴论中叫作函子. 丢番图方程就是一个例子. 给定一个带 n 个变量的丢番图方程组 F, 对任意交换幺环 A, 用 $F(A)$ 表示方程组在 A^n 中的解集; 如果 $f : A \to B$ 是环同态, 那么 f 诱导从 A^n 到 B^n 的映射, 将 $F(A)$ 中的元素映成 $F(B)$ 的元素. 这样就定义了一个从交换幺环范畴到集合范畴的函子. 通过这样的方法可以将丢番图问题抽象出来: 从交换幺环范畴到集合范畴的函子实际上可以看作论域为交换幺环的数学问题.

Grothendieck 的函子化思想和丢番图方程的几何化有什么关系呢? 事实上, 从交换幺环的范畴到集合范畴的函子也构成一个范畴, 态射是函子间的自然变换. 从这个函子范畴到由一些几何实体 (比如微分流形、解析流形、局部环层空间和拓扑空间等) 组成的范畴的每一个函子都决定了论域为交换幺环的数学问题的一种几何实现. 不同的函子对应于不同角度的几何实现, 这就好比摄影师手中的相机, 从不同的角度去记录这个世界, 得到的影像千差万别, 可谓 "横看成岭侧成峰, 远近高低各不同". 概形论就是函子范畴在局部环层空间范畴中的一种几何实现, 对一大类函子 (包括所有丢番图方程决定的函子) 来说, 这种几何实现是满忠实的, 也就是说这些函子间的自然变换一一对应于相应的局部环层空间的态射. 对于这些函子来说, 它们对应的局部环层空间就好比是全息影像, 既不丢失也不增加信息. 另外, 概形论并非是唯一的几何实现, 纷繁复杂的各种几何实现中体现出来的共性可以在函子范畴中找到共同的根源. Grothendieck 提出了一整套纲领来重建代数几何的基础, 在 Bures-sur-Yvette 的法国高等科学研究所 (IHÉS) 组织了 Séminaire de géométrie algébrique du Bois Marie 讨论班. 他的学说给代数几何带来了革命性的影响, 促成了 Deligne 对 Weil 猜想的证明[43,44]. Grothendieck 的思想并非真正来自虚空. 人类在数学上的许多重大突破都来自研究对象和研究问题的拓展. 研究对象的拓展, 有助于建立新的数学结构; 研究问题的拓展, 有助于将研究问题纳入合适的框架进行分类. 负数、分数、无理数、复数、Galois 理论、Banach 空间、分布、拟微分算子等等无不如此.

丢番图几何的另一个重要工具是高度理论. 高度这个概念可以追溯到 Cantor[29]. 他将代数数的高度 (Höhe) 定义成其整系数极小既约多项式系数绝对值的和加上该极小多项式的次数减 1, 并用高度函数将代数数按复杂度排列来证明代数数集是可数集. 20 世纪初, Borel[14] 对有理数组定义了高度的概念. 但高度函数真正用于丢番图几何的研究却是始于 20 世纪中叶 Northcott[99,100] 和 Weil[127] 的工作. 他们对于有理数域上射影空间的代数点定义了高度函数, 这样可以将许多丢番图问题转化成高度估计的问题.

概形论在代数几何中奠定基础地位的同时, 丢番图问题的几何理论也自然地开始成形和发展. Lang 在 [84] 的前言中说: "对于代数几何来说丢番图问题是审美上最具有吸引力的部分. 它旨在提出代数方程组在环或域中有解的或者解的多少的判据. 丢番图问题感兴趣的基本环是整数环 $\mathbb{Z}$, 基本域是有理数域 $\mathbb{Q}$. 人们很快发现, 要获得研究一般的问题所需要的技术自由度, 就必须考虑整数环或有理数域上的有限生成代数或有限扩张. 另外还需要考虑有限域, p-进数域 (包括实数域和复数域), 用来表示问题的局部化." 概形论为丢番图几何提供了合适的框架, 使得几何方法和思想真正可以应用于丢番图方程算术性质的研究.

回到 Weil 刻画的算术几何图景, 代数曲线和代数数域应该是同一个几何理论不同角度的体现. 特别地, 代数曲线上的闭点对应于代数数域的绝对值. 用概形论的语言来讲, 代数曲线对应于代数整数环的素谱, 因此算术几何应该类似于相对于代数曲线的代数几何. 这个解释有一个缺陷: 代数整数环的极大理想只能代表代数数域的非阿基米德绝对值, 也就是说代数整数环的素谱对应于仿射曲线, 而在概形范畴中没有合适的算术对象对应于射影曲线. 然而代数数域上的乘积公式说明了阿基米德绝对值在数域与函数域的类比中起到重要的作用. 20 世纪 70 年代, Arakelov[4,5] 提出用复解析流形来 "紧化" 概形, 并在算术曲面上建立了算术相交理论, 和射影代数曲面上的相交理论类似. 其后 Gillet 和 Soulé[58] 将算术相交理论推广到一般维数的算术射影簇之上. 自此 Weil 的算术与几何的统一纲领迈出了坚实的一步. 利用算术相交理论, Faltings[49] 将高度的概念推广到算术射影簇子簇的情形, 同时 Philippon[106] 用周形式 (Chow form) 的方法提出了算术射影簇子簇高度的一个等价构造. 之后 Arakelov 理论成为了 Faltings 证明 Mordell 猜想的重要工具.

经过半个世纪的发展, 算术几何成了枝繁叶茂的数学领域, 取得了令人瞩目的成就. 篇幅所限, 不能在引言中详细讲述这个领域的历史, 但希望可以让读者对

其起源有一个初步的了解. 算术几何的特点决定了其与数学其他领域的紧密联系,
这个年轻而充满活力的领域期待着各领域的数学工作者去合作探索. 以下各节中
将阐述 Arakelov 几何的背景、语言和基础工具, 并结合作者的研究成果介绍凸几
何在 Arakelov 几何中的应用. 第 2 节讲述连通紧黎曼曲面的代数性质. 通过这
些代数性质读者可以了解 Dedekind 和 Weber 用数论方法研究黎曼曲面的动机.
第 3 节在有理函数域的框架下引入 Arakelov 几何的一些基础构造和方法, 以及
Riemann-Roch 定理的数论解释. 第 4 节讨论域扩张的算术, 对于非阿基米德绝
对值采取了与经典分析类似的 Banach 空间微分学的处理方法. 第 5 节介绍代数
数域上的向量丛并从博弈论的角度讲述向量丛的 Harder-Narasimhan 理论. 第 6
节阐述算术射影簇的几何以及 Arakelov 高度. 第 7 节解释凸分析与代数几何和
算术几何的联系. 最后, 在第 8 节中介绍随机耦合与测度传输在算术几何中的两
个应用.

本章是在中国科学院数学所讲座 "丢番图问题、算术几何和凸几何" 讲稿的基
础上编写的. 数学所讲座面向的是各个不同数学方向的研究生, 我所讲述的内容
又涉及算术几何与凸几何、随机耦合和最优传输等学科的交叉, 因此在篇幅允许
的范围内, 写作中力求做到详细而精练地介绍所用到的大学本科数学基础知识之
外的概念和结果, 与经典教科书处理方法不同的地方适当地介绍了一些细节. 前
五节的内容只假定读者具有大学数学本科知识背景. 后三节的部分内容要求读者
了解概形理论的基本概念. 为方便非基础数学专业的读者, 本章用到的交换代数
和域扩张论的知识放在附录之中. 希望可以促进不同学科研究生之间的相互了解
与合作. 非常感谢讲座组织者的邀请, 以及讲座系列丛书的编委对我的写作工作
的理解与支持. 另外, 我之前指导和正在指导的部分博士和硕士研究生校阅了讲
义的初稿, 在此一并向他们致谢.

4.2 紧黎曼曲面的代数性质

算术几何起源于连通紧黎曼曲面整体不变量研究的数论化. 黎曼曲面是微分
几何和复解析几何中重要的研究对象. 从复解析几何的角度来看, 黎曼曲面指的
是一维复解析流形. 如果不考虑黎曼曲面的复解析结构而只考虑微分结构, 那么
黎曼曲面是实二维微分流形, 这也正是 "曲面" 一词的由来. 黎曼曲面和一般的实
二维微分流形最本质的区别在于其全纯结构. 最简单的黎曼曲面是复平面 $\mathbb{C}$ 中的
开集. 从拓扑学或实分析的角度来讲, 这和 Euclid 空间 $\mathbb{R}^2$ 中的开集并没有本质
区别; 然而从复分析的角度来看, 复平面中开集上的全纯函数环与光滑函数环具
有非常不同的性质. 比方说, 全纯函数在连通开集上的解析延拓具有唯一性, 而光
滑函数单位分解定理则说明了光滑函数的延拓具有相当的任意性. 所以复解析流

形和微分流形区别的关键就在于研究的函数空间不同. 本节将简介黎曼曲面的定义及其一些代数性质, 为后文中函数域与数域的算术理论的介绍作铺垫. 对黎曼曲面论感兴趣的读者可以参考以下著作. 首先是 Guenot 和 Narasimhan[65] 的文章, 在微分几何和复分析的框架下用浅显易懂的语言来阐述黎曼曲面论的一些深刻结果, 比如 Riemann-Roch 定理和 Behnke-Stein 定理 (开黎曼曲面是 Stein 流形). 黎曼曲面论更系统的介绍可以参考 Jost[72] 的教材, 从多个角度 (代数拓扑、黎曼几何、椭圆微分方程、泛函分析等等) 系统介绍了黎曼曲面论研究的各种方法和一些重要结论, 比如单值化定理、Teichmüller 定理、Riemann-Roch 定理等等. 黎曼曲面的代数方法可以参考 Miranda [93] 的著作.

4.2.1 全纯函数芽

若 U 是复平面 $\mathbb{C}$ 的非空开子集, 用 $\mathcal{O}(U)$ 表示 U 上的全纯函数组成的集合. 在函数的加法和乘法运算下 $\mathcal{O}(U)$ 构成一个交换幺环. 另外, 从 $\mathbb{C}$ 到 $\mathcal{O}(U)$ 将 $w \in \mathbb{C}$ 映为恒取值 w 的全纯函数的映射是环同态, 从而赋予了 $\mathcal{O}(U)$ 一个 $\mathbb{C}$-代数结构.

对任意 $z_0 \in \mathbb{C}$, 令 $\mathcal{O}_{z_0}$ 为 z_0 处的**全纯函数芽**组成的集合. 更具体地讲, 在无交并集

$$\coprod_{z_0 \text{ 的开邻域 } U} \mathcal{O}(U)$$

上考虑等价关系 $\sim$, 使得 $(f \in \mathcal{O}(U)) \sim (g \in \mathcal{O}(V))$ 当且仅当存在 z_0 的开邻域 W 满足 $W \subset U \cap V$ 且 $f|_W = g|_W$, 那么 $\mathcal{O}_{z_0}$ 便定义为商集

$$\coprod_{z_0 \text{ 的开邻域 } U} \mathcal{O}(U) \, / \sim .$$

如果 U 是 z_0 的开邻域且 f 是 U 上的全纯函数, 用 f_{z_0} 来表示 f 在 $\mathcal{O}_{z_0}$ 中的等价类.

全纯函数环 $\mathcal{O}(U)$ (U 取遍 z_0 的开邻域) 上的 $\mathbb{C}$-代数结构自然地诱导了 $\mathcal{O}_{z_0}$ 上的 $\mathbb{C}$-代数结构. 对任意 z_0 的开邻域 U, 从 $\mathcal{O}(U)$ 到 $\mathcal{O}_{z_0}$ 将全纯函数 $f \in \mathcal{O}(U)$ 映为其等价类 f_{z_0} 的映射是 $\mathbb{C}$-代数同态. 解析延拓的唯一性说明, 如果 U 是 z_0 的连通开邻域, 那么这个同态是单同态. 特别地, 从一元多项式代数 $\mathbb{C}[T]$ 到 $\mathcal{O}_{z_0}$ 将 $P \in \mathbb{C}[T]$ 映为全纯函数

$$(z \in \mathbb{C}) \longrightarrow P(z - z_0),$$

在 $\mathcal{O}_{z_0}$ 中等价类的映射是 $\mathbb{C}$-代数的单同态. 另外, 全纯函数在 z_0 点的幂级数展开定义了从 $\mathcal{O}_{z_0}$ 到形式幂级数环 $\mathbb{C}[\![T]\!]$ 的 $\mathbb{C}$-代数单同态, 将全纯函数

$$f(z) = a_0 + a_1(z - z_0) + \cdots + a_n(z - z_0)^n + \cdots$$

的等价类映为形式幂级数

$$a_0 + a_1 T + \cdots + a_n T^n + \cdots .$$

从而全纯函数芽环 $\mathcal{O}_{z_0}$ 是整环.

4.2.2 全纯函数芽的赋值

上节中介绍了全纯函数芽环的概念. 如果考虑复平面开集上的其他函数, 比如连续函数、光滑函数等, 也可以类似地考虑连续函数芽、光滑函数芽等等. 但全纯函数芽环的特殊之处在于, 全纯函数零点的阶数定义了全纯函数芽环上的离散赋值. 事实上, 若 $z_0 \in \mathbb{C}$, 从全纯函数芽环 $\mathcal{O}_{z_0}$ 到 $\mathbb{C}$ 有自然的 $\mathbb{C}$-代数满同态 ev_{z_0}, 将全纯函数 f 的等价类映为 $f(z_0)$, 从而 $\mathfrak{m}_{z_0} = \mathrm{Ker}(\mathrm{ev}_{z_0})$ 是 $\mathcal{O}_{z_0}$ 的一个极大理想. 如果 f 是 z_0 的某个开邻域上的全纯函数, 在 z_0 点处的值非零, 那么 f 在 $\mathcal{O}_{z_0}$ 中的等价类可逆, 这说明了 $\mathfrak{m}_{z_0}$ 是 $\mathcal{O}_{z_0}$ 唯一的极大理想, 也就是说 $\mathcal{O}_{z_0}$ 是局部环. 另外, 如果 f 是 z_0 的某个开邻域上的全纯函数, 使得 $f(z_0) = 0$, 那么 f 的形式幂级数展开形如

$$f(z) = a_1(z - z_0) + \cdots + a_n(z - z_0)^n + \cdots .$$

这说明 f 可以写成 $f(z) = (z - z_0)g(z)$ 的形式, 其中 g 是 z_0 的某个开邻域上的全纯函数. 从而 $\mathfrak{m}_{z_0}$ 是主理想, 其一个生成元是多项式函数 $z \mapsto (z - z_0)$ 的等价类. 所以 $\mathcal{O}_{z_0}$ 是离散赋值环[①].

设 z_0 为复平面 $\mathbb{C}$ 的元素. 令 $\mathscr{M}_{z_0}$ 为 $\mathcal{O}_{z_0}$ 的分式域并用

$$
\begin{aligned}
\mathrm{ord}_{z_0} : \mathscr{M}_{z_0} &\longrightarrow \mathbb{Z} \cup \{+\infty\} \\
\alpha &\longmapsto \sup\{n \in \mathbb{Z} \mid \alpha \in \varpi_{z_0}^n \mathcal{O}_{z_0}\}
\end{aligned}
$$

来表示 $\mathcal{O}_{z_0}$ 所对应的离散赋值, 其中 ϖ_{z_0} 是主理想 $\mathfrak{m}_{z_0}$ 的一个生成元. 赋值的基本性质说明, 对任意 $\mathscr{M}_{z_0}$ 中的两个元素 α 和 β 有

$$\mathrm{ord}_{z_0}(\alpha\beta) = \mathrm{ord}_{z_0}(\alpha) + \mathrm{ord}_{z_0}(\beta),$$

$$\mathrm{ord}_{z_0}(\alpha + \beta) \geqslant \min\{\mathrm{ord}_{z_0}(\alpha), \mathrm{ord}_{z_0}(\beta)\}.$$

若 f 是定义在 z_0 的某个开邻域上的全纯函数, 用 $\mathrm{ord}_{z_0}(f)$ 来简记 $\mathrm{ord}_{z_0}(f_{z_0})$ 并称之为 f 在 z_0 处的**阶**. 注意到 $\mathrm{ord}_{z_0}(f)$ 总取非负值, $\mathrm{ord}_{z_0}(f) \geqslant 1$ 当且仅当 $f(z_0) = 0$, 而 $\mathrm{ord}_{z_0}(f) = +\infty$ 当且仅当 f 在 z_0 的某个开邻域中恒取零值.

---

① 见 [24] Chapitre VI, §3, no. 6, Proposition 9 或 [92, Theorem 11.1].

4.2.3 局部环层空间

复平面的开集及其上的全纯函数实际上构成了一个所谓局部环层空间的结构. 设 X 为拓扑空间. 如果对任意 X 的开子集 U 给定一个交换幺环 $\mathcal{O}_X(U)$, 并对 X 的任意一对满足包含关系 $U \supset V$ 的开子集 U 和 V 指定一个幺环同态 (称为**限制同态**)

$$R_{U,V} : \mathcal{O}_X(U) \longrightarrow \mathcal{O}_X(V),$$

使得 $R_{V,W} \circ R_{U,V} = R_{U,W}$ 对于任意满足关系 $U \supset V \supset W$ 的 X 的开子集 U, V 和 W 成立, 那么称 $\mathcal{O}_X$ 为 X 上的**环预层**. 倘若 U 和 V 是 X 的开集, 使得 $U \supset V$, 且 s 是 $\mathcal{O}_X(U)$ 中的元素, 那么 s 在映射 $R_{U,V}$ 下的像一般简记成 $s|_V$. 给定 X 上的环预层, 如果对于任意 X 中的开集 U 以及 U 的任意开覆盖 $(U_\ell)_{\ell \in I}$, 映射

$$\mathcal{O}_X(U) \longrightarrow \left\{ (s_\ell)_{\ell \in I} \in \prod_{\ell \in I} \mathcal{O}_X(U_\ell) \,\middle|\, \forall (j,k) \in I^2, \, s_j|_{U_j \cap U_k} = s_k|_{U_j \cap U_k} \right\},$$

$s \mapsto (s|_{U_\ell})_{\ell \in I}$ 是双射 (该条件称为**粘贴性质**), 则称 $\mathcal{O}_X$ 为 X 上的**环层**, 并称 $(X, \mathcal{O}_X)$ 为**环层空间**. 注意到空集 $\varnothing$ 也是 X 的开子集, 约定 $\mathcal{O}_X(\varnothing)$ 为零环, 也就是说只含有一个元素的环. 熟悉范畴论的读者知道, 零环是交换幺环范畴的终对象, 也就是说从任意一个交换幺环到零环有唯一的幺环同态.

例 4.2.1　不难看出, 复平面开子集上的全纯函数环便构成一个环层结构, 从而可以将复平面的开子集看作环层空间. 更一般地, Euclid 空间开子集上各式各样的函数环, 比如连续函数环、可微函数环等等, 也构成一些环层结构, 这些环层蕴含了拓扑空间的几何信息.

给定一个环层空间 $(X, \mathcal{O}_X)$, 环层 $\mathcal{O}_X$ 具有类似于全纯函数芽环的构造, 对任意 $x \in X$ 可定义一个交换幺环

$$\mathcal{O}_{X,x} := \coprod_{x \text{ 的开邻域 } U} \mathcal{O}(U) / \sim,$$

其中 $\sim$ 是上式中无交并集合上的等价关系, 使得

$$(a \in \mathcal{O}(U)) \sim (b \in \mathcal{O}(V))$$

当且仅当存在 x 的开邻域 W 满足 $W \subset U \cap V$ 且 $a|_W = b|_W$. 如果对于任意 $x \in X$, $\mathcal{O}_{X,x}$ 都是局部环, 也就是说 $\mathcal{O}_{X,x}$ 具有唯一的极大理想, 就说 $(X, \mathcal{O}_X)$ 是**局部环层空间**. 复平面的开集 X 及其上的全纯函数环层便构成一个局部环层空间, 称为 X **决定的局部环层空间**.

设 $(X, \mathcal{O}_X)$ 为局部环层空间. 对任意 $x \in X$, 用 $\mathfrak{m}_{X,x}$ 表示 $\mathcal{O}_{X,x}$ 的极大理想, $\kappa(x) = \mathcal{O}_{X,x}/\mathfrak{m}_{X,x}$ 表示其剩余类域. 设 U 为 X 的开集, $s \in \mathcal{O}_X(U)$, 对任意 $x \in X$, 用 s_x 表示 s 在局部环 $\mathcal{O}_{X,x}$ 中的像, 用 $s(x) \in \kappa(x)$ 表示 s_x 模 $\mathfrak{m}_{X,x}$ 的剩余类. 这样便可以将 s 看作定义在 U 上并取值在各个剩余类域中的 "函数".

注 4.2.1 在复平面的情形, 每个点处全纯函数芽环的剩余类域都等于复数域 $\mathbb{C}$. 相应地, 全纯函数都是复值函数. 在代数几何或非阿基米德赋值域的解析几何中, 仅用取值在同一个域中的函数难以刻画所研究的对象的全部几何性质, 因此局部环层空间的概念是这些几何对象研究中的必要工具.

给定两个环层空间 $(X, \mathcal{O}_X)$ 和 $(Y, \mathcal{O}_Y)$, 所谓从 $(X, \mathcal{O}_X)$ 到 $(Y, \mathcal{O}_Y)$ 的**态射**, 是指如下结构:

(1) 拓扑空间 X 和 Y 之间的连续映射 $f : X \to Y$;

(2) 对任意 Y 的开子集 U, 从 $\mathcal{O}_Y(U)$ 到 $\mathcal{O}_X(f^{-1}(U))$ 的幺环同态 $f_U^\sharp$, 使得对于任意满足 $U \supset V$ 的 Y 的开子集 U 和 V 有

$$\forall s \in \mathcal{O}_Y(U), \quad f_U^\sharp(s)|_{f^{-1}(V)} = f_V^\sharp(s|_V),$$

也就是说使得下列图表交换.

$$
\begin{array}{ccc}
\mathcal{O}_Y(U) & \xrightarrow{f_U^\sharp} & \mathcal{O}_X(f^{-1}(U)) \\
{\scriptstyle R_{U,V}} \downarrow & & \downarrow {\scriptstyle R_{f^{-1}(U), f^{-1}(V)}} \\
\mathcal{O}_Y(V) & \xrightarrow{f_V^\sharp} & \mathcal{O}_X(f^{-1}(V))
\end{array}
$$

注 4.2.2 在描述环层空间的时候, 通常用代表拓扑空间部分的符号来简记整个环层空间, 需要标记结构环层的时候往往用符号 $\mathcal{O}$ 加上代表拓扑空间部分的符号作为下标来表示. 在描述环层空间的态射时, 通常用代表拓扑空间连续映射部分的符号来简记态射的整个结构. 比方说上述环层空间的态射简记为 $f : X \to Y$.

设 $f : X \to Y$ 为环层空间的态射. 如果 f 作为拓扑空间之间的映射是同胚, 而且对任意 Y 的开子集 U, 环同态 $f_U^\sharp$ 都是同构, 就说 f 是环层空间的**同构态射**. 如果环层空间 X 和 Y 之间存在一个同构态射, 就说它们**同构**. 给定一个环层空间 S, 如果 $f : X \to S$ 是环层空间的态射, 就说 (X, f) 是 S **上的环层空间**. 当关于态射 f 没有歧义的时候也可以简单地说 X 是 S 上的环层空间并将 f 称为 X 的**结构态射**. 如果 (X, f) 和 (Y, g) 是 S 上的环层空间, 所谓从 X 到 Y 的 **S-态射**, 是指使得图表交换 (也就是说, 使得 $g \circ \varphi = f$) 的环层空间态射 $\varphi : X \to Y$.

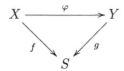

设 $f: X \to Y$ 为环层空间的态射, 对任意 $x \in X$, 环同态族

$$f_U^\sharp : \mathcal{O}_Y(U) \longrightarrow \mathcal{O}_X(f^{-1}(U)), \quad U \text{ 为 } f(x) \text{ 的开邻域}$$

诱导了从 $\mathcal{O}_{Y,f(x)}$ 到 $\mathcal{O}_{X,x}$ 的环同态, 记作 $f_x^\sharp$. 依定义, $f_x^\sharp$ 将 $s \in \mathcal{O}_Y(U)$ 在 $\mathcal{O}_{Y,f(x)}$ 中的等价类映为 $f_U^\sharp(s) \in \mathcal{O}_X(f^{-1}(U))$ 在 $\mathcal{O}_{X,x}$ 中的等价类. 如果 X 和 Y 都是局部环层空间, 而且对任意 $x \in X$ 有

$$f_x^\sharp(\mathfrak{m}_{Y,f(x)}) \subset \mathfrak{m}_{X,x},$$

就说 f 是**局部环层空间的态射**. 注意到此时 $f_x^\sharp$ 诱导了剩余类域的同态

$$\kappa(f(x)) \longrightarrow \kappa(x),$$

记作 $f^\sharp(x)$.

例 4.2.2 一类常见的环层空间由单点集和一个域 k 构成, 记作 $\operatorname{Spec} k$. 作为拓扑空间来说这样的局部环层空间之间并没有区别, 它们是由其环层结构来区分的:

$$\mathcal{O}_{\operatorname{Spec} k}(\operatorname{Spec} k) = k.$$

设 X 为环层空间, 从 X 到 $\operatorname{Spec} k$ 的态射相当于指定从 k 到 $\mathcal{O}_X(X)$ 的一个环同态, 也就是说指定 $\mathcal{O}_X(X)$ 上的一个 k-代数结构. 此时对于每个 X 的开子集 U, 复合环同态

$$k \longrightarrow \mathcal{O}_X(X) \xrightarrow{R_{X,U}} \mathcal{O}_X(U)$$

确定了 $\mathcal{O}_X(U)$ 上的一个 k-代数结构. 所有的限制同态

$$R_{U,V} : \mathcal{O}_X(U) \longrightarrow \mathcal{O}_X(V), \quad \text{其中 } U \text{ 和 } V \text{ 是 } X \text{ 的开子集, } U \supset V,$$

都是 k-代数同态. 由于 k 是一个域, 如果 X 是局部环层空间, 那么所有从 X 到 $\operatorname{Spec} k$ 的环层空间态射都是局部环层空间态射. 特别地, 若 X 是复平面的开子集, 那么从 X 决定的局部环层空间到 $\operatorname{Spec} \mathbb{C}$ 有自然的态射.

注 4.2.3 设 X 和 Y 为复平面的开子集决定的局部环层空间, $f: X \to Y$ 为局部环层空间的 $\operatorname{Spec} \mathbb{C}$-态射. 倘若 U 是 Y 的开子集, $s \in \mathcal{O}_Y(U)$, 那么

$$\forall z \in f^{-1}(U), \quad f_U^\sharp(s)(z) = s(f(z)). \tag{4.2.1}$$

这说明了这个局部环层空间的 $\operatorname{Spec}\mathbb{C}$-态射是被其拓扑空间连续映射的部分所决定的. 当然并非所有的连续映射都能决定从 X 到 Y 的局部环层空间 $\operatorname{Spec}\mathbb{C}$-态射. 事实上, 连续映射 $f: X \to Y$ 决定了局部环层空间的一个 $\operatorname{Spec}\mathbb{C}$-态射当且仅当它是全纯函数.

4.2.4 黎曼曲面

所谓**黎曼曲面**, 是指局部同构于复平面开集的 $\operatorname{Spec}\mathbb{C}$ 上的局部环层空间. 换句话说, 黎曼曲面是一个 $\operatorname{Spec}\mathbb{C}$ 上的局部环层空间 X, 使得对任意 $x \in X$ 都存在 x 的一个开邻域 U, 作为 $\operatorname{Spec}\mathbb{C}$ 上的局部环层空间与复平面的某个开子集同构. 如果 X 和 Y 是两个黎曼曲面, 从 X 到 Y 的局部环层空间 $\operatorname{Spec}\mathbb{C}$-态射称为从 X 到 Y 的**全纯映射**. 如果两个黎曼曲面之间的某个全纯映射是 $\operatorname{Spec}\mathbb{C}$ 上局部环层空间的同构, 则说它是**双全纯映射**.

设 X 为黎曼曲面, U 为 X 的开子集, $\mathcal{O}_X(U)$ 通常简记为 $\mathcal{O}(U)$, 其中的元素称为 U 上的**全纯函数**. 类似地, 若 $x \in X$, 那么 $\mathcal{O}_{X,x}$ 通常简记为 $\mathcal{O}_x$. 由于黎曼曲面局部同构于复平面的开集, 由 4.2.2 节知 $\mathcal{O}_x$ 是离散赋值环. 我们用 $\mathfrak{m}_x$ 来表示 $\mathcal{O}_x$ 唯一的极大理想并用 ϖ_x 来表示主理想 $\mathfrak{m}_x$ 的一个生成元. 令 $\mathscr{M}_x$ 为离散赋值环 $\mathcal{O}_x$ 的分式域并用 $\operatorname{ord}_x : \mathscr{M}_x \to \mathbb{Z} \cup \{+\infty\}$ 来表示 $\mathcal{O}_x$ 对应的离散赋值, 也就是说

$$\forall \alpha \in \mathscr{M}_x, \quad \operatorname{ord}_x(\alpha) = \sup\{n \in \mathbb{Z} \mid \alpha \in \varpi_x^n \mathcal{O}_x\}.$$

如果 $f: X \to Y$ 是两个黎曼曲面之间的全纯映射, $x \in X$, $y = f(x)$, 那么 $\mathbb{C}$-代数同态

$$f_x^\sharp : \mathcal{O}_y \longrightarrow \mathcal{O}_x$$

满足关系 $f_x^\sharp(\mathfrak{m}_y) \subset \mathfrak{m}_x$ (依定义全纯映射是局部环层空间态射). 令

$$\operatorname{mult}_x(f) := \operatorname{ord}_x(f_x^\sharp(\varpi_y)),$$

称为 f 在 x 点的**分歧重数**. 特别地, 当 Y 是复平面的开集时, 由 (4.2.1) 知对任意 $x \in X$ 有

$$\operatorname{mult}_x(f) = \operatorname{ord}_x(f - f(x)). \tag{4.2.2}$$

注 4.2.4 与复平面开子集的情形类似, 全纯映射作为局部环层空间的态射是由其拓扑空间连续映射的部分所决定的. 特别地, 从黎曼曲面 X 到复平面 $\mathbb{C}$ 的全纯映射集与 $\mathcal{O}(X)$ 之间有自然的一一对应, 将全纯映射 $f: X \to \mathbb{C}$ 对应于 $f_X^\sharp(\operatorname{Id}_\mathbb{C}) \in \mathcal{O}(X)$. 正因如此, 我们将 $\mathcal{O}(X)$ 中的元素称为 X 上的**全纯函数**.

通常的教科书里, 黎曼曲面是定义为一种复解析流形. 注意到 x 的开邻域和复平面的开子集之间的环层空间同构实际上定义了 x 附近的一个坐标卡. 坐标变换的全纯性由复平面开子集的局部环层空间的 $\operatorname{Spec}\mathbb{C}$-态射的全纯性来保证.

复平面的连通开子集上定义的非零函数, 其零点的集合是复平面的离散子集. 以下命题是这个结论在黎曼曲面论中的版本.

命题 4.2.1 设 X 和 Y 为黎曼曲面, f 和 g 为从 X 到 Y 的全纯映射. 假设 X 是连通的. 那么集合 $\{x \in X \mid f(x) = g(x)\}$ 要么是离散集合, 要么等于整个 X.

证明 如果 x 是该集合的聚点, 取 x 和 $f(x)$ 适当的连通开邻域并将之等同于复平面的连通开集, 由非零单复变函数零点的离散性知 f 和 g 在 x 的某个开邻域上相等. 这说明了集合

$$\{x \in X \mid f \text{ 和 } g \text{ 在 } x \text{ 的某个开邻域上相等}\}$$

是 X 的闭子集, 而按定义它又是开集. 所以它要么是空集, 要么等于 X. 如果这个集合等于 X, 那么 $\{x \in X \mid f(x) = g(x)\}$ 也等于 X; 否则集合 $\{x \in X \mid f(x) = g(x)\}$ 没有聚点, 也就是说它是离散集合. □

设 X 和 Y 为黎曼曲面, $f : X \to Y$ 为全纯映射, $x \in X$. 从上述命题可以推出, $\mathrm{mult}_x(f) = +\infty$ 当且仅当 f 在 x 的某个邻域上取常值, 或等价地, f 在 x 所在的连通分支上取常值. 当 $\mathrm{mult}_x(f) < +\infty$ 时, $f_x^\sharp : \mathcal{O}_{f(x)} \to \mathcal{O}_x$ 是单射. 事实上, 不妨假设 X 和 Y 都是复平面的开集. 若 g 是定义在 $f(x)$ 的某开邻域 U 上的全纯函数, 使得 g 在 $\mathcal{O}_{f(x)}$ 中的等价类非零, 那么函数 g 可以写成

$$g(z) = g_0(z)(z - f(x))^n$$

的形式, 其中 g_0 是使得 $g_0(f(x)) \neq 0$ 的全纯函数. 从而

$$\mathrm{ord}_x(f_U^\sharp(g)) = \mathrm{ord}_x(f_U^\sharp(g_0)) + n\,\mathrm{ord}_x(f - f(x)) = n\,\mathrm{mult}_x(f) \neq +\infty,$$

也就是说 $f_x^\sharp(g)$ 是 $\mathcal{O}_x$ 中的非零元. 上述推理说明了, 当 f 在 x 所在的连通分支上不是常值映射时, $f_x^\sharp$ 诱导了分式域的同态

$$\mathscr{M}_{f(x)} \longrightarrow \mathscr{M}_x.$$

我们仍将它记为 $f_x^\sharp$. 另外, 全纯映射 f 在 x 的附近构成一个 $\mathrm{mult}_x(f)$ 叶的分歧覆叠映射.

定理 4.2.1 设 $f : X \to Y$ 是黎曼曲面之间的全纯映射, $x \in X$. 假设 $\mathrm{mult}_x(f) < +\infty$. 那么存在 x 的开邻域 U, $f(x)$ 的开邻域 U', $0 \in \mathbb{C}$ 的两个开邻域 V 和 V', 以及双全纯映射 $\varphi : U \to V$ 和 $\psi : U' \to V'$ 使得 $\varphi(x) = \psi(f(x)) = 0$ 且

$$\forall z \in V, \quad \psi(f(\varphi^{-1}(z))) = z^m \in V',$$

其中 m 是 f 在 x 点的分歧重数.

证明 不妨假设 X 是 $\mathbb{C}$ 中的单位开球

$$D = \{z \in \mathbb{C} \mid |z| < 1\},$$

$x = 0$, Y 是 0 在 $\mathbb{C}$ 中的开邻域, 且 $f(0) = 0$. 这样便存在正整数 m 以及 D 上的全纯函数 g, 使得 $g(0) \neq 0$ 且

$$\forall z \in D, \quad f(z) = z^m g(z).$$

注意到 $\mathrm{ord}_x(f) = m$, 从而由公式 (4.2.2) 知 m 等于 f 在 x 处的分歧重数. 由于 $g(0) \neq 0$, 存在 $r \in {]0, 1[}$ 以及 $D_r = \{z \in \mathbb{C} \mid |z| < r\}$ 上的全纯函数 h, 使得

$$\forall z \in D_r, \quad g(z) = h(z)^m.$$

令 $\varphi : D_r \to \mathbb{C}$, $\varphi(z) := zh(z)$, 这样便有 $f(z) = \varphi(z)^m$. 而

$$\varphi'(z) = zh'(z) + h(z).$$

所以 $\varphi'(0) = h(0) \neq 0$. 由反函数定理知道 φ 是局部双全纯映射. 在合适的开邻域上等式

$$f(\varphi^{-1}(z)) = z^m$$

成立. □

注 4.2.5 由于分歧覆叠映射是开映射, 从定理 4.2.1 可以推出, 如果 $f : X \to Y$ 是从连通黎曼曲面 X 到黎曼曲面 Y 的非常值全纯映射, 那么 f 是开映射, 也就是说 X 的开子集在 f 下的像是开集. 另外, 如果 f 是单映射, 那么 f 是从 X 到 $f(X)$ 的双全纯映射; 如果 X 是紧的且 Y 是连通的, 那么 Y 也是紧的, 并且 f 是满射. 将这些拓扑性质应用于 $Y = \mathbb{C}$ 的情形便得到黎曼曲面上全纯函数的**最大值原理**. 设 $f : X \to \mathbb{C}$ 是某连通黎曼曲面 X 上的全纯函数. 如果 f 不是常值函数, 那么 $|f|$ 在 X 上不能取到最大值. 事实上, 假设 $|f|$ 在 $x \in X$ 处取最大值, 那么 $f(X)$ 包含在闭球

$$\{z \in \mathbb{C} \mid |z| \leqslant |f(x)|\}$$

之中, 并含有该闭球边界上的一个点. 然而 $f(X)$ 又是 $\mathbb{C}$ 的开集, 矛盾. 从最大值原理推出, 如果 X 是连通紧黎曼曲面, 那么 f 只能是常值函数.

例 4.2.3 连通紧黎曼曲面的一个基本的例子是黎曼球面 $\mathbb{P}^1(\mathbb{C})$. 作为拓扑空间, 黎曼球面可以用两个复平面的粘贴来构造. 更确切地说, $\mathbb{P}^1(\mathbb{C})$ 等于 $\mathbb{C}^2$ 的子集

$$(\mathbb{C} \times \{1\}) \cup (\{1\} \times \mathbb{C})$$

模去使得

$$\forall z \in \mathbb{C}^{\times}, \quad (z, 1) \sim (1, z^{-1})$$

的最小的等价关系 $\sim$. 由于映射 $\mathbb{C}^{\times} \to \mathbb{C}^{\times}$, $z \mapsto z^{-1}$ 是双全纯映射, 将两个复平面决定的局部环层空间粘贴起来便得到一个黎曼曲面. 另一个等价的观点是将 $\mathbb{P}^1(\mathbb{C})$ 看成 $\mathbb{C}^2 \setminus \{(0,0)\}$ 模去 $\mathbb{C}^{\times}$ 的作用而得到的商集, 通常将 $(z, w) \in \mathbb{C}^2 \setminus \{(0,0)\}$ 的等价类记作 $(z : w)$. 特别地, 我们将形如 $(z : 1)$ 的点看作复平面上的点 z, 而将 $(1 : 0)$ 记作 ∞. 这样也可以将黎曼球面等同于 $\mathbb{C} \cup \{\infty\}$, 也就是复平面的单点紧化.

考虑从 $\mathbb{R}^3$ 的单位球面

$$S^2 = \{(a, b, c) \in \mathbb{R}^3 \mid a^2 + b^2 + c^2 = 1\}$$

到 $\mathbb{P}^1(\mathbb{C})$ 映射, 将 $(a, b, c) \in S^2$ 映为

$$\begin{cases} \left(\dfrac{a}{1-c} + i \dfrac{b}{1-c} : 1 \right), & \text{若 } c \neq 1, \\[2mm] \left(1 : \dfrac{a}{1+c} - i \dfrac{b}{1+c} \right), & \text{若 } c \neq -1. \end{cases}$$

注意到当 $c \notin \{-1, 1\}$ 时有

$$\left(\frac{a}{1-c} + i \frac{b}{1-c} \right) \left(\frac{a}{1+c} - i \frac{b}{1+c} \right) = \frac{a^2 + b^2}{1 - c^2} = 1.$$

可以验证这个映射 $S^2 \to \mathbb{P}^1(\mathbb{C})$ 是同胚. 正因如此, $\mathbb{P}^1(\mathbb{C})$ 称作黎曼球面.

命题 4.2.2 设 X 为连通紧黎曼曲面, $f : X \to Y$ 为从 X 到某黎曼曲面的非常值全纯映射. 对任意 $y \in f(X)$, $f^{-1}(\{y\})$ 是有限集, 并且

$$d_y(f) := \sum_{x \in f^{-1}(\{y\})} \mathrm{mult}_x(f)$$

的值与 $y \in f(X)$ 的选择无关.

证明 由定理 4.2.1 知, $f^{-1}(\{y\})$ 是紧集 X 的离散子集, 从而是有限集. 由于 X 是连通紧黎曼曲面, $f(X)$ 是 Y 的连通分支. 为证明 $d_y(f)$ 与 $y \in f(X)$ 的选择无关, 只需验证 $y \mapsto d_y(f)$ 是局部常值函数. 不妨设 Y 是 $\mathbb{C}$ 的开子集且 $y = 0$. 设 $f^{-1}(\{y\}) = \{x_1, \cdots, x_n\}$, 对任意 $j \in \{1, \cdots, n\}$ 令 $m_j = \mathrm{mult}_{x_j}(f)$. 由定理 4.2.1 知存在 $r > 0$ 以及从

$$D_r = \{z \in \mathbb{C} \mid |z| < r\}$$

到 X 的全纯映射 φ_j, 满足以下条件:

　　(1) φ_j 是从 D_r 到 $\varphi_j(D_r)$ 的双全纯映射;

　　(2) $\varphi_j(0) = x_j$;

　　(3) $f(\varphi_j(z)) = z^{m_j}$;

　　(4) $\varphi_1(D_r), \cdots, \varphi_n(D_r)$ 两两不交.

由于 X 是紧集, 知

$$f\left(X \setminus \bigcup_{j=1}^{n} \varphi_j(D_r)\right)$$

是 Y 的不包含 y 的闭子集. 从而存在 y 在 Y 中的邻域 V, 使得

$$f^{-1}(V) \subset \bigcup_{j=1}^{n} \varphi_j(D_r).$$

注意到 $z \mapsto z^{m_j}$ 在 $D_r \setminus \{0\}$ 上是局部双全纯映射, 这说明了对任意 $x \in \varphi_j(D_r) \setminus \{x_j\}$ 有 $\mathrm{mult}_x(f) = 1$. 对任意 $y' \in V \setminus \{y\}$ 有

$$f^{-1}(y') = \bigcup_{j=1}^{n} \{\varphi_j(z_j), \varphi_j(z_j \mathrm{e}^{(2\pi i/m_j)}), \ldots, \varphi_j(z_j \mathrm{e}^{(2\pi(m_j-1)i/m_j)})\},$$

其中 z_j 是 $\varphi_j(D_r)$ 中任意一个使得 $f(z_j) = y'$ 的元素. 从而

$$d_{y'}(f) = \sum_{j=1}^{n} \sum_{\ell=0}^{m_j-1} 1 = \sum_{j=1}^{n} m_j = d_y(f).$$

$\square$

注 4.2.6　上述命题的证明说明了集合

$$\{x \in X \mid \mathrm{mult}_x(f) > 1\}$$

是离散集合, 从而是 x 的有限子集.

定义 4.2.1　设 X 为连通紧黎曼曲面, $f : X \to Y$ 为从 X 到某黎曼曲面的非常值全纯映射. 用 $\deg(f)$ 来表示 $d_y(f)$, 其中 y 是 $f(X)$ 中任一元素. 注意到 f 是从 X 到 $f(X)$ 的双全纯映射当且仅当 $\deg(f) = 1$.

命题 4.2.3　设 X 是连通紧黎曼曲面, $f : X \to Y$ 是从 X 到某黎曼曲面的非常值全纯映射, $x \in X$, $y = f(x)$ 且 $m = \mathrm{mult}_x(f)$. 那么 $f_x^\sharp : \mathcal{O}_y \to \mathcal{O}_x$ 定义了 $\mathcal{O}_x$ 上一个有限 $\mathcal{O}_y$-代数结构, 并且 $\mathcal{O}_x$ 作为 $\mathcal{O}_y$-模是秩为 m 的自由模. 另外, $\mathscr{M}_x$ 是 $\mathscr{M}_y$ 的有限扩张, 并且 $[\mathscr{M}_x : \mathscr{M}_y] = m$.

证明 由定理 4.2.1, 不妨假设 X 和 Y 都是复平面的开子集, $x = y = 0$, 且 $f(z) = z^m$. 令 ϖ 表示函数 Id_X 在 $\mathcal{O}_x$ 中的等价类. 设 φ 是 0 的邻域上的全纯函数, 其幂级数展开形如

$$\varphi(z) = a_0 + a_1 z + \cdots + a_n z^n + \cdots.$$

对任意 $j \in \{0, \cdots, m\}$, 令

$$\varphi_j(z) = a_j + a_{m+j} z + \cdots + a_{nm+j} z^n + \cdots.$$

这决定了 0 的某邻域上的全纯函数. 注意到

$$\varphi(z) = \sum_{j=0}^{m-1} \varphi_j(z^m) z^j,$$

这说明了

$$\varphi_x = \sum_{j=0}^{m-1} f_x^\sharp(\varphi_{j,x}) \varpi^j.$$

从而 $\mathcal{O}_x$ 作为 $\mathcal{O}_y$-模是由 $(\varpi^j)_{j=0}^{m-1}$ 生成的. 另外, 如果 $(\psi_j)_{j=0}^{m-1}$ 是一族 0 的邻域上的全纯函数, 使得

$$\sum_{j=0}^{m-1} \psi_j(z^m) z^j = 0.$$

在 0 点处形式幂级数展开后便得到 ψ_j 在 0 的某邻域上恒取零值. 所以 $\mathcal{O}_x$ 是自由 $\mathcal{O}_y$-模, $(\varpi^j)_{j=0}^{m-1}$ 是其一组基.

作为 $\mathcal{M}_y$-代数, $\mathcal{M}_y \otimes_{\mathcal{O}_y} \mathcal{O}_x$ 等同于 $\mathcal{O}_x$ 对于乘法子幺半群 $f_x^\sharp(\mathcal{O}_y \setminus \{0\})$ 的局部化, 所以可以将它看作 $\mathcal{M}_x$ 的子环. 另外, 由于 $\mathcal{O}_x$ 是秩为 m 的自由 $\mathcal{O}_y$-模, $\mathcal{M}_y \otimes_{\mathcal{O}_y} \mathcal{O}_x$ 是维数为 m 的 $\mathcal{M}_y$-线性空间. 对任意 $\mathcal{M}_y \otimes_{\mathcal{O}_y} \mathcal{O}_x$ 中的非零元 φ, $\mathcal{M}_y$-线性映射

$$\begin{aligned} \mathcal{M}_y \otimes_{\mathcal{O}_y} \mathcal{O}_x &\longrightarrow \mathcal{M}_y \otimes_{\mathcal{O}_y} \mathcal{O}_x, \\ \psi &\longmapsto \varphi\psi \end{aligned}$$

是单射 (因为 $\mathcal{M}_y \otimes_{\mathcal{O}_y} \mathcal{O}_x$ 是整环), 所以是双射 (因为 $\mathcal{M}_y \otimes_{\mathcal{O}_y} \mathcal{O}_x$ 是有限维 $\mathcal{M}_y$-线性空间). 这说明 $\mathcal{M}_y \otimes_{\mathcal{O}_y} \mathcal{O}_x$ 是一个域, 从而等于 $\mathcal{M}_x$. 因此 $[\mathcal{M}_x : \mathcal{M}_y] = m$. $\quad\square$

4.2.5 亚纯函数

设 X 为黎曼曲面, 所谓 X 上的**亚纯函数**, 是指从 X 到黎曼球面 $\mathbb{P}^1(\mathbb{C})$ 在 X 的每个连通分支上均不恒取 ∞ 为其值的全纯映射. 用 $\mathscr{M}(X)$ 表示 X 上所有亚

纯函数构成的集合. 若 f 是 X 上的亚纯函数, $f^{-1}(\{0\})$ 中的元素称为 f 的**零点**, $f^{-1}(\{\infty\})$ 中的元素称为 f 的**极点**.

注 4.2.7 注意到从 $\mathbb{P}^1(\mathbb{C})$ 到自身有一个对合的全纯映射 τ, 将 $(z:w)$ 映为 $(w:z)$. 如果 f 是 X 上的亚纯函数, 在每个连通分支上均不恒以 0 为其值, 那么 $\tau \circ f$ 也是 X 上的亚纯函数.

设 $f: X \to \mathbb{P}^1(\mathbb{C})$ 为 X 上的亚纯函数, $x \in X$. 如果 $f(x) \neq \infty$, 那么 f 在 x 的某个开邻域上是全纯函数, 此时用 f_x 来表示 f 在 $\mathcal{O}_x$ 中的像; 如果 $f(x) = \infty$, 那么 $\tau \circ f$ 是在 x 所在的连通分支上定义的全纯函数, 并且在 $\mathcal{O}_x$ 中的像非零, 此时便用 f_x 来表示

$$\frac{1}{(\tau \circ f)_x} \in \mathscr{M}_x,$$

其中 $\mathscr{M}_x$ 是 $\mathcal{O}_x$ 的分式域. 这样便构造了一个从 $\mathscr{M}(X)$ 到 $\mathscr{M}_x$ 的映射. 我们用 $\mathrm{ord}_x(f)$ 来简记 $\mathrm{ord}_x(f_x)$. 注意到 $\mathrm{ord}_x(f) > 0$ 当且仅当 $f(x) = 0$, $\mathrm{ord}_x(f) < 0$ 当且仅当 $f(x) = \infty$, $\mathrm{ord}_x(f) = +\infty$ 当且仅当 f 在 x 的连通分支上恒取零值. 另外, 如果 x 不是 f 的极点, 那么

$$\mathrm{mult}_x(f) = \mathrm{ord}_x(f - f(x)),$$

如果 x 是 f 的极点, 那么

$$\mathrm{mult}_x(f) = -\,\mathrm{ord}_x(f).$$

若 f 和 g 为 X 上的两个亚纯函数, 对任意 $x \in X$, 可以在分式域中计算 $f_x + g_x$. 如果计算的结果在赋值环 $\mathcal{O}_x$ 中, 就用 $(f+g)(x)$ 表示 $f_x + g_x$ 在 $\mathbb{C}$ 中的剩余类; 否则便令 $(f+g)(x) = \infty$. 这样就得到从 X 到 $\mathbb{P}^1(\mathbb{C})$ 的映射. 不难验证这个映射是 X 上的亚纯函数, 且对任意 $x \in X$ 有 $(f+g)_x = f_x + g_x$. 类似地可以定义 X 上的亚纯函数 fg, 使得

$$\forall x \in X, \quad (fg)_x = f_x g_x.$$

这样便在 $\mathscr{M}(X)$ 上定义了一个交换幺环的结构. 如果 X 是连通的, 那么 X 上任何不恒取零值的亚纯函数 f 在环 $\mathscr{M}(X)$ 中可逆, 其逆元就是 $\tau \circ f$. 所以在这样的情形下 $\mathscr{M}(X)$ 构成一个域.

设 X 为黎曼曲面. 由于环层空间之间的态射满足粘贴条件,

$$(X \text{ 的开子集 } U) \longmapsto \mathscr{M}(U)$$

定义了 X 上的一个环层. 我们将这个环层记作 $\mathscr{M}_X$ 并称之为 X 上的**亚纯函数层**. 注意到局部上亚纯函数可以写成两个全纯函数的商, 这说明了亚纯函数层 $\mathscr{M}_X$ 在 $x \in X$ 点的芽环同构于全纯函数芽环 $\mathcal{O}_x$ 的分式域 $\mathscr{M}_x$.

例 4.2.4 设 X 为连通黎曼曲面. 由于全纯函数都是亚纯函数, 知 $\mathcal{O}(X) \subset \mathcal{M}(X)$. 所以 $\mathcal{M}(X)$ 包含 $\mathcal{O}(X)$ 的分式域. 然而并非所有的亚纯函数在整体上都可以写成两个全纯函数的商. 考虑 X 是黎曼球面 $\mathbb{P}^1(\mathbb{C})$ 的情形. 由于 $\mathbb{P}^1(\mathbb{C})$ 是连通紧黎曼面, 其上的全纯函数都是常值函数, 从而 $\mathcal{O}(\mathbb{P}^1(\mathbb{C})) = \mathbb{C}$. 然而所有 $\mathbb{C}$ 上的多项式函数都可以延拓为 $\mathbb{P}^1(\mathbb{C})$ 上的亚纯函数. 设

$$f(z) = a_0 + a_1 z + \cdots + a_n z^n, \quad z \in \mathbb{C}$$

为 $\mathbb{C}$ 上的多项式函数. 如果 f 是常值函数, 令 $f(\infty) = a_0$, 否则令 $f(\infty) = \infty$. 注意到当 $a_n \neq 0$ 时

$$\forall z \in \mathbb{C}, \quad (\tau \circ f \circ \tau)(z) = \frac{z^n}{a_0 z^n + a_1 z^{n-1} + \cdots + a_n}.$$

所以 $\tau \circ f \circ \tau$ 是 $\mathbb{C}$ 上的全纯函数. 这说明了 f 是从 $\mathbb{P}^1(\mathbb{C})$ 到自身的全纯映射, 也就是 $\mathbb{P}^1(\mathbb{C})$ 上的亚纯函数. 这样便证明了 $\mathcal{M}(\mathbb{P}^1(\mathbb{C}))$ 包含 $\mathbb{C}$ 上的有理函数域 $\mathbb{C}(z)$, 即多项式环 $\mathbb{C}[z]$ 的分式域. 可以证明 $\mathcal{M}(\mathbb{P}^1(\mathbb{C})) = \mathbb{C}(z)$. 事实上, 如果 f 是 $\mathbb{P}^1(\mathbb{C})$ 上的非常值亚纯函数, 那么由命题 4.2.1 知 f 的零点和极点集都是离散集合. 而 $\mathbb{P}^1(\mathbb{C})$ 又是紧集, 所以 f 的零点和极点集都是有限集. 设 $\{z_1, \cdots, z_n\}$ 是 f 在 $\mathbb{C}$ 中的零点和极点组成的集合. 令 P_f 为有理函数

$$P_f(z) = \prod_{j=1}^n (z - z_j)^{-\operatorname{ord}_{z_j}(f)}.$$

这样 fP_f 在 $\mathbb{C}$ 上既没有零点又没有极点, 而它在 ∞ 处只能取一个值, 所以 fP_f 不能是满射. 这样 fP_f 只能是常值亚纯函数, 即 f 属于 $\mathbb{C}(z)$.

定理 4.2.2 设 X 为连通紧黎曼面. 如果 f 是 X 上的非常值亚纯函数, 那么除有限多个 $x \in X$ 外有 $\operatorname{ord}_x(f) = 0$. 另外,

$$\sum_{x \in X} \operatorname{ord}_x(f) = 0.$$

证明 如果 x 既不是零点也不是极点, 那么 $\operatorname{ord}_x(f) = 0$ (见注 4.2.7). 由命题 4.2.2 知 f 的零点集和极点集都是有限集, 且

$$d_0(f) = \sum_{x \in f^{-1}(\{0\})} \operatorname{mult}_x(f) = \sum_{x \in f^{-1}(\infty)} \operatorname{mult}_x(f) = d_\infty(f).$$

当 x 是零点时 $\operatorname{mult}_x(f) = \operatorname{ord}_x(f)$; 当 x 是极点时 $\operatorname{mult}_x(f) = -\operatorname{ord}_x(f)$. 从而得到

$$\sum_{x \in X} \operatorname{ord}_x(f) = 0.$$

$\square$

定义 4.2.2 设 X 为黎曼曲面, $f : X \to Y$ 为从 X 到某黎曼曲面的非常值全纯映射, $x \in X$, $y = f(x)$. 对任意 $\varphi \in \mathscr{M}_x$, 用 $P_\varphi \in \mathscr{M}_y[T]$ 表示 $\mathscr{M}_y$-线性自同构

$$\mathscr{M}_x \longrightarrow \mathscr{M}_x, \quad \psi \longmapsto \varphi\psi$$

的特征多项式.

注 4.2.8 由定理 4.2.1, 局部上可以将 f 等同于 $z \mapsto z^m$, 其中 m 是 f 在 x 点的分歧重数. 假设 X 和 Y 都是 $\mathbb{C}$ 的开子集, $f(z) = z^m$, $x = y = 0$. 令

$$\zeta_m = \mathrm{e}^{2\pi i/m},$$

考虑域 $\mathscr{M}_x$ 的自同构 $\sigma : \mathscr{M}_x \to \mathscr{M}_x$, 将 x 某邻域上亚纯函数 g 的等价类 g_x 映为亚纯函数 $z \mapsto g(\zeta_m z)$ 的等价类. 由于 $\zeta_m^m = 1$, 知 σ 是 $\mathscr{M}_y$-线性自同构, 且 $\sigma^m = \mathrm{Id}_{\mathscr{M}_x}$. 令 ϖ_x 为全纯函数 Id_X 在 $\mathscr{M}_x$ 中的等价类, φ_y 为全纯函数 Id_Y 在 $\mathscr{M}_y$ 中的等价类. 在命题 4.2.3 的证明中看到 $\mathscr{M}_x$ 作为 $\mathscr{M}_y$ 的扩张是由 ϖ_x 生成的, 并且 ϖ_x 是多项式

$$T^m - f_x^\sharp(\varpi_y)$$

的一个根. 注意到对任意整除 m 并大于 1 的自然数 d, 多项式

$$T^d - \varpi_y$$

在 $\mathscr{M}_y$ 中没有根. 这说明了域扩张 $f_x^\sharp(\mathscr{M}_y) \subset \mathscr{M}_x$ 是 Galois 扩张, 其 Galois 群是循环群 $\{\mathrm{Id}_{\mathscr{M}_x}, \sigma, \cdots, \sigma^{m-1}\}$. 从而对任意 $\varphi \in \mathscr{M}_x$ 有

$$P_\varphi(T) = (T - \varphi)(T - \sigma(\varphi)) \cdots (T - \sigma^{m-1}(\varphi)).$$

假设 φ 是某包含于 X 的开球

$$B(x; r) = \{z \in \mathbb{C} \mid |z - x| < r\}$$

上亚纯函数 g 的等价类, 并且 g 在

$$B(x; r) \setminus \{x\} = \{z \in \mathbb{C} \mid 0 < |z - x| < r\}$$

上全纯. 对任意 $w \in \mathbb{C}$, $0 < |w - y| < r^m$, 将

$$\prod_{x \in f^{-1}(\{w\})} (T - g(x))$$

展开得到一个多项式

$$T^m + \lambda_1(w)T^{m-1} + \cdots + \lambda_m(w).$$

这样 $\lambda_1,\cdots,\lambda_m$ 可以写成 $g(\cdot),g(\zeta_m\cdot),\cdots,g(\zeta_m^{m-1}\cdot)$ 的对称多项式的形式, 所以可以延拓成

$$B(y;r^m)=\{w\in\mathbb{C}\mid |w-y|<r^m\}$$

上的亚纯函数. 此时便有

$$P_\varphi(T)=T^m+\lambda_{1,y}T^{m-1}+\cdots+\lambda_{m,y}.$$

定理 4.2.3　设 $f:X\to Y$ 为连通紧黎曼曲面之间的非常值全纯映射. 那么 $\mathscr{M}(X)$ 是 $\mathscr{M}(Y)$ 的有限扩张.

证明　设 g 为 X 上的亚纯函数. 对任意 $y\in Y$, 令

$$Q_y:=\prod_{x\in f^{-1}(\{y\})}P_{g_x}\in\mathscr{M}_y[T].$$

依定义知对于 $x\in f^{-1}(\{y\})$ 有

$$Q_y(g_x)=0.$$

由命题 4.2.2 和命题 4.2.3 知道 Q_y 是 $\mathscr{M}_y[T]$ 中次数为 $d=\deg(f)$ 的首一多项式. 而由注 4.2.8 知存在 Y 上的亚纯函数 $\lambda_1,\cdots,\lambda_d$, 使得

$$\forall y\in Y,\quad Q_y(T)=T^d+\lambda_{1,y}T^{d-1}+\cdots+\lambda_{d,y}.$$

令

$$Q(T)=T^d+\lambda_1 T^{d-1}+\cdots+\lambda_d\in\mathscr{M}(Y)[T].$$

那么对任意 $x\in X$ 有

$$Q(g)_x=Q_{f(x)}(g_x)=0,$$

从而 $Q(g)=0.$ □

4.2.6　除子

本节中固定一个连通紧黎曼曲面 X, 并用 $\mathscr{M}(X)$ 表示 X 上的亚纯函数域. 用 $\mathrm{Div}(X)$ 表示 X 作为点集生成的自由交换群, 其中的元素称为 X 的**除子**. 若 D 是 $\mathrm{Div}(X)$ 中的元素, 对任意 $x\in X$ 用 $\mathrm{ord}_x(D)$ 表示 D 写成 X 中元素的形式线性组合时 x 的系数, 也就是说

$$D=\sum_{x\in X}\mathrm{ord}_x(D)\,x.$$

若 $D \in \mathrm{Div}(X)$, 令

$$\deg(D) := \sum_{x \in X} \mathrm{ord}_x(D),$$

称为 D 的**度数**. 若对任意 $x \in X$ 有 $\mathrm{ord}_x(D) \geqslant 0$, 则记 $D \geqslant 0$. 如果 f 是 X 上的非恒零亚纯函数, 用 $\mathrm{div}(f)$ 表示除子

$$\sum_{x \in X} \mathrm{ord}_x(f)\, x.$$

这样便定义了一个群同态

$$\mathrm{div} : \mathscr{M}(X)^\times \longrightarrow \mathrm{Div}(X).$$

该群同态像集中的除子称为**主除子**.

若 D 是 X 的除子, 定义

$$H^0(X, D) := \{ f \in \mathscr{M}(X)^\times \mid D + \mathrm{div}(f) \geqslant 0 \} \cup \{0\}.$$

称为除子 D 的**全线性系**.

命题 4.2.4 设 D 是 X 的除子.

(1) $H^0(X, D)$ 是 $\mathscr{M}(X)$ 的 $\mathbb{C}$-线性子空间.

(2) 若 $\deg(D) < 0$, 那么 $H^0(X, D) = \{0\}$.

(3) 若 $\deg(D) \geqslant 0$, 那么 $H^0(X, D)$ 是维数不超过 $\deg(D) + 1$ 的复线性空间.

证明   (1) X 上的亚纯函数 f 属于 $H^0(X, D)$ 当且仅当对任意 $x \in X$ 有

$$\mathrm{ord}_x(f) \geqslant -\mathrm{ord}_x(D).$$

若 f 和 g 是两个亚纯函数, 由于 $\mathrm{ord}_x(\cdot)$ 是离散赋值, 知

$$\mathrm{ord}_x(f + g) \geqslant \min\{\mathrm{ord}_x(f), \mathrm{ord}_x(g)\}.$$

如果 f 和 g 都是 $H^0(X, D)$ 的元素, 那么 $f + g$ 亦然. 类似地, 如果 $f \in H^0(X, D)$ 且 $a \in \mathbb{C}$, 那么

$$\forall x \in X, \quad \mathrm{ord}_x(af) = \mathrm{ord}_x(a) + \mathrm{ord}_x(f) \geqslant \mathrm{ord}_x(f) \geqslant -\mathrm{ord}_x(D),$$

从而 $af \in H^0(X, D)$.

(2) 如果 f 是 $H^0(X, D)$ 中非恒零亚纯函数, 那么由 $\mathrm{div}(f) + D \geqslant 0$ 得到

$$\deg(\mathrm{div}(f) + D) = \deg(\mathrm{div}(f)) + \deg(D) \geqslant 0.$$

而由定理 4.2.2 知道

$$\deg(\mathrm{div}(f)) = 0,$$

从而 $\deg(D) \geqslant 0$.

(3) 用归纳法证明当 $\deg(D) \geqslant -1$ 时有

$$\dim_{\mathbb{C}}(H^0(X, D)) \leqslant \deg(D) + 1.$$

$\deg(D) = -1$ 的情形是命题 4.2.4 的特例. 以下假设 $\deg(D) \geqslant 0$ 且命题对于度数等于 $\deg(D) - 1$ 的除子成立. 令 x 为 X 中的点, $\alpha = \mathrm{ord}_x(D)$, ϖ_x 为主理想 $\mathfrak{m}_x$ 的一个生成元. 那么对任意 $f \in H^0(X, D)$ 有

$$f_x \in \varpi_x^{-\alpha} \mathcal{O}_x.$$

考虑从 $H^0(X, D)$ 到 $\varpi_x^{-\alpha} \mathcal{O}_x / \varpi_x^{-\alpha+1} \mathcal{O}_x$ 的 $\mathbb{C}$-线性映射, 将 f 映为 f_x 的剩余类. 这个线性映射的核是 $H^0(X, D - x)$. 由于 $\mathcal{O}_x$ 是离散赋值环, 其剩余类域等于 $\mathbb{C}$, 知 $\varpi_x^{-\alpha} \mathcal{O}_x / \varpi_x^{-\alpha+1} \mathcal{O}_x$ 是一维复线性空间. 从而

$$H^0(X, D) \leqslant H^0(X, D - x) + 1.$$

由归纳假设知

$$H^0(X, D - x) \leqslant \deg(D - x) + 1 = \deg(D).$$

这样便得到 $H^0(X, D) \leqslant \deg(D) + 1$. $\qquad\qquad \square$

4.3 有理函数域的算术

在上一节中我们了解了连通紧黎曼曲面之间全纯映射的有限性 (定理 4.2.3). 这个有限性证明的关键在于全纯函数芽环上的离散赋值及其扩张. 本节直接从赋值的观点来考虑一般域上的代数函数域并证明代数函数域的 Riemann-Roch 定理. 与 Dedekind 和 Weber 的工作类似, 我们并不借助超越函数和黎曼曲面的拓扑. 然而在推理的过程中我们将 Weil 的赋值观点和线性赋范空间的理论结合起来, 绕过了多项式环的代数方法来构建代数函数域的算术并将有理函数域的各个绝对值放在一个同等的地位去考虑.

如未另行说明, 提及的环都指交换幺环, 环同态都保持幺元. 另外, 在讨论整环和域的时候, 总是假定加法零元与乘法单位元相异. 若 A 是交换幺环, 用 $A^{\times}$ 表示 A 中的乘法可逆元组成的乘法群. 特别地, 如果 K 是域, 那么 $K^{\times} = K \setminus \{0\}$.

4.3.1 绝对值

设 K 为域. 所谓 K 上的**绝对值**, 是指从 K 到 $\mathbb{R}_{\geqslant 0}$ 的满足以下条件的映射 $|\cdot|$:

(1) 对任意 $a \in K$, $a = 0$ 当且仅当 $|a| = 0$;

(2) 对任意 $(a,b) \in K \times K$, $|ab| = |a| \cdot |b|$;

(3) 对任意 $(a,b) \in K \times K$, $|a+b| \leqslant |a| + |b|$.

条件 (3) 称作**三角形不等式**. 如果 $|\cdot|$ 满足**强三角形不等式**, 也就是说

$$\forall (a,b) \in K \times K, \quad |a+b| \leqslant \max\{|a|, |b|\},$$

那么说 $|\cdot|$ 是**非阿基米德绝对值**; 否则说 $|\cdot|$ 是**阿基米德绝对值**.

若域 K 上指定了一个绝对值 $|\cdot|$, 则称 $(K, |\cdot|)$ 为**赋值域**. 如果 K'/K 是域扩张, $|\cdot|'$ 是 K' 上的绝对值, 且在 K 上的限制等于 $|\cdot|$, 则说 $(K', |\cdot|')$ 是赋值域 $(K, |\cdot|)$ 的**扩张**.

4.3.1.1 通常的绝对值和平凡绝对值

$\mathbb{R}$ 上通常的绝对值就是一个阿基米德绝对值; $\mathbb{C}$ 上的取模函数也是一个阿基米德绝对值 (称为 $\mathbb{C}$ 上**通常的绝对值**). 另外, 任意的域 K 上的函数

$$|\cdot|_0 : K \to \mathbb{R}_{\geqslant 0}, \quad |a|_0 = \begin{cases} 0, & a = 0, \\ 1, & a \neq 0 \end{cases}$$

是一个非阿基米德绝对值, 称作 K 上的**平凡绝对值**. 如果 $|\cdot|$ 是域 K 上的绝对值, 对任意 K 的子域 k, $|\cdot|$ 在 k 上的限制是 k 上的绝对值.

4.3.1.2 离散赋值环决定的绝对值

设 $\mathcal{O}$ 为离散赋值环, $\mathfrak{m}$ 为 $\mathcal{O}$ 的极大理想, ϖ 为 $\mathfrak{m}$ 的一个生成元 (通常称作**单值化子**), K 为 $\mathcal{O}$ 的分式域. 令 $\mathrm{ord}_{\mathfrak{m}} : K \to \mathbb{Z} \cup \{+\infty\}$ 为 $\mathcal{O}$ 对应的离散赋值, 即

$$\forall a \in K, \quad \mathrm{ord}_{\mathfrak{m}}(a) = \sup\{n \in \mathbb{Z} \mid a \in \varpi^n \mathcal{O}\} \in \mathbb{Z} \cup \{+\infty\}.$$

那么对于任意实数 $q > 1$, 函数

$$|\cdot|_{\mathfrak{m},q} = q^{-\mathrm{ord}_{\mathfrak{m}}(\cdot)}$$

是 K 上的绝对值 (约定 $q^{-\infty} = 0$).

4.3.1.3 绝对值的性质

域上的绝对值与实数集上通常的绝对值函数具有一些类似的性质. 设 $(K, |\cdot|)$ 为赋值域. 首先 $|1| = 1$, 其中等式左边的 1 表示 K 的单位元, 右边的 1 表示实数域的单位元; 其次, 对任意 $a \in K$, $|-a| = |a|$, 其中 $-a$ 表示 a 在 K 中关于加法的逆元; 再次, 对任意 $a \in K^\times$, $|a^{-1}| = |a|^{-1}$, 其中 a^{-1} 表示 a 在 K 中关于乘法的逆元; 最后, 若 $(a, b) \in K \times K$, 那么

$$\big||a| - |b|\big| \leqslant |a - b|, \tag{4.3.1}$$

其中不等式左边外侧的 $|\cdot|$ 符号表示实数集上通常的绝对值函数, 其余的 $|\cdot|$ 符号表示所给定的域 K 上的绝对值.

非阿基米德绝对值与实数集上通常的绝对值也有不同之处. 设 $(K, |\cdot|)$ 为赋值域, $f : \mathbb{Z} \to K$ 为从整数环到 K 唯一的环同态. 假设 $|\cdot|$ 是非阿基米德绝对值. 对任意正整数 n 有

$$|f(n)| = |\underbrace{f(1) + \cdots + f(1)}_{n \text{ 项}}| \leqslant |f(1)|.$$

从而 $|\cdot|$ 在 $f(\mathbb{Z})$ 上的限制是有界函数. 反过来, 假设 C 是大于 0 的常数, 使得

$$\forall n \in \mathbb{N}, \quad |f(n)| \leqslant C,$$

那么对任意 $(a, b) \in K \times K$ 及任意正整数 n 有

$$|a + b|^n = |(a + b)^n| = \left| \sum_{i=0}^{n} f\left(\binom{n}{i}\right) a^i b^{n-i} \right| \leqslant (n + 1) C \max\{|a|, |b|\}^n.$$

不等式两边开 n 次方后令 n 趋于 $+\infty$, 取极限就得到强三角形不等式

$$|a + b| \leqslant \max\{|a|, |b|\}.$$

4.3.1.4 非阿基米德赋值域的单位球

假设 $(K, |\cdot|)$ 是非阿基米德赋值域. 用 $K^\circ = \{a \in K \mid |a| \leqslant 1\}$ 表示 $(K, |\cdot|)$ 的单位闭球. 由于 $|1| = 1$, 知 $1 \in K^\circ$. 若 $(a, b) \in K^\circ \times K^\circ$, 那么

$$|ab| = |a| \cdot |b| \leqslant 1, \quad |a - b| \leqslant \max\{|a|, |-b|\} = \max\{|a|, |b|\} \leqslant 1.$$

所以 $\{ab, a - b\} \subset K^\circ$. 从而 K° 是 K 的子环. 另外, 对任意 $a \in K \setminus K^\circ$, 由 $|a^{-1}| = |a|^{-1} < 1$ 知 $a^{-1} \in K^\circ$. 所以 K° 的分式域等于 K.

用 $K^{\circ\circ} = \{a \in K \mid |a| < 1\}$ 表示 $(K, |\cdot|)$ 的单位开球. 如果 $(a, b) \in K^{\circ\circ} \times K^{\circ\circ}$, 那么

$$|a - b| \leqslant \max\{|a|, |-b|\} = \max\{|a|, |b|\} < 1,$$

即 $a - b \in K^{\circ\circ}$. 这说明了 $K^{\circ\circ}$ 是 K° 的加法子群. 另外, 对任意 $(a, b) \in K^{\circ} \times K^{\circ\circ}$,

$$|ab| = |a| \cdot |b| < 1,$$

即 $ab \in K^{\circ\circ}$. 所以 $K^{\circ\circ}$ 是 K° 的理想. 对任意 $a \in K^{\circ} \setminus K^{\circ\circ}$, 有 $|a^{-1}| = |a|^{-1} = 1$, 也就是说 $a^{-1} \in K^{\circ} \setminus K^{\circ\circ}$. 这说明了 $K^{\circ} \setminus K^{\circ\circ}$ 中的元素在 K° 中可逆, 也就是说 K° 是局部环, 其极大理想是 $K^{\circ\circ}$.

设 n 为正整数, $a_1, \cdots, a_n$ 为 K 中 n 个元素, 使得 $|a_1| < \cdots < |a_n|$, 那么 $a_n \neq 0$ 且对任意 $i \in \{1, \cdots, n-1\}$ 有 $a_i a_n^{-1} \in K^{\circ\circ}$. 而 $1 \notin K^{\circ\circ}$, 所以

$$1 + (a_1 + \cdots + a_{n-1})a_n^{-1} \in K^{\circ} \setminus K^{\circ\circ},$$

即 $|1 + (a_1 + \cdots + a_{n-1})a_n^{-1}| = 1$. 从而

$$|a_1 + \cdots + a_n| = |a_n| \cdot |1 + (a_1 + \cdots + a_{n-1})a_n^{-1}| = |a_n|. \tag{4.3.2}$$

4.3.1.5 赋值域的完备化

设 (K, v) 为赋值域. 为方便理解, 也将绝对值 v 记作 $|\cdot|_v$. 绝对值 v 诱导了 K 上的一个度量

$$d_v : K \times K \longrightarrow \mathbb{R}_{\geqslant 0}, \quad (a, b) \longmapsto |a - b|_v.$$

用 $\mathrm{Cau}_v(K)$ 表示 K 中 Cauchy 序列[①]组成的集合. 在集合 $\mathrm{Cau}_v(K)$ 上定义如下的加法和乘法运算

$$(a_n)_{n \in \mathbb{N}} + (b_n)_{n \in \mathbb{N}} := (a_n + b_n)_{n \in \mathbb{N}},$$

$$(a_n)_{n \in \mathbb{N}} (b_n)_{n \in \mathbb{N}} := (a_n b_n)_{n \in \mathbb{N}},$$

这样便得到一个交换幺环, 其零元是恒取 0 值的序列, 其单位元是恒取 1 值的序列. 注意到从 K 到 $\mathrm{Cau}_v(K)$ 有自然的交换幺环同态, 将 $a \in K$ 映为恒取 a 值的序列.

---

① 即满足

$$\lim_{N \to +\infty} \sup_{\substack{(n, m) \in \mathbb{N}^2 \\ n \geqslant N, m \geqslant N}} |a_n - a_m| = 0$$

的序列 $(a_n)_{n \in \mathbb{N}}$.

用 $\mathrm{Cau}_v^0(K)$ 表示收敛到 0 的那些 Cauchy 序列组成的集合. 不难证明, $\mathrm{Cau}_v^0(K)$ 是 $\mathrm{Cau}_v(K)$ 的理想. 事实上它还是一个极大理想. 设 $(a_n)_{n \in \mathbb{N}}$ 为 K 中的 Cauchy 序列, 如果 $(a_n)_{n \in \mathbb{N}}$ 不收敛到 0, 那么它的任何子列都不收敛到 0. 这样便存在 $\varepsilon > 0$ 和 $N \in \mathbb{N}$, 使得对任意不小于 N 的自然数 n, $|a_n|_v \geqslant \varepsilon$ 成立. 令

$$b_n = \begin{cases} 0, & n \in \mathbb{N},\ 0 \leqslant n < N, \\ a_n^{-1}, & n \in \mathbb{N},\ n \geqslant N. \end{cases}$$

对任意不小于 N 的自然数 n 和 m, 有

$$|b_n - b_m|_v = \frac{|a_n - a_m|_v}{|a_n|_v \cdot |a_m|_v} \leqslant \varepsilon^{-2} |a_n - a_m|_v.$$

从而 $(b_n)_{n \in \mathbb{N}}$ 是 Cauchy 列. 而 $(b_n a_n - 1)_{n \in \mathbb{N}} \in \mathrm{Cau}_v^0(K)$. 这说明了 $(a_n)_{n \in \mathbb{N}}$ 模 $\mathrm{Cau}_v^0(K)$ 可逆.

用 K_v 表示商域 $\mathrm{Cau}_v(K) / \mathrm{Cau}_v^0(K)$. 前面提到的交换幺环同态 $K \to \mathrm{Cau}_v(K)$ 诱导了域同态 $K \to K_v$, 将 $a \in K$ 映为取常值 a 的序列的等价类. 通过这个域同态可以将 K 看作 K_v 的子域. 绝对值函数 $|\cdot|_v : K \to \mathbb{R}_{\geqslant 0}$ 在 K 上一致连续, 故将 K 中的 Cauchy 序列映为 $\mathbb{R}_{\geqslant 0}$ 中的 Cauchy 序列. 从而对任意 $(a_n)_{n \in \mathbb{N}} \in \mathrm{Cau}_v(K)$, 序列 $(|a_n|_v)_{n \in \mathbb{N}}$ 收敛. 另外, 如果两个 Cauchy 序列 $(a_n)_{n \in \mathbb{N}}$ 和 $(b_n)_{n \in \mathbb{N}}$ 满足

$$\lim_{n \to +\infty} |a_n - b_n|_v = 0,$$

那么

$$\lim_{n \to +\infty} \big||a_n|_v - |b_n|_v\big| = 0,$$

从而 $(|a_n|_v)_{n \in \mathbb{N}}$ 和 $(|b_n|_v)_{n \in \mathbb{N}}$ 收敛到同一个实数. 这样 $|\cdot|_v$ 便诱导一个从 K_v 到 $\mathbb{R}_{\geqslant 0}$ 的函数, 将 Cauchy 序列 $(a_n)_{n \in \mathbb{N}}$ 的等价类映为

$$\lim_{n \to +\infty} |a_n|_v.$$

不难证明这个函数是 K_v 上的绝对值, 在 K 上的限制等于 $|\cdot|_v$. 我们仍用符号 v 来表示这个绝对值函数. 这样就得到赋值域 (K, v) 的一个扩张, 作为度量空间是 (K, d_v) 的完备化空间. 我们将 K_v 称为 (K, v) 的**完备化**. 如果上述域同态 $K \to K_v$ 是同构, 就说赋值域 (K, v) 是**完备的**.

4.3.1.6 绝对值的等价

给定域 K 上的两个绝对值 $|\cdot|_1$ 和 $|\cdot|_2$. 如果 $|\cdot|_1$ 和 $|\cdot|_2$ 在 K 上诱导相同的拓扑, 则说绝对值 $|\cdot|_1$ 和 $|\cdot|_2$ **等价**.

命题 4.3.1 设 $|\cdot|_1$ 和 $|\cdot|_2$ 为域 K 上两个绝对值. 假设 $|\cdot|_1$ 不是平凡的绝对值. 则以下命题等价:

(1) 绝对值 $|\cdot|_1$ 和 $|\cdot|_2$ 等价;

(2) 对任意 $x \in K$, $|x|_2 \leqslant 1$ 蕴含 $|x|_1 \leqslant 1$;

(3) 对任意 $x \in K$, $|x|_1 < 1$ 蕴含 $|x|_2 < 1$;

(4) 存在 $\kappa > 0$ 使得 $|\cdot|_2 = |\cdot|_1^{\kappa}$.

证明 (1) $\Longrightarrow$ (2): 用反证法. 假设存在 $x \in K$, 使得 $|x|_1 > 1$ 且 $|x|_2 \leqslant 1$. 那么序列 $(x^{-n})_{n \in \mathbb{N}}$ 在 $|\cdot|_1$ 诱导的度量下收敛到 0, 但在 $|\cdot|_2$ 诱导的度量下与 0 的距离有正的下界, 这与绝对值 $|\cdot|_1$ 和 $|\cdot|_2$ 诱导相同的拓扑的假设矛盾.

(2) $\Longrightarrow$ (3): 我们证明 (3) 的逆否命题, 即对任意 $x \in K$, $|x|_2 \geqslant 1$ 蕴含 $|x|_1 \geqslant 1$. 若 $|x|_2 \geqslant 1$, 那么 $|x^{-1}|_2 \leqslant 1$. 由 (2) 知 $|x^{-1}|_1 \leqslant 1$, 即 $|x|_1 \geqslant 1$.

(3) $\Longrightarrow$ (4): 任取 K 中某非零元 y, 使得 $|y|_1 > 1$ (这样的非零元的存在性来自 $|\cdot|_1$ 非平凡的假设). 由 (3) 知 $|y|_2 > 1$. 令

$$\kappa = \frac{\ln |y|_2}{\ln |y|_1} > 0.$$

令 x 为 K 中任意非零元并令

$$\lambda = \frac{\ln |x|_1}{\ln |y|_1}.$$

取两个有理数列 $(a_n/b_n)_{n \in \mathbb{N}}$ 和 $(c_n/d_n)_{n \in \mathbb{N}}$ 使得

(i) 对任意 $n \in \mathbb{N}$, $(a_n, b_n, c_n, d_n) \in \mathbb{Z}^4$, $b_n > 0$, $d_n > 0$,

(ii) $a_n/b_n < \lambda < c_n/d_n$,

(iii)

$$\lim_{n \to +\infty} \frac{a_n}{b_n} = \lim_{n \to +\infty} \frac{c_n}{d_n} = \lambda.$$

这样有

$$\frac{a_n}{b_n} \ln |y|_1 < \lambda \ln |y|_1 = \ln |x|_1, \quad \frac{c_n}{d_n} \ln |y|_1 > \lambda \ln |y|_1 = \ln |x|_1,$$

从而

$$|y^{a_n} x^{-b_n}|_1 < 1 < |y^{c_n} x^{-d_n}|_1.$$

由 (3) 知

$$|y^{a_n}x^{-b_n}|_2 < 1 < |y^{c_n}x^{-d_n}|_2,$$

即

$$|y|_2^{a_n/b_n} < |x|_2 < |y|_2^{c_n/d_n}.$$

令 $n \to +\infty$ 取极限知

$$|x|_2 = |y|_2^{\lambda} = |y_1|^{\kappa\lambda} = |x|_1^{\kappa}.$$

(4) $\Longrightarrow$ (1): 设 $(x_n)_{n\in\mathbb{N}}$ 为 K 中的序列, $x \in K$. 那么

$$\lim_{n\to+\infty} |x_n - x|_1 = 0$$

当且仅当

$$\lim_{n\to+\infty} |x_n - x|_1^{\kappa} = \lim_{n\to+\infty} |x_n - x|_2 = 0. \qquad \square$$

注 4.3.1 上述命题的证明中, 仅在 (3) $\Longrightarrow$ (4) 的步骤中使用了 $|\cdot|_1$ 非平凡的假设. 在一般的情形下, 以下条件仍等价:

(1) 绝对值 $|\cdot|_1$ 和 $|\cdot|_2$ 等价;

(2) 对任意 $x \in K$, $|x|_1 \leqslant 1$ 蕴含 $|x|_2 \leqslant 1$;

(3) 存在 $\kappa > 0$ 使得 $|\cdot|_2 = |\cdot|_1^{\kappa}$.

事实上, 当 $|\cdot|_1$ 是平凡绝对值时, 条件 (2) 说明对任意 $x \in K$ 有 $|x|_2 \leqslant 1$, 这样 $|\cdot|_2$ 也是平凡的绝对值, 从而 $|\cdot|_2 = |\cdot|_1$.

4.3.2 赋范线性空间

本节中固定一个完备赋值域 $(K, |\cdot|)$. 设 E 为 K-线性空间. 所谓 E 上的**范数**, 是指从 E 到 $\mathbb{R}_{\geqslant 0}$ 的满足以下条件的映射 $\|\cdot\|$:

(1) 对任意 $s \in E$, $\|s\| = 0$ 当且仅当 $s = 0$;

(2) 对任意 $(a, s) \in K \times E$, $\|as\| = |a| \cdot \|s\|$;

(3) 对任意 $(s_1, s_2) \in E \times E$, $\|s_1 + s_2\| \leqslant \|s_1\| + \|s_2\|$.

条件 (3) 也称作**三角形不等式**. 我们称 $(E, \|\cdot\|)$ 为一个**赋范线性空间**. 如果 $\|\cdot\|$ 还满足**强三角形不等式**, 也就是说

$$\forall (s_1, s_2) \in E \times E, \quad \|s_1 + s_2\| \leqslant \max\{\|s_1\|, \|s_2\|\},$$

便说 $\|\cdot\|$ 是**超范数** (ultrametric norm), $(E, \|\cdot\|)$ 是**赋超范线性空间**. 由 (1) 和 (2) 知道, 如果某非零线性空间上存在超范数, 那么 $|\cdot|$ 一定是非阿基米德绝对值. 注意到

$$d_{\|\cdot\|} : E \times E \longrightarrow \mathbb{R}_{\geqslant 0}, \quad (s_1, s_2) \longmapsto \|s_1 - s_2\|$$

是 E 上的度量, 称为**范数** $\|\cdot\|$ **诱导的度量**.

如果 $(E, \|\cdot\|)$ 是赋范线性空间, F 是 E 的线性子空间, 那么 $\|\cdot\|$ 在 F 上的限制是 F 上的范数, 称为**限制范数**. 如果 F 是 E 的闭线性子空间, $G = E/F$, 那么映射

$$\|\cdot\|_G : G \longrightarrow \mathbb{R}_{\geqslant 0}, \quad (y \in G) \longmapsto \inf_{s \in y} \|s\|$$

是 G 上的范数, 称为 $\|\cdot\|$ 的**商范数**. 如果 x 是 E 中的元素, 那么 x 在 G 中等价类的商范数等于 x 到闭线性子空间 F 的距离:

$$\mathrm{dist}(x, F) := \inf_{x' \in F} \|x - x'\|.$$

4.3.2.1　向量的放缩

命题 4.3.2　假设 $|\cdot|$ 是非平凡的绝对值. 令 $\lambda \in]0, 1]$, 使得

$$\lambda < \sup\{|a| \mid a \in K^{\times}, |a| < 1\}.$$

设 $(E, \|\cdot\|)$ 为 $(K, |\cdot|)$ 上的赋范线性空间. 若 s 为 E 中的非零元, 那么存在 $b \in K^{\times}$, 使得 $\lambda \leqslant \|bs\| < 1$.

证明　令 a 为 K 中的非零元, 使得 $\lambda < |a| < 1$. 令

$$p = \left\lfloor \frac{\ln(\lambda) - \ln\|s\|}{\ln|a|} \right\rfloor, \quad b = a^p.$$

依定义, 有

$$p \leqslant \frac{\ln(\lambda) - \ln\|s\|}{\ln|a|},$$

所以 $|b| = |a|^p \geqslant \lambda\|s\|^{-1}$, 亦即 $\|bs\| = |b| \cdot \|s\| \geqslant \lambda$. 另外, 由于 $\lambda < |a| < 1$, 有 $\ln(\lambda) < \ln|a| < 0$, 故 $\ln(\lambda)/\ln|a| > 1$. 这说明了 $p > -\ln\|s\|/\ln|a|$. 所以 $|b| = |a|^p < \|s\|^{-1}$, 即 $\|bs\| < 1$. $\qquad\square$

4.3.2.2　超范数的基本性质

命题 4.3.3　设 $(E, \|\cdot\|)$ 为赋超范线性空间.

(a) 若 $x_1, \cdots, x_n$ 为 E 中有限多个元素, 使得 $\|x_1\|, \cdots, \|x_n\|$ 两两不等, 那么

$$\|x_1 + \cdots + x_n\| = \max_{i \in \{1, \cdots, n\}} \|x_i\|.$$

(b) 复合映射

$$E \setminus \{0\} \xrightarrow{\|\cdot\|} \mathbb{R}_{>0} \xrightarrow{\pi} \mathbb{R}_{>0}/|K^{\times}| \tag{4.3.3}$$

像的基数不超过 E 在 K 上的维数, 其中 $\mathbb{R}_{>0}$ 视为乘法群, $|K^\times|$ 是 $K^\times$ 在 $|\cdot|$ 下的像, π 是投影映射.

(c) 假设 E 是有限维线性空间且 $|\cdot|$ 是平凡绝对值, 那么 $\|\cdot\|$ 的像是有限集, 其基数不超过 $\dim_K(E)+1$.

证明　(a) 通过对 n 归纳可以将问题归结为 $n=2$ 的情形. 不妨设 $\|x_1\| < \|x_2\|$. 由于 $\|\cdot\|$ 是超范数, 知

$$\|x_1+x_2\| \leqslant \max\{\|x_1\|, \|x_2\|\} = \|x_2\|.$$

另外

$$\|x_2\| = \|x_1+x_2-x_1\| \leqslant \max\{\|x_1+x_2\|, \|x_1\|\}.$$

由于 $\|x_2\| > \|x_1\|$, 知 $\|x_2\| \leqslant \|x_1+x_2\|$. 所以等式

$$\|x_1+x_2\| = \|x_2\| = \max\{\|x_1\|, \|x_2\|\}$$

成立.

(b) 设 I 为复合映射 (4.3.3) 的像. 对任意 $\alpha \in I$, 任选 α 在 $E \setminus \{0\}$ 中的某个原像 x_α. 假设 $\alpha_1, \cdots, \alpha_n$ 是 I 中有限多个两两不同的元素. 那么对任意 $(\lambda_1, \cdots, \lambda_n) \in (K^\times)^n$, 实数 $\|\lambda_1 x_{\alpha_1}\|, \cdots, \|\lambda_n x_{\alpha_n}\|$ 两两不同. 由 (a) 知

$$\|\lambda_1 x_{\alpha_1} + \cdots + \lambda_n x_{\alpha_n}\| = \max_{i \in \{1, \cdots, n\}} \|\lambda_i x_{\alpha_i}\| > 0.$$

这说明了 $(x_\alpha)_{\alpha \in I}$ 是 E 中的线性无关组, 从而 I 的基数不超过 E 的维数.

(c) 当 $|\cdot|$ 是平凡绝对值时 $|K^\times| = \{1\}$. 由 (b) 知道 $\|\cdot\|$ 限制在 $E \setminus \{0\}$ 上的像的基数不超过 $\dim_K(E)$. 所以 $\|\cdot\|$ 的像的基数不超过 $\dim_K(E)+1$.　　□

4.3.2.3　有界线性映射的连续性

引理 4.3.1　假设 $|\cdot|$ 是平凡的绝对值. 若 $(E, \|\cdot\|)$ 是 $(K, |\cdot|)$ 上的有限维赋范线性空间, 那么函数 $\|\cdot\| : E \to \mathbb{R}_{\geqslant 0}$ 有上界. 如果线性空间 E 非零, 那么 $\|\cdot\|$ 在 $E \setminus \{0\}$ 上的限制有大于零的下界.

证明　设 $(e_i)_{i=1}^r$ 为 E 的一组基. 对任意 $(a_1, \cdots, a_r) \in K^r$, 有

$$\|a_1 e_1 + \cdots + a_r e_r\| \leqslant \sum_{i=1}^r |a_i| \cdot \|e_i\| \leqslant \sum_{i=1}^r \|e_i\|,$$

其中第二个不等式来自 $|\cdot|$ 是平凡绝对值的假设.

用反证法证明第二个命题. 假设存在一列 E 中的非零元 $(x_n)_{n\in\mathbb{N}}$ 使得

$$\lim_{n\to+\infty}\|x_n\|=0.$$

由于 E 是有限维线性空间, 存在 $N\in\mathbb{N}$ 以及 E 的非零线性子空间 F, 使得对任意不小于 N 的整数 n, 等式

$$F=\mathrm{Vect}_K(\{x_\ell\mid\ell\in\mathbb{N},\ \ell\geqslant n\})$$

成立, 其中 $\mathrm{Vect}_K(A)$ 表示 E 的子集 A 生成的 K-线性子空间. 这样由第一个命题的证明知道

$$\sup_{y\in F}\|y\|\leqslant\inf_{n\in\mathbb{N},\,n\geqslant N}\left(r\sup_{\ell\in\mathbb{N},\,\ell\geqslant n}\|x_\ell\|\right)=r\limsup_{n\to+\infty}\|x_n\|=0.$$

这与 F 是非零线性子空间的条件矛盾. 从而 $\|\cdot\|$ 在 $E\setminus\{0\}$ 上的限制有非零的下界. □

命题 4.3.4 设 $(E_1,\|\cdot\|_1)$ 和 $(E_2,\|\cdot\|_2)$ 为两个赋范线性空间, $f:E_1\to E_2$ 为 K-线性映射. 如果 f 是有界线性映射, 也就是说存在常数 $C>0$ 使得

$$\forall x\in E_1,\quad\|f(x)\|_2\leqslant C\|x\|_1,$$

那么映射 f 连续. 当 $|\cdot|$ 是非平凡的绝对值或 E_2 是有限维线性空间时这个命题的逆命题也成立.

证明 假设 f 是有界线性映射并设 $C>0$ 使得

$$\forall x\in E_1,\quad\|f(x)\|_2\leqslant C\|x\|_1.$$

那么对任意 $(x,x')\in E_1\times E_1$ 有

$$\|f(x)-f(x')\|_2=\|f(x-x')\|_2\leqslant C\|x-x'\|_1.$$

从而映射 f 一致连续.

以下假设映射 f 连续. 先讨论 $|\cdot|$ 是非平凡绝对值的情形. 由于 f 是连续映射, 知

$$f^{-1}(\{s\in E_2\mid\|s\|_2<1\})$$

是 E_1 中包含零元素的开集. 从而存在 $\epsilon>0$ 使得

$$f^{-1}(\{s\in E_2\mid\|s\|_2<1\})\supset\{x\in E_1\mid\|x\|<\epsilon\}.$$

由于 $|\cdot|$ 是非平凡的绝对值, 存在 $a \in K$ 使得 $0 < |a| < 1$. 若 x 是 E_1 中的非零元, 那么存在唯一的整数 n 使得

$$\|a^n x\|_1 < \epsilon \leqslant \|a^{n-1} x\|_1 = |a|^{n-1} \|x\|_1.$$

由前一个不等式知 $\|f(a^n x)\|_2 < 1$, 从而

$$\|f(x)\|_2 < |a|^{-n} \leqslant (\epsilon |a|)^{-1} \|x\|_1.$$

所以 f 是有界线性映射.

现在考虑 $|\cdot|$ 是平凡绝对值且 E_2 是有限维线性空间的情形. 由引理 4.3.1 知存在 $M > 0$ 和 $\delta > 0$, 使得对任意 $x \in E_1 \setminus \{0\}$ 有 $\|x\|_1 \geqslant \delta$, 且对任意 $y \in E_2$ 有 $\|y\|_2 \leqslant M$. 所以对任意 $x \in E_1 \setminus \{0\}$ 有

$$\|f(x)\|_2 \leqslant M \leqslant \frac{M}{\delta} \|x\|_1. \qquad \square$$

4.3.2.4 范数的等价性

定理 4.3.1 设 E 为有限维 K-线性空间. 若 $\|\cdot\|$ 和 $\|\cdot\|'$ 是 E 上两个范数, 那么存在两个正常数 C 和 C', 使得

$$\forall x \in E, \quad C\|x\|' \leqslant \|x\| \leqslant C'\|x\|',$$

也就是说范数 $\|\cdot\|$ 和 $\|\cdot\|'$ 等价. 特别地, 有限维赋范线性空间是完备度量空间, 有限维 K-线性空间上所有的范数诱导相同的拓扑, 从有限维赋范线性空间到线性赋范空间的线性映射都是有界线性映射.

证明 对 E 的维数 r 用归纳法. 当 $r = 0$ 时 E 上只有一个范数, 命题显然成立. 当 $r = 1$ 时 E 上两个范数之间只相差一个正因子, 命题也成立 (其中 E 的完备性来自于域 K 的完备性). 以下假设 $r \geqslant 2$, 且命题对于维数不超过 $r-1$ 的 K-线性空间成立.

设 $(e_i)_{i=1}^r$ 为 E 的一组基. 不妨设 $\|\cdot\|'$ 形如

$$\forall (a_i)_{i=1}^r \in K^r, \quad \|a_1 e_1 + \cdots + a_r e_r\|' = \max_{i \in \{1, \cdots, r\}} |a_i|.$$

这样就得到, 对任意 $(a_i)_{i=1}^r \in K^r$,

$$\|a_1 e_1 + \cdots + a_r e_r\| \leqslant \sum_{i=1}^r |a_i| \cdot \|e_i\| \leqslant \|a_1 e_1 + \cdots + a_r e_r\|' \sum_{i=1}^r \|e_i\|.$$

令 F 为 $e_1, \cdots, e_{r-1}$ 生成的线性子空间, $\|\cdot\|_F$ 和 $\|\cdot\|'_F$ 分别为 $\|\cdot\|$ 和 $\|\cdot\|'$ 在 F 上的限制范数. 由归纳假设知存在 $\lambda > 0$ 使得

$$\forall y \in F, \quad \|y\|'_F \leqslant \lambda \|y\|_F.$$

另外, 所有 F 上的范数诱导相同的拓扑, 并且 F 是完备的. 这说明 F 是 $(E, \|\cdot\|)$ 和 $(E, \|\cdot\|')$ 的闭线性子空间. 令 $Q = E/F$ 为商空间并用 $\|\cdot\|_Q$ 和 $\|\cdot\|'_Q$ 分别表示 $\|\cdot\|$ 和 $\|\cdot\|'$ 在 Q 上的商范数. 设 q_r 为 e_r 在 Q 中的等价类. 设 $x \in E, b \in K$ 使得 x 在 Q 中的等价类等于 bq_r. 由商范数的定义知 $\|bq_r\|_Q \leqslant \|x\|$, 故

$$|b| \leqslant \frac{\|x\|}{\|q_r\|_Q}, \tag{4.3.4}$$

而 $x - be_r \in F$, 由 $\|\cdot\|'$ 的定义知

$$\|x\|' = \max\{|b|, \|x - be_r\|'_F\} \leqslant \max\{|b|, \lambda \|x - be_r\|_F\}$$

$$\leqslant \max\{|b|, \lambda(\|x\| + |b| \cdot \|e_r\|)\} \leqslant \|x\| \max\left\{ \frac{1}{\|q_r\|_Q}, \lambda\left(1 + \frac{\|e_r\|}{\|q_r\|_Q}\right) \right\},$$

其中最后一个不等式来自 (4.3.4). 所以范数 $\|\cdot\|$ 和 $\|\cdot\|'$ 等价. 最后, 由 $\|\cdot\|'$ 的定义不难证明 $(E, \|\cdot\|')$ 是完备度量空间, 由范数的等价性知道, 对任意范数 $\|\cdot\|$, $(E, \|\cdot\|)$ 也是完备度量空间. $\qquad\square$

4.3.2.5 正交性

设 $(E, \|\cdot\|)$ 为 $(K, |\cdot|)$ 上的有限维赋范线性空间, $\alpha \in \,]0, 1]$. 如果 E 的一组基 $(e_i)_{i=1}^r$ 满足条件

$$\forall (\lambda_1, \cdots, \lambda_r) \in K^r, \quad \|\lambda_1 e_1 + \cdots + \lambda_r e_r\| \geqslant \alpha \max_{i \in \{1, \cdots, r\}} |\lambda_i| \cdot \|e_i\|,$$

就说 $(e_i)_{i=1}^r$ 是 α-**正交基**. 当 $\alpha = 1$ 时, 1-正交基简称为**正交基**. 如果正交基 $(e_i)_{i=1}^r$ 还满足条件

$$\|e_1\| = \cdots = \|e_r\|,$$

就说 $(e_i)_{i=1}^r$ 是**标准正交基**. 以下命题说明了这里正交基的概念在 Euclid 空间或 Hermite 空间的情形下与经典的概念是一致的.

    命题 4.3.5 假设 K 是实数域或复数域, $|\cdot|$ 是 K 上通常的绝对值, $\|\cdot\|$ 是 E 上的内积 $\langle \, , \rangle$ 所诱导的范数. 那么 E 的一组基 $(e_\ell)_{\ell=1}^r$ 是正交基当且仅当对任意 $\{1, \cdots, r\}$ 中相异的两个元素 i 和 j 有 $\langle e_i, e_j \rangle = 0$.

证明 假设对任意 $\{1,\cdots,r\}$ 中相异的两个元素 i 和 j 有 $\langle e_i, e_j \rangle = 0$, 那么对任意 $(\lambda_1, \cdots, \lambda_r) \in K^r$ 有

$$\|\lambda_1 e_1 + \cdots + \lambda_r e_r\|^2 = \sum_{i=1}^r |\lambda_i|^2 \cdot \|e_i\|^2,$$

从而

$$\|\lambda_1 e_1 + \cdots + \lambda_r e_r\| \geqslant \max_{\ell \in \{1,\cdots,r\}} |\lambda_\ell| \cdot \|e_\ell\|.$$

反过来, 假设 $(e_\ell)_{\ell=1}^r$ 是正交基. 设 i 和 j 是 $\{1,\cdots,r\}$ 中任意两个相异的元素, 并令 $w = \langle e_i, e_j \rangle$. 对任意 $t \in \mathbb{R}$ 有

$$\begin{aligned}
\|twe_i + e_j\|^2 &= \langle twe_i + e_j, twe_i + e_j \rangle \\
&= t^2 |w|^2 \cdot \|e_i\|^2 + t\overline{w}\langle e_i, e_j \rangle + tw\langle e_j, e_i \rangle + \|e_j\|^2 \\
&= t^2 |w|^2 \cdot \|e_i\|^2 + 2t|w|^2 + \|e_j\|^2 \geqslant \|e_j\|^2,
\end{aligned}$$

其中不等式来自 $(e_\ell)_{\ell=1}^r$ 是正交基的假设. 这样便得到

$$\forall t \in \mathbb{R}, \quad (t^2 \|e_i\|^2 + 2t)|w|^2 \geqslant 0.$$

取 $t = -1/\|e_i\|^2$ 代入知 $-|w|^2/\|e_i\|^2 \geqslant 0$. 从而 $w = 0$. $\quad\square$

4.3.2.6 正交化

定理 4.3.2 设 $(E, \|\cdot\|)$ 为有限维赋超范线性空间, $(v_i)_{i=1}^r$ 为 E 的一组基, $\alpha \in]0,1[$. 那么存在 E 的一组 α-正交基 $(e_i)_{i=1}^r$, 使得

$$\forall i \in \{1, \cdots, r\}, \quad e_i \in \mathrm{Vect}_K(\{v_1, \cdots, v_i\}).$$

证明 对 E 的维数 r 归纳. 当 $r = 0$ 或 1 时命题是显然的. 假设 $r \geqslant 2$ 且命题对于维数小于 r 的赋超范线性空间成立. 令 F 为 $v_1, \cdots, v_r$ 生成的线性子空间. 由归纳假设知存在 F 的 $\sqrt{\alpha}$-正交基 $(e_i)_{i=1}^{r-1}$ 使得

$$\forall i \in \{1, \cdots, r-1\}, \quad e_i \in \mathrm{Vect}_K(\{v_1, \cdots, v_i\}).$$

由于 F 是完备度量空间, 它是 E 的闭线性子空间. 从而 v_r 到 F 的距离非零, 也就是说存在 $y \in F$ 使得

$$\|v_r - y\| \leqslant \frac{1}{\sqrt{\alpha}} \mathrm{dist}(v_r, F).$$

令 $e_r = v_r - y$. 将证明 $(e_i)_{i=1}^r$ 构成 $(E, \|\cdot\|)$ 的 α-正交基. 设 $(\lambda_1, \cdots, \lambda_r) \in K^r$, $z = \lambda_1 e_1 + \cdots + \lambda_r e_r$. 依定义有

$$\|z\| \geqslant |\lambda_r| \cdot \mathrm{dist}(v_r, F) \geqslant \sqrt{\alpha} \, |\lambda_r| \cdot \|e_r\|, \tag{4.3.5}$$

所以 $\|z\| \geqslant \alpha |\lambda_r| \cdot \|e_r\|$. 另外, 由归纳假设知

$$\|\lambda_1 e_1 + \cdots + \lambda_{r-1} e_{r-1}\| \geqslant \sqrt{\alpha} \max_{i \in \{1, \cdots, r-1\}} |\lambda_i| \cdot \|e_i\|.$$

如果 $\|\lambda_r e_r\| \geqslant \|\lambda_1 e_1 + \cdots + \lambda_{r-1} e_{r-1}\|$, 那么由 (4.3.5) 知

$$\|z\| \geqslant \alpha \max_{i \in \{1, \cdots, r-1\}} |\lambda_i| \cdot \|e_i\|;$$

如果 $\|\lambda_r e_r\| < \|\lambda_1 e_1 + \cdots + \lambda_{r-1} e_{r-1}\|$, 由命题 4.3.3 (a) 知

$$\|z\| = \|\lambda_1 e_1 + \cdots + \lambda_{r-1} e_{r-1}\|,$$

此时仍有

$$\|z\| \geqslant \sqrt{\alpha} \max_{i \in \{1, \cdots, r-1\}} |\lambda_i| \cdot \|e_i\| \geqslant \alpha \max_{i \in \{1, \cdots, r-1\}} |\lambda_i| \cdot \|e_i\|. \qquad \square$$

注 4.3.2   上述定理可以看作有限维赋超范线性空间上的一种弱 Gram-Schmidt 正交化. 假设 $(K, |\cdot|)$ 是球完备的, 也就是说 K 中任意一列单调下降的闭球之交非空, 那么用上述定理证明的方法可以证明 K 上有限维赋超范线性空间上的 Gram-Schmidt 正交化成立 (即在上述定理中可以取 $\alpha = 1$), 并且 K 上有限维赋超范线性空间都是球完备的. 特别地, 如果 $|\cdot|$ 是离散绝对值, 也就是说

$$|K^\times| = \{|a| \mid a \in K \setminus \{0\}\}$$

是 $\mathbb{R}_{>0}$ 的离散子集, 那么 $(K, |\cdot|)$ 是球完备的, 此时 $(K, |\cdot|)$ 上有限维赋超范线性空间 $(E, \|\cdot\|)$ 中任意一组基都具有 Gram-Schmidt 正交化. 在这个特殊情形也可以利用命题 4.3.3 (b) 推出 $E \setminus \{0\}$ 在 $\|\cdot\|$ 下的像是 $\mathbb{R}_{>0}$ 的离散子集, 从而在定理 4.3.2 中可以取 $\alpha = 1$ 并在归纳证明过程中可以取到 $y \in F$ 使得 $\|v_r - y\|$ 等于 v_r 到 F 的距离.

4.3.2.7 算子范数

设 $(E, \|\cdot\|_E)$ 和 $(F, \|\cdot\|_F)$ 为有限维赋范线性空间, 那么映射

$$\mathrm{Hom}_K(E, F) \longrightarrow \mathbb{R}_{\geqslant 0}, \quad f \longmapsto \sup_{x \in E \setminus \{0\}} \frac{\|f(x)\|_F}{\|x\|_E}$$

是 K-线性空间 $\mathrm{Hom}_K(E, F)$ 上的范数, 称为**算子范数**.

4.3.2.8　对偶范数

定义 4.3.1　设 E 为 K 上的有限维线性空间, r 为其在 K 上的维数. 用 $E^\vee$ 表示 E 的对偶空间, 也就是说从 E 到 K 的 K-线性映射组成的空间. 如果 $\|\cdot\|$ 是 E 上的范数, 用 $\|\cdot\|_*$ 表示如下定义的 $E^\vee$ 上的算子范数

$$\forall \varphi \in E^\vee, \quad \|\varphi\|_* := \sup_{x\in E\setminus\{0\}} \frac{|\varphi(x)|}{\|x\|},$$

称为 $\|\cdot\|$ 的**对偶范数**.

命题 4.3.6　假设 $|\cdot|$ 是非阿基米德绝对值. 如果 $(E,\|\cdot\|)$ 是有限维赋范线性空间, 那么 $\|\cdot\|_*$ 是超范数.

证明　设 φ 和 ψ 为 $E^\vee$ 中两个元素. 由于 $|\cdot|$ 是非阿基米德绝对值, 对任意 $x\in E$ 有

$$|(\varphi+\psi)(x)| = |\varphi(x)+\psi(x)| \leqslant \max\{|\varphi(x)|,|\psi(x)|\},$$

所以

$$\|\varphi+\psi\|_* = \sup_{x\in E\setminus\{0\}} \frac{|(\varphi+\psi)(x)|}{\|x\|} \leqslant \max\{\|\varphi\|_*,\|\psi\|_*\}. \qquad \square$$

注 4.3.3　若将双重对偶空间 $E^{\vee\vee}$ 自然等同于 E, 可将 $\|\cdot\|_{**}$ 视为 E 上的范数. 当 $|\cdot|$ 是 $\mathbb{R}$ 或 $\mathbb{C}$ 上通常的绝对值时, 由 Hahn-Banach 定理知道 $\|\cdot\|_{**} = \|\cdot\|$; 而当 $|\cdot|$ 是非阿基米德绝对值且 $\|\cdot\|$ 不是超范数的时候, $\|\cdot\|$ 和 $\|\cdot\|_{**}$ 并不相同.

命题 4.3.7　设 $(E,\|\cdot\|)$ 为有限维赋范线性空间, $\alpha\in\,]0,1]$, $(e_i)_{i=1}^r$ 为 E 的一组 α-正交基, $(e_i^\vee)_{i=1}^r$ 为 $(e_i)_{i=1}^r$ 在 $E^\vee$ 中的对偶基.

(a) 对任意 $i\in\{1,\cdots,r\}$ 有

$$1 \leqslant \|e_i^\vee\|_* \cdot \|e_i\| \leqslant \alpha^{-1}. \tag{4.3.6}$$

(b) $(e_i^\vee)_{i=1}^r$ 是 $(E^\vee,\|\cdot\|_*)$ 的 α-正交基.

(c) $(e_i)_{i=1}^r$ 是 $(E,\|\cdot\|_{**})$ 的 α-正交基, 并且

$$\forall i\in\{1,\cdots,r\}, \quad \alpha\|e_i\| \leqslant \|e_i\|_{**} \leqslant \|e_i\|.$$

证明　(a) 依定义有 $e_i^\vee(e_i)=1$, 所以

$$\|e_i^\vee\|_* \geqslant \|e_i\|^{-1}.$$

另外, 由于 $(e_i)_{i=1}^r$ 是 α-正交基, 对任意 $(\lambda_1,\cdots,\lambda_r)\in K^r$ 有

$$\|\lambda_1 e_1+\cdots+\lambda_r e_r\| \geqslant \alpha|\lambda_i|\cdot\|e_i\|.$$

所以

$$\|e_i^\vee\|_* = \sup_{\substack{(\lambda_1,\cdots,\lambda_r)\in K^r \\ \lambda_i\neq 0}} \frac{|e_i^\vee(\lambda_1 e_1+\cdots+\lambda_r e_r)|}{\|\lambda_1 e_1+\cdots+\lambda_r e_r\|}$$

$$= \sup_{\substack{(\lambda_1,\cdots,\lambda_r)\in K^r \\ \lambda_i\neq 0}} \frac{|\lambda_i|}{\|\lambda_1 e_1+\cdots+\lambda_r e_r\|} \leqslant \alpha^{-1}\frac{|\lambda_i|}{\|\lambda_i e_i\|} = \frac{1}{\alpha\|e_i\|}.$$

(b) 设 $\varphi = b_1 e_1^\vee+\cdots+b_r e_r^\vee$ 为 $E^\vee$ 中的元素. 由于 $\varphi(e_i)=b_i$, 知

$$\|\varphi\|_* \geqslant \frac{|b_i|}{\|e_i\|} \geqslant \alpha|b_i|\cdot\|e_i^\vee\|_*,$$

其中第二个不等式来自 (a). 所以 $(e_i^\vee)_{i=1}^r$ 是 α-正交基.

(c) 对 $(E^\vee,\|\cdot\|_*)$ 运用 (b) 的结论知 $(e_i)_{i=1}^r$ 是 $(E,\|\cdot\|_{**})$ 的 α-正交基. 对 $(E^\vee,\|\cdot\|_*)$ 运用 (a) 的结论得到

$$\frac{1}{\|e_i^\vee\|_*} \leqslant \|e_i\|_{**},$$

再结合 (4.3.6) 便得到 $\alpha\|e_i\| \leqslant \|e_i\|_{**}$. 最后, 对任意 $\varphi\in E^\vee$, 由对偶范数的定义知

$$|\varphi(e_i)| \leqslant \|\varphi\|_*\cdot\|e_i\|,$$

从而 $\|e_i\|_{**} \leqslant \|e_i\|$. □

注 4.3.4 从命题 4.3.7 的证明中看出, (4.3.6) 中的第一个不等式对任意 E 的基 $(e_i)_{i=1}^r$ 成立. 第二个不等式实际与基 $(e_i)_{i=1}^r$ 的 α-正交性等价. 设 $(e_i)_{i=1}^r$ 是 E 的一组基, 使得

$$\forall i\in\{1,\cdots,r\}, \quad \|e_i^\vee\|_* \leqslant \frac{1}{\alpha\|e_i\|}. \tag{4.3.7}$$

设 $(\lambda_1,\cdots,\lambda_r)\in K^r$, 如果 j 是 $\{1,\cdots,r\}$ 中的元素, 使得

$$\|\lambda_1 e_1+\cdots+\lambda_r e_r\| < \alpha|\lambda_j|\cdot\|e_j\|.$$

那么

$$\|e_j^\vee\|_* \geqslant \frac{|\lambda_j|}{\|\lambda_1 e_1+\cdots+\lambda_r e_r\|} > \frac{1}{\alpha\|e_j\|}.$$

这与 (4.3.7) 矛盾. 所以

$$\|\lambda_1 e_1+\cdots+\lambda_r e_r\| \geqslant \alpha \max_{i\in\{1,\cdots,r\}} |\lambda_i|\cdot\|e_i\|.$$

从上述推理得出, 若 $(e_i)_{i=1}^r$ 是 E 的任意一组基,

$$\alpha = \min_{i \in \{1,\cdots,r\}} \frac{1}{\|e_i\| \cdot \|e_i^\vee\|_*} \in \,]0,1],$$

那么 $(e_i)_{i=1}^r$ 是 α-正交基.

4.3.2.9 行列式范数

定义 4.3.2 若 E 为有限维 K-线性空间, r 为 E 的维数, 用 $\det(E)$ 来表示外积空间 $\Lambda^r(E)$. 这是一维 K-线性空间, 并且 K-线性映射

$$E^{\otimes r} \longrightarrow \det(E), \quad x_1 \otimes \cdots \otimes x_r \longmapsto x_1 \wedge \cdots \wedge x_r$$

是满射, 称为 $E^{\otimes r}$ 到 $\det(E)$ 的**自然投影映射**. 如果 $\|\cdot\|$ 是 E 上的范数, 用 $\|\cdot\|_{\det} : \det(E) \to \mathbb{R}_{\geqslant 0}$ 来表示映射

$$(\eta \in \det(E)) \longmapsto \inf_{\substack{(e_i)_{i=1}^r \in E^r \\ \eta = e_1 \wedge \cdots \wedge e_r}} \|e_1\| \cdots \|e_r\|. \tag{4.3.8}$$

由于 $\det(E)$ 是一维线性空间, 知对任意 $(a, \eta) \in K \times \det(E)$ 有

$$\|a\eta\|_{\det} = |a| \cdot \|\eta\|_{\det}.$$

特别地, 函数

$$E^r \longrightarrow \mathbb{R}_{\geqslant 0}, \quad (x_1, \cdots, x_r) \mapsto \|x_1 \wedge \cdots \wedge x_r\|_{\det}$$

是连续函数. 另外, 依定义得到如下不等式, 称为 Hadamard **不等式**:

$$\forall (e_i)_{i=1}^r \in E^r, \quad \|e_1 \wedge \cdots \wedge e_r\|_{\det} \leqslant \|e_1\| \cdots \|e_r\|. \tag{4.3.9}$$

命题 4.3.8 设 $(E, \|\cdot\|)$ 为有限维赋范线性空间, r 为 E 的维数. 那么 $\|\cdot\|_{\det}$ 是 $\det(E)$ 上的范数, 并且

$$\sup_{(x_i)_{i=1}^r \in \mathscr{B}_E} \frac{\|x_1 \wedge \cdots \wedge x_r\|_{\det}}{\|x_1\| \cdots \|x_r\|} = 1, \tag{4.3.10}$$

其中 $\mathscr{B}_E$ 表示 E 的所有的基组成的集合. 另外, 若 $\alpha \in \,]0,1]$, $(e_i)_{i=1}^r$ 为 E 的一组基, 则以下命题成立.

(a) 如果

$$\|e_1 \wedge \cdots \wedge e_r\|_{\det} \geqslant \alpha \|e_1\| \cdots \|e_r\|,$$

那么 $(e_i)_{i=1}^r$ 是 α-正交基.

(b)假设 $(e_i)_{i=1}^r$ 是 α-正交基. 当 $|\cdot|$ 是阿基米德绝对值时

$$\|e_1 \wedge \cdots \wedge e_r\|_{\det} \geqslant \frac{\alpha^r}{r!} \|e_1\| \cdots \|e_r\|;$$

当 $|\cdot|$ 是非阿基米德绝对值时,

$$\|e_1 \wedge \cdots \wedge e_r\|_{\det} \geqslant \alpha^r \|e_1\| \cdots \|e_r\|.$$

(c) 假设下述条件之一成立:

(c.1) $|\cdot|$ 是非阿基米德绝对值;

(c.2) $(K, |\cdot|)$ 是赋通常绝对值的 $\mathbb{R}$ 或 $\mathbb{C}$, 且 $\|\cdot\|$ 是某内积诱导的范数.

那么 $(e_i)_{i=1}^r$ 是正交基当且仅当 $\|e_1 \wedge \cdots \wedge e_r\|_{\det} = \|e_1\| \cdots \|e_r\|$. 另外, 如果 $(e_i^\vee)_{i=1}^r$ 是 $(e_i)_{i=1}^r$ 的对偶基, 那么

$$\|e_1 \wedge \cdots \wedge e_r\|_{\det} \cdot \|e_1^\vee \wedge \cdots \wedge e_r^\vee\|_{*,\det} = 1. \tag{4.3.11}$$

证明 首先由 Hadamard 不等式 (4.3.9) 知

$$\sup_{(x_i)_{i=1}^r \in \mathscr{B}_E} \frac{\|x_1 \wedge \cdots \wedge x_r\|_{\det}}{\|x_1\| \cdots \|x_r\|} \leqslant 1.$$

反过来, 设 $\eta \in \det(E) \setminus \{0\}$. 如果 $\|\cdot\|_{\det}$ 是 $\det(E)$ 上的范数, 那么 $\|\eta\|_{\det} \neq 0$. 从而

$$\sup_{(x_i)_{i=1}^r \in \mathscr{B}_E} \frac{\|x_1 \wedge \cdots \wedge x_r\|_{\det}}{\|x_1\| \cdots \|x_r\|} \geqslant \sup_{\substack{(x_i)_{i=1}^r \in \mathscr{B}_E \\ x_1 \wedge \cdots \wedge x_r = \eta}} \frac{\|\eta\|_{\det}}{\|x_1\| \cdots \|x_r\|} = 1.$$

这样在 $\|\cdot\|_{\det}$ 是 $\det(E)$ 上的范数的前提下等式 (4.3.10) 成立.

(a) 设 $(\lambda_1, \cdots, \lambda_r) \in K^r$, $x = \lambda_1 e_1 + \cdots + \lambda_r e_r$. 对任意 $i \in \{1, \cdots, r\}$ 有

$$e_1 \wedge \cdots \wedge e_{i-1} \wedge x \wedge e_{i+1} \wedge \cdots \wedge e_r = \lambda_i e_1 \wedge \cdots \wedge e_r.$$

由 Hadamard 不等式 (4.3.9) 知

$$|\lambda_i| \cdot \|e_1 \wedge \cdots \wedge e_r\|_{\det} \leqslant \|e_1\| \cdots \|e_{i-1}\| \cdot \|x\| \cdot \|e_{i+1}\| \cdots \|e_r\|.$$

如果不等式 $\|e_1 \wedge \cdots \wedge e_r\|_{\det} \geqslant \alpha \|e_1\| \cdots \|e_r\|$ 成立, 那么便得到

$$\|x\| \geqslant \alpha |\lambda_i| \cdot \|e_i\|.$$

所以 $(e_i)_{i=1}^r$ 是 α-正交基.

(b) 设 $(x_i)_{i=1}^r$ 为 E 的任意一组基, 使得 $e_1 \wedge \cdots \wedge e_r = x_1 \wedge \cdots \wedge x_r$. 令

$$A = (a_{i,j})_{(i,j)\in\{1,\cdots,r\}^2} \in K^{r\times r}$$

为从 $(e_j)_{j=1}^r$ 到 $(x_i)_{i=1}^r$ 的转移矩阵, 也就是说

$$\forall i \in \{1,\cdots,r\}, \quad x_i = \sum_{j=1}^r a_{i,j}e_j.$$

这样 $\det(A) = 1$. 由于 $(e_j)_{j=1}^r$ 是 α-正交基, 知

$$\forall (i,j) \in \{1,\cdots,r\}^2, \quad |a_{i,j}| \leqslant \alpha^{-1}\frac{\|x_i\|}{\|e_j\|}.$$

将矩阵 A 的行列式展开后, 由三角形不等式得到

$$1 = |\det(A)| \leqslant r!\alpha^{-r}\frac{\|x_1\|\cdots\|x_r\|}{\|e_1\|\cdots\|e_r\|};$$

当 $|\cdot|$ 是非阿基米德绝对值的时候, 由强三角形不等式得到

$$1 = |\det(A)| \leqslant \alpha^{-r}\frac{\|x_1\|\cdots\|x_r\|}{\|e_1\|\cdots\|e_r\|}.$$

对 $(x_i)_{i=1}^r$ 取下确界就得到要证的不等式.

由 (b) 可以推出 $\|\cdot\|_{\det}$ 是 $\det(E)$ 上的范数. 事实上, 任取 E 的一组基 $(e_i)_{i=1}^r$, 由注 4.3.4 知存在某 $\alpha \in]0,1]$ 使得 $(e_i)_{i=1}^r$ 是 α-正交基. 这样

$$\|e_1 \wedge \cdots \wedge e_r\|_{\det} \geqslant \frac{\alpha^r}{r!}\|e_1\|\cdots\|e_r\| > 0.$$

这说明了 $\|\cdot\|_{\det}$ 是 $\det(E)$ 上的范数. 特别地, 等式 (4.3.10) 总是成立.

(c) 条件 (c.1) 的情形下, 第一个命题是 (a), (b) 和 Hadamard 不等式 (4.3.9) 的直接推论. 至于第二个命题, 注意到

$$\|e_1 \wedge \cdots \wedge e_r\|_{\det} \cdot \|e_1^\vee \wedge \cdots \wedge e_r^\vee\|_{*,\det}$$

的值不依赖于基 $(e_i)_{i=1}^r$ 的选择. 我们将这个常数记作 C. 设 $(e_i)_{i=1}^r$ 为一组 α-正交基, 其中 $\alpha \in]0,1[$. 首先由 Hadamard 不等式和 (4.3.6) 知

$$C \leqslant \prod_{i=1}^r \|e_i^\vee\|_* \cdot \|e_i\| \leqslant \alpha^{-r}.$$

然后由命题 4.3.7 (b) 推出 $(e_i^\vee)_{i=1}^r$ 是 $(E^\vee, \|\cdot\|_*)$ 的 α-正交基, 又由 (b) 和 (4.3.6) 得到

$$C \geqslant \alpha^{2r} \prod_{i=1}^r \|e_i^\vee\|_* \cdot \|e_i\| \geqslant \alpha^{2r}.$$

由定理 4.3.2 知, 对任意 $\alpha \in {]0,1[}$, $(E, \|\cdot\|)$ 具有 α-正交基. 所以 $C = 1$.

以下假设条件 (c.2). 由 (a), 只须验证, 如果 $(e_i)_{i=1}^r$ 是标准正交基, 那么等式

$$\|e_1 \wedge \cdots \wedge e_r\|_{\det} = 1$$

成立. 在 K 是 $\mathbb{R}$ 或 $\mathbb{C}$ 的情形等式 (4.3.10) 等价于

$$\sup_{\substack{(x_i)_{i=1}^r \in E^r \\ \|x_1\| = \cdots = \|x_r\| = 1}} \|x_1 \wedge \cdots \wedge x_r\|_{\det} = 1.$$

由于 E 是局部紧空间, 知存在 E 的一组基 $(x_1, \cdots, x_r)$, 使得

$$\|x_1\| = \cdots = \|x_r\| = 1$$

并且

$$\|x_1 \wedge \cdots \wedge x_r\|_{\det} = 1 = \|x_1\| \cdots \|x_r\|.$$

由 (a) 知 $(x_i)_{i=1}^r$ 是标准正交基. 这样从 $(x_i)_{i=1}^r$ 到 $(e_i)_{i=1}^r$ 的转移矩阵是正交矩阵或酉矩阵, 其行列式的绝对值等于 1. 从而

$$\|e_1 \wedge \cdots \wedge e_r\|_{\det} = \|x_1 \wedge \cdots \wedge x_r\|_{\det} = 1.$$

另外, $(e_i^\vee)_{i=1}^r$ 也是标准正交基, 从而等式 (4.3.11) 成立. $\square$

推论 4.3.1   设 $(E, \|\cdot\|_E)$ 和 $(F, \|\cdot\|_F)$ 为有限维赋范线性空间, $f : E \to F$ 为 K-线性同构, r 为 E 在 K 上的维数. 那么

$$\|\det(f)\| \leqslant \|f\|^r,$$

其中 $\det(f) : \det(E) \to \det(F)$ 表示将 $x_1 \wedge \cdots \wedge x_r$ 映为 $f(x_1) \wedge \cdots \wedge f(x_r)$ 的 K-线性映射, $\|\det(f)\|$ 和 $\|f\|$ 分别表示 $\det(f)$ 和 f 的算子范数.

证明   对任意 $\det(E)$ 中的非零元 $x_1 \wedge \cdots \wedge x_r$, 由 (4.3.9) 知

$$\|\det(f)(x_1 \wedge \cdots \wedge x_r)\|_{F,\det} = \|f(x_1) \wedge \cdots \wedge f(x_r)\|_{F,\det}$$

$$\leqslant \prod_{i=1}^r \|f(x_r)\|_F \leqslant \|f\|^r \prod_{i=1}^r \|x_i\|_E.$$

由于 $\det(E)$ 和 $\det(F)$ 都是一维 K-线性空间, 知

$$\|\det(f)(x_1 \wedge \cdots \wedge x_r)\|_{F,\det} = \|\det(f)\| \cdot \|x_1 \wedge \cdots \wedge x_r\|_{E,\det}.$$

从而

$$\|\det(f)\| \leqslant \|f\|^r \frac{\|x_1\|_E \cdots \|x_r\|_E}{\|x_1 \wedge \cdots \wedge x_r\|_{E,\det}}.$$

对 $(x_1, \cdots, x_r)$ 取下确界, 从式 (4.3.10) 得到不等式 $\|\det(f)\| \leqslant \|f\|^r$. $\square$

命题 4.3.9 假设 $|\cdot|$ 是非阿基米德绝对值. 若 $(E, \|\cdot\|)$ 是有限维赋范线性空间, 那么 $\|\cdot\|_{**}$ 是处处不大于 $\|\cdot\|$ 的最大的超范数. 换句话说, 如果 E 上的超范数 $\|\cdot\|'$ 满足 $\|\cdot\|' \leqslant \|\cdot\|$, 那么有 $\|\cdot\|' \leqslant \|\cdot\|_{**}$. 特别地, 如果 $\|\cdot\|$ 已是超范数, 那么 $\|\cdot\|_{**} = \|\cdot\|$.

证明 设 $\alpha \in \ ]0,1[$. 由命题 4.3.8 知 $(E, \|\cdot\|)$ 具有某 α-正交基 $(e_i)_{i=1}^r$. 令 $(e_i^\vee)_{i=1}^r$ 为 $(e_i)_{i=1}^r$ 在 $E^\vee$ 中的对偶基. 由命题 4.3.7 (b) 知 $(e_i)_{i=1}^r$ 是 $(E, \|\cdot\|_{**})$ 的 α-正交基. 对任意 $x = \lambda_1 e_1 + \cdots + \lambda_r e_r \in E$, 有

$$\|x\|_{**} \geqslant \alpha \max_{i \in \{1, \cdots, r\}} |\lambda_i| \cdot \|e_i\|_{**} \geqslant \alpha^2 \max_{i \in \{1, \cdots, r\}} |\lambda_i| \cdot \|e_i\| \geqslant \alpha^2 \|x\|',$$

其中第二个不等式来自命题 4.3.7 (c). 令 α 趋于 1 便得到 $\|\cdot\|' \leqslant \|\cdot\|_{**}$. $\square$

4.3.2.10 张量积

设 $(E, \|\cdot\|_E)$ 为有限维赋范线性空间, $(M, \|\cdot\|_M)$ 为一维赋范线性空间. 由于 M 的维数为 1, 任意 $E \otimes_K M$ 中的元素可以写成 $s \otimes \ell$ 的形式, 其中 $s \in E, \ell \in M$. 另外, 如果 $s \otimes \ell = s' \otimes \ell'$ 且 $s \neq 0$, 那么存在 K 中的元素 a 使得 $s' = as$ 且 $\ell = a\ell'$, 从而等式

$$\|s\|_E \cdot \|\ell\|_M = \|s'\|_E \cdot \|\ell'\|_M$$

成立. 这样函数

$$E \otimes_K M \longrightarrow \mathbb{R}_{\geqslant 0}, \quad s \otimes \ell \longmapsto \|s\|_E \cdot \|\ell\|_M$$

是 $E \otimes_K M$ 上的范数, 称为 $\|\cdot\|_E$ 和 $\|\cdot\|_M$ 的**张量积**. 不难证明, 如果 $\|\cdot\|_E$ 是超范数, 那么 $\|\cdot\|_E$ 与 $\|\cdot\|_M$ 的张量积也是超范数.

4.3.2.11 正交直和

假设 $|\cdot|$ 为非阿基米德绝对值. 令 $(E_i, \|\cdot\|_i)$, $i \in \{1, \cdots, n\}$ 为一族有限维赋超范线性空间, $E = E_1 \oplus \cdots \oplus E_n$ 为这些线性空间的直和. 考虑 E 上如下定义的超范数 $\|\cdot\|$:

$$\forall\, x = (x_1, \cdots, x_n) \in E_1 \oplus \cdots \oplus E_n, \quad \|x\| = \max_{i \in \{1, \cdots, n\}} \|x_i\|_i.$$

该范数称为 $\|\cdot\|_1, \cdots, \|\cdot\|_n$ 的**正交直和**. 由定义不难看出, 若将 E_i 视为 E 的线性子空间, 那么 $\|\cdot\|$ 在 E_i 上的限制等于 $\|\cdot\|_i$. 另外, 若对任意 $i \in \{1, \cdots, n\}$, $e_i = (e_{i,j})_{j=1}^{r_i}$ 是 $(E_i, \|\cdot\|_i)$ 的一组 α-正交基, 其中 $\alpha \in\ ]0,1]$, 那么 $\bigcup_{i=1}^{n} e_i$ 是 $(E, \|\cdot\|)$ 的 α-正交基. 这样由命题 4.3.8 推出, 对任意 $(\eta_i)_{i=1}^{n} \in \det(E_1) \times \cdots \times \det(E_n)$ 有

$$\|\eta_1 \wedge \cdots \wedge \eta_n\|_{\det} = \prod_{i=1}^{n} \|\eta_i\|_{i,\det}. \tag{4.3.12}$$

另外, 如果将 E 的对偶空间等同于 $E_1^{\vee} \oplus \cdots \oplus E_n^{\vee}$, 那么 $\|\cdot\|$ 的对偶范数满足

$$\forall\, f = (f_1, \cdots, f_n) \in E_1^{\vee} \oplus \cdots \oplus E_n^{\vee}, \quad \|f\|_* = \max_{i \in \{1, \cdots, n\}} \|f_i\|_{i,*}.$$

事实上, 对任意 $x = (x_1, \cdots, x_n) \in E_1 \oplus \cdots \oplus E_n$,

$$|f(x)| = |f_1(x_1) + \cdots + f_n(x_n)| \leqslant \max_{i \in \{1, \cdots, n\}} |f_i(x_i)|$$

$$\leqslant \max_{i \in \{1, \cdots, n\}} \|f_i\|_{i,*} \cdot \|x_i\|_i \leqslant \|x\| \cdot \max_{i \in \{1, \cdots, n\}} \|f_i\|_{i,*}.$$

反过来, 对任意 $i \in \{1, \cdots, n\}$ 有

$$\|f\|_* \geqslant \sup_{x_i \in E_i \setminus \{0\}} \frac{|f(x_i)|}{\|x_i\|_i} = \sup_{x_i \in E_i \setminus \{0\}} \frac{|f_i(x_i)|}{\|x_i\|_i} = \|f_i\|_{i,*}.$$

注 4.3.5 假设 $|\cdot|$ 是 $\mathbb{R}$ 或 $\mathbb{C}$ 上通常的绝对值. 设 $(E_i, \|\cdot\|_i)$, $i \in \{1, \cdots, n\}$ 为一族有限维赋范线性空间, 并假设 $\|\cdot\|_1, \cdots, \|\cdot\|_n$ 都是由内积诱导的范数. 那么 $E = E_1 \oplus \cdots \oplus E_n$ 上如下定义的范数 $\|\cdot\|$ 也是由内积诱导的范数

$$\forall\, x = (x_1, \cdots, x_n) \in E_1 \oplus \cdots \oplus E_n, \quad \|x\| = \sqrt{\|x_1\|_1^2 + \cdots + \|x_n\|_n^2}.$$

这个范数是通常意义下 $\|\cdot\|_1, \cdots, \|\cdot\|_n$ 的正交直和. 不难验证, 如果对任意 $i \in \{1, \cdots, n\}$, e_i 是 $(E_i, \|\cdot\|_i)$ 的标准正交基, 那么 $\bigcup_{i=1}^{n} e_i$ 是 $(E, \|\cdot\|)$ 的标准正交基. 另外, $\|\cdot\|_*$ 等同于 $\|\cdot\|_{1,*}, \cdots, \|\cdot\|_{n,*}$ 的正交直和. 最后, 对于任意 $(\eta_i)_{i=1}^{n} \in \det(E_1) \times \cdots \times \det(E_n)$ 有

$$\|\eta_1 \wedge \cdots \wedge \eta_n\|_{\det} = \prod_{i=1}^{n} \|\eta_i\|_{i,\det}.$$

4.3.2.12 纯范数

假设 $|\cdot|$ 是非阿基米德绝对值并令 K° 为其赋值环. 若 E 为有限维 K-线性空间, 所谓 E 中的**网格**, 是指 E 的有界[①]并包含 E 的一组基的子 K°-模. 从定义不难看出, 如果 $|\cdot|$ 是非平凡的绝对值并且 $\|\cdot\|$ 是 E 上的超范数, 对任意 $\varepsilon > 0$, 以 ε 为半径的闭球

$$(E, \|\cdot\|)_{\leqslant \varepsilon} := \{s \in E \mid \|s\| \leqslant \varepsilon\}$$

和开球

$$(E, \|\cdot\|)_{< \varepsilon} := \{s \in E \mid \|s\| < \varepsilon\}$$

都是 E 中的网格.

命题 4.3.10 设 E 为有限维 K-线性空间, $\mathcal{E}$ 为 E 中的网格. 对任意 $s \in E$, 令

$$\|s\|_{\mathcal{E}} := \inf\{|a| \mid a \in K^\times, \ a^{-1}s \in \mathcal{E}\}.$$

那么以下命题成立.

(1) 函数 $\|\cdot\|_{\mathcal{E}}$ 是 E 上的超范数, 并且 $\mathcal{E} \subset (E, \|\cdot\|_{\mathcal{E}})_{\leqslant 1}$.

(2) 如果 $\mathcal{E}$ 是有限生成 K°-模, 那么它是自由 K°-模, 并且 $\mathcal{E}$ 在 K° 上的任意一组基都是 $(E, \|\cdot\|_{\mathcal{E}})$ 的标准正交基.

(3) 当 $|\cdot|$ 是离散绝对值时 $\mathcal{E}$ 总是有限生成自由 K°-模, 并且 $\mathcal{E} = (E, \|\cdot\|_{\mathcal{E}})_{\leqslant 1}$.

证明 当 $|\cdot|$ 是平凡的绝对值时有 $K^\circ = K$ 且 $\mathcal{E} = E$. 此时 $\|\cdot\|_{\mathcal{E}}$ 在 $E \setminus \{0\}$ 上恒取值 1, 在 0 上取值 0. 从而 $\|\cdot\|_{\mathcal{E}}$ 是 E 上的超范数, 并且 E 的任意一组基都是 $(E, \|\cdot\|)$ 的标准正交基. 以下假设 $|\cdot|$ 是非平凡的绝对值.

(1) 对任意 $x \in E$, 令

$$A_x = \{a \in K^\times \mid a^{-1}x \in \mathcal{E}\}.$$

设 $(e_i)_{i=1}^r$ 为 $\mathcal{E}$ 中的元素, 构成 E 在 K 上的一组基. 若 $x = a_1 e_1 + \cdots + a_r e_r$, 其中 $(a_1, \cdots, a_r) \in K^r$, 那么存在 $b \in K^\times$ 使得 $\{ba_1, \cdots, ba_r\} \subset K^\circ$. 这说明 $b^{-1} \in A_x$. 从而对任意 $x \in E$ 有 $A_x \neq \varnothing$. 所以 $\|\cdot\|_{\mathcal{E}}$ 是定义在 E 上的非负实值函数. 另外, 对任意 $a \in K^\times$, 映射 $b \mapsto ab$ 是从 A_x 到 A_{ax} 的一一对应, 从而等式 $\|ax\|_{\mathcal{E}} = |a| \cdot \|x\|_{\mathcal{E}}$ 成立.

设 x 和 y 为 E 中两个元素, $a \in A_x$ 且 $b \in A_y$. 那么 $\{a^{-1}x, b^{-1}y\} \subset \mathcal{E}$. 由于 K° 是赋值环, 要么 $b^{-1}a \in K^\circ$, 要么 $a^{-1}b \in K^\circ$. 从而由等式

$$a^{-1}(x+y) = a^{-1}x + a^{-1}y = a^{-1}x + (a^{-1}b)(b^{-1}y),$$

[①] 这里的有界性是指相对于 E 的某个范数来说有界, 由定理 4.3.1 知这也等价于相对于 E 的任意一个范数来说有界.

$$b^{-1}(x+y) = b^{-1}x + b^{-1}y = (b^{-1}a)(a^{-1}x) + b^{-1}y$$

推出 $a \in A_{x+y}$ 或 $b \in A_{x+y}$. 所以强三角形不等式

$$\|x+y\|_{\mathcal{E}} \leqslant \max\{\|x\|_{\mathcal{E}}, \|y\|_{\mathcal{E}}\}$$

成立.

假设存在 $x \in E \setminus \{0\}$ 使得 $\|x\|_{\mathcal{E}} = 0$, 那么存在 A_x 中的序列 $(a_n)_{n \in \mathbb{N}}$ 使得 $\lim_{n \to +\infty} |a_n| = 0$. 然而 $a_n^{-1}x \in \mathcal{E}$ 对任意 $n \in \mathbb{N}$ 成立, 这与 $\mathcal{E}$ 有界的假设矛盾. 这样我们证明了 $\|\cdot\|_{\mathcal{E}}$ 是 E 上的超范数.

如果 x 是 $\mathcal{E}$ 中的元素, 那么 $1 \in A_x$, 从而 $1 = |1| \geqslant \|x\|_{\mathcal{E}}$.

(2) 由于 $\mathcal{E}$ 是 E 的子 K°-模, 它是无挠 K°-模. 如果 $\mathcal{E}$ 是有限生成 K°-模, 由于 K° 是赋值环, 知 $\mathcal{E}$ 是自由模 (见 [24] Chapter VI, §4, no.6, Lemma 1). 设 $(e_i)_{i=1}^r$ 为 $\mathcal{E}$ 在 K° 上的一组基. 设 x 为 E 中的元素, 形如

$$\lambda_1 e_1 + \cdots + \lambda_r e_r, \quad (\lambda_1, \cdots, \lambda_r) \in K^r.$$

若 a 是 A_x 中的元素, 那么对任意 $i \in \{1, \cdots, r\}$ 有 $a^{-1}\lambda_i \in K^\circ$, 即 $|\lambda_i| \leqslant |a|$. 从而 $\max\{|\lambda_1|, \cdots, |\lambda_r|\} \leqslant \|x\|_{\mathcal{E}}$. 反过来, 如果 $j \in \{1, \cdots, r\}$ 使得

$$|\lambda_j| = \max\{|\lambda_1|, \cdots, |\lambda_r|\} > 0,$$

那么对任意 $i \in \{1, \cdots, r\}$ 有 $\lambda_i \lambda_j^{-1} \in K^\circ$. 从而 $\lambda_j^{-1}x \in \mathcal{E}$, 即 $\lambda_j \in A_x$. 这样就得到

$$\|x\|_{\mathcal{E}} \leqslant |\lambda_j| = \max\{|\lambda_1|, \cdots, |\lambda_r|\}.$$

从而 $(e_i)_{i=1}^r$ 是 $(E, \|\cdot\|_{\mathcal{E}})$ 的标准正交基.

(3) 如果 $|\cdot|$ 是离散绝对值, 那么 K° 是 Noether 环, 而 $\mathcal{E}$ 的有界性说明了 $\mathcal{E}$ 是某有限生成 K°-模的子模, 从而也是有限生成模. 上一段的证明说明了 $\mathcal{E}$ 是自由 K°-模. 令 $(e_i)_{i=1}^r$ 为 $\mathcal{E}$ 在 K° 上的一组基, 它是 $(E, \|\cdot\|_{\mathcal{E}})$ 的标准正交基. 设 $x \in E$ 形如 $a_1 e_1 + \cdots + a_r e_r$, 其中 $(a_1, \cdots, a_r) \in K^r$. 如果 $x \in \mathcal{E}$, 那么对任意 $i \in \{1, \cdots, r\}$ 有 $a_i \in K^\circ$. 从而 $x \in \mathcal{E}$. 这说明 $(E, \|\cdot\|_{\mathcal{E}})$ 的单位闭球包含在 $\mathcal{E}$ 之中. 前面又证明了反向的包含关系, 从而等式 $\mathcal{E} = (E, \|\cdot\|_{\mathcal{E}})_{\leqslant 1}$ 成立. □

定义 4.3.3　设 $(E, \|\cdot\|)$ 为 K 上的有限维赋范线性空间. 假设存在 E 中的网格 $\mathcal{E}$, 使得 $\|\cdot\| = \|\cdot\|_{\mathcal{E}}$, 那么说 $\|\cdot\|$ 是**纯范数**.

命题 4.3.11　设 $(E, \|\cdot\|)$ 为 K 上的有限维赋超范线性空间, $\mathcal{E} = (E, \|\cdot\|)_{\leqslant 1}$ 为其单位闭球. 那么对任意 $x \in E$ 有 $\|x\| \leqslant \|x\|_{\mathcal{E}}$. 另外, 以下条件等价:

(1) $\|\cdot\|$ 是纯范数;

(2) $\|\cdot\| = \|\cdot\|_{\mathcal{E}}$;

(3) $\|\cdot\|$ 的像包含于 $|\cdot|$ 的像的闭包之中.

特别地, 如果 $|\cdot|$ 不是离散的绝对值, 那么 $\|\cdot\|$ 总是纯范数; 如果 $|\cdot|$ 是离散的绝对值, 那么 $\|\cdot\|$ 是纯范数当且仅当 $(E, \|\cdot\|)$ 具有一组标准正交基.

证明　设 $a \in K^{\times}$ 使得 $a^{-1}x \in \mathcal{E}$, 那么

$$\|a^{-1}x\| = \frac{\|x\|}{|a|} \leqslant 1,$$

即 $\|x\| \leqslant |a|$. 从而不等式 $\|x\| \leqslant \|x\|_{\mathcal{E}}$ 成立.

以下证明三个条件的等价性. 依定义不难看出 (2) 蕴含 (1), 以及 (1) 蕴含 (3). 以下证明 (3) 蕴含 (2). 假设 $\|\cdot\|$ 的像包含于 $|\cdot|$ 的像的闭包之中. 对任意 $x \in E$,

$$\|x\|_{\mathcal{E}} = \inf\{|a| \mid a \in K^{\times}, \ a^{-1}x \in \mathcal{E}\} = \inf\{|a| \mid a \in K^{\times}, \ |a| \geqslant \|x\|\}.$$

由于 $\|x\|$ 属于 $|\cdot|$ 的像的闭包, 知 $\|x\|_{\mathcal{E}} = \|x\|$.

当 $|\cdot|$ 不是离散绝对值时, $|\cdot|$ 的像在 $\mathbb{R}_{\geqslant 0}$ 中稠密, 所以 $\|\cdot\|$ 是纯范数. 假设 $|\cdot|$ 是离散绝对值. 如果 $\|\cdot\|$ 是纯范数, $\mathcal{E} = (E, \|\cdot\|)_{\leqslant 1}$, 那么 $\|\cdot\| = \|\cdot\|_{\mathcal{E}}$. 由命题 4.3.10 知 $\mathcal{E}$ 是有限生成自由 K°-模, 并且 $\mathcal{E}$ 的任意一组基都是 $(E, \|\cdot\|)$ 的标准正交基. 反过来, 如果 $(e_i)_{i=1}^{r}$ 是 $(E, \|\cdot\|)$ 的标准正交基, 那么

$$\forall (a_1, \cdots, a_r) \in K^r, \quad \|a_1 e_1 + \cdots + a_r e_r\| = \max_{i \in \{1, \cdots, r\}} |a_i| \in \mathrm{Im}(|\cdot|).$$

这说明了 $\|\cdot\|$ 是纯范数. □

定义 4.3.4　设 $(E, \|\cdot\|)$ 为 K 上的有限维赋超范线性空间, $\mathcal{E} = (E, \|\cdot\|)_{\leqslant 1}$ 为 $(E, \|\cdot\|)$ 的单位闭球. 那么范数 $\|\cdot\|_{\mathcal{E}}$ 称为 $\|\cdot\|$ 的**纯化**, 通常记作 $\|\cdot\|_{\mathrm{pur}}$. 由命题 4.3.11 知, $\|\cdot\|$ 是纯范数当且仅当其纯化等于自身. 另外, 命题 4.3.10 说明了 $(E, \|\cdot\|_{\mathcal{E}})$ 的单位闭球等于 $\mathcal{E}$. 另外, 为了叙述方便, 如果 $(E, \|\cdot\|)$ 是某阿基米德赋值域上的有限维线性赋范空间, 约定 $\|\cdot\|_{\mathrm{pur}} := \|\cdot\|$.

注 4.3.6　假设 $|\cdot|$ 是离散的绝对值. 设 $(E, \|\cdot\|)$ 为 K 上的有限维赋超范线性空间并设 $(e_i)_{i=1}^{r}$ 为 $(E, \|\cdot\|)$ 的一组正交基. 那么 $(e_i)_{i=1}^{r}$ 也是 $(E, \|\cdot\|_{\mathrm{pur}})$ 的一组正交基. 事实上, 如果 $x = a_1 e_1 + \cdots + a_r e_r$ 是 E 中的非零元素, 其中 $(a_1, \cdots, a_r) \in K^r$, 那么

$$\|x\|_{\mathrm{pur}} = \min\{|a| \mid a \in K^{\times}, \|x\| = \max\{\|a_1 e_1\|, \cdots, \|a_r e_r\|\} \leqslant |a|\}.$$

而对任意 $i \in \{1, \cdots, r\}$ 有

$$\|a_i e_i\|_{\mathrm{pur}} = \min\{|a| \mid a \in K^{\times}, \|a_i e_i\| \leqslant |a|\}.$$

从而

$$\|x\|_{\mathrm{pur}} = \max_{i \in \{1, \cdots, r\}} \|a_i e_i\|_{\mathrm{pur}}.$$

4.3.3　有理函数域上的绝对值

本节中固定一个域 k, 用 $k(T)$ 表示多项式环 $k[T]$ 的分式域. 由欧几里得除法知 $k[T]$ 是主理想整环, $k[T]$ 的任意非零理想 I 中都有唯一的首一多项式 ϖ_I 构成理想 I 的生成元. 另外, $k[T]$ 的理想 $\mathfrak{p}$ 是极大理想当且仅当 $\varpi_{\mathfrak{p}}$ 是不可约多项式; $k[T]$ 的非零素理想都是极大理想.

本节中我们考虑限制在 k 上是平凡绝对值的那些 $k(T)$ 上的绝对值. 由于 $\mathbb{Z} \to k(T)$ 的像包含在 k 之中, 这样的绝对值在 $\mathbb{Z} \to k(T)$ 的像上的限制是有界函数, 所以一定是非阿基米德绝对值.

4.3.3.1　对应于多项式环极大理想的绝对值

定义 4.3.5　用 $\mathrm{Spm}(k[T])$ 来表示多项式环 $k[T]$ 的所有极大理想构成的集合. 由多项式的唯一分解定理知, $k(T)$ 中的任意非零元 f 可以分解成

$$f = a(f) \prod_{\mathfrak{p} \in \mathrm{Spm}(k[T])} \varpi_{\mathfrak{p}}^{\mathrm{ord}_{\mathfrak{p}}(f)}$$

的形式, 其中 $a(f) \in k^{\times}$, $\mathrm{ord}_{\mathfrak{p}}(f) \in \mathbb{Z}$, 而且至多只有有限多个 $\mathfrak{p} \in \mathrm{Spm}(k[T])$ 使得 $\mathrm{ord}_{\mathfrak{p}}(f) \neq 0$. 约定 $\mathrm{ord}_{\mathfrak{p}}(0) = +\infty$. 这样得到一个函数

$$\mathrm{ord}_{\mathfrak{p}} : k(T) \longrightarrow \mathbb{Z} \cup \{+\infty\}.$$

由定义不难看出, 对任意 $(f, g) \in k(T) \times k(T)$ 有

$$\mathrm{ord}_{\mathfrak{p}}(fg) = \mathrm{ord}_{\mathfrak{p}}(f) + \mathrm{ord}_{\mathfrak{p}}(g). \tag{4.3.13}$$

注意到对任意 $F \in k[T]$ 有 $\mathrm{ord}_{\mathfrak{p}}(F) \geqslant 0$, 并且 $\mathrm{ord}_{\mathfrak{p}}(F) = 0$ 当且仅当 $F \in k[T] \setminus \mathfrak{p}$.

命题 4.3.12　设 $\mathfrak{p}$ 为 $k[T]$ 的极大理想.

(a) 对任意 $(f, g) \in k(T) \times k(T)$ 有

$$\mathrm{ord}_{\mathfrak{p}}(f + g) \geqslant \min\{\mathrm{ord}_{\mathfrak{p}}(f), \mathrm{ord}_{\mathfrak{p}}(g)\}. \tag{4.3.14}$$

(b) 对任意 $q \in \mathbb{R}_{>1}$, 映射 (约定 $q^{-\infty} = 0$)

$$|\cdot|_{\mathfrak{p},q} : k(T) \longrightarrow \mathbb{R}_{\geqslant 0}, \quad f \in k(T) \longmapsto |f|_{\mathfrak{p},q} = q^{-\mathrm{ord}_{\mathfrak{p}}(f) \deg(\varpi_{\mathfrak{p}})}$$

是 $k(T)$ 上的非阿基米德绝对值, 其在 k 上的限制是平凡的绝对值.

(c) 对任意 $q \in \mathbb{R}_{>1}$,

$$\mathfrak{p} = \{f \in k[T] \mid |f|_{\mathfrak{p},q} < 1\}.$$

证明 (a) 依定义, 任意 $k(T)$ 中的非零元 f 可以写成

$$f = \varpi_{\mathfrak{p}}^{\mathrm{ord}_{\mathfrak{p}}(f)} \frac{G_f}{H_f}$$

的形式, 其中 G_f 和 H_f 是 $k[T] \setminus \mathfrak{p}$ 中的元素. 令 f 和 g 为 $k(T)$ 中两个非零元, $a = \mathrm{ord}_{\mathfrak{p}}(f)$, $b = \mathrm{ord}_{\mathfrak{p}}(g)$. 不妨设 $a \leqslant b$, 那么

$$f + g = \varpi_{\mathfrak{p}}^a \left(\frac{G_f}{H_f} + \frac{\varpi_{\mathfrak{p}}^{b-a} G_g}{H_g} \right) = \varpi_{\mathfrak{p}}^a \frac{G_f H_g + \varpi_{\mathfrak{p}}^{b-a} G_g H_f}{H_f H_g},$$

由于函数 $\mathrm{ord}_{\mathfrak{p}}(\cdot)$ 在 $k[T]$ 上取非负值, 在 $k[T] \setminus \mathfrak{p}$ 上恒取值 1, 由 (4.3.13) 知

$$\mathrm{ord}_{\mathfrak{p}}(f + g) \geqslant a.$$

(b) 依定义知, 对任意 $f \in k(T)$, $|f|_{\mathfrak{p},q} = 0$ 当且仅当 $f = 0$. 对等式 (4.3.13) 和不等式 (4.3.14) 取 $q^{\deg(\varpi_{\mathfrak{p}})}$ 的幂便知道 $|\cdot|_{\mathfrak{p},q}$ 是 $k(T)$ 上的非阿基米德绝对值. 最后, 若 $a \in k^\times$, 那么 $\mathrm{ord}_{\mathfrak{p}}(a) = 0$, 从而 $|a|_{\mathfrak{p},q} = 1$.

(c) 任意 $k[T]$ 中的非零元 f 可以写成 $\varpi_{\mathfrak{p}}^{\mathrm{ord}_{\mathfrak{p}}(f)} G$ 的形式, 其中 $G \in k[T] \setminus \mathfrak{p}$. 所以 $f \in \mathfrak{p}$ 当且仅当 $\mathrm{ord}_{\mathfrak{p}}(f) > 0$, 也就是说 $|f|_{\mathfrak{p},q} < 1$. $\quad\square$

命题 4.3.13 设 $|\cdot|$ 是 $k(T)$ 上非平凡的绝对值, 在 k 上的限制是平凡绝对值, 并使得 $|T| \leqslant 1$.

(a) 对任意 $F \in k[T]$ 有 $|F| \leqslant 1$.

(b) $\mathfrak{p} = \{F \in k[T] \mid |F| < 1\}$ 是 $k[T]$ 的极大理想.

(c) 对任意 $f \in k(T)$ 有

$$|f| = |\varpi_{\mathfrak{p}}|^{\mathrm{ord}_{\mathfrak{p}}(f)}.$$

证明 (a) 设 F 形如

$$a_n T^n + a_{n-1} T^{n-1} + \cdots + a_0,$$

其中 $n \in \mathbb{N}$, $(a_0, \cdots, a_n) \in k^{n+1}$. 由于 $|\cdot|$ 在 k 上的限制是平凡绝对值, 知对任意 $i \in \{0, \cdots, n\}$ 有 $|a_i| \leqslant 1$. 另外, 由于 $|\cdot|$ 是非阿基米德绝对值,

$$|F| \leqslant \max_{i \in \{0,\cdots,n\}} |a_i| \cdot |T|^i \leqslant 1.$$

(b) 由 (a) 知 $k[T]$ 中的元素 F 属于 $k[T] \setminus \mathfrak{p}$ 当且仅当 $|F| = 1$. 这说明了 $k[T] \setminus \mathfrak{p}$ 中两个多项式的乘积仍属于 $k[T] \setminus \mathfrak{p}$, 也就是说 $\mathfrak{p}$ 是素理想. 如果 $\mathfrak{p}$ 是零

理想, 那么对任意非零多项式 $F \in k[T]$ 有 $|F| = 1$, 从而对任意 $f \in k(T) \setminus \{0\}$ 也有 $|f| = 1$. 这与绝对值 $|\cdot|$ 在 $k(T)$ 上非平凡的假设矛盾.

(c) 不妨设 f 非零. 将 f 写成

$$f = \varpi_{\mathfrak{p}}^{\operatorname{ord}_{\mathfrak{p}}(f)} \frac{G}{H}$$

的形式, 其中 G 和 H 是 $k[T] \setminus \mathfrak{p}$ 中的元素. 由于 $|\cdot|$ 在 $k[T] \setminus \mathfrak{p}$ 上的限制恒取 1 为其值, 知

$$|f| = |\varpi_{\mathfrak{p}}|^{\operatorname{ord}_{\mathfrak{p}}(f)}. \qquad \square$$

4.3.3.2 "无穷远点" 处的绝对值

定义 4.3.6   用 $\deg : k[T] \to \mathbb{N} \cup \{-\infty\}$ 表示多项式的次数函数, 其中约定零多项式的次数等于 $-\infty$. 由于多项式乘积的次数等于次数的乘积, 可以定义映射 $\operatorname{ord}_\infty : k(T) \to \mathbb{Z} \cup \{+\infty\}$, 使得

$$\forall (F, G) \in k[T] \times (k[T] \setminus \{0\}), \quad \operatorname{ord}_\infty(F/G) = \deg(G) - \deg(F).$$

这个映射满足以下条件:

$$\forall (f, g) \in k(T) \times k(T), \quad \operatorname{ord}_\infty(fg) = \operatorname{ord}_\infty(f) + \operatorname{ord}_\infty(g). \tag{4.3.15}$$

另外

$$\operatorname{ord}_\infty(f) = +\infty \quad \text{当且仅当} \quad f = 0. \tag{4.3.16}$$

命题 4.3.14   (a) 对任意 $(f, g) \in k(T) \times k(T)$ 有

$$\operatorname{ord}_\infty(f + g) \geqslant \min\{\operatorname{ord}_\infty(f), \operatorname{ord}_\infty(g)\}. \tag{4.3.17}$$

(b) 对任意 $q > 1$, 映射

$$|\cdot|_{\infty, q} : k(T) \longrightarrow \mathbb{R}_{\geqslant 0}, \quad |f|_{\infty, q} := q^{-\operatorname{ord}_\infty(f)}$$

是 $k(T)$ 上的非阿基米德绝对值.

(c) 设 $|\cdot|$ 为 $k(T)$ 上的绝对值, 在 k 上的限制是平凡绝对值, 并使得 $|T| > 1$. 那么对任意 $f \in k(T)$ 有

$$|f| = |T^{-1}|^{-\operatorname{ord}_\infty(f)}.$$

证明   (a) 通过将 f 和 g 通分, 不妨假设 f 和 g 都是多项式. 此时要证的不等式来自

$$\forall (F, G) \in k[T] \times k[T], \quad \deg(F + G) \leqslant \max\{\deg(F), \deg(G)\}.$$

(b) 是 (4.3.16)、(4.3.15) 和 (4.3.17) 的直接推论.

(c) 设 $F = a_{n_0}T^{n_0} + a_{n_1}T^{n_1} + \cdots + a_{n_\ell}T^{n_\ell}$ 为 $k[T]$ 中的非零元, 其中 $\{a_{n_0}, \cdots, a_{n_\ell}\} \subset k \setminus \{0\}$ 且 $n_0 < n_1 < \cdots < n_\ell$. 由于

$$\forall\, i \in \{0, \cdots, \ell\}, \quad |a_{n_i}T^{n_i}| = |T|^{n_i},$$

知 $|a_{n_0}T^{n_0}| < \cdots < |a_{n_\ell}T^{n_\ell}|$. 从而

$$|F| = |T|^{n_\ell} = |T|^{\deg(F)} = |T^{-1}|^{-\operatorname{ord}_\infty(F)}.$$

对于一般的 $f \in k(T)$, 可以将 f 写成 F/G 的形式, 其中 $(F, G) \in k[T] \times (k[T] \setminus \{0\})$. 这样

$$|f| = \frac{|F|}{|G|} = \frac{|T^{-1}|^{-\operatorname{ord}_\infty(F)}}{|T^{-1}|^{-\operatorname{ord}_\infty(G)}} = |T^{-1}|^{-\operatorname{ord}_\infty(f)}. \qquad \square$$

4.3.3.3 乘积公式

定义 4.3.7 设 k 为域. 用 $\mathbb{P}_k^{1,(1)}$ 表示 $k[T]$ 的极大理想组成的集合 $\operatorname{Spm}(k[T])$ 与单点集 $\{\infty\}$ 的无交并.

定理 4.3.3 (乘积公式) 令 q 为大于 1 的实数. 对任意 $k(T)$ 中的非零元 f, 存在 $\mathbb{P}_k^{1,(1)}$ 的有限子集 S_f, 使得对任意 $x \in \mathbb{P}_k^{1,(1)} \setminus S_f$ 有 $|f|_{x,q} = 1$, 并且以下等式成立

$$\prod_{x \in \mathbb{P}_k^{1,(1)}} |f|_{x,q} = 1. \tag{4.3.18}$$

证明 将 f 写成

$$c(f) \prod_{\mathfrak{p} \in \operatorname{Spm}(k[T])} \varpi_{\mathfrak{p}}^{\operatorname{ord}_{\mathfrak{p}}(f)}$$

的形式, 其中 $c(f) \in k^\times$. 由于只有有限多个 $\mathfrak{p} \in \operatorname{Spm}(k[T])$ 使得 $\operatorname{ord}_{\mathfrak{p}}(f) \neq 0$, 知除有限多个 $\mathfrak{p} \in \operatorname{Spm}(k[T])$ 以外有 $|f|_{\mathfrak{p},q} = 1$. 另外

$$\operatorname{ord}_\infty(f) = \sum_{\mathfrak{p} \in \operatorname{Spm}(k[T])} \operatorname{ord}_\infty(\varpi_{\mathfrak{p}})\operatorname{ord}_{\mathfrak{p}}(f) = -\sum_{\mathfrak{p} \in \operatorname{Spm}(k[T])} \frac{\ln|f|_{\mathfrak{p},q}}{\ln(q)}.$$

取 q 的幂后便得到等式 (4.3.18). $\qquad \square$

4.3.4 有理函数域上的算术向量丛

本节中固定一个大于 1 的实数 q. 对任意 $x \in \mathbb{P}_k^{1,(1)}$, 令

$$N_x = \begin{cases} q^{\deg(\varpi_x)}, & \text{若 } x \in \operatorname{Spm}(k[T]), \\ q, & \text{若 } x = \infty, \end{cases}$$

并用 $|\cdot|_x$ 来简记 $k(T)$ 上的绝对值

$$|\cdot|_{x,q} = N_x^{-\operatorname{ord}_x(\cdot)}.$$

令 $k(T)_x$ 为域 $k(T)$ 相对于绝对值 $|\cdot|_x$ 的完备化.

所谓 $k(T)$ 上的**算术向量丛**, 是指如下的数学对象

$$\overline{E} = (E, (\|\cdot\|_x)_{x \in \mathbb{P}_k^{1,(1)}}),$$

其中 E 是有限维 $k(T)$-线性空间, $\|\cdot\|_x$ 是 $E_x := E \otimes_{k(T)} k(T)_x$ 上的超范数, 满足以下条件:

(1) 对任意 $x \in \mathbb{P}_k^{1,(1)}$, 赋超范线性空间 $(E_x, \|\cdot\|_x)$ 具有一组标准正交基[①],

(2) 存在 E 的一组基 $(e_i)_{i=1}^r$ 以及 $\operatorname{Spm}(k[T])$ 的有限子集 S, 使得对任意 $x \in \operatorname{Spm}(k[T]) \setminus S$, $(e_i)_{i=1}^r$ 都是 $(E_x, \|\cdot\|_x)$ 的标准正交基.

当 E 是一维 $k(T)$-线性空间时, 也说 $\overline{E}$ 是**算术线丛**.

例 4.3.1 设 $\overline{E} = (E, (\|\cdot\|_x)_{x \in \mathbb{P}_k^{1,(1)}})$ 为 $k(T)$ 上的算术向量丛.

(1) 由命题 4.3.7 知 E 的对偶空间 $E^\vee$ 以及对偶范数族 $(\|\cdot\|_{x,*})_{x \in \mathbb{P}_k^{1,(1)}}$ 构成一个 $k(T)$ 上的算术向量丛, 记作 $\overline{E}^\vee$.

(2) 设 $\overline{M} = (M, (\|\cdot\|_x')_{x \in \mathbb{P}_k^{1,(1)}})$ 为 $k(T)$ 上的算术线丛. 对任意 $x \in \mathbb{P}_k^{1,(1)}$, 令 $\|\cdot\|_x''$ 为 $E_x \otimes M_x$ 上的超范数, 使得

$$\forall (s, \ell) \in E_x \times M_x, \quad \|s \otimes \ell\|_x'' = \|s\|_x \cdot \|\ell\|_x'.$$

那么

$$\overline{E} \otimes \overline{M} := (E \otimes M, (\|\cdot\|_x'')_{x \in \mathbb{P}_k^{1,(1)}})$$

是 $k(T)$ 上的算术向量丛.

(3) 由命题 4.3.8 (c) 知

$$\det(\overline{E}) := (\det(E), (\|\cdot\|_{x,\det})_{x \in \mathbb{P}_k^{1,(1)}})$$

是 $k(T)$ 上的算术向量丛.

4.3.4.1 算术向量丛的正交直和分解

引理 4.3.2 设 $(V, \|\cdot\|)$ 为 $(k(T)_\infty, |\cdot|_\infty)$ 上有限维赋超范线性空间, r 为 V 的维数, 且 $\operatorname{GL}_r(k[T])$ 是由系数在 $k[T]$ 中且行列式属于 $k^\times$ 的那些 $r \times r$ 方阵组

[①] 由于 $|\cdot|_x$ 是离散绝对值, 这个条件也等价于要求 $\|\cdot\|_x$ 是纯范数, 见命题 4.3.11.

成的集合. 假设 $(V, \|\cdot\|)$ 具有一组标准正交基. 若

$$A = \begin{pmatrix} a_{1,1} & a_{1,2} & \cdots & a_{1,r} \\ a_{2,1} & a_{2,2} & \cdots & a_{2,r} \\ \vdots & \vdots & & \vdots \\ a_{r,1} & a_{r,2} & \cdots & a_{r,r} \end{pmatrix} \in \mathrm{GL}_r(k[T])$$

且 $\boldsymbol{v} = (v_i)_{i=1}^r$ 是 V 的一组基, 用 $A\boldsymbol{v}$ 来表示如下 V 的基

$$(A\boldsymbol{v})_i := a_{i,1}v_1 + \cdots + a_{i,r}v_r, \quad i \in \{1, \cdots, r\}.$$

那么对于 V 的任意一组基 $\boldsymbol{v}$, 存在 $A_0 \in \mathrm{GL}_r(k[T])$, 使得 $A_0\boldsymbol{v}$ 是 $(V, \|\cdot\|)$ 的正交基.

证明 假设 $(e_i)_{i=1}^r$ 是 V 的一组标准正交基. 那么对任意 $k(T)_\infty^r$ 中的非零元 $(\lambda_1, \cdots, \lambda_r)$ 有

$$\|\lambda_1 e_1 + \cdots + \lambda_r e_r\| = \max_{i \in \{1, \cdots, r\}} |\lambda_i| \in \{q^n \mid n \in \mathbb{Z}\}.$$

换句话说, $\|\cdot\|$ 在 $V \setminus \{0\}$ 上的限制取值在 $\{q^n \mid n \in \mathbb{Z}\}$ 中. 固定 V 的一组基 $\boldsymbol{v} = (v_i)_{i=1}^r$. 考虑映射

$$\Psi : \mathrm{GL}_r(k[T]) \longrightarrow \mathbb{Z}, \quad A \longmapsto \sum_{i=1}^r \frac{\ln \|(A\boldsymbol{v})_i\|}{\ln(q)}.$$

注意到由 (4.3.9) 知

$$\prod_{i=1}^r \|(A\boldsymbol{v})_i\| \geqslant \|(A\boldsymbol{v})_1 \wedge \cdots \wedge (A\boldsymbol{v})_r\|_{\det} = |\det(A)|_\infty \cdot \|v_1 \wedge \cdots \wedge v_r\|_{\det}.$$

由于 $\det(A) \in k^\times$, 知 $|\det(A)|_\infty = 1$. 所以函数 Ψ 有正的下界, 从而在某 $A_0 \in \mathrm{GL}_r(k[T])$ 处取到最小值. 将 $\boldsymbol{v}$ 换成 $A_0\boldsymbol{v}$ 后不妨设 A_0 是单位矩阵. 交换 $\boldsymbol{v}$ 中向量的次序后不妨设

$$\|v_1\| \leqslant \cdots \leqslant \|v_r\|.$$

设 $(\lambda_1, \cdots, \lambda_r)$ 为 $k[T]^r$ 中的非零元, $s = \lambda_1 v_1 + \cdots + \lambda_r v_r$,

$$b = \max_{i \in \{1, \cdots, r\}} \|\lambda_i v_i\|, \quad J = \{i \in \{1, \cdots, r\} \mid \|\lambda_i v_i\| = b\}.$$

将 J 中的元素写成一个升链

$$i_1 < \cdots < i_n,$$

并令

$$z = \lambda_{i_1} v_{i_1} + \cdots + \lambda_{i_n} v_{i_n}.$$

由于

$$\|v_{i_1}\| \leqslant \cdots \leqslant \|v_{i_n}\|,$$

知

$$\deg(\lambda_{i_1}) \geqslant \cdots \geqslant \deg(\lambda_{i_n}).$$

从而由欧几里得除法知存在 $k[T]$ 中的元素 $a_1, \cdots, a_n$, 使得 $a_n = 1$ 且

$$\forall j \in \{1, \cdots, n\}, \quad \deg(\lambda_{i_j} - a_j \lambda_{i_n}) < \deg(\lambda_{i_j}).$$

将 z 写成

$$z = \lambda_{i_n}(a_1 v_{i_1} + \cdots + a_n v_{i_n}) + \sum_{j=1}^{n}(\lambda_{i_j} - a_j \lambda_{i_n})v_{i_j}$$

的形式. 注意到系数在 $k[T]$ 中且对角线上元素均为 1 的 $r \times r$ 下三角矩阵是 $\mathrm{GL}_r(k[T])$ 中的元素. 考虑下三角矩阵 A, 使得对任意 $j \in \{1, \cdots, r\} \setminus \{i_n\}$ 有 $(Av)_j = v_j$ 且

$$(Av)_{i_n} = a_1 v_{i_1} + \cdots + a_n v_{i_n}.$$

由 $\Psi(A) \geqslant \Psi(I_r)$ 知

$$\|a_1 v_{i_1} + \cdots + a_n v_{i_n}\| \geqslant \|v_{i_n}\|.$$

所以

$$\|\lambda_{i_n}(a_1 v_{i_1} + \cdots + a_n v_{i_n})\| = |\lambda_{i_n}|_\infty \cdot \|a_1 v_{i_1} + \cdots + a_n v_{i_n}\|$$

$$\geqslant |\lambda_{i_n}|_\infty \cdot \|v_{i_n}\| = b.$$

由于 $\|\cdot\|$ 是超范数, 知

$$\|\lambda_{i_n}(a_1 v_{i_1} + \cdots + a_n v_{i_n})\| \leqslant |\lambda_{i_n}|_\infty \cdot \|a_n v_{i_n}\| = b,$$

从而

$$\|\lambda_{i_n}(a_1 v_{i_1} + \cdots + a_n v_{i_n})\| = b.$$

而对于 $j \in \{1, \cdots, n-1\}$ 有

$$\|(\lambda_{i_j} - a_j \lambda_{i_n})v_j\| = |\lambda_{i_j} - a_j \lambda_{i_n}|_\infty \cdot \|v_j\| < b.$$

从而由命题 4.3.3 (a) 知 $\|z\| = b$, 进而 $\|s\| = b$. 最后, 由范数的数乘法则和 $k(T)$ 在 $k(T)_\infty$ 中的稠密性知

$$\forall (\lambda_1, \cdots, \lambda_r) \in k(T)_\infty^r, \quad \|\lambda_1 v_1 + \cdots + \lambda_r v_r\| = \max_{i \in \{1, \cdots, r\}} |\lambda_i|_\infty \cdot \|v_i\|,$$

即 $(v_i)_{i=1}^r$ 构成 $(V, \|\cdot\|)$ 的正交基. $\qquad\square$

定理 4.3.4　设 $\overline{E}$ 为 $k(T)$ 上的算术向量丛, $r = \dim_{k(T)}(E)$. 令

$$\mathcal{E} = \{s \in E \mid \forall\, \mathfrak{p} \in \operatorname{Spm}(k[T]), \|s\|_\mathfrak{p} \leqslant 1\}.$$

那么如下命题成立.

(a) $\mathcal{E}$ 是 E 的秩为 r 的自由子 $k[T]$-模.

(b) 存在 E 在 $k(T)$ 上的一组基 $(s_i)_{i=1}^r$, 在 $(E_\infty, \|\cdot\|_\infty)$ 中是正交基, 并在每个 $(E_\mathfrak{p}, \|\cdot\|_\mathfrak{p})$ 中是标准正交基, 其中 $\mathfrak{p} \in \operatorname{Spm}(k[T])$.

证明　(a) 若 $(s, t) \in \mathcal{E} \times \mathcal{E}$, $(a, b) \in k[T] \times k[T]$, 那么对任意 $\mathfrak{p} \in \operatorname{Spm}(k[T])$ 有

$$\|as + bt\|_\mathfrak{p} \leqslant \max\{|a|_\mathfrak{p} \cdot \|s\|_\mathfrak{p}, |b|_\mathfrak{p} \cdot \|t\|_\mathfrak{p}\} \leqslant 1,$$

从而 $as + bt \in \mathcal{E}$. 这说明了 $\mathcal{E}$ 是 E 的子 $k[T]$-模. 令 $(e_i)_{i=1}^r$ 为 E 的一组基, S 为 $\operatorname{Spm}(k[T])$ 的有限子集, 使得对任意 $\mathfrak{p} \in \operatorname{Spm}(k[T]) \setminus S$, $(e_i)_{i=1}^r$ 是 $(E_\mathfrak{p}, \|\cdot\|_\mathfrak{p})$ 的标准正交基. 由定理 4.3.1, 知对任意 $\mathfrak{p} \in S$, 存在 $c_\mathfrak{p} > 0$ 使得

$$\forall (\lambda_1, \cdots, \lambda_r) \in k(T)_\mathfrak{p}^r, \quad \|\lambda_1 e_1 + \cdots + \lambda_r e_r\|_\mathfrak{p} \geqslant c_\mathfrak{p} \max_{i \in \{1, \cdots, r\}} |\lambda_i|_\mathfrak{p}.$$

对任意 $\mathfrak{p} \in S$, 令 $n_\mathfrak{p}$ 为非负整数, 使得

$$|\varpi_\mathfrak{p}|_\mathfrak{p}^{n_\mathfrak{p}} \leqslant c_\mathfrak{p},$$

并取

$$f = \prod_{\mathfrak{p} \in S} \varpi_\mathfrak{p}^{-n_\mathfrak{p}}.$$

那么有

$$\mathcal{E} \subset f k[T] e_1 + \cdots + f k[T] e_r.$$

这样便知道 $\mathcal{E}$ 是有限生成无挠 $k[T]$-模. 而 $k[T]$ 又是主理想整环, 所以 $\mathcal{E}$ 是有限秩自由 $k[T]$-模. 最后, 由于 E 是由 $\mathcal{E}$ 生成的 $k(T)$-线性空间, 知 $\mathcal{E}$ 的秩等于 E 的维数.

(b) 令 $\boldsymbol{v} = (v_i)_{i=1}^r$ 为 $\mathcal{E}$ 在 $k[T]$ 上的一组基. 设 $(\lambda_1, \cdots, \lambda_r) \in k[T]^r$ 使得 $\lambda_1, \cdots, \lambda_r$ 的最大公因式为 1. 由于 $\lambda_1 v_1 + \cdots + \lambda_r v_r \in \mathcal{E}$, 对任意 $\mathfrak{p} \in \mathrm{Spm}(k[T])$ 有

$$\|\lambda_1 v_1 + \cdots + \lambda_r v_r\|_{\mathfrak{p}} \leqslant 1.$$

另外, 对任意 $\mathfrak{p} \in \mathrm{Spm}(k[T])$,

$$\varpi_{\mathfrak{p}}^{-1}(\lambda_1 v_1 + \cdots + \lambda_r v_r) \notin \mathcal{E};$$

而对任意 $\mathfrak{q} \in \mathrm{Spm}(k[T]) \setminus \{\mathfrak{p}\}$ 有

$$\|\varpi_{\mathfrak{p}}^{-1}(\lambda_1 v_1 + \cdots + \lambda_r v_r)\|_{\mathfrak{q}} = \|\lambda_1 v_1 + \cdots + \lambda_r v_r\|_{\mathfrak{q}} \leqslant 1.$$

这说明了

$$\|\varpi_{\mathfrak{p}}^{-1}(\lambda_1 v_1 + \cdots + \lambda_r v_r)\|_{\mathfrak{p}} > 1,$$

从而

$$\|\varpi_{\mathfrak{p}}^{-1}(\lambda_1 v_1 + \cdots + \lambda_r v_r)\|_{\mathfrak{p}} \geqslant N_{\mathfrak{p}} = |\varpi_{\mathfrak{p}}|_{\mathfrak{p}}^{-1}.$$

这样

$$\|\lambda_1 v_1 + \cdots + \lambda_r v_r\|_{\mathfrak{p}} = 1 = \max\{|\lambda_1|_{\mathfrak{p}}, \cdots, |\lambda_r|_{\mathfrak{p}}\}.$$

通过范数的数乘法则和 $k(T)$ 在 $k(T)_{\mathfrak{p}}$ 中的稠密性知 $(v_i)_{i=1}^r$ 是 $(E_{\mathfrak{p}}, \|\cdot\|_{\mathfrak{p}})$ 的标准正交基.

由引理 4.3.2 知存在 $A \in \mathrm{GL}_r(k[T])$ 使得 $(s_i)_{i=1}^r = A\boldsymbol{v}$ 是 $(E_\infty, \|\cdot\|_\infty)$ 的正交基. 注意到 A 的逆矩阵也是 $\mathrm{GL}_r(k[T])$ 中的元素. 这说明 $(s_i)_{i=1}^r$ 仍是 $\mathcal{E}$ 在 $k[T]$ 上的一组基, 从而是 $(E_{\mathfrak{p}}, \|\cdot\|_{\mathfrak{p}})$ 的标准正交基, $\mathfrak{p} \in \mathrm{Spm}(k[T])$. 于是命题成立. $\square$

4.3.4.2 Arakelov 度数

定义 4.3.8 设 $\overline{E} = (E, (\|\cdot\|_x)_{x \in \mathbb{P}_k^{1,(1)}})$ 为 $k[T]$ 上的算术向量丛. 用 $\widehat{\deg}(\overline{E})$ 表示整数

$$-\sum_{x \in \mathbb{P}_k^{1,(1)}} \frac{\ln\|s_1 \wedge \cdots \wedge s_r\|_{x,\det}}{\ln(q)},$$

其中 $(s_i)_{i=1}^r$ 是 E 在 $k(T)$ 上的一组基. 注意到定理 4.3.3 说明了 $\widehat{\deg}(\overline{E})$ 的值和 $(s_i)_{i=1}^r$ 的选择无关, 我们称之为 $\overline{E}$ 的 **Arakelov 度数**. 由定理 4.3.4 知, 存在 E 在 $k(T)$ 上的一组基 $(s_i)_{i=1}^r$, 使得对任意 $x \in \mathbb{P}_k^{1,(1)}$ 来说 $(s_i)_{i=1}^r$ 都是 $(E_x, \|\cdot\|_x)$ 的正交基. 此时由命题 4.3.8 (c) 可将 $\overline{E}$ 的 Arakelov 度数写成

$$-\sum_{i=1}^r \sum_{x \in \mathbb{P}_k^{1,(1)}} \frac{\ln\|s_i\|_x}{\ln(q)}.$$

命题 4.3.15 设 $\overline{E} = (E, (\|\cdot\|_x)_{x \in \mathbb{P}_k^{1,(1)}})$ 和 $\overline{M} = (M, (\|\cdot\|_x')_{x \in \mathbb{P}_k^{1,(1)}})$ 分别为 $k(T)$ 上的算术向量丛和算术线丛. 那么以下命题成立.

(a) $\widehat{\deg}(\overline{E} \otimes \overline{M}) = \widehat{\deg}(\overline{E}) + \dim(E) \widehat{\deg}(\overline{M})$.

(b) $\widehat{\deg}(\overline{E}^\vee) = -\widehat{\deg}(\overline{E})$.

证明 (a) 设 $\overline{E} \otimes \overline{M}$ 形如

$$(E \otimes M, (\|\cdot\|_x'')_{x \in \mathbb{P}_k^{1,(1)}}),$$

令 $(s_i)_{i=1}^r$ 为 E 的一组基, 使得对任意 $x \in \mathbb{P}_k^{1,(1)}$, $(s_i)_{i=1}^r$ 都是 $(E_x, \|\cdot\|_x)$ 的正交基. 又令 ℓ 为 M 中的非零元. 那么 $(s_i \otimes \ell)_{i=1}^r$ 是

$$(E_x \otimes M_x, \|\cdot\|_x'')$$

的正交基. 从而

$$\widehat{\deg}(\overline{E} \otimes \overline{M}) = -\sum_{i=1}^r \sum_{x \in \mathbb{P}_k^{1,(1)}} \frac{\ln \|s_i\|_x + \ln \|\ell\|_x'}{\ln(q)} = \widehat{\deg}(\overline{E}) + \dim(E) \widehat{\deg}(\overline{M}).$$

(b) 令 $(s_i^\vee)_{i=1}^r$ 为 $(s_i)_{i=1}^r$ 的对偶基, 那么由命题 4.3.8, 知对任意 $x \in \mathbb{P}_k^{1,(1)}$, $(s_i^\vee)_{i=1}^r$ 是 $(E_x^\vee, \|\cdot\|_{x,*})$ 的正交基, 并且 $\|s_i^\vee\|_{x,*} = \|s_i\|_x^{-1}$. 所以

$$\widehat{\deg}(\overline{E}^\vee) = -\sum_{i=1}^r \sum_{x \in \mathbb{P}_k^{1,(1)}} \frac{\ln \|s_i^\vee\|_{x,*}}{\ln(q)} = -\widehat{\deg}(\overline{E}). \qquad \square$$

4.3.4.3 Riemann-Roch 定理

用

$$\overline{\omega_{k(T)/k}} = (\omega_{k(T)/k}, (\|\cdot\|_{\omega,x})_{x \in \mathbb{P}_k^{1,(1)}})$$

表示如下的 $k(T)$ 上的算术线丛. 首先 $\omega_{k(T)/k} = k$ 是平凡的 k-线性空间. 其次范数 $\|\cdot\|_x$ 使得

$$\|1\|_x = \begin{cases} 1, & \text{若 } x \neq \infty, \\ q^2, & \text{若 } x = \infty. \end{cases}$$

设 $\overline{E}$ 为 $k(T)$ 上的算术向量丛. 用 $\widehat{H}^0(\overline{E})$ 来表示集合

$$\{s \in E \mid \forall x \in \mathbb{P}_k^{1,(1)}, \|s\|_x \leqslant 1\}.$$

定理 4.3.5 (有理函数域的 Riemann-Roch 定理) 对任意 $k(T)$ 上的算术向量丛 $\overline{E}$, $\widehat{H}^0(\overline{E})$ 是 E 的有限维 k-线性子空间. 另外, 等式

$$\dim_k(\widehat{H}^0(\overline{E})) - \dim_k(\widehat{H}^0(\overline{E}^\vee \otimes \overline{\omega_{k(T)/k}})) = \deg(\overline{E}) + \dim_{k(T)}(E) \qquad (4.3.19)$$

成立.

证明 对任意整数 n, 令

$$P_n = \{F \in k[T] \mid \deg(F) \leqslant n\}.$$

这样定义的 P_n 是有限维 k-线性空间, 其维数等于 $\max\{n+1, 0\}$. 由定理 4.3.4, 知存在 E 的一组基 $(s_i)_{i=1}^r$, 是 $(E_\infty, \|\cdot\|_\infty)$ 的正交基, 且对任意 $\mathfrak{p} \in \mathrm{Spm}(k[T])$ 来说是 $(E_\mathfrak{p}, \|\cdot\|_\mathfrak{p})$ 的标准正交基. 对任意 $i \in \{1, \cdots, r\}$, 令

$$n_i = -\frac{\ln \|s_i\|_\infty}{\ln(q)}.$$

这样便有

$$\widehat{H}^0(\overline{E}) = P_{n_1}s_1 + \cdots + P_{n_r}s_r.$$

从而 $\widehat{H}^0(\overline{E})$ 是 E 的有限维线性子空间, 并且 $\widehat{H}^0(\overline{E})$ 在 k 上的维数等于

$$\sum_{i=1}^r \max\{n_i + 1, 0\}.$$

令 $(s_i^\vee)_{i=1}^r$ 为 $(s_i)_{i=1}^r$ 的对偶基, 由命题 4.3.8 知, 对任意 $\mathfrak{p} \in \mathrm{Spm}(k[T])$, $(s_i^\vee)_{i=1}^r$ 是 $(E_\mathfrak{p}, \|\cdot\|_{\mathfrak{p},*})$ 的标准正交基. 另外, $(s_i^\vee)_{i=1}^r$ 还是 $(E_\infty, \|\cdot\|_{\infty,*})$ 的正交基, 且 $\|s_i^\vee\|_{\infty,*} = \|s_i\|_\infty^{-1}$. 从而

$$\widehat{H}^0(\overline{E}^\vee \otimes \overline{\omega_{k(T)/k}}) = P_{-n_1-2}s_1^\vee + \cdots + P_{-n_r-2}s_r^\vee,$$

其在 k 上的维数为

$$\sum_{i=1}^r \max\{-n_i - 1, 0\}.$$

这样等式 (4.3.19) 的左边等于

$$\sum_{i=1}^r (\max\{n_i + 1, 0\} - \max\{-n_i - 1, 0\}) = \sum_{i=1}^r (n_i + 1) = r + \sum_{i=1}^r n_i.$$

从而该等式成立. $\square$

4.3.5 注记

前几节中我们从数论的角度考虑有理函数域. 从几何的观点来看, 有理函数域中的元素应该看成是某个几何对象上取值在一些域中的函数. 在 4.3.3 节中看到, $k(T)$ 上非平凡但在 k 上平凡的绝对值形如 $|\cdot|_{x,q}$, 其中 x 是 $k[T]$ 的极大理想或 $x = \infty$, q 是大于 1 的实数. 当 x 固定但 q 变化时, 绝对值 $|\cdot|_{x,q}$ 在 $k(T)$ 上诱导相同的拓扑. 特别地, 离散赋值环

$$\mathcal{O}_x := \{f \in k(T) \mid |f|_{x,q} \leqslant 1\}$$

以及其极大理想

$$\mathfrak{m}_x := \{f \in k(T) \mid |f|_{x,q} < 1\}$$

不依赖于 q 的选择. 我们用 $\kappa(x)$ 表示剩余类域 $\mathcal{O}_x/\mathfrak{m}_x$. 另外, 用 $|\cdot|_\eta$ 表示 $k(T)$ 上的平凡绝对值, 并令 $\mathcal{O}_\eta = k(T)$, $\mathfrak{m}_\eta = \{0\}$, $\kappa(\eta) = \mathcal{O}_\eta/\mathfrak{m}_\eta = k(T)$.

定义 4.3.9 定义 k 上的**射影曲线**为

$$\mathbb{P}^1_k := \mathbb{P}^{1,(1)}_k \cup \{\eta\}.$$

对任意 $f \in k(T)$ 及 $x \in \mathbb{P}^1_k$, 如果 $f \in \mathcal{O}_x$, 则用 $f(x)$ 表示 f 在 $\kappa(x)$ 中的剩余类. 不难看出, 当 $f(x) \neq 0$ 时 $f \in \mathcal{O}_x \setminus \mathfrak{m}_x$, 所以 f^{-1} 也是 $\mathcal{O}_x \setminus \mathfrak{m}_x$ 中的元素, 并且 $f^{-1}(x) = f(x)^{-1}$. 另外, 如果 f 和 g 是 $k(T)$ 中两个元素, 使得 $f(x)$ 和 $g(x)$ 同时有定义, 那么 $(f+g)(x)$ 和 $(fg)(x)$ 都有定义, 并且

$$(f+g)(x) = f(x) + g(x), \quad (fg)(x) = f(x)g(x).$$

对任意 $f \in k(T)$, 令

$$D(f) := \{x \in \mathbb{P}^1_k \mid f(x) \text{ 有定义且 } f(x) \neq 0\}.$$

注意到 $D(f) = \varnothing$ 当且仅当 $f = 0$. 另外, 当 f 非零的时候,

$$\mathbb{P}^1_k \setminus D(f) = \{x \in \mathbb{P}^{1,(1)}_k \mid \mathrm{ord}_x(f) \neq 0.\}$$

从而 $\mathbb{P}^1_k \setminus D(f)$ 是有限集.

定义 4.3.10 所谓 $\mathbb{P}^1_k$ 上的 **Zariski 拓扑**, 是指由子集族 $\{D(f) \mid f \in k(T)\}$ 生成的拓扑. 注意到对任意 $f \in k(T)^\times$ 有 $\eta \in D(f)$. 从而 η 属于 $\mathbb{P}^1_k$ 的任意非空开集, 也就是说 $\mathbb{P}^1_k = \overline{\{\eta\}}$. 我们称 η 为 $\mathbb{P}^1_k$ 的**生成点**. 另外, 对任意 $x \in \mathbb{P}^{1,(1)}_k$ 有 $D(\varpi_x) = \mathbb{P}^1_k \setminus \{x\}$. 这说明了 $\mathbb{P}^{1,(1)}_k$ 中的元素都是 $\mathbb{P}^1_k$ 的闭点. 从而 $\mathbb{P}^1_k$ 上的 Zariski 拓扑就是余有限拓扑.

对任意 $\mathbb{P}^1_k$ 中的开集 U, 令

$$\mathcal{O}_{\mathbb{P}^1_k}(U) := \{f \in k(T) \mid \forall x \in U,\, f \in \mathcal{O}_x\} = \bigcap_{x \in U} \mathcal{O}_x.$$

这是 $k(T)$ 的子 k-代数, 其中的元素可以看成是 U 上取值在各个剩余类域 $\kappa(x)$, $x \in \mathbb{P}^1_k$ 中的 "函数". 当 U 取遍 $\mathbb{P}^1_k$ 中开集时, $\mathcal{O}_{\mathbb{P}^1_k}(U)$ 构成 $\mathbb{P}^1_k$ 上的 k-代数层. 不难证明 $(\mathbb{P}^1_k, \mathcal{O}_{\mathbb{P}^1_k})$ 构成一个局部环层空间, 特别地, 对任意 $x \in \mathbb{P}^1_k$ 有 $\mathcal{O}_{\mathbb{P}^1_k, x} = \mathcal{O}_x$.

注 4.3.7 假设 U 和 V 是 $\mathbb{P}^1_k$ 中两个非空开集, 使得 $V \subset U$. 那么从定义看出限制同态 $\mathcal{O}_{\mathbb{P}^1_k}(U) \to \mathcal{O}_{\mathbb{P}^1_k}(V)$ 是单同态. 这说明 $\mathbb{P}^1_k$ 上 "代数函数" 的延拓具有唯一性. 类似地, 对任意 $x \in U$, 从 $\mathcal{O}_{\mathbb{P}^1_k}(U)$ 到 "函数芽环" $\mathcal{O}_x$ 的自然同态也是单同态. 这些现象说明了在代数几何中, 局部的对象往往高度蕴含了整体的信息.

定义 4.3.11 之前讨论过的一些数论构造, 比方说 $k(T)$ 上的算术向量丛, 可以放在代数几何框架下来考虑. 设 X 为环层空间, 所谓 $\mathcal{O}_X$-**模**, 是指对任意 X 的开子集 U 指定一个 $\mathcal{O}_X(U)$-模 $\mathcal{E}(U)$ 并对 X 的任意一对满足包含关系 $U \supset V$ 的开子集 U 和 V 指定一个群同态

$$\mathcal{E}(U) \longrightarrow \mathcal{E}(V), \quad s \longmapsto s|_V,$$

使得对任意 $(a,s) \in O_X(U) \times E(U)$ 有

$$(as)|_V = a|_V s|_V,$$

并且对于任意满足关系 $U \supset V \supset W$ 的 X 的开子集 U, V 和 W, 有

$$\forall s \in \mathcal{E}(U), \quad (s|_V)|_W = s|_W.$$

通常将 $\mathcal{E}(U)$ 中的元素称作 $\mathcal{E}$ 在开集 U 上的**截面**.

不难看出, 如果 $\mathcal{E}$ 是 $\mathcal{O}_X$-模, U 是 X 的开子集, 那么

$$\mathcal{E}(V), \quad V \text{ 是 } U \text{ 的开子集}$$

构成一个 $\mathcal{O}_U$-模, 记作 $\mathcal{E}|_U$. 另外, 对任意 $x \in X$, 用 $\mathcal{E}_x$ 表示商集

$$\bigcup_{x \text{ 的邻域 } U} \mathcal{E}(U) \Big/ \sim,$$

其中

$$(s \in \mathcal{E}(U)) \sim (t \in \mathcal{E}(V))$$

当且仅当存在 x 的开邻域 W, 使得 $W \subset U \cap V$ 且 $s|_W = t|_W$. 不难看出, $\mathcal{E}_x$ 上具有自然的 $\mathcal{O}_{X,x}$-模结构.

若 $\mathcal{E}$ 和 $\mathcal{F}$ 为两个 $\mathcal{O}_X$-模, 所谓从 $\mathcal{E}$ 到 $\mathcal{F}$ 的**同态**, 是指对任意 X 的开集 U 指定一个 $\mathcal{O}_X(U)$-模同态 $f_U : \mathcal{E}(U) \to \mathcal{F}(U)$, 使得对任意满足包含关系 $U \supset V$ 的 X 的开子集 U 和 V, 以下图表交换

$$
\begin{array}{ccc}
\mathcal{E}(U) & \xrightarrow{f_U} & \mathcal{F}(U) \\
{\scriptstyle |_V}\downarrow & & \downarrow{\scriptstyle |_V} \\
\mathcal{E}(V) & \xrightarrow{f_V} & \mathcal{F}(V)
\end{array}
$$

如果每个 f_U 都是同构, 则说 f 是从 $\mathcal{E}$ 到 $\mathcal{F}$ 的**同构**. 从 $\mathcal{E}$ 到 $\mathcal{F}$ 的 $\mathcal{O}_X$-模同态的集合记作 $\mathrm{Hom}_{\mathcal{O}_X}(\mathcal{E}, \mathcal{F})$.

可以证明, 对任意集合 I, 存在一个 $\mathcal{O}_X$-模 $\mathcal{O}_X^{\oplus I}$, 以及对任意 $\mathcal{O}_X$-模 $\mathcal{F}$ 从 $\mathrm{Hom}_{\mathcal{O}_X}(\mathcal{O}_X^{\oplus I}, \mathcal{F})$ 到 $\mathcal{F}(X)^I$ 的双射 $\varphi_{\mathcal{F}}$, 使得对任意 $\mathcal{O}_X$-模同态 $f : \mathcal{E} \to \mathcal{F}$, 下列图表交换

$$
\begin{array}{ccc}
\mathrm{Hom}_{\mathcal{O}_X}(\mathcal{O}_X^{\oplus I}, \mathcal{E}) & \xrightarrow{\varphi_{\mathcal{E}}} & \mathcal{E}(X)^I \\
{\scriptstyle -\circ f}\downarrow & & \downarrow{\scriptstyle f_X^I} \\
\mathrm{Hom}_{\mathcal{O}_X}(\mathcal{O}_X^{\oplus I}, \mathcal{F}) & \xrightarrow{\varphi_{\mathcal{F}}} & \mathcal{F}(X)^I
\end{array}
$$

这样的 $\mathcal{O}_X$-模称为由 I 生成的**自由 $\mathcal{O}_X$-模**.

设 $\mathcal{E}$ 为 $\mathcal{O}_X$-模. 如果对于任意 $x \in X$ 都存在 X 的开邻域 U, 使得 $\mathcal{E}|_U$ 同构于某有限集生成的自由 $\mathcal{O}_U$-模, 那么称 $\mathcal{E}$ 为 X 上的**向量丛**. 如果 $\mathcal{E}$ 局部同构于单点集生成的自由模, 就称之为**线丛**. 注意到当 $\mathcal{E}$ 是 X 上的向量丛时, 对任意的 $x \in X$, $\mathcal{E}_x$ 是有限生成自由 $\mathcal{O}_{X,x}$-模.

注 4.3.8 考虑射影直线 $\mathbb{P}_k^1$ 的情形. 假设 $\mathcal{E}$ 是 $\mathbb{P}_k^1$ 上的向量丛, 那么 $E = \mathcal{E}_\eta$ 是有限维 $\mathcal{O}_\eta = k(T)$-线性空间. 另外, 对任意 $x \in \mathbb{P}_k^1 \setminus \{\eta\}$, $\mathcal{E}_x$ 是有限维自由 $\mathcal{O}_x$-模. 这个 $\mathcal{O}_x$-模结构实际上决定了 $E_x := E \otimes_{k(T)} k(T)_x$ 上的一个范数 $\|\cdot\|_x$, 使得

$$
\forall s \in E_x, \quad \|s\| = \inf\{|a|_x \mid a \in k(T)_x,\ a^{-1}s \in \mathcal{E}_x \otimes_{\mathcal{O}_x} k(T)_x^\circ\},
$$

其中 $k(T)_x^\circ = \{a \in k(T)_x \mid |a|_x \leqslant 1\}$ 是 $k(T)_x$ 的赋值环. 这样

$$
(E, (\|\cdot\|_x)_{x \in \mathbb{P}_k^{1,(1)}})
$$

构成一个 $k(T)$ 上的算术向量丛.

反过来, 从某 $k(T)$ 上的算术向量丛

$$\overline{E} = (E, (\|\cdot\|_x)_{x \in \mathbb{P}_k^{1,(1)}})$$

出发也可以按如下方式构造 $\mathbb{P}_k^1$ 上的向量丛. 对任意 $\mathbb{P}_k^1$ 的开子集 U, 令

$$\mathcal{E}(U) := \{s \in E \mid \forall x \in U \setminus \{\eta\}, \ \|s\|_x \leqslant 1\}.$$

特别地, $\mathcal{E}(X) = H^0(\overline{E})$. 这样我们便在 $k(T)$ 上的算术向量丛与射影直线 $\mathbb{P}_k^1$ 上向量丛之间建立了一个对应关系. 用代数几何的语言, 定理 4.3.4 可以表述为: $\mathbb{P}_k^1$ 上的任意向量丛均同构于一些线丛的直和. 这个结果最初是 Grothendieck[62] 在黎曼球面的框架下用一般线性群的纤维丛的方法证明的.

射影直线 $\mathbb{P}_k^1$ 是概形的一个例子. 当域 k 上具有附加的几何结构时, 有理函数域 $k(T)$ 可以有不同的几何实现. 设 $|\cdot|$ 是 k 上的绝对值. 若 X 是 $\operatorname{Spec} k$ 上的局部环层空间, 用 X^{an} 表示所有形如 $\xi = (x, |\cdot|_\xi)$ 的对组成的集合, 其中 $x \in X$, $|\cdot|_\xi$ 是剩余类域 $\kappa(x)$ 上的绝对值, 在 k 上的限制等于 $|\cdot|$. 用 $j : X^{\mathrm{an}} \to X$ 表示将 $\xi = (x, |\cdot|(\xi)) \in X^{\mathrm{an}}$ 映为 $x \in X$ 的映射. 对任意 X 的开集 U 以及 $f \in \mathcal{O}_X(U)$, 用 $|f|$ 表示从 $j^{-1}(U)$ 到 $\mathbb{R}_{\geqslant 0}$ 的映射, 将 $\xi \in j^{-1}(U) = U^{\mathrm{an}}$ 映为 $|f(j(x))|(\xi)$. 所谓 X^{an} 上的 Berkovich **拓扑**, 是指使得映射 j 以及所有形如 $|f|$ 的函数都连续的最粗的拓扑, 其中 $f \in \mathcal{O}_X(U)$, U 是 X 的任意开子集. 考虑复数域 $\mathbb{C}$ 上通常的绝对值 $|\cdot|$. 射影直线 $\mathbb{P}_\mathbb{C}^1$ 中点的剩余类域是 $\mathbb{C}$ 或者 $\mathbb{C}(T)$. 在 $\mathbb{C}(T)$ 上没有延拓 $|\cdot|$ 的绝对值. 所以 $\mathbb{P}_\mathbb{C}^{1,\mathrm{an}}$ 可以自然地等同于 $\operatorname{Spm}(\mathbb{C}[T]) \cup \{\infty\}$. 另外, 对任意 $x \in \operatorname{Spm}(\mathbb{C}[T]) \cup \{\infty\}$, $|\cdot|(x)$ 是 $\mathbb{C}$ 上通常的绝对值①. 注意到 $\mathbb{C}[T]$ 中的极大理想形如 $(T - z_0)\mathbb{C}[T]$, 其中 $z_0 \in \mathbb{C}$. 从而 $\mathbb{P}_k^1$ 也可以看成是 $\mathbb{C} \cup \{\infty\}$. 按定义,

$$\mathcal{O}_{\mathbb{P}_k^1}(\mathbb{P}_k^1 \setminus \{\infty\}) = \{f \in \mathbb{C}(T) \mid \forall \mathfrak{p} \in \operatorname{Spm}(\mathbb{C}[T]), \ \mathrm{ord}_\mathfrak{p}(f) \geqslant 0\} = \mathbb{C}[T].$$

在 $\mathbb{C}$ 上使得所有多项式函数的绝对值连续的最粗的拓扑就是 $\mathbb{C}$ 上通常的距离所诱导的拓扑 (可以考虑形如 $(w \in \mathbb{C}) \mapsto |z - z_0|$ 的函数). 另外, 若用 0 表示 $\mathbb{C}[T]$ 中由 T 生成的极大理想, 那么

$$\mathcal{O}_{\mathbb{P}_k^1}(\mathbb{P}_k^1 \setminus \{0\}) = \mathbb{C}[T^{-1}],$$

并且 $(\mathbb{P}_\mathbb{C}^1 \setminus \{0\})^{\mathrm{an}} \cong \mathbb{C}$ 上的 Berkovich 拓扑也等同于 $\mathbb{C}$ 上通常的拓扑. 这样便可将 $\mathbb{P}_\mathbb{C}^{1,\mathrm{an}}$ 等同于黎曼球面.

---

① 注意将这个绝对值区别于 $\mathbb{C}(T)$ 上的绝对值 $|\cdot|_x$.

4.4　绝对值的扩张

绝对值在域扩张上的延拓是代数数论中的重要方法. 本节中我们从赋值域上线性赋范空间分析的角度来重新讨论绝对值的延拓. 首先我们用泛函分析和压缩映射的不动点定理来证明完备非阿基米德赋值域上 Banach 空间上的反函数定理并从中推出 Hensel 引理. 关于 Hensel 引理的各种等价形式以及与赋值域上隐函数定理的关系可以参考 Kuhlmann[81] 和 Ribenboim[114] 的著作.

4.4.1　赋超范 Banach 空间的分析

本节中令 $(K, |\cdot|)$ 为完备的非阿基米德赋值域, $\mathcal{O}$ 为其赋值环, $\mathfrak{m}$ 为 $\mathcal{O}$ 的极大理想.

4.4.1.1　多重线性映射及其算子范数

假设 $|\cdot|$ 不是平凡的绝对值. 令 $(E, \|\cdot\|)$ 和 $(F, \|\cdot\|)$ 为 $(K, |\cdot|)$ 上完备的赋超范线性空间. 设 n 为正整数, φ_n 为从 E^n 到 F 的映射. 如果对任意 $i \in \{1, \cdots, n\}$ 以及任意 $(x_1, \cdots, x_{i-1}, x_{i+1}, \cdots, x_n) \in E^{n-1}$, 映射

$$(x_i \in E) \longrightarrow \varphi_n(x_1, \cdots, x_{i-1}, x_i, x_{i+1}, \cdots, x_n)$$

是线性映射, 则说 φ_n 是从 E 到 F 的 **n-线性映射**. 当 $F = K$ 时, 从 E 到 K 的 n-线性映射也称为 E 上的 **n-线性形式**. 若 φ_n 是从 E 到 F 的 n-线性映射, 令

$$\|\varphi_n\| := \sup_{(x_1, \cdots, x_n) \in (E \setminus \{0\})^n} \frac{\|\varphi(x_1, \cdots, x_n)\|}{\|x_1\| \cdots \|x_n\|} \in [0, +\infty]. \tag{4.4.1}$$

如果 $\|\varphi_n\| < +\infty$, 则说 φ_n 是**有界的**. 用 $\mathscr{L}^n(E; F)$ 表示从 E 到 F 的有界 n-线性映射组成的集合. 该集合在映射的加法和数量乘法运算下构成一个 K-线性空间. 当 $(F, \|\cdot\|) = (K, |\cdot|)$ 时 $\mathscr{L}^n(E; K)$ 简记为 $\mathscr{L}^n(E)$. 公式 (4.4.1) 定义了线性空间 $\mathscr{L}^n(E; F)$ 上的超范数, 使得 $\mathscr{L}^n(E; F)$ 成为一个完备的赋超范线性空间. 另外, 任意从 $E^0 = \{0\}$ 到 F 的映射都称为从 E 到 F 的 **0-线性映射**. 用 $\mathscr{L}^0(E; F)$ 表示这样的映射组成的集合. 该集合自然地等同于 F, 我们赋之以 F 的范数. 当 $(F, \|\cdot\|) = (K, |\cdot|)$ 时 $\mathscr{L}^0(E; F)$ 亦简记为 $\mathscr{L}^0(E)$.

4.4.1.2　多重线性映射的形式级数

令 $\mathscr{L}^\bullet[\![E; F]\!]$ 为线性空间族 $(\mathscr{L}^n(E; F))_{n \in \mathbb{N}}$ 的直积. 若 $\varphi \in \mathscr{L}^\bullet[\![E; F]\!]$, 对任意 $n \in \mathbb{N}$ 用 $\varphi_n \in \mathscr{L}^n(E; F)$ 表示 φ 的第 n 个坐标. 令

$$\mathscr{L}_b^\bullet[\![E; F]\!] := \big\{ \varphi \in \mathscr{L}^\bullet[\![E; F]\!] \mid \sup_{n \in \mathbb{N}} \|\varphi_n\| < +\infty \big\},$$

并定义

$$\|\cdot\|_{\mathscr{L}^\bullet} : \mathscr{L}_b^\bullet[E; F] \longrightarrow \mathbb{R}_{\geqslant 0}, \quad \|\varphi\| := \sup_{n \in \mathbb{N}} \|\varphi_n\|.$$

这样定义的 $\|\cdot\|_{\mathscr{L}^\bullet}$ 是 $\mathscr{L}_b^\bullet[E; F]$ 上的超范数, 并且 $\mathscr{L}_b^\bullet[E; F]$ 在该超范数下构成完备的赋范线性空间.

设 m 和 n 为两个自然数, $\alpha_m \in \mathscr{L}^n(E)$, $\varphi_n \in \mathscr{L}^m(E; F)$. 用 $\alpha_m \otimes \varphi_n$ 表示从 $E^{m+n} = E^n \times E^n$ 到 F 将 $(x_1, \cdots, x_m, y_1, \cdots, y_n)$ 映为

$$\alpha_m(x_1, \cdots, x_m)\varphi_n(y_1, \cdots, y_n)$$

的映射. 这个映射是从 E 到 F 的 $(n+m)$-线性映射, 并且

$$\|\alpha_m \otimes \varphi_n\| = \|\alpha_m\| \cdot \|\varphi_n\|. \tag{4.4.2}$$

若 $(\alpha, \varphi) \in \mathscr{L}_b^\bullet[E] \times \mathscr{L}_b^\bullet[E; F]$, 令

$$\alpha \otimes \varphi := \left(\sum_{\substack{(k,\ell) \in \mathbb{N}^2 \\ k+\ell=n}} \alpha_k \otimes \varphi_\ell \right)_{n \in \mathbb{N}} \in \mathscr{L}^\bullet[E; F].$$

由 (4.4.2) 和强三角形不等式知 $\alpha \otimes \varphi \in \mathscr{L}_b^\bullet[E; F]$, 并且

$$\|\alpha \otimes \varphi\|_{\mathscr{L}^\bullet} \leqslant \|\alpha\|_{\mathscr{L}^\bullet} \cdot \|\varphi\|_{\mathscr{L}^\bullet}.$$

在 $(F, \|\cdot\|) = (K, |\cdot|)$ 的情形该构造赋予了 $\mathscr{L}_b^\bullet[E]$ 一个 K-代数结构. 这个代数一般是非交换的. 另外, 上述构造还赋予了 $\mathscr{L}_b^\bullet[E; F]$ 一个左 $\mathscr{L}_b^\bullet[E]$-模结构.

命题 4.4.1   对任意 $(\alpha, \varphi) \in \mathscr{L}_b^\bullet[E] \times \mathscr{L}_b^\bullet[E, F]$, 下列等式成立:

$$\|\alpha \otimes \varphi\|_{\mathscr{L}^\bullet} = \|\alpha\|_{\mathscr{L}^\bullet} \cdot \|\varphi\|_{\mathscr{L}^\bullet}. \tag{4.4.3}$$

证明   对任意 $\theta \in \,]0, 1[$, $\alpha \in \mathscr{L}_b^\bullet[E]$, 以及 $\varphi \in \mathscr{L}_b^\bullet[E; F]$, 令

$$\|\alpha\|_\theta := \sup_{n \in \mathbb{N}} \theta^n \|\alpha_n\|, \quad \|\varphi\|_\theta := \sup_{n \in \mathbb{N}} \theta^n \|\varphi_n\|.$$

这样由强三角形不等式知, 对任意 $(\alpha, \varphi) \in \mathscr{L}_b^\bullet[E] \times \mathscr{L}_b^\bullet[E, F]_b$,

$$\|\alpha \otimes \varphi\|_\theta \leqslant \|\alpha\|_\theta \cdot \|\varphi\|_\theta. \tag{4.4.4}$$

注意到

$$\lim_{n \to +\infty} \theta^n \|\alpha_n\| = \lim_{n \to +\infty} \theta^n \|\varphi_n\|_{\mathscr{L}^n} = 0.$$

令 $m \in \mathbb{N}$ 为使得 $\theta^m\|\alpha_m\| = \|\alpha\|_\theta$ 的最小的指标, $n \in \mathbb{N}$ 为使得 $\theta^n\|\varphi_n\| = \|\varphi\|_\theta$ 的最小的指标. 由 (4.4.2) 知

$$\theta^{n+m}\|\alpha_n \otimes \varphi_m\| = \theta^{n+m}\|\alpha_n\| \cdot \|\varphi_m\| = \|\alpha\|_\theta \cdot \|\varphi\|_\theta,$$

而且对于使得 $k + \ell = n + m$ 且 $(k, \ell) \neq (n, m)$ 的 $(k, \ell) \in \mathbb{N} \times \mathbb{N}$ 有

$$\theta^{n+m}\|\alpha_k \otimes \varphi_\ell\| = \theta^{k+\ell}\|\alpha_k\| \cdot \|\varphi_\ell\| < \|\alpha\|_\theta \cdot \|\varphi\|_\theta.$$

从而由命题 4.3.3 (a) 推出

$$\theta^{n+m}\|(\alpha \otimes \varphi)_{n+m}\| = \theta^{n+m}\left\|\alpha_n \otimes \varphi_m + \sum_{\substack{(k,\ell) \in \mathbb{N}^2 \\ k+\ell=m+n, (k,\ell) \neq (m,n)}} \alpha_k \otimes \varphi_\ell\right\| = \|\alpha\|_\theta \cdot \|\varphi\|_\theta.$$

结合不等式 (4.4.4) 得到

$$\|\alpha \otimes \varphi\|_\theta = \|\alpha\|_\theta \cdot \|\varphi\|_\theta.$$

令 $\theta \to 1$ 取极限推出等式 (4.4.3). $\qquad\qquad\square$

4.4.1.3 解析函数

定义 4.4.1 对任意自然数 d, 令

$$\mathscr{L}^{\leq d}[E; F] = \{\varphi \in \mathscr{L}^\bullet[\![E; F]\!] \mid \text{对任意 } n \in \mathbb{N}, \text{如果 } n > d, \text{那么 } \varphi_n = 0\},$$

并用 $\mathscr{L}^\bullet[E; F]$ 表示

$$\bigcup_{d \in \mathbb{N}} \mathscr{L}^{\leq d}[E; F].$$

当 $(F, \|\cdot\|) = (K, |\cdot|)$ 时分别用 $\mathscr{L}^{\leq d}[E]$ 和 $\mathscr{L}^\bullet[E]$ 来简记 $\mathscr{L}^{\leq d}[E; F]$ 和 $\mathscr{L}^\bullet[E; F]$. 注意到 $\mathscr{L}^\bullet[E]$ 是 $\mathscr{L}_b^\bullet[\![E]\!]$ 的子 K-代数, $\mathscr{L}^\bullet[E; F]$ 是 $\mathscr{L}_b^\bullet[\![E; F]\!]$ 的子 $\mathscr{L}^\bullet[E]$-模.

用 $\mathscr{L}^\bullet\langle E; F\rangle$ 表示 $\mathscr{L}^\bullet[E; F]$ 在 $\mathscr{L}_b^\bullet[\![E; F]\!]$ 中的闭包. 若 φ 是 $\mathscr{L}^\bullet[\![E; F]\!]$ 的元素, φ 属于 $\mathscr{L}^\bullet\langle E; F\rangle$ 当且仅当

$$\lim_{n \to +\infty} \|\varphi_n\| = 0.$$

若 φ 是 $\mathscr{L}^\bullet[\![E; F]\!]$ 中的元素, $d \in \mathbb{N}$, 定义 $\varphi^{\leq d} \in \mathscr{L}^{\leq d}[E; F]$ 如下

$$\forall n \in \mathbb{N}, \quad \varphi_n^{\leq d} = \begin{cases} \varphi_n, & n \leq d, \\ 0, & n > d. \end{cases}$$

这个元素可以看作是 φ 在 $\mathscr{L}^{\leqslant d}[E;F]$ 上的正交投影. 事实上,

$$\|\varphi - \varphi^{\leqslant d}\|_{\mathscr{L}^\bullet} = \min_{\psi \in \mathscr{L}^{\leqslant d}[E;F]} \|\varphi - \psi\|_{\mathscr{L}^\bullet},$$

并且

$$\|\varphi\|_{\mathscr{L}^\bullet} = \max\{\|\varphi^{\leqslant d}\|_{\mathscr{L}^\bullet}, \|\varphi - \varphi^{\leqslant d}\|_{\mathscr{L}^\bullet}\}.$$

当 $(F, \|\cdot\|) = (K, |\cdot|)$ 时, 用 $\mathscr{L}^\bullet\langle E\rangle$ 来简记 $\mathscr{L}^\bullet\langle E; K\rangle$.

命题 4.4.2　设 $x \in E$ 满足 $\|x\| \leqslant 1$. 那么线性映射

$$\mathrm{ev}_x : \mathscr{L}^\bullet[E;F] \longrightarrow F, \quad \varphi \longmapsto \sum_{n \in \mathbb{N}} \varphi_n(x, \cdots, x)$$

的范数等于 1, 从而可以连续延拓成从 $\mathscr{L}^\bullet\langle E; F\rangle$ 到 F 的有界线性映射.

证明　由强三角形不等式知

$$\left\|\sum_{n \in \mathbb{N}} \varphi_n(x, \cdots, x)\right\| \leqslant \max_{n \in \mathbb{N}} \|\varphi_n(x, \cdots, x)\| \leqslant \max_{n \in \mathbb{N}} \|\varphi_n\| \cdot \|x\|^n.$$

由于 $\|x\| \leqslant 1$, 从上式推出

$$\|\mathrm{ev}_x(\varphi)\| \leqslant \|\varphi\|_{\mathscr{L}^\bullet}.$$

从而 ev_x 的算子范数 $\leqslant 1$. 另外, 如果对任意正整数 n, φ_n 是恒取零值的 n-线性映射, 那么 $\|\mathrm{ev}_x(\varphi)\| = \|\varphi(0)\| = \|\varphi\|_{\mathscr{L}^\bullet}$. 所以 ev_x 的算子范数等于 1. 命题得证. $\qquad\square$

用 $\mathcal{E}$ 表示 $(E, \|\cdot\|)$ 中的单位闭球, 即

$$\mathcal{E} := \{x \in E \mid \|x\| \leqslant 1\}.$$

若 $\varphi \in \mathscr{L}^\bullet\langle E; F\rangle$, 那么

$$\mathrm{ev}_{\mathcal{E}}(\varphi) : (x \in \mathcal{E}) \longmapsto \mathrm{ev}_x(\varphi)$$

是定义在 $\mathcal{E}$ 上取值在 F 中的有界函数. 在不引起歧义的情况下也将 $\mathrm{ev}_x(\varphi)$ 简记为 $\varphi(x)$. 用 $\mathcal{A}(\mathcal{E}; F)$ 表示形如

$$\mathrm{ev}_{\mathcal{E}}(\varphi), \quad \varphi \in \mathscr{L}^\bullet\langle E; F\rangle$$

的函数构成的 K-线性空间. 这样

$$\mathrm{ev}_{\mathcal{E}} : \mathscr{L}^\bullet\langle E; F\rangle \longrightarrow \mathcal{A}(\mathcal{E}; F)$$

是 K-线性满射. 注意到其核等于

$$\bigcap_{x \in \mathcal{E}} \{\varphi \in \mathscr{L}^\bullet\langle E; F\rangle, \, \mathrm{ev}_x(\varphi) = 0\}.$$

这是 $\mathscr{L}^\bullet\langle E; F\rangle$ 的闭线性子空间. 从而 $\|\cdot\|_{\mathscr{L}^\bullet}$ 诱导了 $\mathcal{A}(\mathcal{E}; F)$ 上的商范数, 我们将它记作 $\|\cdot\|_{\mathcal{A}}$. 这样 $(\mathcal{A}(\mathcal{E}; F), \|\cdot\|_{\mathcal{A}})$ 构成完备的赋超范线性空间. 当 $(F, \|\cdot\|) = (K, |\cdot|)$ 时我们将 $\mathcal{A}(\mathcal{E}; F)$ 简记为 $\mathcal{A}(\mathcal{E})$. 这个集合在函数的加法和乘法下构成一个 K-代数, 并且 $\mathrm{ev}_{\mathcal{E}} : \mathscr{L}^\bullet\langle E\rangle \to \mathcal{A}(\mathcal{E})$ 是 K-代数的满同态. 另外, $\mathcal{A}(\mathcal{E}, F)$ 上自然具有一个 $\mathcal{A}(\mathcal{E})$-模结构, 并且对任意 $(a, f) \in \mathcal{A}(\mathcal{E}) \times \mathcal{A}(\mathcal{E}; F)$ 有

$$\|af\|_{\mathcal{A}} \leqslant \|a\|_{\mathcal{A}} \cdot \|f\|_{\mathcal{A}}.$$

由命题 4.4.2 得到, 对任意 $x \in \mathcal{E}$ 及任意使得 $\mathrm{ev}_{\mathcal{E}}(\varphi) = f$ 的 $\varphi \in \mathscr{L}^\bullet\langle E; F\rangle$, 有

$$\|f(x)\| = \|\mathrm{ev}_x(\varphi)\| \leqslant \|\varphi\|_{\mathscr{L}^\bullet}.$$

对这样的 φ 取下确界便得到 $\|f(x)\| \leqslant \|f\|_{\mathcal{A}}$. 从而如下不等式成立

$$\forall f \in \mathcal{A}(\mathcal{E}; F), \quad \sup_{x \in \mathcal{E}} \|f(x)\| \leqslant \|f\|_{\mathcal{A}}. \tag{4.4.5}$$

命题 4.4.3 设 $y \in \mathcal{E}$. 若 $f \in \mathcal{A}(\mathcal{E}; F)$, 那么函数

$$\tau_y(f) : \mathcal{E} \longrightarrow F, \quad (x \in \mathcal{E}) \longmapsto f(x + y)$$

是 $\mathcal{A}(\mathcal{E}; F)$ 中的元素, 并且 $\tau_y : \mathcal{A}(\mathcal{E}; F) \to \mathcal{A}(\mathcal{E}; F)$ 在范数 $\|\cdot\|_{\mathcal{A}}$ 下是等距同构.

证明 用 $\widetilde{\tau}_y$ 表示从 $\mathscr{L}^\bullet[E; F]$ 到自身的 K-线性映射, 使得对任意 $\varphi_\bullet \in \mathscr{L}^\bullet[E]$ 及 $n \in \mathbb{N}$ 有

$$\widetilde{\tau}_y(\varphi_\bullet)_n(x_1, \cdots, x_n) = \sum_{\substack{N \in \mathbb{N} \\ N \geqslant n}} \sum_{1 \leqslant i_1 < \cdots < i_n \leqslant N} \varphi_N(y, \cdots, y, x_1, y, \cdots, y, x_n, y, \cdots, y),$$

其中表达式 $\varphi_N(\cdots)$ 中第 $i_1, \cdots, i_n$ 个坐标分别为 $x_1, \cdots, x_n$, 其余的坐标都是 y. 由于 $\|y\| \leqslant 1$, 由强三角形不等式推出

$$\|\widetilde{\tau}_y(\varphi)_n(x_1, \cdots, x_n)\| \leqslant \|\varphi\|_{\mathscr{L}^\bullet} \cdot \|x_1\| \cdots \|x_n\|,$$

从而 $\|\widetilde{\tau}_y(\varphi)\|_{\mathscr{L}^\bullet} \leqslant \|\varphi\|_{\mathscr{L}^\bullet}$. 这说明了 $\widetilde{\tau}_y : \mathscr{L}^\bullet[E; F] \to \mathscr{L}^\bullet[E; F]$ 是范数 $\leqslant 1$ 的线性映射, 从而可以延拓成为从 $\mathscr{L}^\bullet\langle E; F\rangle$ 到 $\mathscr{L}^\bullet\langle E; F\rangle$ 的范数 $\leqslant 1$ 的线性映射. 另外, 当 $\varphi_\bullet \in \mathscr{L}^\bullet[E; F]$ 时不难验证

$$\forall x \in \mathcal{E}, \quad \mathrm{ev}_x(\widetilde{\tau}_y(\varphi)) = \mathrm{ev}_{\mathcal{E}}(\varphi)(x + y).$$

从而对于一般的 $\varphi \in \mathscr{L}^\bullet \langle E; F \rangle$ 有

$$\forall x \in \mathcal{E}, \quad \mathrm{ev}_x(\tilde{\tau}_y(\varphi)) = \lim_{d \to +\infty} \mathrm{ev}_x(\tilde{\tau}_y(\varphi^{\leqslant d})) = \lim_{d \to +\infty} \mathrm{ev}_{\mathcal{E}}(\varphi^{\leqslant d})(x+y)$$

$$= \mathrm{ev}_{\mathcal{E}}(\varphi)(x+y) = \tau_y(\mathrm{ev}_{\mathcal{E}}(\varphi))(x).$$

从而 $\tau_y(\mathrm{ev}_{\mathcal{E}}(\varphi)) = \mathrm{ev}_{\mathcal{E}}(\tilde{\tau}_y(\varphi))$. 这说明了对任意 $f \in \mathcal{A}(\mathcal{E}; F)$ 有 $\tau_y(f) \in \mathcal{A}(\mathcal{E}; F)$ 并且 $\|\tau_y(f)\|_{\mathcal{A}} \leqslant \|f\|_{\mathcal{A}}$. 最后, 由于 τ_{-y} 是 τ_y 的逆映射, 而这两个映射的算子范数都 $\leqslant 1$, 从而它们都是等距同构. $\qquad \square$

4.4.1.4 解析函数的微分

定义 4.4.2 令 $\mathscr{L}^1(E; \mathscr{L}^\bullet \langle E; F \rangle)$ 为从 E 到 $\mathscr{L}^\bullet \langle E; F \rangle$ 的所有有界线性映射构成的线性空间, 并赋之以算子范数. 对任意 $\varphi \in \mathscr{L}^\bullet [E; F]$, 用 $D\varphi$ 表示从 E 到 $\mathscr{L}^\bullet[E; F]$ 满足下列条件的线性映射: 对任意 $y \in E$, $n \in \mathbb{N}$, 以及 $(x_1, \cdots, x_n) \in E^n$, 有

$$D\varphi(y)_n(x_1, \cdots, x_n) = \sum_{i=0}^{n} \varphi_{n+1}(x_1, \cdots, x_i, y, x_{i+1}, \cdots, x_n).$$

由强三角形不等式知

$$\|D\varphi(y)\|_{\mathscr{L}^\bullet} \leqslant \|\varphi\|_{\mathscr{L}^\bullet} \cdot \|y\|.$$

这说明了 D 定义了从 $\mathscr{L}^\bullet[E; F]$ 到 $\mathscr{L}^1(E, \mathscr{L}^\bullet \langle E; F \rangle)$ 的有界线性映射, 其算子范数 $\leqslant 1$. 这样 D 可以连续延拓成为从 $\mathscr{L}^\bullet \langle E; F \rangle$ 到 $\mathscr{L}^1(E, \mathscr{L}^\bullet \langle E; F \rangle)$ 的有界线性映射.

命题 4.4.4 设 $\lambda \in K \setminus \{0\}$ 满足 $|\lambda| < 1$. 对任意 $x \in \mathcal{E}$ 及 $y \in E$ 有

$$\mathrm{ev}_x(D\varphi(y)) = \lim_{N \to +\infty} \lambda^{-N}(\mathrm{ev}_{x+\lambda^N y}(\varphi) - \mathrm{ev}_x(\varphi)). \tag{4.4.6}$$

特别地, 如果 $\mathrm{ev}_{\mathcal{E}}(\varphi)$ 是常值函数, 那么函数 $\mathrm{ev}_{\mathcal{E}}(D\varphi)$ 恒取零值.

证明 设 N 为足够大的自然数, 使得 $\|\lambda^N y\| < 1$. 对任意 $n \in \mathbb{N}$, 将多重线性映射 φ_{n+1} 在 $(x + \lambda^N y, \cdots, x + \lambda^N y)$ 处的值展开, 由强三角形不等式知

$$\varphi_{n+1}(x + \lambda^N y, \cdots, x + \lambda^N y) - \varphi_{n+1}(x, \cdots, x) - \lambda^N D\varphi(y)_n(x, \cdots, x)$$

的范数不超过 $\|\lambda^N y\|^2 \cdot \|\varphi_{n+1}\|$, 从而

$$\|\lambda^{-N}(\mathrm{ev}_{x+\lambda^N y}(\varphi) - \mathrm{ev}_x(\varphi)) - \mathrm{ev}_x(D\varphi(y))\| \leqslant |\lambda|^N \cdot \|y\|^2 \cdot \|\varphi\|_{\mathscr{L}^\bullet}.$$

令 $N \to +\infty$ 取极限便得到 (4.4.6). $\qquad \square$

令 $\mathscr{L}^1(E; \mathcal{A}(E; F))$ 为从 E 到 $\mathcal{A}(E; F)$ 的所有有界线性映射构成的线性空间, 并赋之以算子范数. 命题 4.4.4 说明了

$$D : \mathscr{L}^\bullet\langle E; F\rangle \longrightarrow \mathscr{L}^1(E, \mathscr{L}^\bullet\langle E; F\rangle)$$

诱导了从 $\mathcal{A}(\mathcal{E}; F)$ 到 $\mathscr{L}^1(E, \mathcal{A}(\mathcal{E}; F))$ 的有界线性映射, 其算子范数 $\leqslant 1$. 我们仍将该有界线性映射记为 D. 遵从经典微分学的书写习惯, 如果 f 是 $\mathcal{A}(\mathcal{E}; F)$ 中的元素, 对任意 $x \in \mathcal{E}$ 及 $y \in E$, 用 $D_x f(y)$ 来表示元素 $Df(y)(x)$. 这样 $y \mapsto D_x f(y)$ 是从 E 到 F 的有界线性映射, 并且由 (4.4.5) 知, 对任意 $y \in E$ 有

$$\|D_x f(y)\| \leqslant \|f\|_{\mathcal{A}} \cdot \|y\|.$$

从而如下不等式成立:

$$\|D_x f\| \leqslant \|f\|_{\mathcal{A}}. \tag{4.4.7}$$

4.4.1.5 中值定理和反函数定理

命题 4.4.5 设 f 是 $\mathcal{A}(E; F)$ 中的元素, $x_0 \in \mathcal{E}$. 对任意 $\mathcal{E}$ 中的元素 x, x_1 和 x_2, 以下不等式成立:

$$\|f(x) - f(x_0)\| \leqslant \|f\|_{\mathcal{A}} \cdot \|x - x_0\|, \tag{4.4.8}$$

$$\|f(x_1) - f(x_2) - D_{x_0} f(x_1 - x_2)\|$$
$$\leqslant \|f\|_{\mathcal{A}} \cdot \|x_1 - x_2\| \cdot \max\{\|x_1 - x_0\|, \|x_2 - x_0\|\}. \tag{4.4.9}$$

证明 设 $\varphi \in \mathscr{L}^\bullet\langle E; F\rangle$ 使得 $f = \mathrm{ev}_{\mathcal{E}}(\varphi)$. 对任意 $n \in \mathbb{N}$, 由 φ_n 的多重线性推出

$$\varphi_n(x, \cdots, x) - \varphi_n(x_0, \cdots, x_0) = \sum_{i=1}^{n} \varphi_n(\underbrace{x, \cdots, x}_{i-1 \text{ 个}}, x - x_0, \underbrace{x_0, \cdots, x_0}_{n-i \text{ 个}}). \tag{4.4.10}$$

从而

$$\|\varphi_n(x, \cdots, x) - \varphi_n(x_0, \cdots, x_0)\| \leqslant \|\varphi_n\| \cdot \|x - x_0\| \leqslant \|\varphi\|_{\mathscr{L}^\bullet} \cdot \|x - x_0\|.$$

由强三角形不等式得到, 对任意 $N \in \mathbb{N}$,

$$\left\| \sum_{n=0}^{N} (\varphi_n(x, \cdots, x) - \varphi_n(x_0, \cdots, x_0)) \right\| \leqslant \|\varphi\|_{\mathscr{L}^\bullet} \cdot \|x - x_0\|. \tag{4.4.11}$$

类似地, 对任意 $j \in \{1,2\}$,

$$\varphi_n(x_j,\cdots,x_j) - \varphi_n(x_0,\cdots,x_0) - D\varphi(x_j-x_0)_{n-1}(x_0,\cdots,x_0)$$

$$= \sum_{i=1}^{n} \varphi_n(\underbrace{x_j,\cdots,x_j}_{i-1\,\text{个}}, x_j-x_0, \underbrace{x_0,\cdots,x_0}_{n-i\,\text{个}}) - \varphi_n(\underbrace{x_0,\cdots,x_0}_{i-1\,\text{个}}, x_j-x_0, \underbrace{x_0,\cdots,x_0}_{n-i\,\text{个}}).$$

从而

$$\varphi_n(x_1,\cdots,x_1) - \varphi_n(x_2,\cdots,x_2) - D\varphi(x_1-x_2)_{n-1}(x_0,\cdots,x_0)$$

$$= \sum_{i=1}^{n} \varphi_n(\underbrace{x_1,\cdots,x_1}_{i-1\,\text{个}}, x_1-x_2, \underbrace{x_0,\cdots,x_0}_{n-i\,\text{个}}) - \varphi_n(\underbrace{x_0,\cdots,x_0}_{i-1\,\text{个}}, x_1-x_2, \underbrace{x_0,\cdots,x_0}_{n-i\,\text{个}})$$

$$+ \sum_{i=1}^{n} \varphi_n(\underbrace{x_1,\cdots,x_1}_{i-1\,\text{个}}, x_2-x_0, \underbrace{x_0,\cdots,x_0}_{n-i\,\text{个}}) - \varphi_n(\underbrace{x_2,\cdots,x_2}_{i-1\,\text{个}}, x_2-x_0, \underbrace{x_0,\cdots,x_0}_{n-i\,\text{个}}).$$

仍像 (4.4.10) 那样利用 φ_n 的多重线性将每个求和项写成 $i-1$ 项之和, 由强三角形不等式得到, 对任意 $N \in \mathbb{N}$,

$$\left\| \sum_{n=1}^{N} \varphi_n(x_1,\cdots,x_1) - \varphi_n(x_2,\cdots,x_2) - D\varphi(x_1-x_2)_{n-1}(x_0,\cdots,x_0) \right\|$$

$$\leqslant \|\varphi\|_{\mathscr{L}^\bullet} \cdot \|x_1-x_2\| \cdot \max\{\|x_1-x_0\|, \|x_2-x_0\|\}. \tag{4.4.12}$$

令 $N \to +\infty$ 取极限再对使得 $f = \mathrm{ev}_{\mathcal{E}}(\varphi)$ 的 $\varphi \in \mathscr{L}^\bullet(E;F)$ 取下确界, 从 (4.4.11) 和 (4.4.12) 分别推出 (4.4.8) 和 (4.4.9). □

定理 4.4.1 (反函数定理)　设 $f \in \mathcal{A}(\mathcal{E};F)$, $x_0 \in \mathcal{E}$. 假设 $D_{x_0}f : E \to F$ 是双射. 对任意使得[①]

$$r < \frac{1}{\|f\|_{\mathcal{A}} \cdot \|(D_{x_0}f)^{-1}\|} \tag{4.4.13}$$

的正实数 r, 函数 $x \mapsto f(x)$ 定义了从

$$\overline{B}(x_0;r) := \{x \in \mathcal{E} \mid \|x-x_0\| \leqslant r\}$$

到

$$f(x_0) + D_{x_0}f(\overline{B}(0;r)) := \{f(x_0) + D_{x_0}f(y) \mid y \in E, \|y\| \leqslant r\}$$

的双射.

---

① 由 (4.4.7) 知 $\|f\|_{\mathcal{A}} \cdot \|(D_{x_0}f)^{-1}\| \geqslant \|D_{x_0}f\| \cdot \|(D_{x_0}f)^{-1}\| \geqslant 1$, 从而 $r < 1$.

证明　由不等式 (4.4.9) 知, 如果 $0 < \|x - x_0\| \leqslant r$, 那么

$$\|(D_{x_0}f)^{-1}(f(x) - f(x_0)) - (x - x_0)\| \leqslant \|(D_{x_0}f)^{-1}\| \cdot \|f\|_{\mathcal{A}} \cdot \|x - x_0\|^2 < \|x - x_0\|,$$

其中第二个不等式来自条件 (4.4.13). 这说明了

$$f(\overline{B}(x_0; r)) \subset f(x_0) + D_{x_0}f(\overline{B}(0; r)).$$

设 $y \in E$ 使得 $\|y\| \leqslant r$. 令 $w = f(x_0) + D_{x_0}f(y)$. 对任意 $x \in \overline{B}(x_0; r)$, 令

$$\varphi(x) = x - (D_{x_0}f)^{-1}(f(x) - w).$$

由强三角形不等式知

$$\|\varphi(x) - x_0\| \leqslant \max\{\|x - x_0\|, \|(D_{x_0}f)^{-1}(f(x) - f(x_0))\|, \|y\|\} \leqslant r.$$

这说明了 φ 是从 $\overline{B}(x_0; r)$ 到自身的映射. 以下证明 φ 是压缩映射. 令

$$\varepsilon = r \cdot \|(D_{x_0}f)^{-1}\| \cdot \|f\|_{\mathcal{A}} < 1.$$

若 x_1 和 x_2 是 $\overline{B}(x_0; r)$ 中的元素, 由 (4.4.9) 知

$$\|f(x_1) - f(x_2) - D_{x_0}f(x_1 - x_2)\| \leqslant r \cdot \|f\|_{\mathcal{A}} \cdot \|x_1 - x_2\|.$$

另外

$$\begin{aligned}
\varphi(x_1) - \varphi(x_2) &= (x_1 - x_2) - (D_{x_0}f)^{-1}(f(x_1) - f(x_2)) \\
&= (D_{x_0}f)^{-1}(D_{x_0}f(x_1 - x_2) - (f(x_1) - f(x_2))),
\end{aligned}$$

从而

$$\|\varphi(x_1) - \varphi(x_2)\| \leqslant \varepsilon \|x_1 - x_2\|.$$

由压缩映射定理知 φ 具有唯一的不动点, 也就是说存在唯一的 $x \in \overline{B}(x_0; r)$ 使得 $f(x) = w$. 命题得证. □

命题 4.4.6　假设 $(E, \|\cdot\|)$ 和 $(F, \|\cdot\|)$ 是有限维赋超范 K-线性空间, $u : E \to F$ 是 K-线性空间同构. 那么

$$\|\det(u)\| \leqslant \frac{\|u\|^{d-1}}{\|u^{-1}\|}, \tag{4.4.14}$$

其中 d 是 E 在 K 上的维数.

证明   如果 $(x_i)_{i=1}^d$ 是 E 在 K 上的一组基, 那么

$$u(x_1) \wedge \cdots \wedge u(x_d) = \det(u)(x_1 \wedge \cdots \wedge x_d).$$

由于 $\det(E)$ 和 $\det(F)$ 都是一维 K-线性空间, 知

$$
\begin{aligned}
\| \det(u) \| &= \frac{\|u(x_1) \wedge \cdots \wedge u(x_d)\|_{\det}}{\|x_1 \wedge \cdots \wedge x_d\|_{\det}} \leqslant \frac{\|u(x_1)\| \cdots \|u(x_d)\|}{\|x_1 \wedge \cdots \wedge x_d\|_{\det}} \\
&\leqslant \|u\|^{d-1} \frac{\|u(x_1)\| \cdot \|x_2\| \cdots \|x_d\|}{\|x_1 \wedge \cdots \wedge x_d\|_{\det}}.
\end{aligned}
\tag{4.4.15}
$$

设 $\alpha \in \,]0,1[$ 并取 $x_1 \in E \setminus \{0\}$ 使得

$$\frac{\|u(x_1)\|}{\|x_1\|} = \frac{\|u(x_1)\|}{\|u^{-1}(u(x_1))\|} \leqslant \frac{1}{\alpha \|u^{-1}\|}.$$

由定理 4.3.2 知可以将 $\{x_1\}$ 扩张成 E 在 K 上的一组 $\sqrt[d]{\alpha}$-正交基 $(x_1, \cdots, x_d)$. 再由命题 4.3.8 (b) 知

$$\|x_1 \wedge \cdots \wedge x_d\|_{\det} \geqslant \alpha \|x_1\| \cdots \|x_d\|.$$

从而由 (4.4.15) 推出

$$\| \det(u) \| \leqslant \frac{\|u\|^{d-1}}{\alpha^2 \|u^{-1}\|}.$$

令 α 趋于 1 取极限便得到 (4.4.14).   □

推论 4.4.1   设 $f \in \mathcal{A}(\mathcal{E}; F)$, $x_0 \in \mathcal{E}$. 假设 E 和 F 都是有限维 K-线性空间, $D_{x_0}f : E \to F$ 是双射, 并令 d 为 E 在 K 上的维数. 令 $J_{x_0}f := \det(D_{x_0}f)$. 如果

$$\|f(x_0)\| < \frac{\|J_{x_0}f\|^2}{\|f\|_{\mathcal{A}}^{2d-1}},$$

那么存在唯一的 $x \in \mathcal{E}$ 使得

$$\|x - x_0\| \leqslant \frac{\|f\|_{\mathcal{A}}^{d-1}}{\|J_{x_0}f\|} \cdot \|f(x_0)\|,$$

并且 $f(x) = 0$.

证明   由命题 4.4.6 及不等式 (4.4.7) 知

$$\|J_{x_0}f\| \leqslant \frac{\|D_{x_0}f\|^{d-1}}{\|(D_{x_0}f)^{-1}\|} \leqslant \frac{\|f\|_{\mathcal{A}}^{d-1}}{\|(D_{x_0}f)^{-1}\|},$$

其中 d 是 E 在 K 上的维数. 假设

$$\|f(x_0)\| < \frac{\|J_{x_0}f\|^2}{\|f\|_{\mathcal{A}}^{2d-1}} \leqslant \frac{1}{\|f\|_{\mathcal{A}} \cdot \|(D_{x_0}f)^{-1}\|^2},$$

那么

$$\|(D_{x_0}f)^{-1}(f(x_0))\| \leqslant \|(D_{x_0}f)^{-1}\| \cdot \|f(x_0)\| < \frac{1}{\|f\|_{\mathcal{A}} \cdot \|(D_{x_0}f)^{-1}\|}.$$

而且

$$0 = f(x_0) + D_{x_0}f((D_{x_0}f)^{-1}(-f(x_0))).$$

从而定理 4.4.1 说明了存在唯一的 $x \in \mathcal{E}$ 使得

$$\|x - x_0\| \leqslant \|(D_{x_0}f)^{-1}\| \cdot \|f(x_0)\| \leqslant \frac{\|f\|_{\mathcal{A}}^{d-1}}{\|J_{x_0}f\|} \cdot \|f(x_0)\|,$$

并且 $f(x) = 0$. $\square$

4.4.1.6 Hensel 引理

用 $K[T]$ 表示系数在 K 中的一元多项式组成的 K-代数, 并赋之以 Gauss 范数 $\|\cdot\|$ 如下: 若 $F = a_0 + a_1 T + \cdots + a_n T^n \in K[T]$,

$$\|F\| := \max_{i \in \{0, \cdots, n\}} |a_i|.$$

对任意自然数 n, 用 $K[T]^{\leqslant n}$ 表示次数不超过 n 的多项式组成的 $K[T]$ 的 K-线性子空间, 并赋之以限制范数. 若 g 和 h 为 $K[T]$ 中的两个元素, 其次数分别为 n 和 m, 用 $\mathrm{Res}(g, h)$ 来表示 K-线性映射

$$K[T]^{\leqslant (n-1)} \times K[T]^{\leqslant (m-1)} \longrightarrow K[T]^{\leqslant (n+m-1)}, \quad (a, b) \longmapsto ah + bg$$

的行列式. 注意到 $\mathrm{Res}(g, h) \neq 0$ 当且仅当 g 和 h 互素.

用 $\mathcal{O}[T]$ 表示系数在 $\mathcal{O}$ 中的一元多项式组成的 $\mathcal{O}$-代数. 对任意 $n \in \mathbb{N}$, 用 $\mathcal{O}[T]^{\leqslant n}$ 表示 $\mathcal{O}[T]$ 中次数不超过 n 的多项式组成的子 $\mathcal{O}$-模. 注意到

$$\mathcal{O}[T]^{\leqslant n} = \{P \in K[T]^{\leqslant n} \mid \|P\| \leqslant 1\}.$$

定理 4.4.2 (Hensel 引理) 设 F, g 和 h 为 $\mathcal{O}[T]$ 中三个多项式, $n = \deg(g)$, $m = \deg(h)$. 假设 $\deg(F) = n + m$, $\|F - gh\| < \|\mathrm{Res}(g, h)\|^2$, 且 $\deg(F - gh) \leqslant$

$n + m - 1$. 那么存在 $\mathcal{O}[T]$ 中的多项式 G 和 H, 使得 $F = GH$, $\deg(g - G) \leqslant \deg(g) - 1$, $\deg(h - H) \leqslant \deg(h) - 1$, 并且

$$\max\{\|g - G\|, \|h - H\|\} \leqslant \frac{\|F - gh\|}{\|\operatorname{Res}(g, h)\|}.$$

证明　在线性空间 $K[T]^{\leqslant(n-1)} \times K[T]^{\leqslant(m-1)}$ 上赋以超范数 $\|\cdot\|$ 如下

$$\forall\,(a, b) \in K[T]^{\leqslant(n-1)} \times K[T]^{\leqslant(m-1)}, \quad \|(a, b)\| := \max\{\|a\|, \|b\|\}.$$

考虑映射

$$\Phi : \mathcal{O}[T]^{\leqslant(n-1)} \times \mathcal{O}[T]^{\leqslant(m-1)} \longrightarrow K[T]^{\leqslant(n+m-1)},$$

$$(a, b) \longmapsto (a + g)(b + h) - F.$$

该映射是

$$\mathcal{A}(\mathcal{O}[T]^{\leqslant(n-1)} \times \mathcal{O}[T]^{\leqslant(m-1)}; K[T]^{\leqslant(n+m-1)})$$

中的元素. 由于 g, h 和 F 都是 $\mathcal{O}[T]$ 中的元素, 知 $\|\Phi\|_{\mathcal{A}} \leqslant 1$. 另外,

$$\Phi(1 + F(0) - g(0), 1 - h(0))$$

是常数项为 1 的 $\mathcal{O}[T]$ 中的多项式, 从而由 (4.4.5) 知 $\|\Phi\|_{\mathcal{A}} \geqslant 1$. 这说明了 $\|\Phi\|_{\mathcal{A}} = 1$.

依定义

$$D_{(0,0)}\Phi : K[T]^{\leqslant(n-1)} \times K[T]^{\leqslant(m-1)} \longrightarrow K[T]^{\leqslant(n+m-1)}$$

将 (a, b) 映为 $ah + bg$, 从而

$$\det(D_{(0,0)}\Phi) = \operatorname{Res}(g, h).$$

这样由推论 4.4.1 便得出要证的结论.　　　　　　　　　　　　　　$\square$

推论 4.4.2　假设

$$F(T) = a_0 T^d + a_1 T^{d-1} + \cdots + a_d \in K[T]$$

是 $K[T]$ 中的不可约多项式, 其中 $a_0 \neq 0$, 那么 $\|F\| = \max\{|a_0|, |a_d|\}$. 特别地, 若 $a_0 = 1$ 且 $a_d \in \mathcal{O}$, 那么 $F \in \mathcal{O}[T]$.

证明　将 F 的系数乘以一个公因子后不妨设

$$\max\{|a_0|, \cdots, |a_d|\} = 1.$$

令 $i \in \{0, \cdots, d\}$ 为使得 $|a_i| = 1$ 的最大的指标. 假设 $i \notin \{0, d\}$. 令

$$g(T) = T^{d-i}, \quad h(T) = a_0 T^i + a_1 T^{i-1} + \cdots + a_i.$$

那么 $\|\mathrm{Res}(g, h)\| = |a_i^{d-i}| = 1$, 而

$$(F - gh)(T) = a_{i+1} T^{d-i-1} + \cdots + a_d.$$

从而

$$\|F - gh\| < 1 = \|\mathrm{Res}(g, h)\|^2.$$

由定理 4.4.2 知 F 在 $K[T]$ 中可约, 矛盾. 所以

$$\max\{|a_0|, \cdots, |a_d|\} = \max\{|a_0|, |a_d|\}.$$

最后, 如果 $a_0 = 1$ 且 $a_d \in \mathcal{O}$, 那么 $\max\{|a_0|, \cdots, |a_d|\} = 1$, 从而 $f \in \mathcal{O}[T]$. □

4.4.2 完备绝对值与范数的扩张

设 $(K, |\cdot|)$ 是完备赋值域. 如果 $|\cdot|$ 是阿基米德绝对值, 那么由 Ostrowski 定理 (见 [104], 或参考 [98, II.(4.2)]) 知 K 同构于 $\mathbb{R}$ 或 $\mathbb{C}$, 并且存在 $\kappa \in \,]0, 1]$ 使得 $|\cdot|$ 等同于 $\mathbb{R}$ 或 $\mathbb{C}$ 上通常绝对值的 κ 次幂.

4.4.2.1 完备绝对值的扩张

定理 4.4.3 设 $(K, |\cdot|)$ 是完备赋值域. 对任意有限扩张 L/K, 绝对值 $|\cdot|$ 可以唯一地延拓到 L 之上, 使得 ($N_{L/K}$ 的构造见附录定义 A.4.3)

$$\forall \alpha \in L, \quad |\alpha| = \sqrt[n]{|N_{L/K}(\alpha)|}, \tag{4.4.16}$$

其中 $n = [L : K]$. 另外, $(L, |\cdot|)$ 也是完备赋值域; 并且当 $|\cdot|$ 是非阿基米德绝对值时, L 的赋值环是 K 的赋值环的整闭包.

证明 假设绝对值 $|\cdot|$ 可以延拓到 L 之上, 那么 $(L, |\cdot|)$ 是 $(K, |\cdot|)$ 上的有限维赋范线性空间, 所以是完备的 (见定理 4.3.1).

先讨论 $|\cdot|$ 是阿基米德绝对值的情形. 此时知 $K = \mathbb{R}$ 或 $\mathbb{C}$, 并且存在 $\kappa \in \,]0, 1]$ 使得 $|\cdot|$ 是 $\mathbb{R}$ 或 $\mathbb{C}$ 上通常的绝对值的 κ 次幂. 从而只须讨论 $K = \mathbb{R}$ 且 $L = \mathbb{C}$ 的情形. 注意到对任意 $z \in \mathbb{C}$ 有

$$N_{\mathbb{C}/\mathbb{R}}(z) = z\bar{z}.$$

从而命题成立.

以下假设 $|\cdot|$ 是非阿基米德绝对值. 设 A 为 K 的赋值环, B 为 A 在 L 中的整闭包. 由于赋值环是整闭整环, 由命题 A.4.9 知对任意 $\alpha \in B$ 有 $N_{L/K}(\alpha) \in A$.

反过来, 设 α 是 L 中的元素, 其极小多项式形如

$$P_\alpha(T) = T^d - a_1 T^{d-1} + \cdots + (-1)^d a_d.$$

由命题 A.4.9 知 $a_d = N_{K(\alpha)/K}(\alpha)$, 从而

$$N_{L/K}(\alpha) = N_{K(\alpha)/K}(\alpha)^{[L:K(\alpha)]}$$

是 a_d 的幂. 由于 A 是整闭整环, 如果 $N_{L/K}(\alpha) \in A$, 那么 $a_d \in A$. 由推论 4.4.2 知 $P_\alpha \in A[T]$, 从而 α 是 A 上的整元. 这说明 A 在 L 中的整闭包等于

$$\{\alpha \in L \mid N_{L/K}(\alpha) \in A\}.$$

以下将函数 $|\cdot|$ 按公式 (4.4.16) 延拓到域 L 上 (依定义, 当 $\alpha \in K$ 时 $N_{L/K}(\alpha) = \alpha^n$). 不难证明延拓的函数是 L 上的绝对值. 事实上, 对任意 $(\alpha, \beta) \in L^2$ 有

$$N_{L/K}(\alpha\beta) = N_{L/K}(\alpha)N_{L/K}(\beta),$$

故 $|\alpha\beta| = |\alpha| \cdot |\beta|$. 另外, 前面证明了 A 在 L 中的整闭包 B 等于

$$\{\alpha \in L \mid |\alpha| \leqslant 1\}.$$

如果 α 和 β 是 L 中的两个元素, 使得 $|\alpha| \geqslant |\beta|$, 那么

$$\frac{\beta}{\alpha} + 1 \in B,$$

从而

$$|\beta + \alpha| \leqslant |\alpha| = \max\{|\alpha|, |\beta|\}.$$

这说明了函数 $|\cdot| : L \to [0, +\infty[$ 是 L 上的非阿基米德绝对值.

最后证明延拓的唯一性. 假设 $|\cdot|_1 : L \to [0, +\infty[$ 是延拓 $|\cdot|$ 的另一绝对值, 它也是非阿基米德绝对值. 以下用反证法证明对任意 $\alpha \in B$ 有 $|\alpha|_1 \leqslant 1$. 令

$$P_\alpha(T) = T^d + a_1 T^{d-1} + \cdots + a_d \in K[T]$$

为 α 的极小多项式, 那么

$$1 = |a_1\alpha^{-1} + \cdots + a_d\alpha^{-d}|_1 \leqslant \max_{i \in \{1, \cdots, d\}} \frac{|a_i|}{|\alpha|_1^i}.$$

如果 $|\alpha|_1 > 1$, 那么得到

$$\forall i \in \{1, \cdots, d\}, \quad \frac{|a_i|}{|\alpha|_1^i} < 1,$$

与上式矛盾. 这说明 $(L, |\cdot|_1)$ 的赋值环 B_1 包含 B. 由注 4.3.1 知存在 $\kappa > 0$ 使得 $|\cdot|_1 = |\cdot|^\kappa$. 由于 $|\cdot|$ 和 $|\cdot|_1$ 在 K 上的限制相等, 如果 $|\cdot|$ 在 K 上不是平凡的绝对值, 那么 $\kappa = 1$. 如果 $|\cdot|$ 在 K 上是平凡的绝对值, 按定义它在 L 上也是平凡的绝对值, 从而仍有 $|\cdot|_1 = |\cdot|$. $\qquad\square$

注 4.4.1 设 $(K, |\cdot|)$ 是完备赋值域. 定理 4.4.3 说明了 $|\cdot|$ 可以唯一地延拓到 K 的代数闭包 K^{ac} 之上. 如果 α 是 K^{ac} 中的元素,

$$P_\alpha(T) = T^d - \lambda_1 T^{d-1} + \cdots + (-1)^d \lambda_d$$

是 α 在 K 上的极小多项式, 那么

$$|\alpha| = |\lambda_d|^{1/d}.$$

令 $\mathrm{Aut}_{K\text{-alg}}(K^{\mathrm{ac}})$ 为域 K^{ac} 的 K-线性自同构群. 对任意 $\sigma \in \mathrm{Aut}_K(K^{\mathrm{ac}})$, K^{ac} 中的元素 α 与 $\sigma(\alpha)$ 在 K 上具有相同的极小多项式. 这说明了 $|\alpha| = |\sigma(\alpha)|$.

4.4.2.2 范数的扩张

定义 4.4.3 设 $(K, |\cdot|)$ 为非阿基米德完备赋值域, $(L, |\cdot|_L)$ 为 $(K, |\cdot|)$ 的扩张, 使得 $(L, |\cdot|_L)$ 为完备赋值域. 设 $(E, \|\cdot\|)$ 为有限维赋超范 K-线性空间. 用 $\|\cdot\|_L$ 表示 $L \otimes_K E$ 上的超范数, 使得对任意 $\lambda_1 \otimes s_1 + \cdots + \lambda_n \otimes s_n \in L \otimes_K E$ 有 (对偶范数的概念见定义 4.3.1)

$$\|\lambda_1 \otimes s_1 + \cdots + \lambda_n \otimes s_n\|_L := \sup_{\varphi \in E^\vee \setminus \{0\}} \frac{|\lambda_1 \varphi(s_1) + \cdots + \lambda_n \varphi(s_n)|_L}{\|\varphi\|_*}.$$

这实际上是将 $L \otimes_K E$ 等同于 $\mathrm{Hom}_K(E^\vee, L)$ 并考虑其上的算子范数.

命题 4.4.7 在定义 4.4.3 的记号和假设下, 以下命题成立.

(1) 对任意 $s \in E$ 有

$$\|1 \otimes s\|_L = \|s\|.$$

(2) 设 $\alpha \in]0, 1]$. 如果 $(e_i)_{i=1}^r$ 是 $(E, \|\cdot\|)$ 的 α-正交基, 那么 $(1 \otimes e_i)_{i=1}^r$ 是 $(L \otimes_K E, \|\cdot\|_L)$ 的 α-正交基.

(3) 若通过 K-线性单射

$$E \longrightarrow L \otimes_K E, \quad x \longmapsto 1 \otimes x,$$

将 E 视为 $L \otimes_K E$ 的子集, 那么 $\|\cdot\|_L$ 是 $L \otimes_K E$ 上延拓函数 $\|\cdot\|$ 的最大的超范数.

(4) 如果通过线性空间 $L \otimes_K \det(E)$ 和 $\det(L \otimes_K E)$ 之间的自然同构将它们等同起来, 那么如下等式成立

$$\|\cdot\|_{L,\det} = \|\cdot\|_{\det,L}.$$

证明 (1) 依定义有

$$\|1 \otimes s\|_L = \|s\|_{**}.$$

由于 $\|\cdot\|$ 是超范数, 由命题 4.3.9 得到 $\|1 \otimes s\|_L = \|s\|$.

(2) 令 $(e_i^{\vee})_{i=1}^r$ 为 $(e_i)_{i=1}^r$ 的对偶基. 由命题 4.3.7 知, 对任意 $i \in \{1, \cdots, r\}$ 有

$$\|e_i^{\vee}\|_* \leqslant \frac{1}{\alpha\|e_i\|}.$$

这样对任意 $(\lambda_1, \cdots, \lambda_r) \in L^r$, 有

$$\forall i \in \{1, \cdots, r\}, \quad \|\lambda_1 \otimes e_1 + \cdots + \lambda_r \otimes e_r\|_L \geqslant \frac{|\lambda_i|_L}{\|e_i\|_*} \geqslant \alpha |\lambda_i|_L \cdot \|e_i\|.$$

从而由 (1) 知

$$\|\lambda_1 \otimes e_1 + \cdots + \lambda_r \otimes e_r\|_L \geqslant \alpha \max_{i \in \{1, \cdots, r\}} |\lambda_i|_L \cdot \|1 \otimes e_i\|_L.$$

所以 $(1 \otimes e_i)_{i=1}^r$ 是 $(L \otimes_K E, \|\cdot\|_L)$ 的 α-正交基.

(3) 由 (1) 知 $\|\cdot\|_L$ 是 $L \otimes_K E$ 上延拓 $\|\cdot\|$ 的超范数. 假设 $\|\cdot\|'$ 是另一延拓 $\|\cdot\|$ 的超范数. 由命题 4.3.8, 对任意 $\alpha \in\,]0, 1[$, 存在 $(E, \|\cdot\|)$ 的 α-正交基 $(e_i)_{i=1}^r$. 又由 (2) 知 $(e_i)_{i=1}^r$ 是 $(L \otimes_K E, \|\cdot\|_L)$ 的 α-正交基. 由于 $\|\cdot\|'$ 是延拓 $\|\cdot\|$ 的超范数, 对于任意

$$s = \lambda_1 \otimes e_1 + \cdots + \lambda_r \otimes e_r \in L \otimes_K E$$

有

$$\|s\|' \leqslant \max_{i \in \{1, \cdots, r\}} |\lambda_i|_L \cdot \|1 \otimes e_i\|' = \max_{i \in \{1, \cdots, r\}} |\lambda_i|_L \cdot \|e_i\| \leqslant \alpha^{-1}\|s\|_L.$$

令 α 趋于 1 得到 $\|\cdot\|' \leqslant \|\cdot\|_L$.

(4) 为叙述方便, 像 (3) 中那样将 E 看成是 $L \otimes_K E$ 的 K-线性子空间. 对任意 $\alpha \in\,]0, 1[$, 存在 $(E, \|\cdot\|)$ 的 α-正交基 $(1 \otimes e_i)_{i=1}^r$. 由 (1) 知它同时也是 $(L \otimes_K E, \|\cdot\|_L)$ 的 α-正交基. 由命题 4.3.8 知

$$\|e_1 \wedge \cdots \wedge e_r\|_{L,\det} \geqslant \alpha^r \|e_1\|_L \cdots \|e_r\|_L = \alpha^r \|e_1\| \cdots \|e_r\|.$$

又由 Hadamard 不等式 (4.4.14) 知

$$\|e_1 \wedge \cdots \wedge e_r\|_{L,\det} \geqslant \alpha^r \|e_1 \wedge \cdots \wedge e_r\|_{\det}.$$

由于 $\det(E)$ 是一维 K-线性空间, 这说明 $\|\cdot\|_{L,\det} \geqslant \alpha^r \|\cdot\|_{\det,L}$. 反过来, 由 Hadamard 不等式 (4.4.14) 知

$$\|e_1 \wedge \cdots \wedge e_r\|_{L,\det} \leqslant \|e_1\|_L \cdots \|e_r\|_L = \|e_1\| \cdots \|e_r\|.$$

又由命题 4.3.8 知

$$\|e_1 \wedge \cdots \wedge e_r\|_{L,\det} \leqslant \alpha^{-r} \|e_1 \wedge \cdots \wedge e_r\|_{\det}.$$

从而得到

$$\|\cdot\|_{L,\det} \leqslant \alpha^{-r} \|\cdot\|_{\det,L}.$$

最后令 α 趋于 1 得到等式 $\|\cdot\|_{L,\det} = \|\cdot\|_{\det,L}$. □

定义 4.4.4 在实数域和复数域上赋以通常的绝对值. 假设 E 是有限维实线性空间, $\|\cdot\|$ 是 E 上由内积 $\langle\,,\rangle$ 诱导的范数. 用 $\langle\,,\rangle_\mathbb{C}$ 表示 $E_\mathbb{C} = \mathbb{C} \otimes_\mathbb{R} E$ 上的 Hermite 内积, 使得对任意 $(s,t,s',t') \in E^4$ 有

$$\langle s+it, s'+it' \rangle_\mathbb{C} = (\langle s,s' \rangle + \langle t,t' \rangle) + \sqrt{-1}(\langle s,t' \rangle - \langle t,s' \rangle).$$

用 $\|\cdot\|_\mathbb{C}$ 表示 Hermite 内积 $\langle\,,\rangle_\mathbb{C}$ 所诱导的范数. 从定义不难看出, $\|\cdot\|_\mathbb{C}$ 在 E 上的限制等于 $\|\cdot\|$. 另外, 如果 $(e_i)_{i=1}^r$ 是 $(E, \|\cdot\|)$ 的正交基, 那么它作为 $E_\mathbb{C}$ 的基是 $(E_\mathbb{C}, \|\cdot\|_\mathbb{C})$ 的正交基. 为了记号上的统一, $\|\cdot\|_\mathbb{R}$ 也表示 $\|\cdot\|$.

4.4.2.3 扩域上线性空间的范数

设 $(K, |\cdot|)$ 为非阿基米德完备赋值域, L 为 K 的有限扩张, $d = [L:K]$. 由定理 4.4.3 知绝对值 $|\cdot|$ 可以唯一地延拓到 L 之上. 我们用 $|\cdot|_L$ 来表示绝对值 $|\cdot|$ 在 L 上的延拓. 设 $(E, \|\cdot\|)$ 为 L 上的有限维赋超范线性空间, r 为 E 在 L 上的维数. 由于 $(L, |\cdot|)$ 是赋值域 $(K, |\cdot|)$ 的扩张, $(E, \|\cdot\|)$ 也可以看作 $(K, |\cdot|)$ 上的有限维线性赋范空间, 其在 K 上的维数是 rd. 我们用 $\det_K(E)$ 表示 E 作为 K-线性空间的最大阶外积幂 $\Lambda_K^{rd}(E)$, 并用 $\|\cdot\|_{\det_K}$ 表示 $\det_K(E)$ 上的行列式范数. 为方便理解, 用 $\det_L(E)$ 表示 E 作为 L-线性空间的最大阶外积幂 $\Lambda_L^r(E)$, 并用 $\|\cdot\|_{\det_L}$ 表示 $\det_L(E)$ 上的行列式范数.

命题 4.4.8 设 $(e_i)_{i=1}^r$ 为 E 在 L 上的一组基, $(b_j)_{j=1}^d$ 为 L 在 K 上的一组基, 并令

$$\eta = (b_1 e_1 \wedge_K \cdots \wedge_K b_1 e_r) \wedge_K \cdots \wedge_K (b_d e_1 \wedge_K \cdots \wedge_K b_d e_r) \in \det_K(E).$$

那么如下等式成立

$$\|\eta\|_{\det_K} = \|e_1 \wedge_L \cdots \wedge_L e_r\|_{\det_L}^d \cdot |b_1 \wedge_K \cdots \wedge_K b_d|_{L,\det}^r. \tag{4.4.17}$$

证明　如果 $(e_i')_{i=1}^r$ 是 E 在 L 上的一组基, 并且 A 是从 $(e_i)_{i=1}^r$ 到 $(e_i')_{i=1}^r$ 的转移矩阵,

$$\eta' = (b_1 e_1' \wedge_K \cdots \wedge_K b_1 e_r') \wedge_K \cdots \wedge_K (b_d e_1' \wedge_K \cdots \wedge_K b_d e_r'),$$

那么①

$$\eta' = \pm N_{L/K}(\det(A))\eta.$$

从而不难证明等式 (4.4.17) 左右两边的商与基 $(e_i)_{i=1}^r$ 和 $(b_j)_{j=1}^d$ 的选择无关. 因此不妨设 $(e_i)_{i=1}^r$ 和 $(b_j)_{j=1}^d$ 都是 α-正交基, 其中 $\alpha \in]0,1[$. 由 Hardamard 不等式 (4.3.9) 和命题 4.3.8 知

$$\|\eta\|_{\det_K} \leqslant \prod_{i=1}^r \prod_{j=1}^d \|b_j e_i\| = \left(\prod_{i=1}^r \|e_i\|\right)^d \cdot \left(\prod_{j=1}^d |b_j|_L\right)^r$$

$$\leqslant \alpha^{-2rd} \|e_1 \wedge_L \cdots \wedge_L e_r\|_{\det_L}^d \cdot |b_1 \wedge_K \cdots \wedge_K b_d|_{L,\det}^r.$$

另外, 对任意 $(a_{i,j})_{(i,j)\in\{1,\cdots,r\}\times\{1,\cdots,d\}} \in K^{r\times d}$, 若令 $x = \sum_{i=1}^r \sum_{j=1}^d a_{i,j} b_j e_i$, 那么

$$\|x\| \geqslant \alpha \max_{i\in\{1,\cdots,r\}} |a_{i,1}b_1 + \cdots + a_{i,d}b_d|_L \cdot \|e_i\|$$

$$\geqslant \alpha^2 \max_{(i,j)\in\{1,\cdots,r\}\times\{1,\cdots,d\}} |a_{i,j}| \cdot |b_j|_L \cdot \|e_i\|.$$

这说明 $(b_j e_i)_{(i,j)\in\{1,\cdots,r\}\times\{1,\cdots,d\}}$ 是 $(E,\|\cdot\|)$ 作为赋超范 K-线性空间的 α^2-正交基. 从而由命题 4.3.8 知

$$\|\eta\|_{\det_K} \geqslant \alpha^{2rd} \prod_{i=1}^r \prod_{j=1}^d \|b_j e_i\| \geqslant \alpha^{2rd} \|e_1 \wedge_L \cdots \wedge_L e_r\|_{\det_L}^d \cdot |b_1 \wedge_K \cdots \wedge_K b_d|_{L,\det}^r.$$

令 α 趋于 1 便得到要证的等式. □

注 4.4.2　假设 $|\cdot|$ 是离散的绝对值并且 $\|\cdot\|$ 是纯范数. 用 $\|\cdot\|_{\text{pur}_K}$ 表示将 E 视为 K-线性空间后范数 $\|\cdot\|$ 的纯化, 用 $|\cdot|_{L,\text{pur}_K}$ 表示将 L 视为 K-线性空间后范数 $|\cdot|_L$ 的纯化. 那么在命题 4.4.8 的记号下等式

$$\|\eta\|_{\text{pur}_K,\det_K} = \|e_1 \wedge_L \cdots \wedge e_r\|_{\det_L}^d \cdot |b_1 \wedge_K \cdots \wedge_K b_d|_{L,\text{pur}_K,\det_K}^r \tag{4.4.18}$$

---

① 由于 $N_{L/K}: L \to K$ 保持乘积, 可以将问题转化为 A 是初等矩阵的情形.

成立. 同命题 4.4.8 的证明类似, 等式两边的商与 $(e_i)_{i=1}^r$ 和 $(b_j)_{j=1}^d$ 的选择无关, 从而不妨假设 $(e_i)_{i=1}^r$ 是标准正交基, $(b_j)_{j=1}^d$ 是正交基. 这样 $(b_j e_i)_{(i,j) \in \{1,\cdots,r\} \times \{1,\cdots,d\}}$ 是 $(E, \|\cdot\|)$ 作为 $(K, |\cdot|)$ 上赋范线性空间的一组正交基. 由注 4.3.6 知它亦是 $(E, \|\cdot\|_{\mathrm{pur}_K})$ 的一组正交基. 从而由命题 4.3.8 知

$$\|\eta\|_{\mathrm{pur}_K, \det_K} = \prod_{i=1}^r \prod_{j=1}^d \|b_j e_i\|_{\mathrm{pur}_K}.$$

由于 $\|e_i\| = 1$, 知 $\|b_j e_i\|_{\mathrm{pur}_K} = |b_j|_{L, \mathrm{pur}_K}$. 再次利用命题 4.3.8, 从上式可推出

$$\|\eta\|_{\mathrm{pur}_K, \det_K} = \prod_{i=1}^r \prod_{j=1}^d |b_j|_{L, \mathrm{pur}_K} = |b_1 \wedge_K \cdots \wedge_K b_d|_{L, \mathrm{pur}_K, \det_K}^r,$$

从而等式 (4.4.18) 成立.

注 4.4.3 假设 $K = \mathbb{R}$, $L = \mathbb{C}$ 并且 $|\cdot|$ 是 $\mathbb{R}$ 上通常的绝对值. 设 E 为有限维复线性空间, $\|\cdot\|$ 为 E 上由复内积 $\langle , \rangle$ 诱导的范数. 那么将 E 视为 $\mathbb{R}$ 上的有限维线性空间时 $\|\cdot\|$ 是由实内积 $\mathrm{Re}\langle , \rangle$ 诱导的范数. 此时命题 4.4.8 的结论仍然成立.

4.4.2.4 相对对偶化丛

设 K 为域, L 为 K 的可分有限扩张. 用 $\omega_{L/K}$ 表示 $\mathrm{Hom}_K(L, K)$. 注意到运算

$$L \times \mathrm{Hom}_K(L, K) \longrightarrow \mathrm{Hom}_K(L, K),$$

$$(a, f) \longmapsto (f(a \cdot) : (x \in L) \mapsto f(ax))$$

赋予 $\omega_{L/K}$ 一个 L-线性空间结构. 由推论 A.4.6 知 $\mathrm{Hom}_L(L, K)$ 是由 $\mathrm{Tr}_{L/K}$ 生成的一维 L-线性空间.

命题 4.4.9 设 L/K 为域的可分有限扩张, E 为有限维 L-线性空间. 那么 $\mathrm{Hom}_K(E, K)$ 在运算

$$L \times \mathrm{Hom}_K(E, K) \longrightarrow \mathrm{Hom}_K(E, K),$$

$$(b, g) \longmapsto (g(b \cdot) : x \mapsto g(bx))$$

下构成一个 L-线性空间, 并且下列映射是 L-线性空间的同构:

$$\mathrm{Hom}_L(E, L) \otimes_L \omega_{L/K} \longrightarrow \mathrm{Hom}_K(E, K),$$

$$(\alpha, f) \longmapsto f \circ \alpha. \tag{4.4.19}$$

证明　第一个命题的验证留给读者. 以下证明第二个命题. 令 $(e_i)_{i=1}^r$ 为 E 在 L 上的一组基, $(e_i^\vee)_{i=1}^r$ 为其对偶基. 设 g 为 $\mathrm{Hom}_K(E,K)$ 中任一元素. 对任意 $i \in \{1,\cdots,r\}$, $(b \in L) \mapsto g(be_i)$ 是 $\mathrm{Hom}_K(L,K)$ 中的元素. 由于 $(a,b) \mapsto \mathrm{Tr}_{L/K}(ab)$ 是 L 上非退化的 K-双线性形式, 知存在唯一的 $a_i \in L$ 使得

$$\forall b \in L, \quad g(be_i) = \mathrm{Tr}_{L/K}(a_i b).$$

从而

$$g = \sum_{i=1}^r \mathrm{Tr}_{L/K}(a_i \cdot) \circ e_i^\vee.$$

这说明了 (4.4.19) 是满同态. 另外, 由于 $\mathrm{Hom}_L(L,K)$ 是由 $\mathrm{Tr}_{L/K}$ 生成的一维 L-线性空间, $\mathrm{Hom}_L(E,L) \otimes_L \mathrm{Hom}(L,K)$ 中的元素可以写成 $\alpha \otimes \mathrm{Tr}_{L/K}$ 的形式. 如果 $\mathrm{Tr}_{L/K}(\alpha) = 0$, 那么对任意 $x \in E$ 有 $\mathrm{Tr}_{L/K}(\alpha(x)) = 0$. 特别地, 对任意 $x \in E$, 下列等式成立

$$\forall b \in L, \quad \mathrm{Tr}_{L/K}(b\alpha(x)) = \mathrm{Tr}_{L/K}(\alpha(bx)) = 0.$$

由于双线性形式

$$((a,b) \in L \times L) \longmapsto \mathrm{Tr}_{L/K}(ab)$$

非退化, 知 $\alpha(x) = 0$. 从而 (4.4.19) 是单同态. 命题得证. □

命题 4.4.10　设 $(K,|\cdot|)$ 为完备赋值域, $(L,|\cdot|_L)$ 为 $(K,|\cdot|)$ 的可分有限扩张, $(E,\|\cdot\|)$ 为 L 上的有限维赋范线性空间, $\|\cdot\|_*$ 为 $\|\cdot\|$ 在 $\mathrm{Hom}_L(E,L)$ 上的对偶范数. 我们赋 L-线性空间 $\mathrm{Hom}_L(E,L) \otimes_L \omega_{L/K}$ 以范数 $\|\cdot\|_1$, 使得

$$\forall \alpha \otimes f \in \mathrm{Hom}_L(E,L) \otimes_L \omega_{L/K}, \quad \|\alpha \otimes f\|_1 = \|\alpha\|_* \cdot |f|_{L,*},$$

其中 $|\cdot|_{L,*}$ 是将 $(L,|\cdot|_L)$ 视为 $(K,|\cdot|)$ 上的赋范线性空间时 $|\cdot|_L$ 的对偶范数. 又赋 L-线性空间 $\mathrm{Hom}_K(E,K)$ 以范数 $\|\cdot\|_2$, 使得对任意 $\varphi \in \mathrm{Hom}_K(E,K)$ 有 (换句话说, $\|\cdot\|_2$ 是将 $(E,\|\cdot\|)$ 视为 $(K,|\cdot|)$ 上的赋范线性空间时 $\|\cdot\|$ 的对偶范数)

$$\|\varphi\|_2 = \sup_{x \in E \setminus \{0\}} \frac{|\varphi(x)|}{\|x\|}.$$

那么 L-线性同构

$$E^\vee \otimes_L \omega_{L/K} \longrightarrow \mathrm{Hom}_K(E,K),$$

$$(\alpha,f) \longmapsto f \circ \alpha$$

是保持范数的同构.

证明 在证明命题之前, 先说明 $\|\cdot\|_2$ 的确是 L-线性空间 $\mathrm{Hom}_K(E,K)$ 上的范数. 设 $\varphi \in \mathrm{Hom}_K(E,K)$, $\lambda \in L \setminus \{0\}$, 那么

$$\|\varphi(\lambda\cdot)\|_2 = \sup_{x \in E \setminus \{0\}} \frac{|\varphi(\lambda x)|}{\|x\|} = \sup_{y \in E \setminus \{0\}} \frac{|\varphi(y)|}{\|\lambda^{-1}y\|} = |\lambda|_L \cdot \|\varphi\|_2.$$

由于 $\omega_{L/K}$ 是一维 L-线性空间, $\mathrm{Hom}_L(E,L) \otimes_L \omega_{L/K}$ 中的元素形如 $\alpha \otimes f$, 其中 $(\alpha, f) \in \mathrm{Hom}_L(E,L) \times \mathrm{Hom}_K(L,K)$. 首先,

$$\|f \circ \alpha\|_2 = \sup_{x \in E \setminus \{0\}} \frac{|f(\alpha(x))|}{\|x\|} \leqslant \sup_{x \in E \setminus \{0\}} |f|_{L,*} \frac{|\alpha(x)|_L}{\|x\|} \leqslant \|\alpha\|_* \cdot |f|_{L,*};$$

其次, 对任意 $x \in E \setminus \mathrm{Ker}(\alpha)$ 及 $b \in L^\times$, 令 $y = \alpha(x)^{-1}bx$ 后便得到

$$\|f \circ \alpha\|_2 \geqslant \frac{|f(\alpha(y))|}{\|y\|} = \frac{|f(b)|}{\|\alpha(x)^{-1}bx\|} = \frac{|f(b)|}{|b|_L} \cdot \frac{|\alpha(x)|_L}{\|x\|}.$$

对 b 和 x 取上确界, 得 $\|f \circ \alpha\|_2 \geqslant \|\alpha\|_* \cdot |f|_{L,*}$. $\qquad\Box$

注 4.4.4 设 $(K, |\cdot|)$ 为完备离散非平凡赋值域, $(L, |\cdot|_L)$ 为 $(K, |\cdot|)$ 的可分有限扩张. 将 $(L, |\cdot|_L)$ 视为 $(K, |\cdot|)$ 有限维赋范线性空间. 如果 $|\cdot|_L$ 是纯范数, 则说 $(L, |\cdot|_L)$ 是 $(K, |\cdot|)$ 的**非分歧扩张**. 用 $|\cdot|_{L,\mathrm{pur}_K}$ 表示范数 $|\cdot|_L$ 的纯化, 并用 $|\cdot|_{L,\mathrm{pur}_K,*}$ 表示其对偶范数. 依定义, 对任意 $f \in \mathrm{Hom}_K(L,K)$ 有

$$|f|_{L,\mathrm{pur}_K,*} = \sup_{b \in L^\times} \frac{|f(b)|}{|b|_{L,\mathrm{pur}_K}},$$

其中

$$|b|_{L,\mathrm{pur}_K} = \inf\{|a| \mid a \in K^\times, |b|_L \leqslant |a|\}.$$

从而

$$|f|_{L,\mathrm{pur}_K,*} = \sup_{\substack{(a,b) \in K^\times \times L^\times \\ |b|_L \leqslant |a|}} |f(a^{-1}b)| = \sup_{b \in L, |b|_L \leqslant 1} |f(b)|.$$

注意到 $|\cdot|_{L,\mathrm{pur}_K,*}$ 是 $\mathrm{Hom}_K(L,K)$ 作为 K-线性空间的范数. 将 $\mathrm{Hom}_K(L,K)$ 视为一维 L-线性空间并考虑其上的范数 $|\cdot|'_{L,*}$, 以

$$\{f \in \mathrm{Hom}_K(L,K) \mid |f|_{L,\mathrm{pur}_K,*} \leqslant 1\}$$

为其单位闭球. 依定义, 范数 $|\cdot|'_{L,*}$ 的纯化等于 $|\cdot|_{L,\mathrm{pur}_K,*}$. 对任意 $f \in \mathrm{Hom}_K(L,K)$ 有

$$|f|'_{L,*} = \inf\{|c|_L \mid c \in L^\times, |f(c^{-1}\cdot)|_{L,\mathrm{pur}_K,*} \leqslant 1\}$$

$$= \inf\{|c|_L \mid c \in L^\times, \ \sup_{b \in L, \, |b|_L \leqslant 1} |f(c^{-1}b)| \leqslant 1\}$$

$$= \inf\{|c|_L \mid c \in L^\times, \ \sup_{b \in L, \, |b|_L \leqslant |c|_L^{-1}} |f(b)| \leqslant 1\}$$

$$= \inf\{|c|_L \mid c \in L^\times, \ \forall\, b \in L, \ |f(b)| > 1 \Longrightarrow |c|_L > |b|_L^{-1}\}.$$

令 ϖ_K 和 ϖ_L 分别为 $(K, |\cdot|)$ 和 $(L, |\cdot|_L)$ 的单值化子. 这样

$$|f|'_{L,*} = \inf\{|c|_L \mid c \in L^\times, \ \forall\, b \in L, \ |f(b)| \geqslant |\varpi_K|^{-1} \Longrightarrow |c|_L \geqslant |\varpi_L b|_L^{-1}\}$$

$$= \inf\{|c|_L \mid c \in L^\times, \ \forall\, b \in L, \ |f(b)| \geqslant 1 \Longrightarrow |c|_L \geqslant |\varpi_K| \cdot |\varpi_L b|_L^{-1}\}$$

$$= \sup_{b \in L, \, |f(b)|=1} \frac{|\varpi_K|}{|\varpi_L|_L} \cdot \frac{1}{|b|_L} = \frac{|\varpi_K|}{|\varpi_L|} \cdot |f|_{L,*}.$$

假设 $(E, \|\cdot\|)$ 是 $(L, |\cdot|_L)$ 上具有标准正交基的有限维赋超范线性空间. 我们赋 L-线性空间 $\mathrm{Hom}_L(E, L) \otimes_L \omega_{L/K}$ 以范数 $\|\cdot\|'_1$, 使得

$$\forall\, \alpha \otimes f \in \mathrm{Hom}_L(E, L) \otimes_L \omega_{L/K}, \quad \|\alpha \otimes f\|'_1 = \|\alpha\|_* \cdot |f|'_{L,*}.$$

用 $\|\cdot\|'_{1,\mathrm{pur}_K}$ 表示将 $\mathrm{Hom}_L(E, L) \otimes_L \omega_{L/K}$ 视为 K-线性空间后范数 $\|\cdot\|'_1$ 的纯化. 用 $\|\cdot\|_{\mathrm{pur}_K}$ 表示将 E 视为 K-线性空间后范数 $\|\cdot\|$ 的纯化并用 $\|\cdot\|_{\mathrm{pur}_K,*}$ 表示其对偶范数. 那么映射

$$E^\vee \otimes_L \omega_{L/K} \longrightarrow \mathrm{Hom}_K(E, K),$$

$$(\alpha, f) \longmapsto f \circ \alpha.$$

视为 K-线性同构时是从 $\|\cdot\|'_1$ 到 $\|\cdot\|_{\mathrm{pur}_K,*}$ 的等距同构.

4.4.3 一般绝对值的扩张

本节中固定一个赋值域 (K, v), 有时也将绝对值 v 记作 $|\cdot|_v$. 令 K_v 为域 K 关于绝对值 v 的完备化并用 K_v^{ac} 表示 K_v 的一个代数闭包. 由定理 4.4.3 知 $|\cdot|_v$ 作为 K_v 上的绝对值可以唯一地延拓到域 K_v^{ac} 之上. 我们用 v^{ac} 来表示这个延拓.

绝对值扩张的分类

令 L 为域 K 的一个有限扩张并用 $\mathrm{Hom}_{K\text{-}\mathrm{alg}}(L, K_v^{\mathrm{ac}})$ 表示从 L 到 K_v^{ac} 的 K-代数同态构成的集合. 令 $\mathrm{Aut}_{K_v\text{-}\mathrm{alg}}(K_v^{\mathrm{ac}})$ 为域 K_v^{ac} 的 K_v-代数自同构群. 注意到群 $\mathrm{Aut}_{K_v\text{-}\mathrm{alg}}(K_v^{\mathrm{ac}})$ 如下左作用在 $\mathrm{Hom}_{K\text{-}\mathrm{alg}}(L, K_v^{\mathrm{ac}})$ 之上

$$\mathrm{Aut}_{K_v\text{-}\mathrm{alg}}(K_v^{\mathrm{ac}}) \times \mathrm{Hom}_{K\text{-}\mathrm{alg}}(L, K_v^{\mathrm{ac}}) \longrightarrow \mathrm{Hom}_{K\text{-}\mathrm{alg}}(L, K_v^{\mathrm{ac}}),$$

$$(\eta, \tau) \longmapsto \eta \circ \tau. \tag{4.4.20}$$

定理 4.4.4 设 w 是 v 在 L 上的延拓. 那么存在 $\tau \in \mathrm{Hom}_{K\text{-alg}}(L, K_v^{\mathrm{ac}})$ 使得 $w = v^{\mathrm{ac}} \circ \tau$. 并且满足这个等式的 $\tau \in \mathrm{Hom}_{K\text{-alg}}(L, K_v^{\mathrm{ac}})$ 恰构成群作用 (4.4.20) 的一个轨道, 也就是说 τ 在差一个 K_v^{ac} 的 K-线性自同构的作用下是唯一的.

证明 令 L_w 为 L 相对于 w 的完备化. 将 $(L_w, |\cdot|_w)$ 视为 K_v 上的赋范线性空间. 考虑从 $K_v \otimes_K L$ 到 L_w 的 K_v-代数同态

$$f_w : K_v \otimes_K L \longrightarrow L_w, \quad \lambda \otimes a \longmapsto \lambda a.$$

这个映射的像是 L_w 的有限维 K_v-线性子空间, 由定理 4.3.1 知它是闭线性子空间. 而 f_w 的像又包含 L, 所以在 L_w 中稠密, 这说明了 f_w 是满射. 特别地, L_w 是 K_v 的有限扩张, 且 $[L_w : K_v] \leqslant [L : K]$. 任取从 L_w 到 K_v^{ac} 的一个 K_v-代数同态 τ' 并令 τ 为 τ' 在 L 上的限制. 由定理 4.4.3 知 $w = v^{\mathrm{ac}} \circ \tau$. 另外, 由 τ' 的任意性知道 τ 在群作用 (4.4.20) 下的轨道中任意一个元素都满足这个等式.

最后, 如果 $\sigma : L \to K_v^{\mathrm{ac}}$ 是 K-代数同态, 使得 $w = v^{\mathrm{ac}} \circ \sigma$, 由 σ 的连续性可将它连续延拓成为 K_v-代数同态 $\sigma' : L_w \to K_v^{\mathrm{ac}}$. 由于 L_w/K_v 是代数扩张, $\mathrm{Aut}_{K_v\text{-alg}}(K_v^{\mathrm{ac}})$ 在 $\mathrm{Hom}_{K_v\text{-alg}}(L_w, K_v^{\mathrm{ac}})$ 上的左作用满足传递性 (见推论 A.3.5). 从而存在 $\eta \in \mathrm{Aut}_{K_v\text{-alg}}(K_v^{\mathrm{ac}})$ 使得 $\eta \circ \tau' = \sigma'$. 定理得证. $\quad\square$

注 4.4.5 令 C_v^L 为绝对值 v 在 L 上所有的延拓构成的集合. 上述定理说明了 C_v^L 是一个有限集, 其基数不超过 $[L : K]_s$ (见定义 A.4.1). 另外, 从定理的证明看出, 映射

$$\coprod_{w \in C_v^L} \mathrm{Hom}_{K_v\text{-alg}}(L_w, K_v^{\mathrm{ac}}) \longrightarrow \mathrm{Hom}_{K\text{-alg}}(L, K_v^{\mathrm{ac}}),$$

$$\sigma' \longmapsto \sigma'|_L \tag{4.4.21}$$

是一一对应.

推论 4.4.3 设 L 为 K 的有限可分扩张, C_v^L 为绝对值 v 在 L 上所有的延拓构成的集合. 对任意 $w \in C_v^L$, 令 ψ_w 为从 $K_v \otimes_K L$ 到 L_w 的 K_v-代数同态, 将 $\lambda \otimes a \in K_v \otimes_K L$ 映为 $\lambda a \in L_\omega$.

(1) K_v-代数同态

$$\Psi_v : K_v \otimes_K L \longrightarrow \prod_{w \in C_v^L} L_w, \quad \xi \longmapsto (\psi_w(\xi))_{w \in C_v^L} \tag{4.4.22}$$

是同构.

(2) 以下等式成立 (见定义 A.4.3):

$$[L : K] = \sum_{w \in C_v^L} [L_w : K_v], \tag{4.4.23}$$

$$\forall\, a \in L, \quad N_{L/K}(a) = \prod_{w \in C_v^L} N_{L_w/K_v}(a), \tag{4.4.24}$$

$$\forall\, a \in L, \quad \mathrm{Tr}_{L/K}(a) = \sum_{w \in C_v^L} \mathrm{Tr}_{L_w/K_v}(a). \tag{4.4.25}$$

证明 (1) 只须证明

$$f_{K_v^{\mathrm{ac}}} : K_v^{\mathrm{ac}} \otimes_K L \cong K_v^{\mathrm{ac}} \otimes_{K_v} (K_v \otimes_K L) \longrightarrow \prod_{w \in C_v^L} K_v^{\mathrm{ac}} \otimes_{K_v} L_w$$

是 K_v^{ac}-代数同构. 考虑以下交换图表

$$
\begin{array}{ccc}
K_v^{\mathrm{ac}} \otimes_K L & \xrightarrow{\ \ f_{K_v^{\mathrm{ac}}}\ \ } & \displaystyle\prod_{w \in C_v^L} K_v^{\mathrm{ac}} \otimes_{K_v} L_w \\
{\scriptstyle \varphi}\downarrow & & \downarrow{\scriptstyle \psi} \\
\displaystyle\prod_{\sigma \in \mathrm{Hom}_{K\text{-alg}}(L, K_v^{\mathrm{ac}})} K_v^{\mathrm{ac}} & \xrightarrow{\ \ \eta\ \ } & \displaystyle\prod_{w \in C_v^L}\ \prod_{\tau \in \mathrm{Hom}_{K_v\text{-alg}}(L_w, K_v^{\mathrm{ac}})} K_v^{\mathrm{ac}}
\end{array}
$$

其中 φ 将 $\lambda \otimes a \in K_v^{\mathrm{ac}} \otimes_K L$ 映为 $(\lambda\sigma(a))_{\sigma \in \mathrm{Hom}_{K\text{-alg}}(L, K_v^{\mathrm{ac}})}$, 映射 ψ 由下列 K_v^{ac}-代数同态族所诱导:

$$\psi_w : K_v^{\mathrm{ac}} \otimes_{K_v} L_w \longrightarrow \prod_{\tau \in \mathrm{Hom}_{K_v\text{-alg}}(L_w, K_v^{\mathrm{ac}})} K_v^{\mathrm{ac}},$$

$$\lambda \otimes a \longmapsto (\lambda\tau(a))_{\tau \in \mathrm{Hom}_{K_v\text{-alg}}(L_w, K_v^{\mathrm{ac}})},$$

而 η 是一一对应 (4.4.21) 所诱导的同构. 由于 L/K 是可分扩张, φ 是 K_v^{ac}-代数同构 (见命题 A.4.2 及其证明). 另外, $K_v \otimes_K L$ 是可分 K_v-代数 (见命题 A.4.3), 而 L_w 是其商域, 从而 L_w 中任意元素在 K_v 上的极小多项式都是可分多项式, 也就是说 L_w/K_v 是可分扩张 (见命题 A.4.6). 这说明了 ψ 是 K_v^{an}-代数同构, 从而 $f_{K_v^{\mathrm{ac}}}$ 是 K_v^{an}-代数同构.

(2) 由 (1) 推出

$$[L : K] = \dim_{K_v}(K_v \otimes_K L) = \sum_{w \in C_v^L} [L_w : K_v].$$

另外, 对任意 $a \in L$, K-线性自同态 $M : L \to L$, $x \mapsto ax$ 通过同构 f 诱导了 $\prod_{w \in C_v^L} L_w$ 的自同态, 将 $(x_w)_{w \in C_v^L}$ 映为 $(ax_w)_{w \in C_v^L}$. 对任意 $w \in C_v^L$, 令 $M_w : L_w \to L_w$ 为将 $x \in L_w$ 映为 ax 的 K_v 线性自同态. 那么 M 的特征多项式等于 M_w 的特征多项式的乘积. 从而等式 (4.4.24) 和 (4.4.25) 成立. $\qquad\square$

4.4.4 代数函数域的算术

本节中固定一个域 k 并用 K 表示有理函数域 $k(T)$ 的一个有限可分扩张. 另外固定某大于 1 的实数 q. 对任意 $x \in \mathbb{P}_k^{1,(1)}$, 用 $|\cdot|_x$ 表示 $k(T)$ 上如下定义的绝对值 (见 4.3.4 节)

$$|\cdot|_x := N_x^{-\operatorname{ord}_x(\cdot)},$$

其中

$$N_x = \begin{cases} q^{\deg(\varpi_x)}, & x \in \operatorname{Spm}(k[T]), \\ q, & x = \infty. \end{cases}$$

用 C_x^K 表示该绝对值在域 K 上所有延拓构成的集合. 令 $C^{(1)}$ 为集合 $(C_x^K)_{x \in \mathbb{P}_k^{1,(1)}}$ 的无交并, 并用 $\operatorname{pr}_C : C^{(1)} \to \mathbb{P}_k^{1,(1)}$ 表示将 C_x^K 中的元素映为 x 的投影映射. 由注 4.4.5 知, 对任意 $x \in \mathbb{P}_k^{1,(1)}$, C_x^K 是有限集, 并且

$$\sum_{y \in C_x^K} [K_y : k(T)_x] = [K : k(T)].$$

为了记号上的方便, 如果 $y \in C^{(1)}$ 且 $x = \operatorname{pr}_C(y)$, 那么也用 $k(T)_y$ 来表示 $k(T)_x$.

4.4.4.1 代数函数域的乘积公式

命题 4.4.11 (乘积公式) 设 a 为 K 中的非零元素.
(1) 对任意 $x \in \mathbb{P}_k^{1,(1)}$ 有

$$\prod_{y \in C_x^K} |a|_y^{[K_y : k(T)_x]} = |N_{K/k(T)}(a)|_x.$$

(2) 存在 $C^{(1)}$ 的有限子集 S_a, 使得对任意 $y \in C^{(1)} \setminus S_a$ 有 $|a|_y = 1$. 并且下列等式成立

$$\prod_{y \in C^{(1)}} |a|_y^{[K_y : k(T)_y]} = 1.$$

证明 (1) 由公式 (4.4.16) 知

$$\prod_{y \in C_x^K} |a|_y^{[K_y : k(T)_x]} = \prod_{y \in C_x^K} |N_{K_y/k(T)_x}(a)|_x.$$

由 (4.4.24) 得到要证的等式.
(2) 令

$$Q_a(T) = T^d + b_1 T^{d-1} + \cdots + b_d \quad \text{和} \quad Q_{a^{-1}}(T) = T^n + c_1 T^{n-1} + \cdots + c_n$$

分别为 a 和 a^{-1} 在 $k(T)$ 上的极小多项式, 由定理 4.3.3 知, 存在 $\mathbb{P}_k^{1,(1)}$ 的有限子集 Z, 使得对任意 $x \in \mathbb{P}_k^{1,(1)} \setminus Z$ 有

$$\max\{|b_1|_x, \cdots, |b_d|_x, |c_1|_x, \cdots, |c_n|_x\} \leqslant 1,$$

所以 a 和 a^{-1} 都是 $(k(T), |\cdot|_x)$ 的赋值环上的整元. 由定理 4.4.3 知, 对任意 $x \in \mathbb{P}_k^{1,(1)} \setminus Z$ 及任意 $y \in C_x^K$ 有 $|a|_y \leqslant 1$ 及 $|a^{-1}|_y \leqslant 1$. 若令 $S_a = \pi^{-1}(Z)$, 则有

$$\forall y \in C^{(1)} \setminus S_a, \quad |a|_y = 1.$$

另外, 由 (1) 知

$$\prod_{y \in C^{(1)}} |a|_y^{[K_y : k(T)_y]} = \prod_{x \in \mathbb{P}_k^{1,(1)}} |N_{K/k(T)}(a)|_x.$$

由定理 4.3.3 便得到要证的等式. □

4.4.4.2　超范数族及在有理函数域上的推出

定义 4.4.5　设 E 为有限维 K-线性空间. 用 $\mathcal{H}_K(E)$ 来表示形如 $(\|\cdot\|_y)_{y \in C^{(1)}}$ 的范数族组成的集合, 其中 $\|\cdot\|_y$ 是线性空间 $E \otimes_K K_y$ 上的超范数. 如果 $\xi = (\|\cdot\|_y)_{y \in C^{(1)}}$ 是 $\mathcal{H}_K(E)$ 中的范数族, 对任意 $x \in \mathbb{P}_k^{1,(1)}$, 用 $\|\cdot\|_{\xi,x}$ 表示 $k(T)_x \otimes_{k(T)} E$ 上的范数, 在同构 (见推论 4.4.3)

$$k(T)_x \otimes_{k(T)} E \cong \bigoplus_{y \in C_x^K} K_y \otimes_K E$$

之下等同于如下范数

$$\left((s_y)_{y \in C_x^K} \in \bigoplus_{y \in C_x^K} K_y \otimes_K E \right) \longmapsto \max_{y \in C_x^K} \|s_y\|_y.$$

换句话说, $\|\cdot\|_{\xi,x}$ 是 $(\|\cdot\|_y)_{y \in C_x^K}$ 的正交直和 (见 4.3.2.11 节). 我们用 $\mathrm{pr}_{C,*}(\xi)$ 和 $\widetilde{\mathrm{pr}}_{C,*}(\xi)$ 分别表示 $\mathcal{H}_{k(T)}(E)$ 中的范数族 $(\|\cdot\|_{\xi,x})_{x \in \mathbb{P}_k^{1,(1)}}$ 和 $(\|\cdot\|_{\xi,x,\mathrm{pur}})_{x \in \mathbb{P}_k^{1,(1)}}$, 其中 $\|\cdot\|_{\xi,x,\mathrm{pur}}$ 是 $\|\cdot\|_{\xi,x}$ 的纯化 (见定义 4.3.4).

设 E 和 E' 为 K 上的有限维线性空间,

$$\xi = (\|\cdot\|_y)_{y \in C^{(1)}} \in \mathcal{H}_K(E), \quad \xi' = (\|\cdot\|'_y)_{y \in C^{(1)}} \in \mathcal{H}_K(E').$$

如果 $f : E \to E'$ 是 K-线性空间的同构, 使得对任意 $y \in C^{(1)}$ 以及任意 $s \in K_y \otimes_K E$ 有

$$\|f_{K_y}(s)\|'_y = \|s\|_y,$$

那么说 f 是从 ξ 到 ξ' 的**等距同构**.

例 4.4.1 设 E 为有限维 K-线性空间,

$$\xi = (\|\cdot\|_y)_{y \in C^{(1)}} \in \mathcal{H}_K(E).$$

用 $\xi^\vee$ 表示范数族

$$(\|\cdot\|_{y,*})_{y \in C^{(1)}} \in \mathcal{H}_K(E),$$

其中 $\|\cdot\|_{y,*}$ 是 $\|\cdot\|_y$ 的对偶范数, 在同构

$$K_y \otimes_K E^\vee \cong (K_y \otimes_K E)^\vee$$

之下视为 $K_y \otimes_K E^\vee$ 上的范数. 类似地, 用 $\det(\xi)$ 表示范数族

$$(\|\cdot\|_{y,\det})_{y \in C^{(1)}} \in \mathcal{H}_K(\det(E)),$$

其中 $\|\cdot\|_{y,\det}$ 是

$$K_y \otimes_K \det(E) \cong \det(K_y \otimes_K E)$$

上的行列式范数.

设 M 为一维 K-线性空间, $\xi' = (\|\cdot\|_y')_{y \in C^{(1)}}$ 为 $\mathcal{H}_M$ 中的元素. 用 $\xi \otimes \xi'$ 表示如下定义的范数族 $(\|\cdot\|_y'')_{y \in C^{(1)}} \in \mathcal{H}_K(E \otimes_K M)$, 其中 $\|\cdot\|_y''$ 是

$$K_y \otimes_K (E \otimes M) \cong (K_y \otimes_K E) \otimes_{K_y} (K_y \otimes_K M)$$

上的范数, 使得

$$\forall (s, \lambda) \in (K_y \otimes_K E) \times (K_y \otimes_K M), \quad \|s \otimes \lambda\|_y'' = \|s\|_y \cdot \|\lambda\|_y'.$$

例 4.4.2 我们用 $\omega_{K/k(T)}$ 表示一维 K-线性空间 $\mathrm{Hom}_{k(T)}(K, k(T))$. 对任意 $y \in C^{(1)}$, 用 $\|\cdot\|_{\omega,y}$ 表示 $K_y \otimes_K \omega_{K/k(T)}$ 上的范数, 使得

$$\|\mathrm{Tr}_{K/k(T)}\|_{\omega,y} = \sup_{a \in K_y^\times} \frac{|\mathrm{Tr}_{K_y/k(T)_x}(a)|_x}{|a|_y},$$

其中 $x = \mathrm{pr}_C(y)$. 这样构造的范数族 $\omega_{C/\mathbb{P}_k^1} := (\|\cdot\|_y)_{y \in C^{(1)}}$ 是 $\mathcal{H}_K(\omega_{K/k(T)})$ 的元素. 类似地, 对任意 $x \in \mathbb{P}_k^{1,(1)}$ 及 $y \in C_x^K$, 令

$$\|\cdot\|_{\omega,y}' = \frac{|\varpi_x|_x}{|\varpi_y|_y} \|\cdot\|_{\omega,y},$$

其中 ϖ_x 和 ϖ_y 分别表示 $k(T)_x$ 和 K_y 的单值化子. 用 $\omega_{C/\mathbb{P}_k^1}'$ 表示范数族 $(\|\cdot\|_{\omega,y}')_{y \in C^{(1)}}$. 这也是 $\mathcal{H}_K(\omega_{K/k(T)})$ 中的元素.

注 4.4.6 设 E 为 K 上的有限维线性空间, $\xi = (\|\cdot\|_y)_{y \in C^{(1)}} \in \mathcal{H}_K(E)$. 由命题 4.4.9 知

$$E^\vee \otimes_K \omega_{K/k(T)} \longrightarrow \operatorname{Hom}_{k(T)}(E, k(T)), \quad \alpha \otimes \varphi \longmapsto \varphi \circ \alpha \tag{4.4.26}$$

是 K-线性空间的同构, 也就是说, 任意 $\operatorname{Hom}_{k(T)}(E, k(T))$ 中的元素可以唯一地写成 $\operatorname{Tr}_{K/k(T)} \circ g$ 的形式, 其中 $g \in E^\vee$. 这样, 对任意 $x \in \mathbb{P}_k^{1,(1)}$ 以及任意 $y \in C_x^K$, 以下 K_y-线性映射是线性同构

$$K_y \otimes_K \operatorname{Hom}_{k(T)}(E, k(T)) \longrightarrow \operatorname{Hom}_{k(T)_x}(E_y, k(T)_x),$$

$$\lambda \otimes (\operatorname{Tr}_{K/k(T)} \circ g) \longmapsto \operatorname{Tr}_{K_y/k(T)_x} \circ (\lambda g_y),$$

其中 $g_y : E_y \to K_y$ 是 $g : E \to K$ 所诱导的 K_y-线性形式. 在 K_y-线性空间 $\operatorname{Hom}_{k(T)_x}(E_y, k(T)_x)$ 上考虑算子范数并通过上述同构诱导

$$K_y \otimes_K \operatorname{Hom}_{k(T)}(E, k(T))$$

上的一个范数 $\|\cdot\|'_{y,*}$. 用 ξ^* 表示范数族 $(\|\cdot\|'_{y,*})_{y \in C^{(1)}}$. 由命题 4.4.10 知 (4.4.26) 定义了从 $\xi^\vee \otimes \omega_{C/\mathbb{P}^1}$ 到 ξ^* 的等距同构.

假设所有的范数 $\|\cdot\|_y$ 都是纯范数 (或等价地, 每个赋超范线性空间 $(E_y, \|\cdot\|_y)$ 都具有标准正交基). 对任意 $x \in \mathbb{P}_k^{1,(1)}$, 推论 4.4.3 (1) 中的同构诱导 $k(T)_x$-线性同构

$$k(T)_x \otimes_{k(T)} E \cong \left(\prod_{y \in C_x^K} K_y \right) \otimes_K E \cong \prod_{y \in C_x^K} E_y, \tag{4.4.27}$$

进而诱导 $k(T)_x$-线性同构如下

$$k(T)_x \otimes_{k(T)} \operatorname{Hom}_{k(T)}(E, k(T)) \xrightarrow{\psi_x^{(1)}} \operatorname{Hom}_{k(T)_x}(k(T)_x \otimes_{k(T)} E, k(T)_x)$$

$$\Big\downarrow {\scriptstyle \psi_x^{(2)}}$$

$$\prod_{y \in C_x^K} \operatorname{Hom}_{k(T)_x}(E_y, k(T)_x) \xleftarrow{\ \psi_x^{(3)}\ } \operatorname{Hom}_{k(T)_x}\left(\prod_{y \in C_x^K} E_y, k(T)_x \right)$$

$$\tag{4.4.28}$$

其中对任意 $g \in E^\vee$, $\psi_x^{(1)}$ 将

$$1 \otimes (\operatorname{Tr}_{K/k(T)} \circ g) \in k(T)_x \otimes_{k(T)} \operatorname{Hom}_{k(T)}(E, k(T)) \tag{4.4.29}$$

映为 $k(T)_x$-线性空间 $k(T)_x \otimes_{k(T)} E$ 上的线性泛函 (等式来自 (4.4.25))

$$(\lambda \otimes s) \longmapsto \operatorname{Tr}_{K/k(T)}(g(s)) = \sum_{y \in C_x^K} \operatorname{Tr}_{K_y/k(T)_x}(g_y(s)),$$

$\psi_x^{(2)}$ 由 (4.4.27) 诱导, $\psi_x^{(3)}$ 是自然同构. 用 ψ_x 表示 $k(T)_x$-线性同构 $\psi_x^{(3)}$, $\psi_x^{(2)}$ 和 $\psi_x^{(1)}$ 的复合. 依定义, (4.4.29) 在 ψ_x 下的像等于 $(\mathrm{Tr}_{K_y/k(T)_x} \circ g_y)_{y \in C_x^K}$.

对任意 $x \in \mathbb{P}_k^{1,(1)}$ 及任意 $y \in C_x^K$, 用 $\|\cdot\|_y'$ 表示 K_y-线性空间

$$\mathrm{Hom}_{K_y}(E_y, K_y) \otimes_{K_y} \omega_{K_y/k(T)_x}$$

上如下定义的范数 ($\|\cdot\|_{\omega,y}'$ 的构造见例 4.4.2):

$$\forall (\alpha, f) \in \mathrm{Hom}_{K_y}(E_y, K_y) \otimes_{K_y} \omega_{K_y/k(T)_x}, \quad \|\alpha \otimes f\|_y' = \|\alpha\|_y \cdot \|f\|_{\omega,y}'.$$

用 $\|\cdot\|_{y,\mathrm{pur}_K}'$ 表示将 $\mathrm{Hom}_{K_y}(E_y, K_y) \otimes_{K_y} \omega_{K_y/k(T)_x}$ 视为 $k(T)_x$-线性空间时范数 $\|\cdot\|_y'$ 的纯化. 由注 4.4.4 知映射

$$\mathrm{Hom}_{K_y}(E_y, K_y) \otimes_{K_y} \omega_{K_y/k(T)_x} \longrightarrow \mathrm{Hom}_{k(T)_x}(E_y, k(T)_x),$$

$$(\alpha, f) \longmapsto f \circ \alpha$$

视为 $k(T)_x$-线性同构时是从 $\|\cdot\|_{y,\mathrm{pur}_K}'$ 到 $\|\cdot\|_{y,\mathrm{pur}_K,*}$ 的等距同构, 其中 $\|\cdot\|_{y,\mathrm{pur}_K}$ 是将 $\mathrm{Hom}_{k(T)_x}(E_y, k(T)_x)$ 视为 $k(T)_x$-线性空间时范数 $\|\cdot\|_x$ 的纯化. 所以 (4.4.26) 视为 $k(T)$-线性空间的同构是从 $\widetilde{\mathrm{pr}}_{C,*}(\xi^\vee \otimes \omega_{C/\mathbb{P}^1}')$ 到 $\widetilde{\mathrm{pr}}_{C,*}(\xi)^\vee$ 的等距同构.

4.4.4.3 算术向量丛

定义 4.4.6 所谓 K 上的**算术向量丛**, 是指形如 $\overline{E} = (E, \xi)$ 的数学对象, 其中 E 是有限维 K-线性空间, $\xi = (\|\cdot\|_y)_{y \in C^{(1)}} \in \mathcal{H}_K(E)$, 满足如下条件:

(1) 对任意 $y \in C^{(1)}$, 赋超范线性空间 $(E_y, \|\cdot\|_y)$ 具有一组标准正交基, 也就是说每个范数 $\|\cdot\|_y$ 都是纯范数 (见 4.3.2.12 节);

(2) 存在 E 的一组基 $(e_i)_{i=1}^r$ 以及 $C^{(1)}$ 的有限子集 S, 使得对任意 $y \in C^{(1)} \setminus S$, $(e_i)_{i=1}^r$ 都是 $(E_y, \|\cdot\|_y)$ 的标准正交基.
如果 E 是 K 上的一维线性空间, 那么则说 $\overline{E}$ 是 K 上的**算术线丛**.

与例 4.3.1 类似, 如果 $\overline{E} = (E, \xi)$ 是 K 上的算术向量丛, 那么 $(E^\vee, \xi^\vee)$ 组成 K 上的算术向量丛, 记作 $\overline{E}^\vee$. 另外, $(\det(E), \det(\xi))$ 构成 K 上的算术线丛, 记作 $\det(\overline{E})$. 如果 $\overline{E} = (E, \xi)$ 是 K 上的算术向量丛, $\overline{M} = (M, \xi')$ 是 K 上的算术线丛, 那么 $(E \otimes M, \xi \otimes \xi')$ 构成 K 上的算术向量丛, 记作 $\overline{E} \otimes \overline{M}$.

命题 4.4.12 (1) $\overline{K} = (K, (|\cdot|_y)_{y \in C^{(1)}})$ 是 K 上的算术线丛.

(2) 假设 $\overline{E} = (E, \xi)$ 是 K 上的算术向量丛, 其中 $\xi = (\|\cdot\|_y)_{y \in C^{(1)}}$. 对任意 $x \in \mathbb{P}_k^{1,(1)}$, 用 $\|\cdot\|_{\xi,x,\mathrm{pur}}$ 表示范数 $\|\cdot\|_{\xi,x}$ 的纯化. 那么

$$\widetilde{\mathrm{pr}}_{C,*}(\overline{E}) = (E, (\|\cdot\|_{\xi,x,\mathrm{pur}})_{x \in \mathbb{P}_k^{1,(1)}})$$

是 $k(T)$ 上的算术向量丛.

(3) $(\omega_{K/k(T)}, \omega_{C/\mathbb{P}_k^1})$ 和 $(\omega_{K/k(T)}, \omega'_{C/\mathbb{P}_k^1})$ 都是 K 上的算术线丛.

证明 (1) 对任意 $y \in C^{(1)}$, $\{1\}$ 构成了 $(K_y, |\cdot|_y)$ 的标准正交基.

(2) 设 $(s_i)_{i=1}^r$ 为 E 在 K 上的一组基, S 为 $\mathbb{P}_k^{1,(1)}$ 的有限子集, 使得对任意 $x \in \mathbb{P}_k^{1,(1)} \setminus S$ 及任意 $y \in C_x^K$, $(s_i)_{i=1}^r$ 为 $(K_y \otimes_K E, \|\cdot\|_y)$ 的标准正交基. 任取 K 在 $k(T)$ 上的一组基 $(a_j)_{j=1}^n$. 这样

$$e = (a_j s_i)_{(i,j) \in \{1, \cdots, r\} \times \{1, \cdots, n\}}$$

是 E 在 $k(T)$ 上的一组基. 令 $(s_i^\vee)_{i=1}^r$ 为 $(s_i)_{i=1}^r$ 在 $E^\vee = \operatorname{Hom}_K(E, K)$ 中的对偶基. 令 $(a_j^\vee)_{j=1}^n$ 为 $(a_j)_{j=1}^n$ 在对偶 $k(T)$-线性空间 $\operatorname{Hom}_{k(T)}(K, k(T))$ 中的对偶基. 对任意 $j \in \{1, \cdots, n\}$, 令 a_j^* 为 L 中唯一的使得

$$a_j^\vee = \operatorname{Tr}_{K/k(T)}(a_j^* \cdot)$$

的元素. 这样

$$\operatorname{Tr}_{K/k(T)}(a_j^* s_i^\vee(\cdot)), \quad (i,j) \in \{1, \cdots, r\} \times \{1, \cdots, n\}$$

构成 e 在 $\operatorname{Hom}_{k(T)}(E, k(T))$ 中的对偶基. 由注 4.4.6 知, 对任意 $x \in \mathbb{P}_K^{1,(1)}$ 有

$$\| \operatorname{Tr}_{K/k(T)}(a_j^* s_i^\vee(\cdot)) \|_{x,*} = \max_{y \in C_x^K} |a_j^*|_y \cdot \|s_i^\vee\|_{y,*} \cdot \| \operatorname{Tr}_{K_y/k(T)_x} \|_{\omega,y}. \tag{4.4.30}$$

对任意 $y \in C_x^K$, 由注 4.4.1 知, 对任意 $b \in K_y$ 及任意

$$\sigma \in \operatorname{Hom}_{k(T)_x\text{-alg}}(K_y, k(T)_x^{\mathrm{ac}})$$

有 $|\sigma(b)|_x = |b|_y$. 从而由等式 (A.6) 和强三角形不等式推出

$$| \operatorname{Tr}_{K_y/k(T)_x}(b)|_x \leqslant |b|_y.$$

这说明对任意 $y \in C^{(1)}$ 有 $\| \operatorname{Tr}_{L/K} \|_{\omega,y} \leqslant 1$. 这样便从 (4.4.30) 推出

$$\| \operatorname{Tr}_{K/k(T)}(a_j^* s_i^\vee(\cdot)) \|_{x,*} \leqslant \max_{y \in C_x^K} |a_j^*|_y \cdot \|s_i^\vee\|_{y,*}.$$

由命题 4.4.11 知存在 $\mathbb{P}_k^{1,(1)}$ 的某包含 S 的有限子集 S', 使得对任意 $(i,j) \in \{1, \cdots, r\} \times \{1, \cdots, n\}$ 以及任意 $x \in \mathbb{P}_k^{1,(1)} \setminus S'$ 有

$$\|a_j s_i\|_x = \max_{y \in C_x^K} |a_j|_y \cdot \|s_i\|_y = 1,$$

$$\| \operatorname{Tr}_{K/k(T)}(a_j^* s_i^\vee(\cdot)) \|_{x,*} \leqslant 1.$$

这样由注 4.3.4 得出 e 是 $(E \otimes_{k(T)} k(T)_x, \|\cdot\|_x)$ 的标准正交基.

(3) 令 $(a_j)_{j=1}^n$ 为 K 在 $k(T)$ 上的一组基, $(a_j^*)_{j=1}^n$ 为其相对于非退化双线性形式

$$(a, b) \longmapsto \operatorname{Tr}_{K/k(T)}(ab)$$

的对偶基. 设 S 为 $\mathbb{P}_k^{1,(1)}$ 的有限子集, 使得对任意 $x \in \mathbb{P}_k^{1,(1)}$ 来说 $(a_j)_{j=1}^n$ 都是 $k(T)_x \otimes_{k(T)} K$ 的标准正交基 (这同时也说明对任意 $y \in C_x^K$ 来说 L_y 是 K_x 的非分歧扩张), 并且从 $(a_j^*)_{j=1}^n$ 到 $(a_j)_{j=1}^n$ 的转移矩阵是 $\operatorname{GL}_n(\mathcal{O}_x)$ 中的元素. 对这样的 x 来说线性映射

$$k(T)_x \otimes_{k(T)} K \longrightarrow k(T)_x \otimes_{k(T)} \operatorname{Hom}_{k(T)}(K, k(T)),$$

$$\lambda \otimes b \longmapsto \lambda \otimes \operatorname{Tr}_{K/k(T)}(b \cdot),$$

将标准正交基 $(a_j)_{j=1}^n$ 映为一组标准正交基, 所以是等距同构. 若将上述映射的定义域和值域分别写成正交直和的形式 (见 (4.4.28))

$$k(T)_x \otimes_{k(T)} K \cong \bigoplus_{y \in C_x^K} K_y,$$

$$k(T)_x \otimes_{k(T)} \operatorname{Hom}_{k(T)}(K, k(T)) \cong \bigoplus_{y \in C_x^K} \operatorname{Hom}_{k(T)_x}(K_y, k(T)_x),$$

那么该映射将 $b \in K_y$ 映为 $\operatorname{Tr}_{K_y/k(T)_x}(b \cdot)$, 并且诱导等距同构

$$K_y \longrightarrow \operatorname{Hom}_{k(T)_x}(K_y, k(T)_x).$$

从而 $\| \operatorname{Tr}_{K/k(T)} \|_{\omega,y} = 1$. $\qquad\square$

4.4.4.4 Arakelov 度数

定义 4.4.7 若 $\overline{E} = (E, (\|\cdot\|_y)_{y \in C})$ 是 K 上的算术向量丛, 定义 $\overline{E}$ 的 Arakelov 度数为

$$\widehat{\deg}(\overline{E}) = -\sum_{y \in C^{(1)}} [K_y : k(T)_y] \frac{\ln \|s_1 \wedge \cdots \wedge s_r\|_{y,\det}}{\ln(q)}.$$

定义 4.4.8 设 $\overline{F} = (F, (\|\cdot\|_x)_{x \in \mathbb{P}_k^{1,(1)}})$ 为 $k(T)$ 上的算术向量丛. 用 $\operatorname{pr}_C^*(\overline{F})$ 来表示

$$(K \otimes_{k(T)} F, (\|\cdot\|_{\operatorname{pr}_C(y), K_y})_{y \in C^{(1)}}).$$

由命题 4.4.7 (1) 和 (2) 知 $\operatorname{pr}_C^*(\overline{F})$ 是 K 上的算术向量丛.

命题 4.4.13 设 $\overline{F} = (F, (\|\cdot\|_x)_{x\in\mathbb{P}_k^{1,(1)}})$ 为 $k(T)$ 上的算术向量丛. 等式

$$\widehat{\deg}(\mathrm{pr}_C^*(\overline{F})) = [K:k(T)]\,\widehat{\deg}(\overline{F})$$

成立.

证明 若 $(s_i)_{i=1}^r$ 是 F 在 $k(T)$ 上的一组基, 那么由命题 4.4.7 (4) 和等式 (4.4.23) 知

$$\widehat{\deg}(\mathrm{pr}_C^*(\overline{F})) = -\sum_{y\in C}[K_y : k(T)_{\mathrm{pr}_C(y)}]\frac{\ln\|s_1\wedge\cdots\wedge s_r\|_{\mathrm{pr}_C(y),\det}}{\ln(y)}$$

$$= -[K:k(T)]\sum_{x\in\mathbb{P}_k^{1,(1)}}\frac{\ln\|s_1\wedge\cdots\wedge s_r\|_{x,\det}}{\ln(q)}$$

$$= [K:k(T)]\,\widehat{\deg}(\overline{F}). \tag{4.4.31}$$

$\square$

4.4.4.5 曲线的 Riemann-Roch 定理

定义 4.4.9 设 $\overline{E} = (E, (\|\cdot\|_y)_{y\in C})$ 为 K 上的算术向量丛. 用 $\widehat{H}^0(\overline{E})$ 来表示集合

$$\{s\in E \mid \forall\, y\in C^{(1)},\ \|s\|_y \leqslant 1\}.$$

这样 $\widehat{H}^0(\overline{E}) = \widehat{H}^0(\mathrm{pr}_{C,*}(\overline{E})) = \widehat{H}^0(\widetilde{\mathrm{pr}}_{C,*}(\overline{E}))$, 从而是有限维 k 线性空间. 另外用 $\overline{\omega_{K/k}}'$ 来表示

$$(\omega_{K/k(T)}, \omega'_{C/\mathbb{P}_k^1})\otimes\mathrm{pr}_C^*(\overline{\omega_{k(T)/k}}).$$

定理 4.4.5(曲线的 Riemann-Roch 定理) 对任意 K 上的算术向量丛 $\overline{E}$, 以下等式成立

$$\dim_k(\widehat{H}^0(\overline{E})) - \dim_k(\widehat{H}^0(\overline{E}^\vee\otimes\overline{\omega_{K/k}}')) = \widehat{\deg}(\overline{E}) + \dim_K(E)(1-g(K/k)),$$

其中

$$g(K/k) = \frac{1}{2}\widehat{\deg}(\overline{\omega_{K/k}}') + 1.$$

证明 由注 4.4.6 知有如下等距同构

$$\widetilde{\mathrm{pr}}_{C,*}(\overline{E}^\vee\otimes\overline{\omega_{K/k(T)}}') \cong \widetilde{\mathrm{pr}}_{C,*}(\overline{E})^\vee.$$

从而

$$\widetilde{\mathrm{pr}}_{C,*}(\overline{E}^\vee\otimes\overline{\omega_{K/k}}') \cong \widetilde{\mathrm{pr}}_{C,*}(\overline{E})^\vee\otimes\overline{\omega_{k(T)/k}}.$$

这样由定理 4.3.5 便推出

$$\dim_k(\widehat{H}^0(\overline{E})) - \dim_k(\widehat{H}^0(\overline{E}^\vee \otimes \overline{\omega_{K/k}}')) = \widehat{\deg}(\widetilde{\mathrm{pr}}_{C,*}(\overline{E})) + \dim_{k(T)}(E).$$

而由注 4.4.2 知

$$\widehat{\deg}(\widetilde{\mathrm{pr}}_{C,*}(\overline{E})) = \widehat{\deg}(\overline{E}) + \dim_K(E) \cdot \widehat{\deg}(\widetilde{\mathrm{pr}}_{C,*}(\overline{K})).$$

这样从上式便推出

$$\dim_k(\widehat{H}^0(\overline{E})) - \dim_k(\widehat{H}^0(\overline{E}^\vee \otimes \overline{\omega_{K/k}}'))$$
$$= \widehat{\deg}(\overline{E}) + \dim_K(E)\widehat{\deg}(\widetilde{\mathrm{pr}}_{C,*}(\overline{K})) + \dim_{k(T)}(E)$$
$$= \widehat{\deg}(\overline{E}) + \dim_K(E)(\widehat{\deg}(\widetilde{\mathrm{pr}}_{C,*}(\overline{K})) + [K:k(T)]).$$

最后, 将这个等式分别应用于 $\overline{E} = \overline{K}$ 和 $\overline{E} = \overline{\omega_{K/k}}'$ 的情形, 得到

$$\widehat{\deg}(\overline{\omega_{K/k}}') + \widehat{\deg}(\widetilde{\mathrm{pr}}_{C,*}(\overline{K})) + [K:k(T)] = -\widehat{\deg}(\widetilde{\mathrm{pr}}_{C,*}(\overline{K})) - [K:k(T)].$$

从而

$$\widehat{\deg}(\widetilde{\mathrm{pr}}_{C,*}(\overline{K})) + [K:k(T)] = -\frac{1}{2}\deg(\overline{\omega_{K/k}}').$$

定理于是得证. □

4.5 代数数域的几何

算术基本定理说明, 任意正整数可以分解成素因子的乘积, 并且在不考虑素因子顺序的前提下分解是唯一的. 从而任意非零有理数 x 可以分解为

$$x = \prod_{p \in \mathscr{P}} p^{\mathrm{ord}_p(x)}, \tag{4.5.1}$$

其中 $\mathscr{P}$ 表示所有素数组成的集合, $\mathrm{ord}_p(x) \in \mathbb{Z}$, 并且除了有限多个素数以外有 $\mathrm{ord}_p(x) = 0$ (从而上式中的无穷乘积实际上应该视为满足 $\mathrm{ord}_p(x) \neq 0$ 的那些项的有限乘积). 约定 $\mathrm{ord}_p(0) = +\infty$ 后, $\mathrm{ord}_p(\cdot)$ 构成 $\mathbb{Q}$ 上的离散赋值. 特别地, 对任意 $(x,y) \in \mathbb{Q} \times \mathbb{Q}$ 如下关系成立

$$\mathrm{ord}_p(xy) = \mathrm{ord}_p(x) + \mathrm{ord}_p(y), \quad \mathrm{ord}_p(x+y) \geqslant \min\{\mathrm{ord}_p(x), \mathrm{ord}_p(y)\}.$$

用 $|\cdot|_p$ 表示映射

$$\mathbb{Q} \longrightarrow \mathbb{R}_{\geqslant 0}, \quad |x|_p := p^{-\mathrm{ord}_p(x)}.$$

上述关系说明了 $|\cdot|_p$ 是 $\mathbb{Q}$ 上的绝对值, 称为 p-**进绝对值**. 另外, 用 $|\cdot|_\infty$ 表示 $\mathbb{Q}$ 上通常的绝对值. 这样, 非零有理数的素因子分解 (4.5.1) 说明

$$\forall x \in \mathbb{Q}^\times, \quad |x|_\infty \cdot \prod_{p \in \mathscr{P}} |x|_p = 1. \tag{4.5.2}$$

这个等式称为有理数域的**乘积公式**.

4.5.1 代数数域上的算术向量丛

本节中固定一个有理数域 $\mathbb{Q}$ 的有限扩张 K. 用 S_K 表示延拓 $\mathbb{Q}$ 上通常的绝对值 $|\cdot|_\infty$ 或某 p-进绝对值 $|\cdot|_p$ 的所有 K 上的绝对值构成的集合. 如果 v 是 S_K 中的元素, 有时也用 $|\cdot|_v$ 来表示绝对值 v. 这样 $S_\mathbb{Q}$ 与 $\mathscr{P} \cup \{\infty\}$ 之间有自然的一一对应, 为叙述方便, 下文中不时将集合 $S_\mathbb{Q}$ 等同于 $\mathscr{P} \cup \{\infty\}$. 对任意 $p \in \mathscr{P} \cup \{\infty\}$, 如果 K 上的绝对值 v 延拓 $\mathbb{Q}$ 上的绝对值 $|\cdot|_p$, 则记 $v \mid p$ 并用 K_v 表示域 K 相对于绝对值 v 的完备化, 有时为了方便也用 $\mathbb{Q}_v$ 来表示 $\mathbb{Q}$ 相对于 $|\cdot|_p$ 的完备化. 用 $S_{K,p}$ 来表示

$$\{v \in S_K \mid v \mid p\}.$$

这样 $S_{K,p}$ 是基数不超过 $[K : \mathbb{Q}]$ 的有限集, 并且 S_K 是 $S_{K,p}$ $(p \in \mathscr{P} \cup \{\infty\})$ 的无交并. 我们记

$$S_{K,\mathrm{fin}} = \bigcup_{p \in \mathscr{P}} S_{K,p}.$$

另外, 用 $\mathrm{pr}_K : S_K \to S_\mathbb{Q} = \mathscr{P} \cup \{\infty\}$ 表示将 $S_{K,p}$ 中的元素映为 p 的投影映射.

定义 4.5.1 设 E 为有限维 K-线性空间. 用 $\mathcal{H}_K(E)$ 表示形如 $(\|\cdot\|_v)_{v \in S_K}$ 的范数族组成的集合, 其中当 $v \nmid \infty$ 时 $\|\cdot\|_v$ 是 $K_v \otimes_K E$ 上的超范数, 当 $v \mid \infty$ 时 $\|\cdot\|_v$ 是 $K_v \otimes_K E$ 上由内积诱导的范数. 设 E 和 E' 为两个有限维 K-线性空间,

$$\xi = (\|\cdot\|_v)_{v \in S_K} \in \mathcal{H}_K(E), \quad \xi' = (\|\cdot\|_v)_{v \in S_K} \in \mathcal{H}_K(E').$$

如果 $f : E \to E'$ 是 K-线性同构, 使得对任意 $v \in S_K$ 有

$$\forall s \in K_v \otimes_K E, \quad \|f_{K_v}(s)\|'_v = \|s\|_v,$$

那么说 f 是从 (E, ξ) 到 (E', ξ') 的**等距同构**, 或简单地说 f 是从 ξ 到 ξ' 的等距同构.

所谓 K 上的**算术向量丛**, 是指形如 $\overline{E} = (E, (\|\cdot\|_v)_{v \in S_K})$ 的数学对象, 其中 E 是有限维 K-线性空间, $(\|\cdot\|_v)_{v \in S_K} \in \mathcal{H}_K(E)$, 满足以下条件:

(1) 对任意 $v \in S_K$, $(E_v, \|\cdot\|_v)$ 具有标准正交基;

(2) 存在 S_K 的有限子集 S 以及 E 在 K 上的一组基 $(e_i)_{i=1}^r$, 使得对任意 $v \in S_K \setminus S$, $(e_i)_{i=1}^r$ 是 $(E_v, \|\cdot\|_v)$ 的标准正交基.

当 E 是一维 K-线性空间时, 算术向量丛 $\overline{E}$ 也称为**算术线丛**.

上节中介绍的关于有理函数域的一些构造和结论同样适用于代数数域. 证明的方法基本相同. 以下将在代数数域的框架解释这些构造和结论并指明与上节中内容的联系, 证明的细节留给读者.

4.5.1.1 对偶、行列式丛和张量积

设 E 为 K 上有限维线性空间, $\xi = (\|\cdot\|_v)_{v \in S_K} \in \mathcal{H}_K(E)$. 我们用 $\xi^\vee$ 来表示对偶范数族 $(\|\cdot\|_{v,*})_{v \in S_K} \in \mathcal{H}_K(E^\vee)$, 用 $\det(\xi)$ 来表示行列式范数族 $(\|\cdot\|_{v,\det})_{v \in S_K} \in \mathcal{H}_K(\det(E))$. 如果 $\overline{E} = (E, \xi)$ 是 K 上的算术向量丛, 那么 $\overline{E}^\vee := (E, \xi^\vee)$ 是 K 上的算术向量丛, $\det(\overline{E}) := (\det(E), \det(\xi))$ 是 K 上的算术线丛. 另外, 如果 M 是一维 K-线性空间, $\xi' = (\|\cdot\|_v')_{v \in S_K} \in \mathcal{H}_K(M)$, 那么如下定义的范数族 $(\|\cdot\|_v'')_{v \in S_K}$ 是 $\mathcal{H}_K(E \otimes_K M)$ 中的元素:

$$\forall (s, \ell) \in E_v \times M_v, \quad \|s \otimes \ell\|_v'' = \|s\|_v \cdot \|\ell\|_v'.$$

我们将这个范数族记作 $\xi \otimes \xi'$. 如果 $\overline{E} = (E, \xi)$ 和 $\overline{M} = (M, \xi')$ 分别是 K-上的算术向量丛和算术线丛, 那么 $\overline{E} \otimes \overline{M} := (E \otimes_K M, \xi \otimes \xi')$ 是 K 上的算术向量丛. 读者可以参考例 4.3.1 和定义 4.4.6 下方的段落.

4.5.1.2 在 $\mathbb{Q}$ 上的推出

设 E 为 K 上的有限维 K-线性空间, $\xi = (\|\cdot\|_v)_{v \in S_K} \in \mathcal{H}_K(E)$. 对任意 $p \in S_\mathbb{Q} = \mathscr{P} \cup \{\infty\}$, $\mathbb{Q}_p$-代数同构 (见推论 4.4.3)

$$\mathbb{Q}_p \otimes_\mathbb{Q} K \longrightarrow \prod_{v \in S_{K,p}} K_v$$

诱导了 $\mathbb{Q}_p$-线性空间的同构

$$\mathbb{Q}_p \otimes_\mathbb{Q} E \longrightarrow \bigoplus_{v \in S_{K,p}} E_v.$$

用 $\|\cdot\|_{\xi,p}$ 表示如下定义的 $\mathbb{Q}_p \otimes_\mathbb{Q} E \cong \bigoplus_{v \in S_{K,p}} E_v$ 上的范数:

$$\forall s = (s_v)_{v \in S_{K,p}} \in \bigoplus_{v \in S_{K,p}} E_v, \quad \|s\|_{\xi,p} := \begin{cases} \max_{v \in S_{K,p}} \|s_v\|_v, & p \in \mathscr{P}, \\ \left(\sum_{v \in S_{K,\infty}} \|s_v\|_v^2 \right)^{1/2}, & p = \infty, \end{cases}$$

并用 $\mathrm{pr}_{K,*}(\xi)$ 表示范数族 $(\|\cdot\|_{\xi,p})_{p \in S_{\mathbb{Q}}} \in \mathcal{H}_{\mathbb{Q}}(E)$. 如果 (E, ξ) 是 K 上的算术向量丛, 用 $\widetilde{\mathrm{pr}}_{K,*}(\xi)$ 表示 $(\|\cdot\|_{\xi,p,\mathrm{pur}})_{p \in S_{\mathbb{Q}}}$ (见定义 4.3.4). 那么 $(E, \widetilde{\mathrm{pr}}_{K,*}(\xi))$ 构成 $\mathbb{Q}$ 上的算术向量丛, 称为 E 在 $\mathbb{Q}$ 上的**推出**, 有时也记作 $\widetilde{\mathrm{pr}}_{K,*}(E, \xi)$. 读者可以参考命题 4.4.12.

4.5.1.3 对偶化丛

用 $\omega_{K/\mathbb{Q}}$ 来表示一维 K-线性空间 $\mathrm{Hom}_{\mathbb{Q}}(K, \mathbb{Q})$. 对任意 $v \in S_K$, 用 $\|\cdot\|_{\omega,v}$ 表示 $\omega_{K/\mathbb{Q}} \otimes_K K_v$ 上的范数, 使得对任意 $p \in \mathscr{P} \cup \{\infty\}$ 及任意 $v \in S_{K,p}$ 有

$$\| \mathrm{Tr}_{K/\mathbb{Q}} \otimes 1 \|_{\omega,v} = \sup_{a \in K_v^{\times}} \frac{|\mathrm{Tr}_{K_v/\mathbb{Q}_p}(a)|_p}{|a|_v}.$$

这样

$$(\omega_{K/\mathbb{Q}}, (\|\cdot\|_{\omega,v})_{v \in S_K})$$

是 K 上的算术线丛. 范数族 $(\|\cdot\|_{\omega,v})_{v \in S_K}$ 记作 $\xi_{\omega_{K/\mathbb{Q}}}$. 类似地, 对任意 $p \in \mathscr{P} \cup \{\infty\}$ 及任意 $v \in S_{K,p}$, 令

$$\|\cdot\|'_{\omega,v} := \frac{|\varpi_v|_v}{|p|_p} \|\cdot\|_{w,v},$$

其中 ϖ_v 表示 K_v 的单值化子. 用 $\xi'_{\omega_{K/\mathbb{Q}}}$ 表示范数族 $(\|\cdot\|'_{\omega,v})_{v \in S_K}$. 除了有限多个 $v \in S_K$ 以外有 $\|\cdot\|'_{\omega,v} = \|\cdot\|_{\omega,v}$, 并且 $(\omega_{K/\mathbb{Q}}, \xi'_{\omega_{K/\mathbb{Q}}})$ 也是 K 上的算术线丛.

4.5.1.4 对偶性

设 E 为有限维 K-线性空间. 那么 $\mathrm{Hom}_{\mathbb{Q}}(E, \mathbb{Q})$ 在运算

$$K \times \mathrm{Hom}_{\mathbb{Q}}(E, \mathbb{Q}) \longrightarrow \mathrm{Hom}_{\mathbb{Q}}(E, \mathbb{Q}), \quad (a, f) \longmapsto f(a \cdot)$$

之下构成一个 K-线性空间, 其维数等于 E 在 K 上的维数. 另外, 由命题 4.4.9 知映射

$$E^{\vee} \otimes_K \mathrm{Hom}_{\mathbb{Q}}(K, \mathbb{Q}) \longrightarrow \mathrm{Hom}_{\mathbb{Q}}(E, \mathbb{Q}), \quad (g, \varphi) \longmapsto \varphi \circ g$$

是 K-线性同构. 换句话说, $\mathrm{Hom}_{\mathbb{Q}}(E, \mathbb{Q})$ 中的元素可以唯一地写成 $\mathrm{Tr}_{K/\mathbb{Q}} \circ g$ 的形式, 其中 $g \in E^{\vee}$. 这样, 对任意 $v \in S_K$, 以下 K_v-线性映射是线性同构:

$$K_v \otimes_K \mathrm{Hom}_{\mathbb{Q}}(E, \mathbb{Q}) \longrightarrow \mathrm{Hom}_{\mathbb{Q}_v}(K_v \otimes_K E, \mathbb{Q}_v),$$

$$\lambda \otimes (\mathrm{Tr}_{K/\mathbb{Q}} \circ g) \longmapsto \mathrm{Tr}_{K_v/\mathbb{Q}_v} \circ (\lambda g_{K_v}),$$

其中 $g_{K_v} : K_v \otimes_K E \to K_v$ 是 $g \in E^{\vee}$ 诱导的 K_v-线性形式.

给定 $\xi = (\|\cdot\|_v)_{v\in S_K} \in \mathcal{H}_K(E)$. 赋 $\mathrm{Hom}_{\mathbb{Q}_v}(K_v \otimes_K E, \mathbb{Q}_v)$ 以算子范数并通过上述线性同构诱导 $K_v \otimes_K \mathrm{Hom}_{\mathbb{Q}}(E, \mathbb{Q})$ 上的范数 $\|\cdot\|_{v,*}^{\mathbb{Q}}$. 这样

$$(\|\cdot\|_{v,*}^{\mathbb{Q}})_{v\in S_K} \in \mathcal{H}_K(\mathrm{Hom}_{\mathbb{Q}}(E, \mathbb{Q})),$$

并且等式

$$\mathrm{pr}_{K,*}((\|\cdot\|_{v,*}^{\mathbb{Q}})_{v\in S_K}) = \mathrm{pr}_{K,*}(\xi)^\vee$$

成立. 另外映射

$$E^\vee \otimes_K \mathrm{Hom}_{\mathbb{Q}}(K, \mathbb{Q}) \longrightarrow \mathrm{Hom}_{\mathbb{Q}}(E, \mathbb{Q}), \quad (\alpha \otimes f) \longmapsto f \circ \alpha$$

定义了从 $\mathrm{pr}_{K,*}(\xi^\vee \otimes \xi_{\omega_{K/\mathbb{Q}}})$ 到 $\mathrm{pr}_{K,*}(\xi)^\vee$ 的等距同构 (见命题 4.4.10). 类似地, 该映射定义了从 $\widetilde{\mathrm{pr}}_{K,*}(\xi^\vee \otimes \xi_{\omega_{K/\mathbb{Q}}}')$ 到 $\widetilde{\mathrm{pr}}_{K,*}(\xi)^\vee$ 的等距同构.

4.5.1.5 Euclid 网格

设 $\overline{E} = (E, (\|\cdot\|_p)_{p\in\mathscr{P}\cup\{\infty\}})$ 为 $\mathbb{Q}$ 上的算术向量丛. 令

$$\mathcal{E} = \{s \in E \mid \sup_{p\in\mathscr{P}} \|s\|_p \leqslant 1\}.$$

用定理 4.3.4 的方法可以证明, $\mathcal{E}$ 是自由 $\mathbb{Z}$-模, 其秩等于 $\dim_{\mathbb{Q}}(E)$, 并且 $\mathcal{E}$ 的任意一组整基在赋超范线性空间 $(E_p, \|\cdot\|_p)$ 中都是标准正交基, 其中 $p \in \mathscr{P}$. 但定理 4.3.4 的第二个结论对于有理数域并不成立: 一般不能保证存在 $\mathcal{E}$ 的整基是 $(E_\infty, \|\cdot\|_\infty)$ 的正交基. 这样 $\mathcal{E}$ 是 Euclid 空间 $(E_\infty, \|\cdot\|_\infty)$ 中的离散子群并且是实线性空间 E_∞ 的生成元组, 也就是说 $\mathcal{E}$ 是 $(E_\infty, \|\cdot\|_\infty)$ 中的 Euclid 网格.

4.5.1.6 乘积公式和 Arakelov 度数

与命题 4.4.11 类似, 从有理数域 $\mathbb{Q}$ 的乘积公式 (4.5.2) 出发可以推出一般代数数域上的乘积公式: 对任意 $a \in K^\times$, 存在 S_K 的有限子集 S_a, 使得对任意 $v \in S_K \setminus S_a$ 有 $|a|_v = 1$, 并且下列等式成立

$$\prod_{v\in S_K} |a|_v^{[K_v:\mathbb{Q}_v]} = 1. \tag{4.5.3}$$

设 $\overline{E} = (E, (\|\cdot\|_v)_{v\in S_K})$ 为 K 上的算术向量丛. 定义 $\overline{E}$ 的 Arakelov **度数**为

$$\widehat{\deg}(\overline{E}) := -\sum_{v\in S_K} [K_v:\mathbb{Q}_v]\ln\|e_1 \wedge \cdots \wedge e_r\|_{v,\det},$$

其中 $(e_i)_{i=1}^r$ 是 E 作为 K-线性空间的一组基. 由上述乘积公式 (4.5.3) 知 $\widehat{\deg}(\overline{E})$ 的值与 $(e_i)_{i=1}^r$ 的选择无关. 另外, 由等式 (4.3.11) 知

$$\widehat{\deg}(\overline{E}^\vee) = -\widehat{\deg}(\overline{E}). \tag{4.5.4}$$

假设 $K = \mathbb{Q}$,

$$\mathcal{E} = \{s \in E \mid \sup_{p \in \mathscr{P}} \|s\|_p \leqslant 1\}$$

是 $\overline{E}$ 对应的 Euclid 网格, 那么 $\exp(-\widehat{\deg}(\overline{E}))$ 的值等于 Euclid 网格 $\mathcal{E} \subset (E_\infty, \|\cdot\|_\infty)$ 的余体积, 也就是说

$$\exp(-\widehat{\deg}(\overline{E})) = \mathrm{vol}\left(\{\lambda_1 e_1 + \cdots + \lambda_r e_r \mid (\lambda_1, \cdots, \lambda_r) \in [0, 1[^r\}\right),$$

其中 $(e_i)_{i=1}^r$ 是 $\mathcal{E}$ 的任一组整基.

4.5.2 数域的 Riemann-Roch 定理

4.5.2.1 有理数域的情形

考虑 $\mathbb{Q}$ 上的一个算术向量丛

$$\overline{E} = (E, \xi) = (E, (\|\cdot\|_p)_{p \in \mathscr{P} \cup \{\infty\}}),$$

并用

$$\mathcal{E} = \{s \in E \mid \sup_{p \in \mathscr{P}} \|s\|_p \leqslant 1\}$$

来表示 $\overline{E}$ 所对应的 $(E_\infty, \|\cdot\|_\infty)$ 中的 Euclid 网格.

对任意 E_∞ 的子集 A, 用 $\rho(A)$ 表示

$$\sum_{x \in A} \exp\left(-\pi \|x\|_\infty^2\right) \in [0, +\infty].$$

特别地, $\rho(\mathcal{E})$ 又记作 $\Theta(\overline{E})$, 称为算术向量丛 $\overline{E}$ 的 Θ 级数.

命题 4.5.1 对任意 $x \in E_\infty$ 有 $\rho(\mathcal{E} + x) < +\infty$, 其中

$$\mathcal{E} + x := \{u + x \mid u \in \mathcal{E}\}.$$

另外, 函数 $\rho_\mathcal{E} : E_\infty \to \mathbb{R}$, $x \mapsto \rho(\mathcal{E} + x)$ 是 E_∞ 上的光滑 $\mathcal{E}$-周期函数.

证明 令 $(e_i)_{i=1}^r$ 为 $\mathcal{E}$ 的一组整基. 由范数等价性知存在常数 $c > 0$ 使得

$$\forall (a_1, \cdots, a_r) \in \mathbb{R}^r, \quad \|a_1 e_1 + \cdots + a_r e_r\|^2 \geqslant c(a_1^2 + \cdots + a_r^2).$$

这样对任意 $x = b_1 e_1 + \cdots + b_r e_r \in E_\infty$ 有

$$\rho(\mathcal{E} + x) \leqslant \sum_{(a_1, \cdots, a_r) \in \mathbb{Z}^r} \exp\left(-c\pi\left((a_1 + b_1)^2 + \cdots + (a_r + b_r)^2\right)\right)$$

$$= \prod_{\ell=1}^{r} \left(\sum_{a \in \mathbb{Z}} \exp\left(-c\pi(a+b_\ell)^2\right) \right) < +\infty.$$

由定义立即得到函数 $\rho_{\mathcal{E}}(\cdot)$ 的 $\mathcal{E}$ 周期性. 最后, $\rho_{\mathcal{E}}$ 作为函数项级数, 其任意阶偏导数都形如

$$\sum_{u \in \mathcal{E}} P(u+x) \exp(\pi\|u+x\|_\infty^2), \tag{4.5.5}$$

其中 $P(\cdot)$ 是 E_∞ 上的多项式函数. 对任意 $\delta > 0$, 存在常数 $C_P > 0$ 使得不等式 $|P(y)| \leqslant C_P \exp(\delta\|y\|^2)$ 对于任意 $y \in E_\infty$ 成立. 从而级数 (4.5.5) 在 E_∞ 上一致收敛. 这说明了 $\rho_{\mathcal{E}}$ 在 E_∞ 上是光滑函数. □

命题 4.5.2 对任意 $\alpha \in E_\infty^\vee$, 以下等式成立

$$\int_{E_\infty} \exp\left(-\pi\|x\|^2 - 2\pi\alpha(x)\sqrt{-1}\right) dx = \exp(-\pi\|\alpha\|_{\infty,*}^2), \tag{4.5.6}$$

其中 dx 表示 E_∞ 上的 Lebesgue 测度, 使得 $(E_\infty, \|\cdot\|_\infty)$ 的标准正交基张成的平行超多面体的测度等于 1.

证明 证明中将用到以下等式

$$\int_{\mathbb{R}} \exp(-\pi t^2 - 2\pi\theta t\sqrt{-1}) dt = \exp(-\pi\theta^2). \tag{4.5.7}$$

这个等式可以通过考虑复变函数 $z \mapsto \exp(-\pi z^2)$ 在复平面中连接 $-R$, R, $R + \theta\sqrt{-1}$, $-R+\theta\sqrt{-1}$, $-R$ 的折线围道上的积分 $(R > 0)$, 令 R 趋于无穷并利用等式

$$\int_{\mathbb{R}} \exp(-\pi t^2) dt = 1$$

而得出. 这个等式同时也证明了 $\alpha = 0$ 的情形之下的等式 (4.5.6).

以下假设 α 是非零线性形式. 由 Riesz 表示定理, 存在唯一的 $y \in E_\infty$ 使得

$$\forall x \in E_\infty, \quad \alpha(x) = \langle y, x \rangle_\infty,$$

其中 $\langle \, , \rangle_\infty$ 是 Euclid 范数 $\|\cdot\|_\infty$ 所对应的内积. 在 E_∞ 上取一组包含 $\|y\|_\infty^{-1}y$ 的标准正交基将 E_∞ 等同于 $\mathbb{R}^r$, 从 Fubini 定理推出

$$\int_{E_\infty} \exp\left(-\pi\|x\|^2 - 2\pi\alpha(x)\sqrt{-1}\right) dx$$

$$= \left(\int_{\mathbb{R}} \exp(-\pi t^2) dt\right)^{n-1} \int_{\mathbb{R}} \exp(-\pi t^2 - 2\pi t\|y\|_\infty\sqrt{-1}) dt.$$

这样由等式 (4.5.7) 和关系 $\|y\|_\infty = \|\alpha\|_{\infty,*}$ 便得到 (4.5.6). □

定理 4.5.1 (ℚ 上的 Riemann-Roch 定理) 对任意 $x \in E_\infty$, 以下等式成立

$$\rho(\mathcal{E} + x) = \exp\left(\widehat{\deg}(\overline{E})\right) \sum_{\alpha \in \mathcal{E}^\vee} \exp\left(-\pi\|\alpha\|_{\infty,*}^2 + 2\pi\alpha(x)\sqrt{-1}\right). \tag{4.5.8}$$

特别地,

$$\ln(\Theta(\overline{E})) - \ln(\Theta(\overline{E}^\vee)) = \widehat{\deg}(\overline{E}). \tag{4.5.9}$$

最后, 函数

$$(t \in]0, +\infty[) \longmapsto t^r \rho(t\mathcal{E})$$

单调递增, 其中 $r = \dim_{\mathbb{Q}}(E)$.

证明 令 $(e_i)_{i=1}^r$ 为 $\mathcal{E}$ 的一组整基并令

$$D = \{\lambda_1 e_1 + \cdots + \lambda_r e_r \mid (\lambda_1, \cdots, \lambda_r) \in [0,1[^r\}.$$

考虑 D 上的平方可积复值函数构成的复线性空间 $L^2(D, \mathbb{C})$. 在其上定义 L^2 内积如下

$$\forall (f, g) \in L^2(D, \mathbb{C}), \quad \langle f, g \rangle_{L^2} = \exp\left(\widehat{\deg}(\overline{E})\right) \int_D f(x)\overline{g(x)}\, dx.$$

在这个内积之下, $(\exp(2\pi\alpha(\cdot)\sqrt{-1}))_{\alpha \in \mathcal{E}^\vee}$ 构成 Hilbert 空间 $(L^2(D, \mathbb{C}), \langle\,,\,\rangle_{L^2})$ 的一组标准正交基. 所以函数项级数

$$\exp\left(\widehat{\deg}(\overline{E})\right) \sum_{\alpha \in \mathcal{E}^\vee} \exp(2\pi\alpha(\cdot)\sqrt{-1}) \int_D \rho(\mathcal{E} + y) \mathrm{e}^{-2\pi\alpha(y)\sqrt{-1}}\, dy, \tag{4.5.10}$$

在 L^2 范数下收敛到 $\rho_{\mathcal{E}}|_D$. 另外, 以下等式成立

$$\int_D \rho(\mathcal{E} + y) \mathrm{e}^{-2\alpha(y)\sqrt{-1}}\, dy = \int_D \sum_{u \in \mathcal{E}} \exp\left(-\pi\|y + u\|_\infty^2 - 2\pi\alpha(y)\sqrt{-1}\right) dy$$

$$= \int_{E_\infty} \exp\left(-\pi\|x\|^2 - 2\pi\alpha(x)\sqrt{-1}\right) dx = \exp(-\pi\|\alpha\|_*^2).$$

由于 $\rho_{\mathcal{E}}$ 是连续函数, 并且

$$\sum_{\alpha \in \mathcal{E}^\vee} \exp(-\pi\|\alpha\|_*^2) < +\infty,$$

级数 (4.5.10) 一致收敛到 $\rho_{\mathcal{E}}|_D$. 从而等式 (4.5.8) 成立. 将该等式用于 $x = 0$ 的情形就得到 (4.5.9). 最后, 在 (4.5.8) 中取 $x = 0$ 并将 $\|\cdot\|_\infty$ 替换成 $t\|\cdot\|_\infty$ 得到

$$\rho(t\mathcal{E}) = t^{-r} \exp(\widehat{\deg}(\overline{E})) \sum_{\alpha \in \mathcal{E}^\vee} \mathrm{e}^{-\pi t^{-2}\|\alpha\|_{\infty,*}^2}.$$

这说明了 $(t \in]0, +\infty[) \mapsto t^r \rho(t\mathcal{E})$ 是单调上升函数. $\qquad\square$

注 4.5.1 如果将定理 4.5.1 与定理 4.3.5 相比较, 不难观察出有理数域的情形下与向量丛整体截面空间的维数类似的量是 Θ 级数的对数. 这个量一般来说并不是整数. 在以有限域为系数域的有理函数域的情形下, 向量丛整体截面空间的维数也可以写成整体截面空间的基数的以有限域的基数为底的对数. 从这个角度出发也可以类似地定义

$$\widehat{H}^0(\overline{E}) := \{s \in \mathcal{E} \mid \|s\|_\infty \leqslant 1\} = \{s \in E \mid \sup_{p \in \mathscr{P} \cup \{\infty\}} \|s\|_p \leqslant 1\},$$

并用 $\ln(\operatorname{card}(\widehat{H}^0(\overline{E})))$ 来类比有理函数域情形下向量丛整体截面空间的维数. 注意到

$$\Theta(\overline{E}) \geqslant \sum_{s \in \widehat{H}^0(\overline{E})} \exp(-\pi\|s\|_\infty^2) \geqslant \mathrm{e}^{-\pi} \operatorname{card}(\widehat{H}^0(\overline{E})),$$

从而

$$\ln(\Theta(\overline{E})) \geqslant \ln(\operatorname{card}(\widehat{H}^0(\overline{E}))) - \pi. \tag{4.5.11}$$

反过来, 对单调递增函数

$$(t \in]0, +\infty[) \longrightarrow \ln(\rho(\sqrt{t}\mathcal{E})) + \frac{r}{2}\ln(t),$$

求导后得到

$$\sum_{s \in \mathcal{E}} \|s\|_\infty^2 \mathrm{e}^{-\pi t\|s\|_\infty^2} \leqslant \frac{r}{2\pi t} \sum_{s \in \mathcal{E}} \mathrm{e}^{-\pi t\|s\|_\infty^2}.$$

从而

$$\sum_{s \in \mathcal{E}, \|s\|_\infty \geqslant 1} \mathrm{e}^{-\pi t\|s\|_\infty^2} \leqslant \sum_{s \in \mathcal{E}} \|s\|_\infty^2 \mathrm{e}^{-\pi t\|s\|_\infty^2} \leqslant \frac{r}{2\pi t} \sum_{s \in \mathcal{E}} \mathrm{e}^{-\pi t\|s\|_\infty^2}.$$

这说明了

$$\operatorname{card}(\widehat{H}^0(\overline{E})) \geqslant \sum_{s \in \mathcal{E}, \|s\|_\infty < 1} \mathrm{e}^{-\pi t\|s\|_\infty^2} \geqslant \left(1 - \frac{r}{2\pi t}\right)\rho(\sqrt{t}\mathcal{E}). \tag{4.5.12}$$

最后, 由函数

$$(t \in]0, +\infty[) \longmapsto t^{r/2}\rho(\sqrt{t}\mathcal{E})$$

的单调上升性知, 当 $t \geqslant 1$ 时

$$\rho(\sqrt{t}\mathcal{E}) \geqslant t^{-r/2}\rho(\mathcal{E}) = t^{-r/2}\Theta(\overline{E}).$$

在 (4.5.12) 中取 $t = r$ 得到

$$\ln(\mathrm{card}(\widehat{H}^0(\overline{E}))) \geqslant \ln(\Theta(\overline{E})) - \frac{r}{2}\ln(r) + \ln\left(1 - \frac{1}{2\pi}\right). \tag{4.5.13}$$

关于 Euclid 网格 Θ 级数更进一步的知识, 读者可以参考 [17,18]. 在 Riemann-Roch 公式 (4.5.9) 中如果将 $\Theta(\cdot)$ 换成 $\mathrm{card}(\widehat{H}^0(\cdot))$, 等式一般来说不成立, 但 Gillet 和 Soulé[59] 证明了如下不等式成立:

$$\left|\ln(\mathrm{card}(\widehat{H}^0(\overline{E}))) - \ln(\mathrm{card}(\widehat{H}^0(\overline{E}^\vee))) - \widehat{\deg}(\overline{E})\right| \leqslant r\ln(6) - \ln(V_r),$$

其中

$$V_n = \frac{\pi^{n/2}}{\Gamma\left(\frac{n}{2}+1\right)} \geqslant \left(\frac{2}{\sqrt{n}}\right)^n,$$

表示 n 维 Euclid 空间中单位球的体积.

4.5.2.2 一般数域的情形

令 K 为 $\mathbb{Q}$ 的有限扩张并令 $\overline{E} = (E, \xi)$ 为 K 上的算术向量丛. 对任意 $p \in \mathscr{P} \cup \{\infty\}$, 令 $\|\cdot\|_{\xi,p}$ 表示如下定义的 $\mathbb{Q}_p \otimes_{\mathbb{Q}} E \cong \bigoplus_{v \in S_{K,p}} E_v$ 上的范数:

$$\forall s = (s_v)_{v \in S_{K,p}} \in \bigoplus_{v \in S_{K,p}} E_v, \quad \|s\|_{\xi,p} := \begin{cases} \max_{v \in S_{K,p}} \|s_v\|_v, & p \in \mathscr{P}, \\ \left(\sum_{v \in S_{K,\infty}} \|s_v\|_v^2\right)^{1/2}, & p = \infty, \end{cases}$$

并用 $\mathrm{pr}_{K,*}(\xi)$ 和 $\widetilde{\mathrm{pr}}_{K,*}(\xi)$ 分别表示范数族 $(\|\cdot\|_{\xi,p})_{p \in S_{\mathbb{Q}}}$ 和 $(\|\cdot\|_{\xi,p,\mathrm{pur}})_{p \in S_{\mathbb{Q}}}$. 这样 $\widetilde{\mathrm{pr}}_{K,*}(\overline{E}) = (E, \widetilde{\mathrm{pr}}_{K,*}(\xi))$ 是 $\mathbb{Q}$ 上的算术向量丛, 并且 $\mathbb{Q}$-线性同构

$$E^\vee \otimes_K \mathrm{Hom}_{\mathbb{Q}}(K, \mathbb{Q}) \longrightarrow \mathrm{Hom}_{\mathbb{Q}}(E, \mathbb{Q}), \quad (\alpha \otimes f) \longmapsto f \circ \alpha$$

定义了从 $\mathrm{pr}_{K,*}(\xi^\vee \otimes \xi'_{\omega_{K/\mathbb{Q}}})$ 到 $\widetilde{\mathrm{pr}}_{K,*}(\xi)^\vee$ 的等距同构 (见 4.5.1.2 节和 4.5.1.4 节). 对 $\widetilde{\mathrm{pr}}_{K,*}(\overline{E})$ 应用等式 (4.5.9), 得到

$$\ln(\Theta(\widetilde{\mathrm{pr}}_{K,*}(\overline{E}))) - \ln(\Theta(\widetilde{\mathrm{pr}}_{K,*}(\overline{E})^\vee)) = \widehat{\deg}(\widetilde{\mathrm{pr}}_{K,*}(\overline{E})).$$

又由注 4.4.2 推出

$$\widehat{\deg}(\widetilde{\mathrm{pr}}_{K,*}(\overline{E})) = \widehat{\deg}(\overline{E}) + \dim_K(E)\widehat{\deg}(\widetilde{\mathrm{pr}}_{K,*}(\overline{K})).$$

从而得到以下结论.

定理 4.5.2 对任意 K 上的算术向量丛 $\overline{E}$, 等式

$$\ln\Theta((\widetilde{\mathrm{pr}}_{K,*}(\overline{E}))) - \ln\Theta(\widetilde{\mathrm{pr}}_{K,*}(\overline{E}^\vee \otimes (\omega_{K/\mathbb{Q}}, \xi'_{\omega_{K/\mathbb{Q}}})))$$

$$= \widehat{\deg}(\overline{E}) + \dim_K(E)\,\widehat{\deg}(\widetilde{\mathrm{pr}}_{K,*}(\overline{K})) \tag{4.5.14}$$

成立.

注 4.5.2 将等式 (4.5.14) 分别应用于 $\overline{E} = \overline{K}$ 和 $\overline{E} = (\omega_{K/\mathbb{Q}}, \xi'_{\omega_{K/\mathbb{Q}}})$, 得

$$-\frac{1}{2}\widehat{\deg}(\widetilde{\mathrm{pr}}_{K,*}(\overline{K})) = \widehat{\deg}(\omega_{K/\mathbb{Q}}, \xi'_{\omega_{K/\mathbb{Q}}}).$$

这个值等于 K 在 $\mathbb{Q}$ 上的判别式 (discriminant) 绝对值的对数.

4.5.3 Harder-Narasimhan 理论

前一节中我们了解到如何用 Θ 级数来类比向量丛的整体截面空间并且通过 Fourier 分析来得到代数数域上的 Riemann-Roch 定理. 本节将介绍数域的算术几何和射影曲线上向量丛的代数几何的另一类比: Harder-Narasimhan 理论. 这个理论最早是 Harder 和 Narasimhan[67] 在代数几何的框架中引进的. 算术几何中, Stuhler[116] 建立了 Euclid 空间网格的 Harder-Narasimhan 理论. 此后这个理论在 Grayson[61], Bost[15], Gaudron[57] 等的著作中得到进一步的发展. 和之前介绍的 Riemann-Roch 定理相比, Harder-Narasimhan 理论具有更好的对称性, 并且适用于非常一般的范数族.

定义 4.5.2 设 E 是数域 K 上的有限维线性空间. 用 $\mathcal{N}_K(E)$ 表示形如 $(\|\cdot\|_v)_{v\in S_K}$ 的范数族构成的集合, 其中 $\|\cdot\|_v$ 是 $E\otimes_K K_v$ 上的范数, 并且当 v 是非阿基米德绝对值时 $\|\cdot\|_v$ 是超范数①. 设 $\xi = (\|\cdot\|_v)_{v\in S_K} \in \mathcal{N}_K(E)$. 如果以下两个条件成立, 那么说 ξ 是**受控制的** (dominated):

(1) 对任意 $s \in E \setminus \{0\}$,

$$\sum_{v\in S_K} [K_v : \mathbb{Q}_v] \cdot \big|\ln\|s\|_v\big| < +\infty;$$

(2) 对任意 $\alpha \in E^\vee \setminus \{0\}$,

$$\sum_{v\in S_K} [K_v : \mathbb{Q}_v] \cdot \big|\ln\|\alpha\|_{v,*}\big| < +\infty.$$

我们用 $\mathcal{N}_K^{\mathrm{dom}}(E)$ 表示 $\mathcal{N}_K(E)$ 中受控制的范数族构成的集合, 用 $\mathcal{H}_K^{\mathrm{dom}}(E)$ 表示 $\mathcal{H}_K(E)$ 中受控制的范数族构成的集合.

---

① 注意到 $\mathcal{N}_K(E)$ 和 $\mathcal{H}_K(E)$ 的区别是在阿基米德绝对值处允许一般的范数.

注 4.5.3 由定义不难看出, 如果 ξ 是受控制的, 那么 $\xi^\vee$ 亦然. 另外, 上述两个条件也等价于要求[①]

(1′) 对任意 $s \in E \setminus \{0\}$,

$$\overline{\int}_{S_K} [K_v : \mathbb{Q}_v] \ln \|s\|_v \, dv := \inf_{\substack{S \subset S_K \\ S \text{ 有限}}} \sup_{\substack{S \subset T \subset S_K \\ T \text{ 有限}}} \sum_{v \in T} [K_v : \mathbb{Q}_v] \ln \|s\|_v < +\infty,$$

(2′) 对任意 $\alpha \in E^\vee \setminus \{0\}$,

$$\overline{\int}_{S_K} [K_v : \mathbb{Q}_v] \ln \|\alpha\|_{v,*} \, dv := \inf_{\substack{S \subset S_K \\ S \text{ 有限}}} \sup_{\substack{S \subset T \subset S_K \\ T \text{ 有限}}} \sum_{v \in T} [K_v : \mathbb{Q}_v] \ln \|\alpha\|_{v,*} < +\infty.$$

事实上, 对任意 $s \in E \setminus \{0\}$, 存在 $\alpha \in E^\vee \setminus \{0\}$ 使得 $\alpha(s) \neq 0$. 对任意 $v \in S_K$ 有

$$|\alpha(s)|_v \leqslant \|s\|_v \cdot \|\alpha\|_{v,*}.$$

由乘积公式知存在 S_K 的有限子集 S', 使得对任意 $v \in S_K \setminus S'$ 有 $|\alpha(s)|_v = 1$, 并且

$$\sum_{v \in S_K} \ln |\alpha(s)|_v = 0.$$

这样得到, 对于任意包含 S' 的 S_K 的有限子集有

$$\sum_{v \in S} \ln \|s\|_v + \sum_{v \in S} \ln \|\alpha\|_{v,*} \geqslant 0.$$

再结合条件 (1′) 和 (2′) 便得到无穷和式

$$\sum_{v \in S_K} \ln \|s\|_v \quad \text{和} \quad \sum_{v \in S_K} \ln \|\alpha\|_{v,*}$$

的绝对收敛性. 用这个判别法可以证明, 如果 $\xi = (\|\cdot\|_v)_{v \in S_K}$ 使得 (E, ξ) 是 K 上的算术向量丛, 那么 ξ 是受控制的范数族. 事实上, 假设 $(e_i)_{i=1}^r$ 是 E 的一组基, S 是 S_K 的包含 $S_{K,\infty}$ 的有限子集, 使得对任意 $v \in S_K \setminus S$ 来说 $(e_i)_{i=1}^r$ 都是标准正交基, 那么对任意 $s = a_1 e_1 + \cdots + a_r e_r \in E \setminus \{0\}$ 有

$$\overline{\int}_{S_K} [K_v : \mathbb{Q}_v] \ln \|s\|_v \, dv = \sum_{v \in S} [K_v : \mathbb{Q}_v] \ln \|s\|_v$$

[①] 这里我们赋 S_K 以离散的 σ-代数和计数测度并考虑这个测度空间的上积分.

$$+ \overline{\int}_{S_K \setminus S} [K_v : \mathbb{Q}_v] \ln \max\{|a_1|_v, \cdots, |a_r|_v\} \, dv < +\infty.$$

将这个推理用于 $\xi^\vee$ 得到, 对任意 $\alpha \in E^\vee \setminus \{0\}$ 有

$$\overline{\int}_{S_K} [K_v : \mathbb{Q}_v] \ln \|\alpha\|_{v,*} \, dv < +\infty.$$

注 4.5.4 设 E 为有限维非零 K-线性空间. 若 $\xi = (\|\cdot\|_v)_{v \in S_K}$ 和 $\xi' = (\|\cdot\|'_v)_{v \in S_K}$ 是 $\mathcal{N}_K(E)$ 中两个元素, 令[①]

$$d(\xi, \xi') := \sum_{v \in S_K} [K_v : \mathbb{Q}_v] \sup_{s \in E_{K_v} \setminus \{0\}} \left| \ln \|s\|_v - \ln \|s\|'_v \right|$$

$$= \sum_{v \in S_K} [K_v : \mathbb{Q}_v] \sup_{s \in E \setminus \{0\}} \left| \ln \|s\|_v - \ln \|s\|'_v \right| \in [0, +\infty].$$

由定义得到, 对任意 $s \in E \setminus \{0\}$,

$$\overline{\int}_{S_K} [K_v : \mathbb{Q}_v] \ln \|s\|_v \, dv \leqslant \overline{\int}_{S_K} [K_v : \mathbb{Q}_v] \ln \|s\|'_v \, dv + d(\xi, \xi').$$

另外, 不难验证[②]$d(\xi, \xi') = d(\xi^\vee, \xi'^\vee)$. 这样就得到, 如果 ξ 是受控制的范数族并且 $d(\xi, \xi') < +\infty$, 那么 ξ' 也是受控制的范数族. 反过来, 如果 ξ 和 ξ' 都是受控制的范数族, 那么 $d(\xi, \xi') < +\infty$. 事实上, 不妨设[③]$e = (e_i)_{i=1}^r$ 是 E 的一组基, 对每个范数 $\|\cdot\|_{2,v}$ 来说都是标准正交基. 若 $s = a_1 e_1 + \cdots + a_r e_r \in E \setminus \{0\}$, 那么

$$\|s\|_v \leqslant \begin{cases} \max\{|a_1|_v \cdot \|e_1\|_v, \cdots, |a_r|_v \cdot \|e_r\|_v\}, & v \in S_K \setminus S_{K,\infty}, \\ |a_1|_v \cdot \|e_1\|_v + \cdots + |a_r|_v \cdot \|e_r\|_v, & v \in S_{K,\infty}. \end{cases}$$

从而

$$\ln \|s\|_v \leqslant \ln \|s\|'_v + \begin{cases} \max\{\ln \|e_1\|_v, \cdots, \ln \|e_r\|_v\}, & v \in S_K \setminus S_{K,\infty}, \\ \dfrac{1}{2} \ln(\|e_1\|_v^2 + \cdots + \|e_r\|_v^2), & v \in S_{K,\infty}. \end{cases}$$

---

① 最后一个等式由 E 在 E_{K_v} 中的稠密性可得.

② 由对偶范数的构造得到 $d(\xi_1^\vee, \xi_2^\vee) \leqslant d(\xi_1, \xi_2)$; 而超范数或内积诱导的范数等于其双重对偶范数, 反向的不等式也成立.

③ 容易证明 d 满足三角形不等式: 若 ξ_1, ξ_2 和 ξ_3 是 $\mathcal{H}_K(E)$ 中的三个元素, 那么不等式

$$d(\xi_1, \xi_2) \leqslant d(\xi_1, \xi_3) + d(\xi_2, \xi_3)$$

成立.

类似地, 对任意 $\alpha \in E^\vee \setminus \{0\}$ 有

$$\ln \|\alpha\|_{v,*} \leqslant \ln \|\alpha\|_{v,*}' + \begin{cases} \max\{\ln \|e_1^\vee\|_{v,*}, \cdots, \ln \|e_r^\vee\|_{v,*}\}, & v \in S_K \setminus S_{K,\infty}, \\ \frac{1}{2} \ln(\|e_1^\vee\|_{v,*}^2 + \cdots + \|e_r^\vee\|_{v,*}^2), & v \in S_{K,\infty}. \end{cases}$$

从等式[①]

$$\sup_{s \in E \setminus \{0\}} \frac{\|s\|_v'}{\|s\|_v} = \sup_{\alpha \in E \setminus \{0\}} \frac{\|\alpha\|_{v,*}}{\|\alpha\|_{v,*}'}$$

推出

$$\left| \ln \|s\|_v - \ln \|s\|_v' \right| \leqslant \begin{cases} \max_{i \in \{1, \cdots, r\}} \max\{\ln \|e_i\|_v, \ln \|e_i^\vee\|_{v,*}\}, & v \in S_K \setminus S_{K,\infty}, \\ \frac{1}{2} \max\{\ln(\sum_{i=1}^r \|e_i\|_v^2), \ln(\sum_{i=1}^r \|e_i^\vee\|_{v,*}^2)\}, & v \in S_{K,\infty}. \end{cases}$$

通过这个判别法不难验证, 对任意 $\xi \in \mathcal{N}_K^{\mathrm{dom}}(E)$, $\det(\xi) \in \mathcal{N}_K^{\mathrm{dom}}(\det(E))$. 另外, 如果 M 是一维 K-线性空间, $\xi_M \in \mathcal{N}_K^{\mathrm{dom}}(M)$, 那么对任意 $\xi \in \mathcal{N}_K^{\mathrm{dom}}(E)$ 有

$$\xi \otimes \xi_M \in \mathcal{N}_K^{\mathrm{dom}}(E \otimes_K M),$$

其中 $\xi \otimes \xi_M$ 表示张量积范数 (见 4.3.2.10 节) 构成的范数族. 如果 $\xi = (\|\cdot\|_v)_{v \in S_K}$ 是 E 上受控制的范数族, 对任意 E 的线性子空间 F, 由 $\|\cdot\|_v$ 在 F_v 上的限制构成的范数族是 $\mathcal{N}_K(F)$ 中受控制的范数族; 对任意 E 的商线性空间 G, 由 $\|\cdot\|_v$ 在 G_v 上的商范数构成的范数族是 $\mathcal{N}_K(G)$ 中受控制的范数族. 由注 4.5.4 知这些命题只需要对某个特殊的受控制范数族 ξ 证明即可, 典型的选择是固定 E 的一组适当的基并选取 $\|\cdot\|_v$ 使得该基成为标准正交基, 具体细节留给读者.

定义 4.5.3 设 E 为有限维 K-线性空间, ξ 是 $\mathcal{N}_K(E)$ 中受控制的范数族. 如果 $(s_i)_{i=1}^r$ 是 E 在 K 上的一组基, 那么和式

$$-\sum_{v \in S_K} [K_v : \mathbb{Q}_v] \ln \|s_1 \wedge \cdots \wedge s_r\|_{v,\det}$$

[①] 对任意 $s \in E \setminus \{0\}$ 有 $|\alpha(s)|_v \leqslant \|\alpha\|_v' \cdot \|s\|_v'$, 从而

$$\|\alpha\|_{v,*} = \sup_{s \in E \setminus \{0\}} \frac{|\alpha(s)|_v}{\|s\|_v} \leqslant \|\alpha\|_v' \cdot \sup_{s \in E \setminus \{0\}} \frac{\|s\|_v'}{\|s\|_v}.$$

这样得到

$$\sup_{s \in E \setminus \{0\}} \frac{\|s\|_v'}{\|s\|_v} \geqslant \sup_{\alpha \in E \setminus \{0\}} \frac{\|\alpha\|_{v,*}}{\|\alpha\|_{v,*}'}.$$

再利用双重对偶范数得到反向的不等式.

绝对收敛, 并且其和与 $(s_i)_{i=1}^r$ 的选择无关. 我们将其称为 (E, ξ) 的 Arakelov **度数**, 记作 $\widehat{\deg}(E, \xi)$. 如果 E 是非零线性空间, 比值

$$\widehat{\mu}(E, \xi) := \frac{\widehat{\deg}(E, \xi)}{\dim_K(E)}$$

称为 (E, ξ) 的**斜率**.

设 E 和 E' 为有限维非零 K-线性空间, 假设它们具有相同的维数, 并且 $f : E \to E'$ 是 K-线性同构. 如果 $\xi = (\|\cdot\|_v)_{v \in S_K}$ 和 $\xi' = (\|\cdot\|_v')_{v \in S_K}$ 分别是 $\mathcal{N}_K^{\mathrm{dom}}(E)$ 和 $\mathcal{N}_K^{\mathrm{dom}}(E')$ 中的元素, 由注 4.5.3 知和式

$$\sum_{v \in S_K} [K_v : \mathbb{Q}_v] \sup_{s \in E \setminus \{0\}} \ln \frac{\|f(s)\|_v'}{\|s\|_v}$$

绝对收敛. 我们用 $h_{\xi, \xi'}(f)$ 来表示其和, 有时也简记为 $h(f)$.

命题 4.5.3 设 E 和 E' 为有限维非零 K-线性空间, $f : E \to E'$ 为 K-线性同构, $\xi \in \mathcal{N}_K^{\mathrm{dom}}(E)$, $\xi' \in \mathcal{N}_K^{\mathrm{dom}}(E')$. 那么

$$\widehat{\deg}(E, \xi) = \widehat{\deg}(E', \xi') + h_{\det(\xi), \det(\xi')}(\det(f))$$

$$\leqslant \widehat{\deg}(E', \xi') + \dim_K(E) h_{\xi, \xi'}(f). \tag{4.5.15}$$

证明 假设 $(V, \|\cdot\|)$ 和 $(V', \|\cdot\|)$ 是某完备赋值域上的一维赋范线性空间, $\varphi : V \to V'$ 是线性同构, 那么对任意 $s \in V$ 来说 $\|\varphi(s)\|'$ 都等于 φ 的算子范数乘以 $\|s\|$. 从而 (4.5.15) 中的等式成立, 其不等式部分是 Hadamard 不等式的推论 (见推论 4.3.1). □

命题 4.5.4 设 E 为有限维 K-线性空间, F 为 E 的线性子空间, G 为商空间 E/F. 设 $\xi = (\|\cdot\|_v)_{v \in S_K}$ 为 $\mathcal{N}_K^{\mathrm{dom}}(E)$ 中的元素, ξ_F 为范数 $\|\cdot\|_v$ 在 F_v 上的限制构成的范数族, ξ_G 为 $\|\cdot\|_v$ 在 G_v 上的商范数构成的范数族. 那么不等式

$$\widehat{\deg}(E, \xi) \geqslant \widehat{\deg}(F, \xi_F) + \widehat{\deg}(G, \xi_G) \tag{4.5.16}$$

成立, 当 $\xi \in \mathcal{H}_K^{\mathrm{dom}}$ 时 (4.5.16) 的左右两边相等. 特别地, 如果 F 和 G 都是非零线性空间, 那么

$$\widehat{\mu}(E, \xi) \geqslant \min\{\widehat{\mu}(F, \xi_F), \widehat{\mu}(G, \xi_G)\}. \tag{4.5.17}$$

证明 如果 $(e_i)_{i=1}^n$ 是 F_v 在 K_v 上的一组基, $(g_j)_{j=n+1}^{n+m}$ 是 G_v 在 K_v 上的一组基, 并且对任意 $j \in \{n+1, \cdots, n+m\}$ 选取等价类 g_j 的任意一个代表元 e_j,

那么 $(e_i)_{i=1}^{n+m}$ 构成 E_v 的一组基. 对 $e_1 \wedge \cdots \wedge e_{n+m}$ 用 Hadamard 不等式, 由命题 4.3.8 得到

$$\widehat{\deg}(E, \xi) \geqslant \widehat{\deg}(F, \xi_F) + \widehat{\deg}(G, \xi_G). \tag{4.5.18}$$

当 F 和 G 都是非零线性空间时, 该不等式两边除以 $\dim_K(E)$ 后得到

$$\widehat{\mu}(E, \xi) \geqslant \frac{\dim_K(F)}{\dim_K(E)} \widehat{\mu}(F, \xi_F) + \frac{\dim_K(G)}{\dim_K(E)} \widehat{\mu}(G, \xi_G)$$

$$\geqslant \min\{\widehat{\mu}(F, \xi_F), \widehat{\mu}(G, \xi_G)\}.$$

当 $\xi \in \mathcal{H}_K^{\mathrm{dom}}(E)$ 时, 用正交化定理 4.3.2 可以构造 E_v 的 α-正交基, 与 F_v 的交集构成 F_v 的一组基. 由命题 4.3.8 和 Hadamard 不等式得到不等号与 (4.5.18) 反向的不等式. 从而等式 (4.5.16) 成立. $\qquad\square$

定义 4.5.4 设 E 为 K 上的有限维非零 K-线性空间. 用 $\mathrm{Sq}(E)$ 表示 E 的满足 $F' \subsetneq F$ 的线性子空间对 (F', F) 构成的集合. 假设 $\xi = (\|\cdot\|_v)_{v \in S_K}$ 是 $\mathcal{N}_K(E)$ 中的范数族, $(F', F) \in \mathrm{Sq}(E)$. 对任意 $v \in S_K$, 范数 $\|\cdot\|_v$ 诱导 $F_v = F \otimes_K K_v$ 上的限制范数, 进而诱导商空间 F_v/F_v' 上的商范数. 这个范数称为 $\|\cdot\|_v$ 诱导的**子商范数**[①]. 这些子商范数构成的范数族是 $\mathcal{N}_K(F/F')$ 中的元素, 记作 $\xi_{F/F'}$. 如果 ξ 是受控制的范数族, 那么 $\xi_{F/F'}$ 也是受控制的, 此时我们用 $\widehat{\mu}_\xi(F', F)$ 来表示斜率 $\widehat{\mu}(F/F', \xi_{F/F'})$.

命题 4.5.5 设 E 为有限维非零 K-线性空间. 在集合 $\mathrm{Sq}(E)$ 上定义序关系 $\prec$ 如下:

$$(F_1', F_1) \prec (F_2', F_2) \text{ 当且仅当 } F_2 = F_1 + F_2' \text{ 且 } F_1' = F_1 \cap F_2'.$$

对任意 $\xi \in \mathcal{N}_K^{\mathrm{dom}}(E)$, 映射 $\widehat{\mu}_\xi : \mathrm{Sq}(E) \to \mathbb{R}$ 是保序映射.

证明 设 (F_1', F_1) 和 (F_2', F_2) 为 $\mathrm{Sq}(E)$ 中的两个元素, 使得 $(F_1', F_1) \prec (F_2', F_2)$. 这样包含映射 $F_1 \to F_2$ 诱导 K 线性同构 $F_1/F_1' \to F_2/F_2'$. 我们将它记作 f. 设 $\xi = (\|\cdot\|_v)_{v \in S_K} \in \mathcal{N}_K^{\mathrm{dom}}(E)$. 对任意 $v \in S_K$, 分别令 $\|\cdot\|_{1,v}$ 和 $\|\cdot\|_{2,v}$ 为 $\|\cdot\|_v$ 在 $F_{1,v}/F_{1,v}'$ 和 $F_{2,v}/F_{2,v}'$ 上诱导的子商范数. 由定义知,

$$\forall s \in F_{1,v}, \quad \|f_v([s])\|_{2,v} = \inf_{s' \in F_{2,v}'} \|s + s'\|_v \leqslant \inf_{s' \in F_{1,v}'} \|s + s'\|_v = \|[s]\|_{1,v}.$$

这说明 f_v 的算子范数 $\leqslant 1$. 于是由命题 4.5.3 得到不等式

$$\widehat{\mu}_\xi(F_1', F_1) \leqslant \widehat{\mu}_\xi(F_2', F_2). \qquad\square$$

---

① 可以证明该范数也等于 $\|\cdot\|_v$ 在 E_v/F_v' 上的商范数在 F_v/F_v' 上的限制.

命题 4.5.6 设 E 为有限维非零 K-线性空间, $\xi \in \mathcal{H}_K^{\mathrm{int}}(E)$. 那么以下等式成立:

$$\inf_{F' \subsetneq E} \sup_{F' \subsetneq F \subset E} \widehat{\mu}_\xi(F', F) = \inf_{E' \subsetneq E} \widehat{\mu}_\xi(E', E), \tag{4.5.19}$$

其中等式左边的 F' 取遍 E 的真线性子空间, F 取遍真包含 F' 的 E 的线性子空间, 等式右边的 E' 取遍 E 的真线性子空间.

证明 由定义不难看出 (4.5.19) 中等式的左边是右边的上界, 从而只要证明反向的不等式. 用反证法. 假设严格的不等式

$$\inf_{E' \subsetneq E} \mu_\xi(E', E) < \inf_{F' \subsetneq E} \sup_{F' \subsetneq F \subset E} \widehat{\mu}_\xi(F', F)$$

成立, 并在所有满足

$$\widehat{\mu}_\xi(E', E) < \inf_{F' \subsetneq E} \sup_{F' \subsetneq F \subset E} \widehat{\mu}_\xi(F', F) \tag{4.5.20}$$

的 E 的真线性子空间 E' 中任选一个, 使得 $\dim_K(E) - \dim_K(E')$ 最小. 假设 F 是 E 的线性子空间, 使得 $E' \subsetneq F \subsetneq E$. 对短正合列

$$0 \longrightarrow F/E' \longrightarrow E/E' \longrightarrow E/F \longrightarrow 0 ,$$

运用命题 4.5.4, 得到

$$\widehat{\mu}_\xi(E', E) \geqslant \min\{\widehat{\mu}_\xi(E', F), \widehat{\mu}_\xi(F, E)\}.$$

又由 $\dim_K(E) - \dim_K(E')$ 的极小性知

$$\widehat{\mu}_\xi(E', E) < \widehat{\mu}_\xi(F, E).$$

从而得到 $\widehat{\mu}_\xi(E', E) \geqslant \widehat{\mu}_\xi(E', F)$. 这与 (4.5.20) 矛盾. 命题得证. $\qquad\square$

定义 4.5.5 设 E 为有限维非零 K-线性空间, $\xi \in \mathcal{H}_K^{\mathrm{int}}(E)$. 用 $\widehat{\mu}_{\min}(E, \xi)$ 来表示

$$\inf_{E' \subsetneq E} \widehat{\mu}_\xi(E', E) = \inf_{E' \subsetneq E} \widehat{\mu}(\overline{E/E'}),$$

其中 E' 取遍 E 的真线性子空间. 由命题 4.5.6 知等式

$$\widehat{\mu}_{\min}(E, \xi) = \inf_{F' \subsetneq E} \sup_{F' \subsetneq F \subset E} \widehat{\mu}_\xi(F', F) \tag{4.5.21}$$

成立, 其中 F' 取遍 E 的真线性子空间, F 取遍真包含 F' 的 E 的线性子空间. 用 $\widehat{\mu}_{\max}(E, \xi)$ 表示

$$\sup_{\{0\} \neq F \subset E} \widehat{\mu}(F, \xi_F) = \sup_{\{0\} \neq F \subset E} \widehat{\mu}_\xi(\{0\}, F),$$

其中 F 取遍 E 的非零线性子空间, ξ_F 表示 ξ 中范数的限制构成的范数族. 在这样的记号下等式 (4.5.21) 也可以写成

$$\widehat{\mu}_{\min}(E, \xi) = \inf_{F' \subsetneq E} \widehat{\mu}_{\max}(\overline{E/F'})$$

的形式.

如果对任意 E 的非零线性子空间 F, 不等式

$$\widehat{\mu}_{\min}(F, \xi_F) \leqslant \widehat{\mu}_{\min}(E, \xi)$$

成立, 或等价地, 等式

$$\sup_{0 \neq F \subset E} \inf_{F' \subsetneq F} \widehat{\mu}_\xi(F', F) = \inf_{F' \subsetneq E} \sup_{F' \subsetneq F \subset E} \widehat{\mu}_\xi(F', F)$$

成立, 则说 (E, ξ) 是**半稳定的**.

熟悉博弈论的读者可以看出, $\widehat{\mu}_\xi$ 可以看成是一个带约束的单步骤零和博弈游戏的收益函数. 这个博弈游戏可以如下描述: 甲方和乙方依次选择一个 E 的线性子空间, 约束条件要求甲方选择的线性子空间 F' 严格包含在乙方选择的线性子空间 F 之中. 游戏设定乙方的收益为 $\widehat{\mu}_\xi(F', F)$, 相应地, 甲方的收益为 $-\widehat{\mu}_\xi(F', F)$. 假设双方都足够理性, 那么

$$\inf_{F' \subsetneq E} \sup_{F' \subsetneq F \subset E} \widehat{\mu}_\xi(F', F)$$

代表甲方先行时乙方的收益,

$$\sup_{0 \neq F \subset E} \inf_{F' \subsetneq F} \widehat{\mu}_\xi(F', F)$$

则代表乙方先行时其收益. 由定义看出, (E, ξ) 的半稳定性就等价于该博弈游戏的 Nash 平衡条件, 也就是说, 无论是甲方还是乙方先行, 最终双方收益不变.

更一般地, 我们可以对任意一个收益函数 $\mu : \mathrm{Sq}(E) \to \mathbb{R}$ 来考虑上述博弈游戏. 用

$$\mu_{\text{甲}}^* = \inf_{F' \subsetneq E} \sup_{F' \subsetneq F \subset E} \mu(F', F) \quad \text{和} \quad \mu_{\text{乙}}^* = \sup_{0 \neq F \subset E} \inf_{F' \subsetneq F} \mu(F', F)$$

分别表示双方理性选择的前提下甲方和乙方先行时乙方的收益. 如果函数 μ 满足以下条件:

(a) 若在 $\mathrm{Sq}(E)$ 上考虑命题 4.5.5 中引入的序关系 $\prec$, 映射 μ 是保序映射;

(b) 对任意满足 $E_1 \subsetneq E_2 \subsetneq E_3$ 的三个 E 的线性子空间 E_1, E_2 和 E_3, 以下 (反向) 强三角形不等式成立

$$\mu(E_1, E_3) \geqslant \min\{\mu(E_1, E_2), \mu(E_2, E_3)\},$$

这样的博弈游戏称为 Harder-Narasimhan **博弈游戏**. 命题 4.5.4 和命题 4.5.5 说明了, 如果 $\xi \in \mathcal{H}_K^{\mathrm{dom}}(E)$, 那么函数 $\hat{\mu}_\xi$ 对应的游戏是 Harder-Narasimhan 博弈游戏.

记号 4.5.1 对任意 E 的线性子空间 F, 令

$$\mu_{\mathbb{Z}}(F) := \inf_{F' \subsetneq F} \mu(F', F)$$

为乙方先行选择 F 然后甲方理性选择的情形下的乙方收益. 利用命题 4.5.6 的证明方法, 可以从条件 (b) 推出等式

$$\mu_{\mathbb{Z}}(E) = \mu_{\mathbb{H}}^*, \tag{4.5.22}$$

也就是说, 乙方先行选择 E 然后甲方理性选择, 或者甲方先行且双方理性选择, 这两种情形之下乙方的收益相同. 特别地, 不等式 $\mu_{\mathbb{H}}^* \leqslant \mu_{\mathbb{Z}}^*$ 成立, 也就是说在条件 (b) 之下先行者有利.

命题 4.5.7 (1) 假设函数 μ 满足条件 (b). 对任意 E 的非零线性子空间 F, 等式

$$\mu_{\mathbb{Z}}(F) = \inf_{F' \subsetneq F} \sup_{F' \subsetneq F'' \subset F} \mu(F', F'')$$

成立.

(2) 假设 μ 满足条件 (a) 和 (b). 那么对任意 E 的非零线性子空间 F_1 和 F_2 不等式

$$\mu_{\mathbb{Z}}(F_1 + F_2) \geqslant \min\{\mu_{\mathbb{Z}}(F_1), \mu_{\mathbb{Z}}(F_2)\} \tag{4.5.23}$$

成立.

证明 (1) 的证明与命题 4.5.6 的证明非常类似, 细节留给读者.

(2) 由 (1) 知只须证明, 对任意 $F_1 + F_2$ 的真线性子空间 F',

$$\sup_{F' \subsetneq F'' \subset F_1 + F_2} \mu(F', F'') \geqslant \min\{\mu_{\mathbb{Z}}(F_1), \mu_{\mathbb{Z}}(F_2)\}. \tag{4.5.24}$$

由于 F' 是 $F_1 + F_2$ 的真子空间, 要么 $F' \subsetneq F' + F_1$, 要么 $F' \subsetneq F' + F_2$. 如果 $F' \subsetneq F' + F_1$, 那么由条件 (a) 得到

$$\mu(F', F' + F_1) \geqslant \mu(F' \cap F_1, F_1) \geqslant \mu_{\mathbb{Z}}(F_1).$$

类似地, 如果 $F' \subsetneq F' + F_2$, 那么 $\mu(F', F' + F_2) \geqslant \mu_Z(F_2)$. 从而不等式 (4.5.24) 总是成立. $\qquad\square$

以下假设 μ 满足 Harder-Narasimhan 博弈游戏的条件 (a) 和 (b). 尽管 Sq(E) 一般是一个无穷集合, 可以证明乙方先行时有最优策略, 也就是说存在 E 的非零线性子空间使得函数 μ_Z 取到其最大值. 事实上, 如果 $\mu_Z(E) = \mu_Z^*$, 那么 E 即是其最优策略 (由等式 (4.5.22) 知此时博弈游戏满足 Nash 平衡条件), 否则用归纳法可以构造 E 的一个线性子空间降链

$$E = F_0 \supsetneq F_1 \supsetneq \cdots \supsetneq F_m \supsetneq \{0\},$$

满足以下条件[1]

(i) $\mu_Z(F_0) < \mu_Z(F_1) < \cdots < \mu_Z(F_m)$;

(ii) 对任意 $i \in \{1, \cdots, m-1\}$, 在 F_i 的满足 $\mu_Z(F_i') > \mu_Z(F_i)$ 的非零线性子空间 F_i' 之中, F_{i+1} 的维数最大;

(iii) 对任意 F_m 的非零线性子空间 F_m' 有 $\mu_Z(F_m') \leqslant \mu_Z(F_m)$.

注意到条件 (iii) 说明了函数 μ 限制在 Sq(F_m) 上所定义的 Harder-Narasimhan 博弈游戏满足 Nash 平衡条件. 倘若 F 是 E 的非零线性子空间, 使得 $\mu_Z(F) \geqslant \mu_Z(F_m)$, 那么用不等式 (4.5.23) 和条件 (ii) 可以归纳地证明 $F \subset F_m$. 再加上条件 (iii) 就得到 F_m 是乙方先行的最优策略. 另外, F_m 还是在包含关系下最大的乙方先行的最优策略 (从而是唯一的). 不难看出, 博弈游戏满足 Nash 平衡条件当且仅当 $F_m = E$. 因此我们将这个线性子空间称为乙方的**去平衡策略**.

假设博弈游戏不满足 Nash 平衡条件, 并且 E_{des} 表示乙方的去平衡策略. 如果乙方先行并选取某个真包含 E_{des} 的 E 的线性子空间 F, 那么甲方可以选择一个 F 的真线性子空间 F' 使得 $\mu(F', F) < \mu_Z^*$. 非但如此, 甲方可以选择某个这样的 F' 使得 $F' \supset E_{\text{des}}$. 事实上, 如果 F' 不包含 E_{des}, 那么 F' 与 E_{des} 的交是 E_{des} 的真线性子空间, 从而由条件 (a) 得到

$$\mu_Z^* \leqslant \mu(F' \cap E_{\text{des}}, E_{\text{des}}) \leqslant \mu(F', F' + E_{\text{des}}). \tag{4.5.25}$$

由于 $\mu(F', F) < \mu_Z^*$, 知 $F' + E_{\text{des}} \subsetneq F$. 如果 $\mu(F' + E_{\text{des}}, F) > \mu(F', F)$, 那么由条件 (b) 得到

$$\mu(F', F' + E_{\text{des}}) \leqslant \mu(F', F) < \mu_Z^*,$$

这与 (4.5.25) 矛盾. 从而对于甲方来说策略 $F' + E_{\text{des}}$ 并不比 F' 更差.

给定 Sq(E) 中的一个元素 $\mathscr{F} = (F', F)$ 并用 π 表示从 F 到 F/F' 的投影映射. 从 Sq(F/F') 到 Sq(E) 的将 $(Q', Q) \in$ Sq(F/F') 映为

$$(\pi^{-1}(Q'), \pi^{-1}(Q)) \in \text{Sq}(E)$$

---

[1] 这个归纳过程中的每个步骤都可以看作在提高收益的前提下追求最大空间维数的贪心算法.

的映射是单射. 用 $\mu_{\mathscr{F}} : \mathrm{Sq}(F/F') \to \mathbb{R}$ 表示收益函数 μ 与该映射的复合. 这样 $\mu_{\mathscr{F}}$ 可以看成是相对于子商空间 F/F' 的类似的博弈游戏的收益函数, 相应的博弈游戏称为 μ **在 F/F' 上诱导的博弈游戏**. 由于 μ 满足条件 (a) 和 (b), 不难看出 $\mu_{\mathscr{F}}$ 亦然, 也就是说收益函数 $\mu_{\mathscr{F}}$ 对应的博弈游戏也是 Harder-Narasimhan 博弈游戏. 这样可以递归地构造 E 的线性子空间的一个升链

$$\{0\} = E_0 \subsetneq E_1 \subsetneq \cdots \subsetneq E_n = E,$$

使得 E_{i+1}/E_i 是 μ 在 E/E_i 上诱导的博弈游戏中乙方的去平衡策略. 从构造可以看出, 收益函数 μ 在每个子商 E_{i+1}/E_i 上诱导的博弈游戏都满足 Nash 平衡条件. 另外, 从上一段落的推理看出, 如果用 μ_i^* 表示 E_{i+1}/E_i 上博弈游戏的平衡收益, 那么以下不等式成立

$$\mu_1^* > \cdots > \mu_n^*.$$

将这个结论应用于由可积范数族决定的收益函数, 就得到 Harder-Narasimhan 分解的存在唯一性.

定理 4.5.3 设 E 为有限维非零 K-线性空间, $\xi \in \mathcal{H}_K^{\mathrm{dom}}(E)$. 存在唯一的 E 的线性子空间升链

$$0 = E_0 \subsetneq E_1 \subsetneq \cdots \subsetneq E_n = E, \tag{4.5.26}$$

使得每个子商 $\overline{E_i/E_{i-1}} = (E_i/E_{i-1}, \xi_{E_i/E_{i-1}})$ 都是半稳定的 $(i \in \{1, \cdots, n\})$ 并且满足以下不等式

$$\widehat{\mu}_{\min}(\overline{E_1/E_0}) > \cdots > \widehat{\mu}_{\min}(\overline{E_n/E_{n-1}}).$$

子空间升链 (4.5.26) 称为 (E, ξ) 的 Harder-Narasimhan **分解**.

注 4.5.5 Arakelov 几何中经典的 Harder-Narasimhan 理论适用于 Euclid 网格或 Hermite 向量丛, 所使用的方法是基于数域的 Northcott 性质, 也就是说, 给定某数域上算术射影簇 X, 对任意常数 C, 射影簇 X 中高度不超过 C 的有理点只有有限多个. 在 [38, §4.3.11] 中, Harder-Narasimhan 理论在 Adèle 曲线的 Arakelov 几何框架下被推广到了一般的赋范向量丛的情形, 其方法的核心是斜率不等式. 另外, 代数几何和数论的许多方向上都可以发展 Harder-Narasimhan 理论, 比如 Drinfeld 玩意 (chtoucas)[82], F-结晶 (F-crystal)[73], φ-模链 (filtered φ-module)[53], Robba 环上的 φ-模[75], 赋值环上的有限平坦群概形[51], 线性纠错码[111], 等等. 同时文献中也出现了一些用范畴化的方法将 Harder-Narasimhan 理论抽象出来的工作[3,32,40,82]. 这些工作大多是基于度数函数的性质, 比如对短正合列的可加性和平行四边形不等式等. 最近李尧[88] 在原初 Abel 范畴 (proto-abelian category) 的框架下提出了 Harder-Narasimhan 理论新的范畴化. 李尧的

构造超脱了度数函数的限制, 适用于取值在一般全序集的斜率函数, 从理论上揭示了斜率不等式在 Harder-Narasimhan 理论中的关键作用.

4.6 算术射影簇

算术几何中的代数数域、代数几何中的射影曲线和复解析几何中的黎曼曲面是类似的对象. 前几节中我们介绍了黎曼曲面、代数函数域和代数数域的几何, 并且用赋范线性空间的方法将这三类对象算术性质统一起来. 在高维的情形下, 算术几何研究的对象是代数数域上的代数簇. 通过上述讨论不难想到通过与射影曲线上的射影簇类比来研究代数数域上的射影簇. 注意到代数数域和代数函数域的一个重要的区别是代数数域普遍具有阿基米德绝对值而不存在整体的射影模型, 比方说 4.5.1.6 节中定义的 Arakelov 度数就可以不是整数, 甚至不是有理数 (和定义 4.3.8 比较). 从而代数数域上的射影簇在概形的范畴内没有整体的射影模型, 这给代数几何方法在算术射影簇研究中的直接运用带来了困难. Arakelov 几何的基本思想是综合代数几何和复解析几何的方法来研究算术代数簇. 更一般地, 从 Adèle 理论的观点来看, 还可以结合非阿基米德解析几何的方法来研究. Arakelov 几何的基本图景是代数数域上的射影簇加上其决定的一族解析流形, 每个解析流形对应于代数数域的一个绝对值. 另外, 代数几何中常见的一些对象, 比方说线丛或者向量丛, 在 Arakelov 几何的框架下需要引进一族度量来考虑. 这一点在算术曲线, 即代数数域的情形的介绍已经有所体现. 本节中将从 Adèle 的观点出发来介绍 Arakelov 几何, 参考的是 [38] 中发展的 Adèle 曲线论方法. 对 Arakelov 几何发展过程感兴趣的读者可以参考 Arakelov 的在算术曲面论上的奠基工作[4,5], 以及后续建立一般维数 Arakelov 几何基础[58] 和 Adèle 观点[131] 的工作.

4.6.1 线丛上的度量

4.6.1.1 Berkovich 拓扑

令 $(k, |\cdot|)$ 为完备赋值域, X 为 $\operatorname{Spec} k$ 上的局部环层空间. 用 X^{an} 表示形如 $z = (j(z), |\cdot|_z)$ 的对构成的集合, 其中 $j(z)$ 是 X 中的元素, $|\cdot|_z$ 是 $j(z)$ 的剩余类域 $\kappa(z)$ 上延拓 $|\cdot|$ 的绝对值. 这样 j 可以看作从 X^{an} 到 X 的映射. 对任意 $z \in X^{\mathrm{an}}$, 用 $\widehat{\kappa}(z)$ 表示剩余类域相对于绝对值 $|\cdot|_z$ 的完备化. 当 $k = \mathbb{C}$ 并且 $|\cdot|$ 是通常的绝对值时, 由于赋值域 $(\mathbb{C}, |\cdot|)$ 只有平凡的扩张, X^{an} 实际上等同于 X 的有理点构成的集合. 但当 $(k, |\cdot|)$ 是非阿基米德绝对值的时候, 映射 j 是满射, 并且对于剩余类域在 k 上超越的那些 X 中的点 x, 集合 $j^{-1}(\{x\})$ 是无穷集.

由定义不难看出, 如果 U 是 X 的开子集, 那么 $j^{-1}(U) = U^{\mathrm{an}}$. 如果 $a \in \mathcal{O}_X(U)$, 对任意 $z \in U^{\mathrm{an}}$, 用 $a(z)$ 表示 a 在 $\kappa(z)$ 中的等价类, 并用 $|a|(z)$ 表示绝

对值 $|a(z)|_z$. 这样可以将 $|a|$ 视为 U^{an} 上的实值函数, 称为 U 上正则函数 a 的**绝对值**.

定义 4.6.1　　所谓 X^{an} 上的 Berkovich **拓扑**, 是指使得映射 $j: X^{\mathrm{an}} \to X$ 和所有 X 的开子集上的正则函数的绝对值都连续的最粗的拓扑.

注 4.6.1　　假设 X 是 $\mathrm{Spec}\, k$ 上的概形, X 上的概形点体现了正则函数在 k 的不同扩张中的取值. 在 Zariski 拓扑之下 X 的开子集可以用正则函数取值非零的区域来刻画. 在 k 上引进绝对值以后, 仅靠概形点来描述正则函数的度量性质会比较烦琐, 这样的困难主要出现在非阿基米德绝对值的情形. Berkovich[10] 提出了非阿基米德解析空间的概念, 用剩余类域的绝对值作为参数空间来刻画. Berkovich 拓扑具有很好的性质, 比方说, 当结构态射 $X \to \mathrm{Spec}\, k$ 是分离态射时, X^{an} 是 Hausdorff 空间; 当 $X \to \mathrm{Spec}\, k$ 是真态射时, X^{an} 是紧拓扑空间 (见 [10, §3.4]).

Berkovich 的思想和实分析有些类似. 由于有理数域在实数域中是稠密的, 开区间上连续函数是被其在有理数点上的值决定的, 从而原则上可以将有理数域作为实分析的基准空间来讨论, 然而这样做的话需要排除一些病态的情形. 比方说 $\mathbb{Q}$ 上的连续函数未必是 $\mathbb{R}$ 上的连续函数在 $\mathbb{Q}$ 上的限制. 虽然用 Grothendieck 拓扑的方法可以重构 "开覆盖" 的概念和连续函数丛, 进而得到和经典实分析等价的一些结果 (在非阿基米德框架下这正是 Tate 刚性空间理论[119] 所采取的方法), 在实际问题的处理上比构造实数空间要复杂很多. 如今 Berkovich 的理论已成为非阿基米德几何的重要工具.

4.6.1.2　连续度量

设 L 为 X 上的线丛, 也就是说局部平凡的 $\mathcal{O}_X$-模. 对任意 $z \in X^{\mathrm{an}}$, 用 $L(z)$ 来表示 $L \otimes_k \hat{\kappa}(z)$. 这是 $\hat{\kappa}(z)$ 上的一维线性空间. 所谓 L 上的**度量**, 是指一族范数 $\varphi = (|\cdot|_\varphi(z))_{z \in X^{\mathrm{an}}}$, 其中 $|\cdot|_\varphi(z)$ 是 $\hat{\kappa}(z)$-线性空间 $L(z)$ 上的范数. 如果 U 是 X 的开集且 s 是 $H^0(U, L)$ 中的元素, 用 $|s|$ 来表示映射

$$(z \in U^{\mathrm{an}}) \longmapsto |s(z)|_\varphi(z),$$

其中 $s(z)$ 表示 s 在映射 $H^0(U, L) \to L \otimes_{\mathcal{O}_X} \hat{\kappa}(x)$ 中的像. 如果对任意 L 在 X 的某开子集上的截面 s, 函数 $|s|_\varphi$ 都是连续函数, 那么我们说度量 φ 是**连续的**. 如果 φ 是 L 上的度量, 那么 $|\cdot|_\varphi(z)$ 的对偶范数组成了对偶线丛 $L^\vee$ 上的度量, 记作 $-\varphi$. 如果 φ 是连续度量, 那么 $-\varphi$ 也是连续度量.

设 L_1 和 L_2 为 X 上的线丛, φ_1 和 φ_2 分别为 L_1 和 L_2 上的度量. 用 $\varphi_1 + \varphi_2$ 表示 $L_1 \otimes L_2$ 上的度量, 使得对任意 $z \in X^{\mathrm{an}}$ 有

$$\forall (\ell_1, \ell_2) \in L_1(z) \times L_2(z), \quad |\ell_1 \otimes \ell_2|_{\varphi_1 + \varphi_2}(z) = |\ell_1|_{\varphi_1}(z) \cdot |\ell_2|_{\varphi_2}(z).$$

如果 φ_1 和 φ_2 都是连续度量, 那么 $\varphi_1 + \varphi_2$ 亦然.

例 4.6.1　设 E 为有限维 k-线性空间. 对任意 k-概形 X, 从 X 到射影空间 $\mathbb{P}(E)$ 的 k-态射 $f : X \to \mathbb{P}(E)$ 组成的集合与 $f^*(E \otimes_k \mathcal{O}_{\mathbb{P}(E)}) = E \otimes_k \mathcal{O}_X$ 的商线丛的同构类集合之间有 (相对于 X) 函子性的一一对应. 特别地, $\mathbb{P}(E)$ 到自身的恒同映射对应于 $E \otimes_k \mathcal{O}_{\mathbb{P}(E)}$ 的一个商线丛, 记作 $\mathcal{O}_E(1)$, 称为 $\mathbb{P}(E)$ 的**泛线丛** (universal line bundle), 相应的商同态

$$E \otimes_k \mathcal{O}_{\mathbb{P}(E)} \longrightarrow \mathcal{O}_E(1)$$

称为**泛商同态** (universal quotient homomorphism). 一般的 k-态射 $f : X \to \mathbb{P}(E)$ 对应的 $E \otimes_k \mathcal{O}_X$ 的商线丛等于泛线丛 $\mathcal{O}_E(1)$ 在态射 f 下的拉回.

设 $(E, \|\cdot\|)$ 为有限维赋范 k-线性空间, X 为 k-概形, L 为 X 上的线丛, X^{an} 为 X 的约化概形, L_{red} 为 L 在 X_{red} 上的限制. 注意到 $X^{\mathrm{an}}_{\mathrm{red}} = X^{\mathrm{an}}$, 并且对任意 $z \in X^{\mathrm{an}}$ 有 $L_{\mathrm{red}}(x) \cong L(x)$. 设 $f : X_{\mathrm{red}} \to \mathbb{P}(E)$ 为 k-概形的态射, 使得 $L_{\mathrm{red}} \cong f^*(\mathcal{O}_E(1))$. 对任意 $z \in X^{\mathrm{an}}$, 商映射

$$E \otimes_k \widehat{\kappa}(z) \longrightarrow L(z)$$

在 $L(z)$ 上诱导一个商范数 $|\cdot|(z)$, 使得

$$\forall \ell \in L(z), \quad |\ell|(z) = \inf_{\substack{s \in E,\, \lambda \in \widehat{\kappa}(z)^\times \\ s(z) = \lambda \ell}} |\lambda|^{-1} \cdot \|s\|,$$

其中 $s(z)$ 表示 $s \otimes 1$ 在上述泛线性映射下的像. 商范数族 $(|\cdot|(z))_{z \in X^{\mathrm{an}}}$ 组成 L 上的一个连续度量, 称为范数 $\|\cdot\|$ 和 k-态射 f 诱导的**商度量**. 特别地, 如果 f 是 $\mathbb{P}(E)$ 到自身的恒同态射, $\|\cdot\|$ 在 $\mathcal{O}_E(1)$ 上诱导的商度量称为 Fubini-Study **度量**.

设 X 为 k 上的射影概形, L 为 X 上的线丛. 此时 X^{an} 是紧 Hausdorff 拓扑空间. 如果 φ_1 和 φ_2 是 L 上两个连续度量, 用 $d(\varphi_1, \varphi_2)$ 表示

$$\sup_{z \in X^{\mathrm{an}}} \left| \ln \left| \frac{|\cdot|_{\varphi_1}(z)}{|\cdot|_{\varphi_2}(z)} \right| \right|,$$

其中

$$\frac{|\cdot|_{\varphi_1}(z)}{|\cdot|_{\varphi_2}(z)} \text{ 表示 } \frac{|\ell|_{\varphi_1}(z)}{|\ell|_{\varphi_2}(z)},$$

ℓ 是 $L(z)$ 中任一非零元素. 这样 L 上的连续度量构成的集合在映射 d 下构成一个完备的度量空间.

4.6.1.3 度量的拉回

设 $f : Y \to X$ 为 $\operatorname{Spec} k$ 上局部环层空间的态射. 用 $f^{\mathrm{an}} : Y \to X$ 表示将 $w \in Y^{\mathrm{an}}$ 映为

$$(f(j(w)), |\cdot|_w \text{ 在 } f(j(w)) \text{ 的剩余类域上的限制})$$

的映射. 可以验证 f^{an} 在 Berkovich 拓扑下是连续映射.

设 L 为 X 上的线丛, φ 为 L 上的度量. 对任意 $y \in Y$, $L(f(y))$ 上的范数 $|\cdot|_{\varphi}(f(y))$ 通过赋值域的扩张 $\widehat{\kappa}(y)/\widehat{\kappa}(f(y))$ 诱导 $f^*L(y)$ 上的范数, 记作 $|\cdot|_{f^*(\varphi)}(y)$. 这样便得到线丛 $f^*(L)$ 上的一个度量, 记作 $f^*(\varphi)$, 称为 φ 在 $f^*(L)$ 上的**拉回**. 特别地, 如果 X 是 $\operatorname{Spec} k$ 上的概形, f 是闭浸入, 那么 $f^*(\varphi)$ 也称为 φ **在 Y 上的限制**.

4.6.1.4 度量的正性质

设 X 为 k 上的射影概形, L 为 X 上的线丛. 如果 φ 是 L 上的连续度量, 用 $\|\cdot\|_{\varphi}$ 表示 $H^0(X_{\mathrm{red}}, L_{\mathrm{red}})$ 上如下定义的范数

$$\forall s \in H^0(X_{\mathrm{red}}, L_{\mathrm{red}}), \quad \|s\|_{\varphi} = \sup_{z \in X^{\mathrm{an}}} |s|(z),$$

其中 X_{red} 是 X 的约化概形, L_{red} 是 L 在 X_{red} 上的限制. 假设 L 没有基点 (base point), 也就是说对任意 $z \in X^{\mathrm{an}}$, 映射

$$H^0(X_{\mathrm{red}}, L_{\mathrm{red}}) \otimes_k \widehat{\kappa}(z) \longrightarrow L(z), \quad s \longmapsto s(z)$$

是满射, 那么对任意不小于 1 的自然数 n, 范数 $\|\cdot\|_{n\varphi}$ 在 $L^{\otimes n}$ 上诱导一个商度量. 我们用 φ_n 表示 L 上的度量, 使得 $\varphi_n^{\otimes n}$ 等于范数 $\|\cdot\|_{n\varphi}$ 诱导的商度量. 可以证明, 对任意 L 上的连续度量 φ 和 ψ, 以及任意正整数 n 和 m, 有

$$\varphi_n \geqslant \varphi, \quad \|\cdot\|_{n\varphi_n} = \|\cdot\|_{n\varphi}, \quad d(\varphi_n, \varphi) \leqslant d(\varphi_1, \varphi),$$

$$\varphi_{n+m} \leqslant \varphi_n + \varphi_m, \quad d(\varphi_n, \psi_n) \leqslant d(\varphi, \psi).$$

另外, 如果 $(E, \|\cdot\|)$ 是有限维赋范 k-线性空间, $f : X_{\mathrm{red}} \to \mathbb{P}(E)$ 是 k-态射, φ 是 $\|\cdot\|$ 和 f 诱导的商度量, 那么对任意正整数 n 有 $\varphi_n = \varphi$.

定义 4.6.2 设 X 为 k 上的射影概形, L 为 X 上的线丛, φ 为 L 上的连续度量. 假设对于足够大的正整数 n, $L^{\otimes n}$ 没有基点. 用 $\mathrm{dp}(\varphi)$ 表示

$$\lim_{n \to +\infty} d(\varphi_n, \varphi)$$

并称之为 φ 的**失正性指标**. 如果 $\mathrm{dp}(\varphi) = 0$, 那么说 φ 是**半正度量**.

注 4.6.2　假设 $(k, |\cdot|)$ 是赋通常绝对值的复数域 $\mathbb{C}$. 那么 φ 是半正度量当且仅当其曲率张量分布 (curvature current) 是半正的. 读者可以参考 [132, §2], [97, Theorem 0.2], [38, Theorem 2.3.7].

4.6.1.5　截面延拓的范数控制

设 X 为 k 上的整射影概形, L 为 X 上的丰沛线丛, Y 为 X 的整闭子概形, $\mathscr{I}_Y$ 为 Y 作为 X 的闭子概形的理想层. Serre 消没定理说明, 对足够大的自然数 n 有

$$H^1(X, \mathscr{I}_Y \otimes L^{\otimes n}) = 0,$$

从而限制映射

$$H^0(X, L^{\otimes n}) \longrightarrow H^0(Y, L|_Y^{\otimes n}), \quad s \longmapsto s|_Y \tag{4.6.1}$$

是满射.

设 φ 为 L 上的连续度量, φ_Y 为 φ 在 $L|_Y$ 上的限制. 对任意 $s \in H^0(X, L^{\otimes n})$ 有

$$\|s\|_{n\varphi} \geqslant \|s|_Y\|_{n\varphi_Y}.$$

这个不等式说明, 当 n 足够大, 使得限制映射 (4.6.1) 为满射时, $H^0(X, L^{\otimes n})$ 上的范数 $\|\cdot\|_{n\varphi}$ 在 $H^0(Y, L|_Y^{\otimes n})$ 上诱导的商范数 $\|\cdot\|_{n\varphi, \mathrm{quot}_Y}$ 不小于 $\|\cdot\|_{n\varphi_Y}$. 可以证明, 如果 φ 是半正的连续度量, 那么

$$\lim_{n \to +\infty} \frac{1}{n} d(\|\cdot\|_{n\varphi, \mathrm{quot}_Y}, \|\cdot\|_{n\varphi_Y}) = \lim_{n \to +\infty} \frac{1}{n} \sup_{\substack{t \in H^0(Y, L|_Y^{\otimes n}) \\ t \neq 0}} \ln \frac{\|t\|_{n\varphi, \mathrm{quot}_Y}}{\|t\|_{n\varphi_Y}} = 0.$$

换句话说, 对任意 $\varepsilon > 0$, 存在 $N_\varepsilon \in \mathbb{N}$ 使得对于不小于 N_ε 的自然数 n 来说, 任意 $H^0(Y, L|_Y^{\otimes n})$ 中的截面 t 可以延拓成 $L^{\otimes n}$ 在 X 上的截面 s, 使得

$$\|t\|_{n\varphi_Y} \leqslant \|s\|_{n\varphi} \leqslant \mathrm{e}^{n\varepsilon} \|t\|_{n\varphi_Y}. \tag{4.6.2}$$

当 $(k, |\cdot|)$ 是赋通常绝对值的复数域并且度量 φ 具有一定正则性的时候, 可以用 Hörmander[69] 的 L^2 估计方法得到更强的估计 (在 (4.6.2) 中将 $\mathrm{e}^{n\varepsilon}$ 替换成多项式增长的函数), 见 [91, 102, 122]. 对于一般的半正连续度量, 可以利用 Grauert[60] 的 1-凸性方法, 详见 [110, §2.7], [16]. 非阿基米德绝对值的情形是方延博[50] 的结果.

4.6.2　度量族

令 K 为数域, S_K 为数域 K 上延拓 $\mathbb{Q}$ 上的通常或 p-进绝对值的绝对值全体构成的集合. 设 X 为 K 上的射影概形, L 为 X 上的线丛. 对任意 $v \in S_K$, 用 K_v

表示 K 相对于绝对值 $|\cdot|_v$ 的完备化域, 用 X_v 表示 $X \times_{\mathrm{Spec}\,K} \mathrm{Spec}\,K_v$ 并用 L_v 表示 L 在 X_v 上的限制. 用 $\mathcal{M}(L)$ 表示形如 $\varphi = (\varphi_v)_{v \in S_K}$ 的度量族组成的集合, 其中 φ_v 是 L_v 上的连续度量.

4.6.2.1　度量族的对偶和张量积

设 L 为 X 上的线丛. 对任意 $\varphi = (\varphi_v)_{v \in S_K} \in \mathcal{M}(L)$, 度量族 $(-\varphi_v)_{v \in S_K}$ 是 $\mathcal{M}(L^\vee)$ 中的元素, 我们将它记作 $-\varphi$.

如果 L_1 和 L_2 是 X 上两个线丛, $\varphi_1 = (\varphi_{1,v})_{v \in S_K}$ 和 $\varphi_2 = (\varphi_{2,v})_{v \in S_K}$ 分别是 $\mathcal{M}(L_1)$ 和 $\mathcal{M}(L_2)$ 中的元素, 那么 $(\varphi_{1,v} + \varphi_{2,v})_{v \in S_K}$ 是 $\mathcal{M}(L_1 \otimes L_2)$ 中的元素, 记作 $\varphi_1 + \varphi_2$.

设 L 为 X 上的线丛. 若 $\varphi = (\varphi_v)_{v \in S_K}$ 和 $\psi = (\psi_v)_{v \in S_K}$ 是 $\mathcal{M}(L)$ 中两个元素, 令

$$d(\varphi, \psi) := \sum_{v \in S_K} [K_v : \mathbb{Q}_v]\, d(\varphi_v, \psi_v) \in [0, +\infty].$$

4.6.2.2　商度量族

设 X 为 K 上的射影概形, E 为 K 上的有限维线性空间, $f : X \to \mathbb{P}(E)$ 是从 X 到 $\mathbb{P}(E)$ 的 K-态射, $L = f^*(\mathcal{O}_E(1))$. 对任意 $v \in S_K$, 令 $X_v = X \times_{\mathrm{Spec}\,K} \mathrm{Spec}\,K_v$, $E_v = E \otimes_K K_v$, 并令 $f_v : X_v \to \mathbb{P}(E_v)$ 为 f 在基域扩张 K_v/K 之下诱导的 K_v-态射. 设 $\xi = (\|\cdot\|_v)_{v \in S_K}$ 为 $\mathcal{N}_K(E)$ 中的范数族. 对任意 $v \in S_K$, 将范数 $\|\cdot\|_v$ 和 K_v-态射

$$X_{v,\mathrm{red}} \longrightarrow X_v \overset{f}{\longrightarrow} \mathbb{P}(E_v)$$

诱导 L_v 上的商度量记作 $\varphi_{\xi,v}$. 这样就得到 $\mathcal{M}(L)$ 中的一个度量族 $(\varphi_{\xi,v})_{v \in S_K}$. 我们称之为范数族 ξ 和态射 f 诱导的**商度量族**, 并将它记作 φ_ξ.

4.6.2.3　受控制的度量族

设 X 为 K 上的射影概形, L 为 X 上的线丛, $\varphi \in \mathcal{M}(L)$. 假设存在 X 上的线丛 L_1 和 L_2, 以及其上由受控制的范数族所诱导的商度量族 φ_1 和 φ_2, 使得 $L \cong L_1 \otimes L_2^\vee$ 且

$$d(\varphi, \varphi_1 - \varphi_2) < +\infty,$$

则说 φ 是**受控制的度量族**. 我们用 $\mathcal{M}^{\mathrm{dom}}(L)$ 表示 L 上所有受控制的度量族构成的集合. 可以证明受控制的度量族的张量积和对偶都是受控制的度量族 (见 [38, Proposition 6.1.12]).

4.6.2.4　度量族的拉回

设 $f : Y \to X$ 是 K 上射影概形之间的 K-态射. 对任意 $v \in S_K$, 用 $f_v : Y_v \to X_v$ 表示 f 在基域扩张 K_v/K 之下诱导的 K_v-态射. 假设 L 是 X 上的线丛, $\varphi = (\varphi_v)_{v \in S_K}$ 是 $\mathcal{M}(L)$ 中的度量族. 对任意 $v \in S_K$, 令 $f_v^*(\varphi_v)$ 为 L_v 上的度量 φ_v 在 $f_v^*(L_v)$ 上的拉回 (见 4.6.1.3 节). 范数族 $(f_v^*(L_v))_{v \in S_K}$ 属于 $\mathcal{M}(f^*(L))$, 记作 $f^*(\varphi)$. 我们称之为 φ 在 $f^*(L)$ 上的**拉回**. 不难验证, 如果 φ 是商度量族, 那么 $f^*(\varphi)$ 也是商度量族; 如果 φ 是可积度量族, 那么 $f^*(\varphi)$ 也是可积度量族.

4.6.2.5　度量族视为范数族

令 K'/K 为有限扩张, $X = \mathrm{Spec}(K')$. 对任意 $v \in S_K$, X_v^{an} 等同于 K' 上延拓 $|\cdot|_v$ 的所有绝对值构成的集合. 设 L 为 X 上的线丛, 视为一维 K'-线性空间. 设 $\varphi = (\varphi_v)_{v \in S_K}$ 为 $\mathcal{M}(L)$ 中的度量族. 对任意 $v \in S_K$ 及 $x \in X_v^{\mathrm{an}}$, $|\cdot|_\varphi(x)$ 是 $L \otimes_{K'} K_x'$ 上的范数. 这样 $(|\cdot|_\varphi(x))_{x \in S_{K'}}$ 构成了 $\mathcal{N}_{K'}(L)$ 中的范数族. 不难验证, φ 是受控制的度量族当且仅当 $(|\cdot|_\varphi(x))_{x \in S_{K'}}$ 是受控制的范数族. 为行文方便, 我们也用记号 (L, φ) 来表示带有范数族 $(|\cdot|_\varphi(x))_{x \in S_{K'}}$ 的一维 K'-线性空间 L.

4.6.3　Arakelov 高度

Arakelov 几何一个重要的动机是绕过坐标环的选取直接从算术射影簇的角度来研究丢番图问题. 所以代数点高度的构造是 Arakelov 几何的一个重要组成部分. Arakelov 高度依赖于算术射影簇上一个带度量族的线丛的选择. 将这个带度量族的线丛拉回到代数点之上, 就得到剩余类域上带范数族的一维线性空间. 这样就可以将代数点的高度定义成这个带范数族线性空间的 Arakelov 度数.

4.6.3.1　代数点的高度

令 X 为 K 上的射影概形, L 为 X 上的线丛, $\varphi \in \mathcal{M}^{\mathrm{dom}}(L)$ 为 L 上受控制的度量族. 若 P 为 X 中的闭点, $K(P)$ 为其剩余类域, 那么 P 可以看作从 $\mathrm{Spec}\, K(P)$ 到 X 的 K-概形态射. 在 4.6.2.5 节中我们看到拉回度量族 $P^*(\varphi)$ 可以看作一维 $K(P)$-线性空间 $P^*(L)$ 上的范数族, 并且这个范数族是受控制的. 从而可以依照定义 4.5.3 来求 $(P^*(L), P^*(\varphi))$ 的 Arakelov 度数. 我们用 $h_{(L,\varphi)}(P)$ 来表示

$$\frac{1}{[K(P) : \mathbb{Q}]} \widehat{\deg}(P^*(L), P^*(\varphi)),$$

并称之为闭点 P 相对于 (L, φ) 的**高度**.

注 4.6.3　(1) 若 L_1 和 L_2 是 X 上两个线丛, $\varphi_1 \in \mathcal{M}^{\mathrm{dom}}(L_1)$, $\varphi_2 \in \mathcal{M}^{\mathrm{dom}}(L_2)$, 那么对任意 X 的闭点 P 有

$$h_{(L_1 \otimes L_2, \varphi_1 + \varphi_2)}(P) = h_{(L_1, \varphi_1)}(P) + h_{(L_2, \varphi_2)}(P).$$

(2) 设 K'/K 为有限扩张, $f:\operatorname{Spec}K'\to X$ 为 K-态射, P 为 f 的像, 那么以下等式成立:

$$\frac{1}{[K':\mathbb{Q}]}\widehat{\deg}(f^*(L),f^*(\varphi))=h_{(L,\varphi)}(P).$$

(3) 设 L 为 X 上的线丛, 如果 φ 和 φ' 是 $\mathcal{M}^{\mathrm{dom}}(L)$ 中两个度量族, 那么对任意 X 的闭点 P 有

$$|h_{(L,\varphi)}(P)-h_{(L,\varphi')}(P)|\leqslant\frac{1}{[K:\mathbb{Q}]}d(\varphi,\varphi').$$

4.6.3.2 Northcott 性质

Northcott 定理是一个代数点的有限性定理, 它说明了高度函数适用于描述数域上射影簇闭点的复杂度.

定理 4.6.1 设 X 为数域 K 上的射影概形, L 为 X 上的丰沛线丛, $\varphi\in\mathcal{M}^{\mathrm{dom}}(L)$. 对任意正常数 δ 和 C, 集合

$$\{P\text{ 为 }X\text{ 中的闭点}\mid h_{(L,\varphi)}(P)\leqslant C,\ [K(P):K]\leqslant\delta\}$$

是有限集.

注 4.6.4 考虑 $X=\mathbb{P}^n_K=\mathbb{P}(K^{n+1})$ 的情形. 令 $L=\mathcal{O}_X(1)$ 为 X 的泛线丛. 在 K^{n+1} 上引进如下的范数族 $\xi=(\|\cdot\|_v)_{v\in S_K}$. 对任意 $(a_0,\cdots,a_n)\in K_v^{n+1}$, 如果 v 是非阿基米德绝对值, 令

$$\|(a_0,\cdots,a_n)\|_v:=\max_{i\in\{0,\cdots,n\}}|a_i|_v;$$

如果 v 是阿基米德绝对值, 则令

$$\|(a_0,\cdots,a_n)\|_v:=\sum_{i=0}^n|a_i|_v.$$

用 φ 表示范数族 ξ 诱导的商度量族.

假设 $\widetilde{K}/K$ 是有限扩张, $P:\operatorname{Spec}\widetilde{K}\to X$ 是 X 的取值在 $\widetilde{K}$ 中的代数点,

$$\widetilde{K}^{n+1}\longrightarrow P^*(L)$$

是 P 点处的泛线性映射. 在该泛线性映射的对偶映射

$$P^*(L)\longrightarrow(\widetilde{K}^{n+1})^\vee\cong\widetilde{K}^{n+1}$$

之下可以将 $P^*(L)$ 看成是 $\widetilde{K}^{n+1}$ 的一维线性子空间. 这个线性子空间的任意一个非零元 $(p_0, \cdots, p_n)$ 都定义了 P 的一个射影坐标 $(p_0 : \cdots : p_n)$. 注意到对任意 $x \in S_{\widetilde{K}}$, 如果 $\widetilde{K}$ 上的绝对值 $|\cdot|_x$ 延拓的是 $|\cdot|_v \in S_K$, 那么 $\|\cdot\|_v$ 在 $(\widetilde{K}_x^{n+1})^\vee \cong \widetilde{K}_x^{n+1}$ 上诱导的对偶范数 $\|\cdot\|_{x,*}$ 满足

$$\forall (b_0, \cdots, b_n) \in \widetilde{K}_x^{n+1}, \quad \|(b_0, \cdots, b_n)\|_{x,*} = \max_{i \in \{0, \cdots, n\}} |b_i|_x.$$

从而

$$h_{(L,\varphi)}(P) = \sum_{x \in \widetilde{K}} \frac{[\widetilde{K}_x : \mathbb{Q}_x]}{[\widetilde{K} : \mathbb{Q}]} \ln \max\{|p_0|_x, \cdots, |p_n|_x\},$$

其中 $(p_0 : \cdots : p_n)$ 是 P 的任意一个射影坐标. 这个 Arakelov 高度函数其实就是经典的 Weil 高度函数.

当 $K = \mathbb{Q}$ 时, X 中的任意有理点 P 具有既约的整射影坐标

$$(p_0 : \cdots : p_n),$$

其中 $p_0, \cdots, p_n$ 是整数, 其最大公约数为 1. 此时

$$h_{(L,\varphi)}(p_0 : \cdots : p_n) = \max\{|p_0|, \cdots, |p_n|\},$$

其中 $|\cdot|$ 表示整数集上通常的绝对值函数.

4.6.4　射影概形的高度

从算术几何的观点来看, 射影概形代表的是齐次多项式方程组, 其闭点表示方程组的代数数解. 高度函数描述了 Diophantine 方程组解的复杂度. 如果射影概形是某射影空间 $\mathbb{P}^n$ 中的 δ 次超曲面, 它的齐次方程可以看作 $\mathbb{P}^{\binom{n+\delta}{\delta}}$ 中的有理点. 这样用射影空间的高度函数可以描述超曲面的复杂度. 在一般的射影簇的情形下, Philippon[105] 提出了用周形式的方法将问题转化成超曲面的情形. 用这个方法他发展了算术射影簇的高度理论. Faltings 利用算术相交理论给出了算术射影簇高度的另一个构造方法. 其后 Philippon[106-108] 和 Bost-Gillet-Soulé[19] 分别证明了这两种方法得到的高度函数是相同的.

4.6.4.1　混合结式

设 K 为域, X 为 K 上的整射影概形, d 为 X 的维数. 对任意 $i \in \{0, \cdots, d\}$, 令 E_i 为 k 上的有限维线性空间, $r_i = \dim_k(E_i) - 1$, $f_i : X \to \mathbb{P}(E_i)$ 为闭浸入, L_i 为 $\mathbb{P}(E_i)$ 上的泛线丛 $\mathcal{O}_{E_i}(1)$ 在 X 上的限制. 对任意 $i \in \{0, \cdots, d\}$, 令 δ_i 为相交数

$$\deg(c_1(L_0) \cdots c_1(L_{i-1}) c_1(L_{i+1}) \cdots c_1(L_d) \cap [X]).$$

对任意 $i \in \{0, \cdots, n\}$, 射影空间 $\mathbb{P}(E_i)$ 上的泛线丛 (见例 4.6.1) $\mathcal{O}_{E_i}(1)$ 的对偶丛 $\mathcal{O}_{E_i}(-1)$ 可以看作自由向量丛

$$(E_i \otimes_K \mathcal{O}_{\mathbb{P}(E_i)})^\vee \cong E_i^\vee \otimes_K \mathcal{O}_{\mathbb{P}(E_i)}$$

的子线丛. 用 Q_i 表示商向量丛

$$(E_i^\vee \otimes_K \mathcal{O}_{\mathbb{P}(E_i)})/\mathcal{O}_{E_i}(-1).$$

这是 $\mathbb{P}(E_i)$ 上秩为 r_i 的向量丛. 考虑如下 X-概形

$$I_X = \mathbb{P}(L_0 \otimes (Q_0|_X)) \times_X \cdots \times_X \mathbb{P}(L_d \otimes (Q_d|_X)).$$

注意到 $X \times_K \mathbb{P}(E_i^\vee)$ 可以看作是 X 上的射影空间 $\mathbb{P}(L_i \otimes (E_i^\vee \otimes_K \mathcal{O}_X))$, 其泛线丛是 $L_i \boxtimes \mathcal{O}_{E_i^\vee}(1)$. 由于 $L_i \otimes (Q_i|X)$ 是

$$L_i \otimes (E_i^\vee \otimes \mathcal{O}_X) = L_i \otimes (E_i^\vee \otimes \mathcal{O}_{\mathbb{P}(E_i)})|_X$$

的秩为 r_i 的商向量丛, $\mathbb{P}(L_i \otimes (Q_i|_X))$ 是 $X \times_K \mathbb{P}(E_i^\vee)$ 中的超曲面. 从而 I_X 可以看作

$$(X \times_K \mathbb{P}(E_0^\vee)) \times_X \cdots \times_X (X \times_K \mathbb{P}(E_d^\vee)) \cong X \times_K \mathbb{P}(E_0^\vee) \times_K \cdots \times_K \mathbb{P}(E_d^\vee)$$

中余维数为 $d+1$ 的闭子簇, 其在

$$\check{\mathbb{P}} = \mathbb{P}(E_0^\vee) \times_K \cdots \times_K \mathbb{P}(E_d^\vee)$$

中的像是由

$$\mathcal{O}_{E_0^\vee}(\delta_0) \boxtimes \cdots \boxtimes \mathcal{O}_{E_d^\vee}(\delta_d)$$

的某个非零整体截面定义的超曲面. 我们将定义这个超曲面的任意一个

$$\mathrm{Sym}^{\delta_0}(E_0^\vee) \otimes_K \cdots \otimes_K \mathrm{Sym}^{\delta_d}(E_d^\vee)$$

中的元素称为 $f_0, \cdots, f_d$ 的 **混合结式** (multi-resultant), 并用 $\mathscr{R}_{f_0,\cdots,f_d}^X$ 来表示 $f_0, \cdots, f_d$ 的混合结式生成的

$$\mathrm{Sym}^{\delta_0}(E_0^\vee) \otimes_K \cdots \otimes_K \mathrm{Sym}^{\delta_d}(E_d^\vee)$$

的一维线性子空间.

4.6.4.2 对偶张量积上的范数

设 $(F_i, \|\cdot\|_i)$, $i \in \{1, \cdots, n\}$ 为某完备赋值域 $(k, |\cdot|)$ 上的赋范线性空间. 对偶空间的张量积 $F_1^\vee \otimes_k \cdots \otimes_k F_n^\vee$ 中的元素可以视为 $F_1 \times \cdots \times F_n$ 上的多重线性形式. 对任意 $R \in F_1^\vee \otimes_k \cdots \otimes_k F_n^\vee$, 令

$$\|R\| = \sup_{\substack{(s_1, \cdots, s_n) \in F_1 \times \cdots \times F_n \\ s_1 \neq 0, \cdots, s_n \neq 0}} \frac{|R(s_1, \cdots, s_n)|}{\|s_1\|_1 \cdots \|s_n\|_n}.$$

这样定义的函数 $\|\cdot\|$ 是对偶张量积空间 $F_1^\vee \otimes_k \cdots \otimes_k F_n^\vee$ 上的范数, 称为**多重线性算子范数**. 当 $|\cdot|$ 是非阿基米德绝对值时这个范数是超范数.

4.6.4.3 Philippon 高度

本小节沿用 4.6.4.1 节的记号, 并假设 K 是数域. 对任意 $\delta_i \in \mathbb{N}$, 对称积 $\mathrm{Sym}^{\delta_i}(E_i^\vee)$ 中的元素可以视为 E_i 上的 δ_i 次齐次多项式. 事实上, 若用 $\Gamma^{\delta_i}(E_i)$ 表示张量空间 $E_i^{\otimes \delta_i}$ 中在对称群 $\mathfrak{S}_{\delta_i}$ 的作用下不变的张量构成的线性子空间, 那么 $\mathrm{Sym}^{\delta_i}(E_i^\vee)$ 是 $\Gamma^{\delta_i}(E_i)$ 的对偶空间, 这样

$$\mathrm{Sym}^{\delta_0}(E_0^\vee) \otimes_K \cdots \otimes_K \mathrm{Sym}^{\delta_d}(E_d^\vee)$$

中的任意元素 R 决定了从 $E_0 \times \cdots \times E_d$ 到 K 的函数, 将 $(s_0, \cdots, s_r)$ 映为

$$R(s_0^{\otimes \delta_0} \otimes \cdots \otimes s_d^{\otimes \delta_d}).$$

类似地, 对任意 $v \in S_K$,

$$\mathrm{Sym}^{\delta_0}(E_{0,v}^\vee) \otimes_K \cdots \otimes_K \mathrm{Sym}^{\delta_d}(E_{d,v}^\vee)$$

中的任意元素 R 决定了从 $E_{0,v} \times \cdots \times E_{d,v}$ 到 K_v 的函数. 为方便起见, 对任意 $(s_0, \cdots, s_d) \in E_{0,v} \times \cdots \times E_{d,v}$, 我们用 $R(s_0, \cdots, s_d)$ 来表示 $(s_0, \cdots, s_d)$ 在该函数下的像.

对任意 $i \in \{0, \cdots, d\}$, 令 $\xi_i = (\|\cdot\|_{i,v})_{v \in S_K}$ 为 E_i 上受控制的范数族 (见定义 4.5.2), 使得当 v 是阿基米德绝对值时 $\|\cdot\|_{i,v}$ 是由内积诱导的范数. 当 v 是非阿基米德绝对值时, 将线性空间

$$\mathrm{Sym}^{\delta_0}(E_{0,v}^\vee) \otimes_K \cdots \otimes_K \mathrm{Sym}^{\delta_d}(E_{d,v}^\vee)$$

看成对偶张量积空间

$$(E_{0,v}^\vee)^{\otimes \delta_0} \otimes_K \cdots \otimes_K (E_{d,v}^\vee)^{\otimes \delta_d}$$

的商空间, 并赋之以多重线性算子范数的商范数 $\|\cdot\|_v$. 假设 v 是阿基米德绝对值, 我们取一个域同态 $\sigma_v : K \to \mathbb{C}$ 使得 $|\cdot|_v$ 是 $\mathbb{C}$ 上通常的绝对值与 σ_v 的复合. 对任意 $i \in \{0, \cdots, d\}$, 范数 $\|\cdot\|_{i,v}$ 对应于 $E_i \otimes_{K, \sigma_v} \mathbb{C}$ 上的一个 Hermite 内积. 令 $\mathbb{S}_{i,v}$ 为 $E_i \otimes_{K, \sigma_v} \mathbb{C}$ 的单位球面并令 $\eta_{i,v}$ 为 $\mathbb{S}_{i,v}$ 上在酉群的作用下不变的 Borel 概率测度. 对任意

$$R \in \mathrm{Sym}^{\delta_0}(E_{0,v}^\vee) \otimes_K \cdots \otimes_K \mathrm{Sym}^{\delta_d}(E_{d,v}^\vee),$$

我们记

$$\|R\|_v := \exp\left(\int_{\mathbb{S}_{0,v} \times \cdots \times \mathbb{S}_{d,v}} \ln|R(z_0, \cdots, z_d)| \, \eta_{0,v}(\mathrm{d}z_0) \otimes \cdots \otimes \eta_{d,v}(\mathrm{d}z_d) \right)$$

$$\cdot \exp\left(\frac{1}{2} \sum_{i=0}^{d} \sum_{\ell=1}^{r_i} \frac{1}{\ell} \right).$$

注意到对任意 $\lambda \in K_v$ 有

$$\|\lambda R\|_v = |\lambda|_v \cdot \|R\|_v,$$

但函数 $\|\cdot\|_v$ 一般不满足三角形不等式.

定义 4.6.3 假设 R 是 $f_0, \cdots, f_d$ 的混合结式. 那么 X 相对于 $\xi_0, \cdots, \xi_d$ 和 $f_0, \cdots, f_d$ 的 Philippon **高度**定义为

$$h_{\xi_0, \cdots, \xi_d}^{f_0, \cdots, f_d}(X) := \sum_{v \in S_K} \frac{[K_v : \mathbb{Q}_v]}{[K : \mathbb{Q}]} \ln \|R\|_v.$$

注 4.6.5 对任意 $i \in \{0, \cdots, d\}$, 令 φ_i 为范数族 ξ_i 在 $L_i = f_i^*(\mathcal{O}_{E_i}(1))$ 上诱导的商度量族 (见 4.6.2.2 节). 可以证明 Philippon 高度 $h_{\xi_0, \cdots, \xi_d}^{f_0, \cdots, f_d}(X)$ 等于算术相交数

$$((L_0, \varphi_0) \cdots (L_d, \varphi_d)).$$

更进一步地, 如果 $s_0, \cdots, s_d$ 分别是 $L_0, \cdots, L_d$ 的整体截面, 使得它们定义的除子完全相交 (intersect completely), 那么在混合结式空间 $\mathscr{R}_{f_0, \cdots, f_d}^X$ 中存在唯一的一个元素 R 使得

$$R(s_0, \cdots, s_d) = 1.$$

此时对任意 $v \in S_K$, $\ln\|R\|_v$ 等于算术除子 $\widehat{\mathrm{div}}(s_0), \cdots, \widehat{\mathrm{div}}(s_d)$ 在 v 处的局部相交数. 读者可以参考 [39].

更一般地, 如果 $M_0, \cdots, M_d$ 是 X 上丰沛的线丛, $\psi_0, \cdots, \psi_d$ 是 $M_0, \cdots, M_d$ 上由半正度量 (见定义 4.6.2) 组成的受控制的度量族 (见 4.6.2.3 节), 文献中将

X 相对于 $\overline{M}_0,\cdots,\overline{M}_d$ 的**高度**定义为 $(M_0,\psi_0),\cdots,(M_d,\psi_d)$ 的算术相交数. 特别地, 当 $(M_0,\psi_0),\cdots,(M_d,\psi_d)$ 都等于某个带度量族的线丛 (L,φ) 时, X 相对于 (L,φ) 的高度定义为 (L,φ) 的算术自相交数, 记作 $h_{(L,\varphi)}(X)$.

4.6.5   Hilbert-Samuel 定理

设 X 为域 K 上的射影概形, L 为 X 上的丰沛线丛, 渐近 Riemann-Roch 定理说明

$$\lim_{n\to+\infty}\frac{\dim_K(H^0(X,L^{\otimes n}))}{n^d}=\frac{(L^d)}{d!},\tag{4.6.3}$$

其中 d 是 X 的 Krull 维数, (L^d) 表示 L 的自相交数. 在 Arakelov 几何之中, 与这个命题类似的结论叫作算术 Hilbert-Samuel 定理. 它揭示了算术分次线性系 (arithmetic graded linear series) 的渐近性质与算术相交数之间的联系.

4.6.5.1   线丛的分次线性系

设 K 为域, X 为 K 上的整射影概形, L 为 X 上的线丛. 那么

$$V_\bullet(L):=\bigoplus_{n\in\mathbb{N}}H^0(X,L^{\otimes n})$$

是 K 上的分次代数. 这个代数的分次子代数称为 L 的**分次线性系**. 一般来说 $V_\bullet(L)$ 不是有限生成 K-代数, 但当 L 是丰沛线丛时 $V_\bullet(L)$ 是有限生成的. 对于一般的线丛 L, 存在某丰沛的线丛 M 使得 $L^\vee\otimes M$ 有非零的整体截面 s. 这个整体截面定义了 K-代数的单同态

$$\bigoplus_{n\in\mathbb{N}}H^0(X,L^{\otimes n})\longrightarrow\bigoplus_{n\in\mathbb{N}}H^0(X,M^{\otimes n}),\quad(u_n)_{n\in\mathbb{N}}\longmapsto(s^nu_n)_{n\in\mathbb{N}}.$$

这说明了 X 上任意一个线丛的分次线性系都是**子有限生成的**, 也就是说它是某个有限生成 K 代数的子代数.

4.6.5.2   算术分次线性系

设 K 为数域, X 为 K 上几何整的射影概形, L 为 X 上的线丛, $\varphi=(\varphi_v)_{v\in S_K}$ 为 L 上受控的度量族. 对任意 $n\in\mathbb{N}$ 及 $v\in S_K$, $L_v^{\otimes n}$ 上的度量 $n\varphi_v$ 诱导了

$$V_n(L)\otimes_K K_v\cong H^0(X_v,L_v^{\otimes n})$$

上的范数 $\|\cdot\|_{n\varphi_v}$, 其定义为

$$\forall s_n\in H^0(X_v,L_v^{\otimes n}),\quad\|s_n\|_{n\varphi_v}=\sup_{x\in X_v^{\mathrm{an}}}|s_n|_{n\varphi_v}(x).$$

注意到对任意 $(n,m) \in \mathbb{N}^2$ 及任意

$$(s_n, s_m) \in H^0(X_v, L_v^{\otimes n}) \times H^0(X_v, L_v^{\otimes m}),$$

以下不等式成立

$$\|s_n \cdot s_m\|_{(n+m)\varphi_v} \leqslant \|s_n\|_{n\varphi_v} \cdot \|s_m\|_{m\varphi_v}.$$

另外, 对任意 $n \in \mathbb{N}$, $V_n(L)$ 上的范数族 $(\|\cdot\|_{n\varphi_v})_{v \in S_K}$ 是受控的范数族. 如果 $V_\bullet$ 是 L 的分次线性系, ξ_n 是范数族 $(\|\cdot\|_{n\varphi_v})_{v \in S_K}$ 在 V_n 上的限制, 那么

$$(V_n, \xi_n), \quad n \in \mathbb{N}$$

称为 (L, φ) 的算术分次线性系.

定理 4.6.2 (算术 Hilbert-Samuel 定理)   设 K 为数域, X 为 K 上几何整的射影概形, $d = \dim(X)$, L 为 X 上的丰沛线丛, $\varphi = (\varphi_v)_{v \in S_K}$ 为 L 上由半正度量组成的受控的度量族. 对任意 $n \in \mathbb{N}$, 令 $\xi_n = (\|\cdot\|_{n\varphi_v})_{v \in S_K}$, 那么序列

$$\frac{1}{n^{d+1}} \widehat{\deg}(H^0(X, L^{\otimes n}), \xi_n), \quad n \in \mathbb{N}, \ n \geqslant 1$$

收敛到

$$\frac{h_{(L,\varphi)}(X)}{(d+1)!} = \frac{(\overline{L}^{d+1})}{(d+1)!}.$$

这个定理最初是 Gillet 和 Soulé 用他们的算术 Riemann-Roch 定理证明的. 但为了适用算术 Riemann-Roch 定理的条件, 对算术线丛的度量有光滑性的要求. 之后 Abbes 和 Bouche[1] 用与代数几何中 Hilbert-Samuel 定理证明类似的方法给出了不依赖于算术 Riemann-Roch 定理的证明, 但他们的证明用到了 L^2 估计, 仍对度量的正则性有要求. 之后 Maillot[90] 和 Randriambololona[110] 分别将算术 Hilbert-Samuel 定理推广到一般的连续度量和非约化算术射影簇的情形. Adèle 语言下的算术 Hilbert-Samuel 定理可以参考 [131].

注 4.6.6   在定理 4.6.2 的记号和假设下, 结合几何 Hilbert-Samuel 定理 (4.6.3) 可以得到如下公式:

$$\lim_{n \to +\infty} \frac{\widehat{\deg}(H^0(X, L^{\otimes n}), \xi_n)}{n \dim_K(H^0(X, L^{\otimes n}))} = \frac{(\overline{L}^{d+1})}{(d+1)(L^d)}. \tag{4.6.4}$$

4.7 代数几何和算术几何中的凸分析方法

代数几何中的凸几何方法具有将近半个世纪的历史, 最初起源于 Demazure[45] 在 20 世纪 70 年代引进的环面簇的概念. 很快人们发现环面簇是代数几何研究很好的模型. 环面簇的构造具有组合意味, 很多代数几何的结果在环面簇的情形可以非常具体地计算并和凸几何建立紧密的联系. 这为代数几何的研究带来了新方法. 特别地, Bernstein, Kouchnirenko, 和 Khovanskiĭ [11,12,79] 将 Laurent 多项式公共根的个数和它们的 Newton 多面体的混合容量建立了联系, 之后 Teissier [121] 和 Khovanskiĭ [76] 反过来用环面簇的代数几何方法 (Hodge 指标定理) 证明多面体混合容量的 Alexandrov-Fenchel 不等式. 近年来, Lazarsfeld, Mustață [85] 和 Kaveh, Khovanskiĭ [74] 将凸几何的思想运用到一般射影簇的研究上, 得到了关于分次线性系渐近性质的一系列新成果. 由于涉及的线丛只具有非常弱的正性质, 传统的代数几何方法, 比如 Riemann-Roch 定理或消没定理等, 难以适用于如此一般的情形. 其后他们的结果又在 [130] 和 [21] 中以两种不同的方式移植到 Arakelov 几何的框架之中.

4.7.1 半群代数的组合

4.7.1.1 多项式代数

设 k 为域, $R = k[T_0, \cdots, T_d]$ 为 k 上的 $d+1$ 元多项式代数, 其中 $d \in \mathbb{N}$. 可以将多项式代数 R 按照次数分解成齐次多项式空间的直和, 这样得到一个 $\mathbb{N}$-分次 k-代数 $\bigoplus_{n \in \mathbb{N}} R_n$, 其中 R_n 为 n 次齐次多项式组成的线性空间. 我们将这个分次代数记作 $R_\bullet$. 从代数几何的角度也可以将 $R_\bullet$ 看成是射影空间 $\mathbb{P}_k^d$ 上泛线丛 $\mathcal{O}_{\mathbb{P}_k^d}(1)$ 张量幂的截面代数

$$\bigoplus_{n \in \mathbb{N}} H^0(\mathbb{P}_k^d, \mathcal{O}_{\mathbb{P}_k^d}(n)).$$

注意到 n 次单项式

$$T_0^{a_0} \cdots T_d^{a_d}, \quad (a_0, \cdots, a_d) \in \mathbb{N}^d, \quad a_0 + \cdots + a_d = n$$

构成 R_n 作为 k 线性空间的一组基. 这组基一一对应于单纯形

$$\Delta_d = \{(x_1, \cdots, x_d) \in \mathbb{R}_{\geq 0}^d \mid x_1 + \cdots + x_d \leq 1\}$$

中以分母整除 n 的分数为坐标的点构成的集合. 特别地, $R_\bullet$ 的 Hilbert 函数

$$\dim_k(R_n), \quad n \in \mathbb{N}$$

满足条件

$$\lim_{n\to+\infty} \frac{\dim_k(R_n)}{n^d} = \mathrm{vol}(\Delta_d) = \frac{1}{d!}.$$

当然这个关系也可以从等式

$$\dim_k(R_n) = \binom{d+n}{d}$$

出发, 通过关系

$$\binom{d+n}{n} = \frac{(n+d)\cdots(n+1)}{d!} = \frac{1}{d!}n^d + O(n^{d-1}), \quad n\to+\infty$$

得到.

4.7.1.2 半群代数

令 $d\in\mathbb{N}$, Γ 为 $\mathbb{N}\times\mathbb{Z}^d$ 的加法子幺半群, 使得

$$\Gamma_0 := \{(a_1,\cdots,a_d)\in\mathbb{Z}^d \mid (0,a_1,\cdots,a_d)\in\Gamma\} = \{(0,\cdots,0)\}.$$

用 $k[\Gamma]$ 表示 Γ 生成的半群代数. 作为 k-线性空间 $k[\Gamma]$ 是 Γ 生成的自由 k-线性空间. 我们将 $k[\Gamma]$ 的标准基形式地记为

$$\mathrm{e}^\gamma, \quad \gamma\in\Gamma.$$

作为 k-代数, $k[\Gamma]$ 的乘法运算满足

$$\forall\,(\gamma,\gamma')\in\Gamma\times\Gamma, \quad \mathrm{e}^\gamma\cdot\mathrm{e}^{\gamma'} = \mathrm{e}^{\gamma+\gamma'}.$$

对任意 $n\in\mathbb{N}$, 令

$$\Gamma_n = \{(a_1,\cdots,a_d)\in\mathbb{Z}^d \mid (n,a_1,\cdots,a_d)\in\Gamma\}.$$

这样 k-代数 $k[\Gamma]$ 具有如下 $\mathbb{N}$-分次结构

$$k[\Gamma]_\bullet = \bigoplus_{n\in\mathbb{N}} k^{\oplus\Gamma_n}.$$

例 4.7.1 设 Δ 为 $\mathbb{R}^d$ 的内部非空的凸子集. 构造 $\mathbb{N}\times\mathbb{Z}^d$ 的子集 $\Gamma(\Delta)$ 如下

$$\Gamma(\Delta) := \{(n,\alpha)\in\mathbb{N}\times\mathbb{Z}^d \mid \alpha\in n\Delta\},$$

其中 $n\Delta := \{nx \mid x \in \Delta\}$. 由 Δ 的凸性知 $\Gamma(\Delta)$ 是 $\mathbb{N} \times \mathbb{Z}^d$ 的子幺半群. 另外, 对任意正整数 n, 有

$$\Gamma(\Delta)_n = \left\{ \alpha \in \mathbb{Z}^d \mid \frac{1}{n}\alpha \in \Delta \right\}.$$

当 n 趋于无穷时, 凸集 Δ 中坐标为分母整除 n 的分数的有理点上的加权 Riemann 和收敛到 Lebesgue 积分, 所以

$$\#\Gamma(\Delta)_n = \mathrm{vol}(\Delta)n^d + o(n^d), \quad n \to +\infty.$$

特别地, 当 Δ 有界时半群代数 $k[\Gamma]$. 的 Hilbert 函数满足

$$\lim_{n \to +\infty} \frac{\dim_k(k[\Gamma(\Delta)]_n)}{n^d} = \mathrm{vol}(\Delta). \tag{4.7.1}$$

当 Δ 是单纯形

$$\{(x_1, \cdots, x_d) \in \mathbb{R}^d_{\geqslant} \mid x_1 + \cdots + x_d \leqslant 1\}$$

时, 半群代数 $k[\Gamma(\Delta)]$ 同构于多项式代数 $k[T_0, \cdots, T_d]$, 从而 4.7.1.1 节可以看作半群代数的特例.

回到 Γ 是一般的 $\mathbb{N} \times \mathbb{Z}^d$ 的加法子幺半群的情形. 令 $\Gamma_{\mathbb{Z}}$ 为 Γ 生成的 $\mathbb{Z} \times \mathbb{Z}^d$ 的子群, $\Gamma_{\mathbb{R}}$ 为 Γ 生成的 $\mathbb{R} \times \mathbb{R}^d$ 的 $\mathbb{R}$-线性子空间. 对任意 $n \in \mathbb{Z}$, 令

$$\Gamma_{\mathbb{Z},n} = \{\alpha \in \mathbb{Z}^d \mid (n, \alpha) \in \Gamma_{\mathbb{Z}}\}.$$

另外, 用 $\mathbb{N}(\Gamma)$ 和 $\mathbb{Z}(\Gamma)$ 分别表示

$$\{n \in \mathbb{N} \mid \Gamma_n \neq \varnothing\} \text{ 和 } \{n \in \mathbb{N} \mid \Gamma_{\mathbb{Z},n} \neq \varnothing\}.$$

从定义看出, $\mathbb{N}(\Gamma)$ 是 $\mathbb{N}$ 的子幺半群, $\mathbb{Z}(\Gamma)$ 是 $\mathbb{N}(\Gamma)$ 生成的 $\mathbb{Z}$ 的子群. 从而存在 $n_0 \in \mathbb{N}$ 使得 $\mathbb{Z}(\Gamma) = n_0 \mathbb{Z}$. 另外存在 $N \in \mathbb{N}$ 使得 $n_0 a \in \mathbb{N}(\Gamma)$ 对任意 $a \in \mathbb{N}_{\geqslant N}$ 成立. 利用 Bézout 定理不难证明 $(\mathbb{N} \cap \mathbb{Z}(\Gamma)) \setminus \mathbb{N}(\Gamma)$ 是有限集, 换句话说, 存在 $N \in \mathbb{N}$ 使得 $\mathbb{Z}(\Gamma)$ 中任意不小于 N 的整数都属于 $\mathbb{N}(\Gamma)$.

假设 $\mathbb{Z}(\Gamma) \neq \{0\}$, 那么

$$\Gamma_{\mathbb{R}} \cap (\{1\} \times \mathbb{R}^d)$$

是 $\mathbb{R} \times \mathbb{R}^d$ 的仿射子空间[①], 其对应的平行线性子空间是

$$\Gamma_{\mathbb{R}} \cap (\{0\} \times \mathbb{R}^d).$$

---

① 即线性子空间的平移.

另外

$$\Gamma_{\mathbb{Z}} \cap (\{0\} \times \mathbb{Z}^d)$$

是这个线性子空间中的网格, 也就是说生成该线性子空间的离散子群. 我们赋

$$\Gamma_{\mathbb{R}} \cap (\{0\} \times \mathbb{R}^d)$$

以唯一的使得该网格的余体积为 1 的 Haar 测度.

令 $A(\Gamma)$ 为仿射空间 $\Gamma_{\mathbb{R}} \cap (\{1\} \times \mathbb{R}^d)$ 在 $\mathbb{R}^d$ 中的投影. 它是 $\mathbb{R}^d$ 的仿射子空间. 前面提到的 $\Gamma_{\mathbb{R}} \cap (\{0\} \times \mathbb{R}^d)$ 上的 Haar 测度通过平移和投影诱导 $A(\Gamma)$ 上的 Borel 测度, 记作 $\mathrm{vol}(\cdot)$. 用 $\Delta(\Gamma)$ 表示

$$\bigcup_{n \in \mathbb{N},\, n \geqslant 1} \left\{ \frac{1}{n}\alpha \mid \alpha \in \Gamma_n \right\}$$

在 $\mathbb{R}^d$ 中的闭包. 它是仿射空间 $A(\Gamma)$ 的凸闭子集, 并且张成整个仿射空间 $A(\Gamma)$ (也就是说 $A(\Gamma)$ 中的每个元素可以写成 $\Delta(\Gamma)$ 中一些元素的系数和为 1 的实线性组合). 另外, $\Delta(\Gamma)$ 在 $A(\Gamma)$ 中的相对内点集非空, 这说明了 $\Delta(\Gamma)$ 是仿射空间 $A(\Gamma)$ 中的凸体.

Khovanskii[77,§1] 将 Bésout 定理推广到了高维网格的情形 (读者也可以参考 [20, §1]).

命题 4.7.1 设 E 为 $A(\Gamma)$ 的紧的凸子集, $\Delta(\Gamma)^\circ$ 为 $\Delta(\Gamma)$ 在 $A(\Gamma)$ 中的相对内部. 假设 $E \subset \Delta(\Gamma)^\circ$, 那么存在 $N \in \mathbb{N}$ 使得对于不小于 N 的自然数 n 有

$$E \cap \left\{ \frac{1}{n}\alpha \mid \alpha \in \Gamma_n \right\} = E \cap \left\{ \frac{1}{n}\alpha \mid \alpha \in \Gamma_{\mathbb{Z},n} \right\}.$$

利用这个命题 Kaveh 和 Khovanskii[74,Theorem1.15] 在 Γ 为 $\mathbb{N} \times \mathbb{Z}^d$ 一般的子幺半群的情形得到了类似于例 4.7.1 的结论.

定理 4.7.1 设 Γ 为 $\mathbb{N} \times \mathbb{Z}^d$ 的加法子幺半群, $R_\bullet = k[\Gamma]$. 假设 $\mathbb{N}(\Gamma) \neq \{0\}$, 那么如下等式成立:

$$\lim_{n \in \mathbb{N}(\Gamma),\, n \to +\infty} \frac{\dim_k(R_n)}{n^{\dim(A(\Gamma))}} = \mathrm{vol}(\Delta(\Gamma)).$$

4.7.2 环面簇

关于环面簇的几何, 读者可以参考 [55, 101].

4.7.2.1 环面与环面簇

设 k 为域. 用 $\mathbb{G}_{m,k}$ 表示 $\mathrm{Spec}(k[T, T^{-1}])$. 对任意 k-代数 A, 从 $\mathrm{Spec}\, A$ 到 $\mathbb{G}_{m,k}$ 的 k-态射的集合 $\mathbb{G}_{m,k}(A)$ 和 A 的乘法可逆元构成的乘法群 $A^{\times}$ 有函子性的一一对应, 从而 $\mathbb{G}_{m,k}$ 具有一个 $\mathrm{Spec}\, k$ 上的群概形结构. 对任意 $d \in \mathbb{N}$, $\mathrm{Spec}\, k$-上的群概形 $\mathbb{G}_{m,k}^d$ 称为 k **上的 d 维环面**. 特别地, $\mathbb{G}_{m,k}^d$ 的群概形结构对应于一个概形的 k-态射

$$\mathbb{G}_{m,k}^d \times_k \mathbb{G}_{m,k}^d \longrightarrow \mathbb{G}_{m,k}^d, \qquad (4.7.2)$$

这个态射也可以看成是 k-群概形 $\mathbb{G}_{m,k}^d$ 在自身上的作用.

所谓 k 上的 d 维**环面簇**, 是指在 $\mathrm{Spec}\, k$ 上整闭的整概形 X, 赋有一个从 $\mathbb{G}_{m,k}^d$ 到 X 的开浸入和 $\mathbb{G}_{m,k}^d$ 在 X 上的左作用

$$\mathbb{G}_{m,k}^d \times_k X \longrightarrow X,$$

使得在上述开浸入 $\mathbb{G}_{m,k}^d \to X$ 之下该 $\mathbb{G}_{m,k}^d$ 在 X 上的左作用延拓 $\mathbb{G}_{m,k}^d$ 在自身上的作用 (4.7.2).

4.7.2.2 组合描述

设 d 为自然数. 用 N 来表示从 $\mathbb{G}_{m,k}$ 到 $\mathbb{G}_{m,k}^d$ 的所有 k-群概形的态射组成的群. 这个群自然同构于 $\mathbb{Z}^d$. 用 M 表示 N 的对偶 $\mathrm{Hom}_{\mathbb{Z}}(N, \mathbb{Z})$, 也就是 $\mathbb{G}_{m,k}^d$ 的特征标组成的群. 用 $N_{\mathbb{R}}$ 和 $M_{\mathbb{R}}$ 分别表示 $N \otimes_{\mathbb{Z}} \mathbb{R}$ 和 $M \otimes_{\mathbb{Z}} \mathbb{R}$.

所谓 $N_{\mathbb{R}}$ 中的**有理多面体锥**, 是指形如

$$\sigma = \{\lambda_1 v_1 + \cdots + \lambda_r v_r \mid (\lambda_1, \cdots, \lambda_r) \in \mathbb{R}_{\geqslant 0}^r\}$$

的 $N_{\mathbb{R}}$ 的子集, 其中 $\{v_1, \cdots, v_r\}$ 是 N 的有限子集 (我们说 σ 是由 $\{v_1, \cdots, v_r\}$ **生成的**); 类似地可以定义 $M_{\mathbb{R}}$ 中的有理多面体锥. 如果 σ 是 $N_{\mathbb{R}}$ 中的有理多面体锥, 用 $\sigma^{\vee}$ 表示

$$\{\alpha \in M_{\mathbb{R}} \mid \forall\, x \in \sigma,\ \alpha(x) \geqslant 0\}.$$

可以证明 $\sigma^{\vee}$ 是 $M_{\mathbb{R}}$ 中的有理多面体锥, 称为 σ 的**对偶锥**. 如果将 N 与其双重对偶等同起来, 那么有 $\sigma^{\vee\vee} = \sigma$. 另外, Gordon 引理说明了, 对任意 $N_{\mathbb{R}}$ 中的有理多面体 σ, 集合 $M_{\sigma} := M \cap \sigma^{\vee}$ 是 M 的有限生成子幺半群.

令 σ 为 $N_{\mathbb{R}}$ 中的有理多面体锥, 所谓 σ 的**面**, 是指 M_{σ} 中某线性形式的核与 σ 的交. 可以证明 σ 的面都是有理多面体锥. 如果 $\{0\}$ 是 σ 的面, 或等价地, M_{σ} 张成整个 $\mathbb{R}$-线性空间 $M_{\mathbb{R}}$, 我们说 σ 是**严格凸**的并用 X_{σ} 来表示仿射概形 $\mathrm{Spec}(k[M_{\sigma}])$, 其中 $k[M_{\sigma}]$ 表示幺半群 M_{σ} 生成的 k 上的幺半群代数. 作为 k-线性空间 $k[M_{\sigma}]$ 是由 M_{σ} 生成的自由 k-线性空间, 其标准基形式地记为

$$\mathrm{e}^{\alpha}, \quad \alpha \in M_{\sigma}.$$

作为 k-代数, $k[M_\sigma]$ 的乘法运算满足

$$\forall\, (\alpha, \alpha') \in M_\sigma \times M_\sigma, \quad \mathrm{e}^\alpha \cdot \mathrm{e}^{\alpha'} = \mathrm{e}^{\alpha+\alpha'}.$$

如果 τ 是 σ 的面, 那么 $k[M_\tau]$ 同构于 $k[M_\sigma]$ 相对于一个元素的局部化, 从而 X_τ 可以看作是 X_σ 的一个开子概形. 特别地, $X_{\{0\}} = \mathrm{Spec}(k[M])$ 等同于环面 $\mathbb{G}_{\mathrm{m},k}^d$, 从而环面 $\mathbb{G}_{\mathrm{m},k}^d$ 是 X_σ 的开子概形. 可以证明 X_σ 总是整闭的整 k-概形, 它是正则概形当且仅当 σ 由 N 在 $\mathbb{Z}$ 上的一组基生成. 注意到 k-代数同态

$$k[M_\sigma] \longrightarrow k[M_\sigma] \otimes_k k[M], \quad \mathrm{e}^\alpha \longmapsto \mathrm{e}^\alpha \otimes \mathrm{e}^\alpha$$

对应的 k-概形态射

$$\mathbb{G}_{\mathrm{m},k}^d \times X_\sigma \longrightarrow X_\sigma \tag{4.7.3}$$

是群概形 $\mathbb{G}_{\mathrm{m},k}^d$ 在 X_σ 上的左作用. 这个左作用延拓环面 $\mathbb{G}_{\mathrm{m},k}^d$ 在自身上的作用, 从而 X_σ 是一个环面簇.

所谓 $N_\mathbb{R}$ 中的**扇**, 是指 $N_\mathbb{R}$ 中有限多个严格凸的有理多面体锥组成的非空集合 Σ, 使得对任意 $(\sigma, \sigma') \in \Sigma \times \Sigma$, 交集 $\sigma \cap \sigma'$ 是有理多面体锥 σ 与 σ' 的公共面. 从而 $X_{\sigma \cap \sigma'}$ 同时是 X_σ 和 $X_{\sigma'}$ 开子概形. 给定 $N_\mathbb{R}$ 中的扇 Σ, 将仿射 k-概形 $(X_\sigma)_{\sigma \in \Sigma}$ 粘贴起来得到一个 k-概形 X_Σ. 上述环面的左作用 (4.7.3) 也可粘贴起来得到 $\mathbb{G}_{\mathrm{m},k}^d$ 在 X_Σ 的左作用, 这个左作用也延拓环面 $\mathbb{G}_{\mathrm{m},k}^d$ 在自身上的作用, 从而 X_Σ 是环面簇. 令 $|\Sigma|$ 为扇 Σ 的**支集**, 其定义为

$$|\Sigma| := \bigcup_{\sigma \in \Sigma} \sigma.$$

可以证明, 结构态射 $X_\Sigma \to \mathrm{Spec}\, k$ 是真态射 (proper morphism) 当且仅当 $|\Sigma| = N_\mathbb{R}$; X_Σ 是正则概形 (regular scheme) 当且仅当 Σ 中的每个有理多面体锥 σ 都是由 N 的某一组整基中的一些向量生成的.

4.7.2.3 环面除子

本小节中我们沿用 4.7.2.2 节的记号. 令 Σ 为 $N_\mathbb{R}$ 中的扇, X_Σ 为 Σ 对应的环面簇. 所谓 X_Σ 上的**环面除子**, 是指 X_Σ 上的在环面 $\mathbb{G}_{\mathrm{m},k}^d$ 的作用下不变的 Cartier 除子.

设 D 为 X_Σ 上的环面除子, 在每个仿射开集 X_σ 上, D 对应于一个在环面 $\mathbb{G}_{\mathrm{m},k}^d$ 的作用下不变的有理函数, 它形如 $e^{-\alpha_\sigma}$, 其中 α_σ 是 M 中的元素. 另外, 对任意 $(\sigma, \sigma') \in \Sigma \times \Sigma$ 有 $\alpha_\sigma - \alpha_{\sigma'} \in M_{\sigma \cap \sigma'}$. 特别地, $\alpha_\sigma - \alpha_{\sigma'}$ 和 $\alpha_{\sigma'} - \alpha_\sigma$ 同时在 $\sigma \cap \sigma'$ 上非负, 这说明 α_σ 和 $\alpha_{\sigma'}$ 在 $\sigma \cap \sigma'$ 上的限制相等. 这样可以将 X_Σ 上的环面除子用拟支撑函数来表示. 所谓 $|\Sigma|$ 上的**拟支撑函数**, 是指实值连续函数

$\psi : |\Sigma| \to \mathbb{R}$, 在每个 Σ 中的有理多面体锥 σ 上的限制与 M 中的某个线性形式在 σ 上的限制相等. 我们用 D_ψ 来表示拟支撑函数 ψ 对应的环面除子. 不难验证, D_ψ 是实效除子 (effective divisor) 当且仅当 ψ 是非负函数. 两个环面除子 D_ψ 和 $D_{\psi'}$ 有理等价当且仅当对应的拟支撑函数 ψ 和 ψ' 之差等于 M 中的某个线性形式.

4.7.2.4　环面除子的整体截面

本小节中仍沿用 4.7.2.2 节的记号. 设 Σ 为 $N_\mathbb{R}$ 中的扇, $\psi : |\Sigma| \to \mathbb{R}$ 为拟支撑函数. 可以证明,

$$\{e^\alpha \mid \alpha \in M, \ \forall \, x \in |\Sigma|, \ \psi(x) \leqslant \alpha(x)\}$$

是实线性空间 $H^0(X_\Sigma, D_\psi)$ 的一组基. 特别地, 如果用 Δ_ψ 表示集合

$$\bigcap_{\sigma \in \Sigma} \{\alpha \in M_\mathbb{R} \mid \forall \, x \in \sigma, \ \psi(x) \leqslant \alpha(x)\},$$

那么

$$H^0(X_\Sigma, D_\psi) = \bigoplus_{\alpha \in \Delta_\psi \cap M} k e^\alpha.$$

这说明了分次代数 $\bigoplus_{n \in \mathbb{N}} H^0(X_\Sigma, n D_\psi)$ 等于 $\mathbb{N} \times M \cong \mathbb{N} \times \mathbb{Z}^d$ 的子幺半群

$$\Gamma(\Delta_\psi) = \{(n, \alpha) \in \mathbb{N} \times M \mid \alpha \in n \Delta_\psi\}$$

生成的半群代数. 由定理 4.7.1 得到, 当 Δ_ψ 非空时,

$$\lim_{n \to +\infty} \frac{\dim_k(H^0(X_\Sigma, n D_\psi))}{n^{\dim(\Delta_\psi)}} = \mathrm{vol}(\Delta_\psi).$$

4.7.3　Newton-Okounkov 凸体

设 k 为域, X 为 $\mathrm{Spec}\, k$ 上的整概形, $k(X)$ 为 X 上的有理函数域. 所谓 X 上的**分次线性系**, 是指多项式环

$$k(X)[T] = \bigoplus_{n \in \mathbb{N}} k(X) T^n$$

的分次子 k-代数

$$V_\bullet = \bigoplus_{n \in \mathbb{N}} V_n T^n,$$

使得每个 V_n 都是有限维 k-线性空间. 给定 X 上的分次线性系 $V_\bullet$, 在 $\mathbb{N}$ 上定义的函数

$$F_{V_\bullet} : (n \in \mathbb{N}) \longmapsto \dim_k(V_n)$$

称为 $V_\bullet$ 的 Hilbert 函数. 当 $V_\bullet$ 是有限生成 k-代数时, 用 Poincaré 级数的方法可以得到 Hilbert 函数 $F_{V_\bullet}$ 当 n 趋于无穷时的渐近公式 (读者可以参考 [23, chap. VIII, §4, n°2]). 当 $V_\bullet$ 不具有有限生成性的条件时, $F_{V_\bullet}$ 的渐近性质是困难的问题. 在 X 具有正则有理点的情形, Lazarsfeld, Mustață[85] 和 Kaveh, Khovanskiĭ[74] 分别利用 Okounkov[103] 的凸几何方法解决了这个问题. 一般的情形需要用到函数域上的 Arakelov 几何, 读者可以参考 [35].

4.7.3.1 单叶赋值

令 d 为正整数. 所谓 $\mathbb{Z}^d$ 上的**单项式序** (monomial order), 是指 $\mathbb{Z}^d$ 上的全序关系 $\leqslant$, 满足如下条件:

(1) 对任意 $\alpha \in \mathbb{N}^d$, $0 \leqslant \alpha$;

(2) 对任意 $\mathbb{Z}^d$ 中的元素 α, β 和 γ, 如果 $\beta \leqslant \gamma$, 那么 $\alpha + \beta \leqslant \alpha + \gamma$. 比方说由 $\mathbb{Z}$ 上通常的序关系所诱导的 $\mathbb{Z}^d$ 上的字典排序就是一种单项式序. 沿用序理论的习惯记法, $\alpha < \beta$ 表示 $\alpha \leqslant \beta$ 且 $\alpha \neq \beta$, $\alpha \geqslant \beta$ 表示 $\beta \leqslant \alpha$, $\alpha > \beta$ 表示 $\beta < \alpha$. 另外, 我们在全序集 $(\mathbb{Z}^d, \leqslant)$ 中形式地添加一个最大元 ∞, 并约定对任意 $\alpha \in \mathbb{Z}^d \cup \{\infty\}$ 有 $\alpha + \infty = \infty$.

定义 4.7.1 设 K/k 为域的有限生成扩张. 给定 $\mathbb{Z}^d$ 上的一个单项式序 $\leqslant$. 所谓 K/k 在 $(\mathbb{Z}^d, \leqslant)$ 中的**赋值**, 是指映射

$$v : K \longrightarrow \mathbb{Z}^d \cup \{\infty\},$$

满足以下条件:

(a) 对任意 $a \in K$, $v(a) = \infty$ 当且仅当 $a = 0$;

(b) 对任意 $(a, b) \in K \times K$,

$$v(ab) = v(a) + v(b), \quad v(a+b) \geqslant \min\{v(a), v(b)\};$$

(c) 对任意 $a \in k^\times$, $v(a) = 0$.

设 v 为 K/k 在 $(\mathbb{Z}^d, \leqslant)$ 中的赋值. 对任意 $\alpha \in \mathbb{Z}^d$, 令

$$K^{\geqslant \alpha} := \{b \in K \mid v(b) \geqslant \alpha\}, \quad K^{>\alpha} := \{b \in K \mid v(b) > \alpha\}.$$

注意到 $K^{\geqslant \alpha}$ 和 $K^{>\alpha}$ 都是 K 的 k-线性子空间, 并且 $K^{>\alpha} \subset K^{\geqslant \alpha}$. 如果对任意 $\alpha \in \mathbb{Z}^d$ 有

$$\dim_k(K^{\geqslant \alpha}/K^{>\alpha}) = 1 \text{ 或 } 0,$$

那么说 v 是 K/k 在 $(\mathbb{Z}^d, \leqslant)$ 中的**单叶赋值**. 不难看出, 如果 v 是 K/k 在 $(\mathbb{Z}^d, \leqslant)$ 中的单叶赋值, 那么对于任意 K 的包含 k 的子域 K', v 在 K' 上的限制是 K'/k 在 $(\mathbb{Z}^d, \leqslant)$ 中的**单叶赋值**.

例 4.7.2 设 X 为 K/k 的一个代数几何模型, 也就是说 X 是一个 $\mathrm{Spec}\, k$ 上的整概形, 其有理函数域等于 K. 假设 X 具有一个正则有理点 x. 那么 $\mathcal{O}_{X,x}$ 是正则局部环, 其分式域等于 K, 其剩余类域等于 k. 由 Cohen 结构定理 (见 [46, Proposition 10.16]) 知局部环 $\mathcal{O}_{X,x}$ 的完备化同构于 d 元 k-系数形式幂级数环, 其中 d 是域扩张 K/k 的超越维数, 也等于局部环 $\mathcal{O}_{X,x}$ 的 Krull 维数. 给定 $\mathbb{Z}^d$ 上的单项式序 $\leqslant$, 从形式幂级数环 $k[\![T_1, \cdots, T_d]\!]$ 到 $\mathbb{Z}^d \cup \{\infty\}$ 的映射

$$\sum_{\alpha=(\alpha_1,\cdots,\alpha_d) \in \mathbb{N}^d} \lambda_\alpha T_1^{\alpha_1} \cdots T_d^{\alpha_d} \longmapsto \inf\{\alpha \in \mathbb{N}^d \mid \lambda_\alpha \neq 0\},$$

满足如下条件:

(1) 对任意 $F \in k[\![T_1, \cdots, T_d]\!]$, $v(F) = \infty$ 当且仅当 $F = 0$;

(2) 如果 F 是非零常值形式幂级数, 那么 $v(F) = 0$;

(3) 如果 F 和 G 是 $k[\![T_1, \cdots, T_d]\!]$ 中两个形式幂级数, 那么

$$v(FG) = v(F) + v(G), \quad v(F + G) \geqslant \min\{v(F), v(G)\}.$$

从而我们可以将映射 v 延拓到 $k[\![T_1, \cdots, T_d]\!]$ 的分式域上, 使得对任意 $(F, G) \in k[\![T_1, \cdots, T_d]\!]$, $G \neq 0$ 有

$$v(F/G) = v(F) - v(G).$$

不难验证这样得到的函数是 $\mathrm{Frac}(k[\![T_1, \cdots, T_d]\!])/k$ 上取值在 $(\mathbb{Z}^d, \leqslant)$ 中的单叶赋值. 从而函数 $v(\cdot)$ 在 K 上的限制构成 K/k 上取值在 $(\mathbb{Z}^d, \leqslant)$ 中的单叶赋值.

注 4.7.1 设 K/k 为域的有限生成扩张. 假设 K/k 上存在某取值在 $(\mathbb{Z}^d, \leqslant)$ 中的单叶赋值 v, 那么域扩张 K/k 是几何整的 (geometrically integral). 事实上, 若 k^a 表示 k 的代数闭包, 那么 $K \otimes_k k^a$ 中的任意元素 y 都可以写成

$$x_1 \otimes a_1 + \cdots + x_n \otimes a_n$$

的形式, 其中 $a_1, \cdots, a_n$ 是 k^a 中的非零元, $x_1, \cdots, x_n$ 是 K 中的非零元, 使得

$$v(x_1) > v(x_2) \geqslant \cdots \geqslant v(x_n).$$

另外, $v(x_1)$ 的值不依赖于 y 满足上述条件的张量分解. 读者可以通过对 y 的张量秩 (不同的张量分解中分裂张量的最少个数) 归纳来证明这一点. 这样可以将映射 $v(\cdot)$ 延拓到 $K \otimes_k k^a$ 之上, 在上述的元素 y 上取 $v(x_1)$ 为其值. 这样延拓得到的映射将 $K \otimes_k k^a$ 的乘法转化为 $\mathbb{Z}^d \cup \{\infty\}$ 的加法, 这说明了 $K \otimes_k k^a$ 是整环.

4.7.3.2 分次线性系的运算转化

令 K/k 为域的有限生成扩张. 设 d 为正整数, $\leqslant$ 为 $\mathbb{Z}^d$ 上的单项式序. 我们假设存在 K/k 在 $(\mathbb{Z}^d, \leqslant)$ 中的单叶赋值 v.

所谓 K/k 的**分次线性系**, 是指多项式环 $K[T]$ 的分次子 k-代数

$$V_\bullet = \bigoplus_{n \in \mathbb{N}} V_n T^n,$$

使得每个 V_n 都是有限维 k-线性空间. 这个分次代数一般不同构于半群代数, 但是通过单叶赋值 v 可以改变这个分次代数的乘法运算使之同构于某个半群代数. 注意到这个乘法运算的变化并不改变分次代数的 Hilbert 函数, 从而可以用前文中介绍的凸几何方法来研究.

对任意 $n \in \mathbb{N}$ 及 $\alpha \in \mathbb{Z}^d$, 令

$$V_n^{\geqslant \alpha} := \{b \in V_n \mid v(b) \geqslant \alpha\}, \quad V_n^{> \alpha} := \{b \in V_n \mid v(b) > \alpha\}.$$

那么 $V_n^{> \alpha}$ 是 $V_n^{\geqslant \alpha}$ 的 k-线性子空间. 我们用 $\mathrm{gr}^{(n,\alpha)}(V_\bullet)$ 来表示商空间

$$V_n^{\geqslant \alpha}/V_n^{> \alpha}.$$

由于 v 是 K/k 在 $(\mathbb{Z}^d, \leqslant)$ 中的赋值, $V_\bullet$ 的分次 k-代数结构在 k-线性空间

$$\mathrm{gr}(V_\bullet) := \bigoplus_{n \in \mathbb{N}} \bigoplus_{\alpha \in \mathbb{Z}^d} \mathrm{gr}^{(n,\alpha)}(V_\bullet)$$

上诱导一个 $\mathbb{N} \times \mathbb{Z}^d$-分次 k-代数结构. 另外, 由于 v 是单叶赋值, 知 $\mathrm{gr}^{(n,\alpha)}(V_\bullet)$ 要么是零线性空间, 要么是 1 维 k-线性空间. 特别地

$$\dim_k(V_n) = \mathrm{card}(\{\alpha \in \mathbb{Z}^d \mid \mathrm{gr}^{(n,\alpha)}(V_\bullet) \neq \{0\}\}).$$

若记

$$\Gamma(V_\bullet) := \{(n, \alpha) \in \mathbb{N} \times \mathbb{Z}^d \mid \mathrm{gr}^{(n,\alpha)}(V_\bullet) \neq \{0\}\},$$

那么 $\Gamma(V_\bullet)$ 是 $\mathbb{N} \times \mathbb{Z}^d$ 的加法子幺半群, 称为 $V_\bullet$ 的 Okounkov **半群**. 另外, $\mathrm{gr}(V_\bullet)$ 同构于半群代数 $k[\Gamma(V_\bullet)]$. 从而由定理 4.7.1 导出如下结论.

定理 4.7.2 (Kaveh-Khovanskiĭ, Lazarsfeld-Mustaţă) 令 $\mathbb{N}(V_\bullet) = \{n \in \mathbb{N} \mid V_n \neq \{0\}\}$, 并令 d 为仿射空间 $A(\Gamma(V_\bullet))$ 的维数. 假设 $\mathbb{N}(V_\bullet) \neq \{0\}$, 那么如下等式成立:

$$\lim_{n \in \mathbb{N}(V_\bullet), \, n \to +\infty} \frac{\dim_k(V_n)}{n^d} = \mathrm{vol}(\Delta(\Gamma(V_\bullet))).$$

4.7.3.3 Newton-Okounkov 凸体

令 K/k 为域的有限生成扩张. 设 $V_\bullet$ 和 $V'_\bullet$ 为 K/k 的两个分次线性系, 如果对任意 $n \in \mathbb{N}$ 有 $V_n \subset V'_n$, 则说 $V'_\bullet$ **包含** $V_\bullet$ 或说 $V_\bullet$ **包含于** $V'_\bullet$. 如果 $V_\bullet$ 作为 k-代数是有限生成代数, 则说 $V_\bullet$ 是**有限生成**的分次线性系. 如果 $V_\bullet$ 包含于某个有限生成的分次线性系, 则说 $V_\bullet$ 是**子有限生成**的. 一般情形下, 子有限生成的分次线性系不一定是有限生成的, 这一点和 Hilbert 第 14 问题有紧密的联系, 从 Nagata 的反例出发可以构造一个非有限生成的子有限生成分次线性系, 读者可以参考 [37, §5].

如果 $V_\bullet$ 是 K/k 的分次线性系, 用 $k(V_\bullet)$ 来表示由集合

$$\bigcup_{n \in \mathbb{N}} \left\{ \frac{f}{g} \,\middle|\, f \in V_n,\ g \in V_n \setminus \{0\} \right\}$$

生成的 K/k 的子扩张. 如果 $k(V_\bullet) = K$, 则说分次线性系 $V_\bullet$ 是**双有理**的.

定义 4.7.2 我们用 $\mathcal{A}(K/k)$ 表示 K/k 的所有满足下列条件的子有限生成双有理分次线性系 $V_\bullet$ 构成的集合:

(1) $V_0 = k$;

(2) 对足够大的正整数 n 有 $V_n \neq \{0\}$.

令 d 为域扩张 K/k 的超越维数. 用 $\mathrm{Conv}(d)$ 表示 $\mathbb{R}^d$ 的内部非空的紧凸子集组成的集合. 所谓 K/k 上的一个 Newton-Okounkov **凸体理论**, 是指满足如下条件的映射

$$\Delta : \mathcal{A}(K/k) \longrightarrow \mathrm{Conv}(d);$$

(a) 如果 $V_\bullet$ 和 $V'_\bullet$ 是 $\mathcal{A}(K/k)$ 中两个分次线性系, 使得 $V_\bullet$ 包含于 $V'_\bullet$, 那么 $\Delta(V_\bullet) \subset \Delta(V'_\bullet)$;

(b) 如果 $V_\bullet$ 和 $W_\bullet$ 是 $\mathcal{A}(K/k)$ 中两个分次线性系, 那么

$$\Delta(V_\bullet \cdot W_\bullet) \supset \Delta(V_\bullet) + \Delta(W_\bullet),$$

其中 $V_\bullet \cdot W_\bullet$ 表示分次线性系

$$\bigoplus_{n \in \mathbb{N}} \mathrm{Vect}_k(\{fg \mid f \in V_n,\ g \in W_n\}),$$

$\Delta(V_\bullet) + \Delta(W_\bullet)$ 表示 Minkowski 和

$$\{x + y \mid x \in \Delta(V_\bullet),\ y \in \Delta(W_\bullet)\};$$

(c) 对任意 $V_\bullet \in \mathcal{A}(K/k)$, 序列

$$\frac{\dim_n(V_n)}{n^d}$$

收敛到 $\mathrm{vol}(\Delta(V_\bullet))$.

例 4.7.3 在 4.7.3.2 节中我们了解到, 如果 K/k 在赋某个单项式序的 $\mathbb{Z}^d$ 中具有一个单叶赋值, 那么

$$(V_\bullet \in \mathcal{A}(K/k)) \longmapsto \Delta(\Gamma(V_\bullet))$$

构成一个 Newton-Okounkov 凸体理论; 它依赖于 $\mathbb{Z}^d$ 上的单项式序和单叶赋值的选取.

注 4.7.2 由注 4.7.1 知例 4.7.3 的构造要求域扩张 K/k 是几何整的. 但用代数函数域上 Arakelov 几何的方法可以对一般的情形归纳地构造 Newton-Okounkov 凸体理论, 这种构造只依赖于扩张 K/k 的一个子域链

$$k = K_0 \subsetneq K_1 \subsetneq \cdots \subsetneq K_d = K,$$

其中每个 K_i/K_{i-1} 都是单超越扩张, 从而可以将 K_i 看成是定义在 K_{i-1} 上的某个正则射影曲线的有理函数域. 具体的构造方法见 [35, §4]. 另外, 如果 $V_\bullet$ 是一般的子有限生成分次线性系, 使得 $V_0 = k$, 那么存在域扩张 K/k 的有限生成分次线性系 $W_\bullet$ 使得 $W_\bullet$ 包含 $V_\bullet$ 并且 $k(W_\bullet) = k(V_\bullet)$ (见 [37, Theorem 1.2]). 这说明了 $V_\bullet$ 作为分次 k-代数同构于 $k(V_\bullet)/k$ 的一个子有限生成的双有理分次线性系, 从而 Newton-Okounkov 凸体的构造适用于一般的子有限生成分次线性系.

对任意 K/k 的子有限生成分次线性系 $V_\bullet$, 域扩张 $k(V_\bullet)/k$ 的超越维数称为 $V_\bullet$ 的 Kodaira-Iitaka **维数**. 用 Newton-Okounkov 凸体的方法, 可以证明以下结论.

(1) Fujita **逼近**: 设 $V_\bullet$ 为 K/k 的子有限生成分次线性系 $V_\bullet$, d 为 $V_\bullet$ 的 Kodaira-Iitaka 维数. 假设

$$\mathbb{N}(V) := \{n \in \mathbb{N} \mid V_n \neq \{0\}\} \neq \{0\},$$

那么当 $n \in \mathbb{N}(V_\bullet)$ 趋于无穷时, 序列

$$\frac{\dim_k(V_n)}{n^d/d!}, \quad n \in \mathbb{N}(V_\bullet)$$

收敛到一个正实数, 记作 $\mathrm{vol}(V_\bullet)$, 称为 $V_\bullet$ 的**容量** (volume). 另外, 如下等式成立

$$\mathrm{vol}(V_\bullet) = \sup_{\substack{W_\bullet \subset V_\bullet \\ W_\bullet \text{ 有限生成} \\ \mathrm{trdeg}(k(W_\bullet)/k)=d}} \mathrm{vol}(W_\bullet),$$

其中 $W_{\bullet}$ 取遍包含于 $V_{\bullet}$ 且 Kodaira-Iitaka 维数等于 d 的有限生成分次线性系. 读者可以参考 [74, Corollary 3.11], [85, Theorem D], [37, Theorem 6.2].

(2) Brunn-Minkowski **不等式**: 设 $V_{\bullet}$ 和 $W_{\bullet}$ 为 $\mathcal{A}(K/k)$ 中的两个分次线性系, d 为 K 在 k 上的超越维数. 那么用凸几何中的 Brunn-Minkowski 不等式[①]可以从 Newton-Okounkov 凸体理论的条件 (b) 导出如下不等式:

$$\operatorname{vol}(V_{\bullet} \cdot W_{\bullet})^{\frac{1}{d}} \geqslant \operatorname{vol}(V_{\bullet})^{\frac{1}{d}} + \operatorname{vol}(W_{\bullet})^{\frac{1}{d}}.$$

注 4.7.3 设 $V_{\bullet}$ 为 K/k 的子有限生成分次线性系, 使得对足够大的自然数 n 有 $V_n \neq \{0\}$. 由 Fujita 逼近知

$$\dim_k(V_n) = \frac{\operatorname{vol}(V_{\bullet})}{d!} n^d + o(n^d), \quad n \to +\infty.$$

通过函数域的算术几何方法和注 4.7.2 中提到的 Newton-Okounkov 凸体的归纳构造可以证明存在某函数 $f: \mathbb{N} \to \mathbb{R}$ 满足

$$f(n) = \frac{\operatorname{vol}(V_{\bullet})}{d!} n^d + O(n^{d-1}),$$

并且使得不等式

$$\dim_k(V_n) \leqslant f(n)$$

对任意 $n \in \mathbb{N}$ 成立. 读者可以参考 [33] 和 [37, Theorem 6.4].

4.7.4 算术分次线性系的凹变换

本节中令 k 为数域, X 为 k 上几何整的射影概形, L 为 X 上的线丛, $V_{\bullet}$ 为 L 的分次线性系. 假设 $V_1 \neq \{0\}$ 并在 V_1 中任取一个非零元 u. 令 $K = k(X)$ 为 X 上的有理函数域. 这样映射

$$V_{\bullet} \longrightarrow K[T], \quad (s_n)_{n \in \mathbb{N}} \longmapsto \sum_{n \in \mathbb{N}} \frac{s_n}{u^n} T^n$$

是分次 k-代数的单同态, 利用这个单同态可以将 $V_{\bullet}$ 看成是域扩张 K/k 的分次线性系. 我们固定一个 Newton-Okounkov 凸体理论 Δ. 令 d 为 $V_{\bullet}$ 的 Kodaira-Iitaka 维数并令 $\Delta(V_{\bullet})$ 为 $V_{\bullet}$ 的 Newton-Okounkov 凸体. 依定义, $\Delta(V_{\bullet})$ 是 $\mathbb{R}^d$

[①] 设 Δ_1 和 Δ_2 为 $\mathbb{R}^d$ 中两个紧凸集, $\Delta_1 + \Delta_2 = \{x + y \mid (x, y) \in \Delta_1 \times \Delta_2\}$ 为其 Minkowski 和, Brunn-Minkowski 不等式断言

$$\operatorname{vol}(\Delta_1 + \Delta_2)^{\frac{1}{d}} \geqslant \operatorname{vol}(\Delta_1)^{\frac{1}{d}} + \operatorname{vol}(\Delta_2)^{\frac{1}{d}}.$$

读者可以参考 [9] 中用现代观点对 Brunn-Minkowski 不等式的综述.

的内部非空的紧凸子集, 并且

$$\lim_{n\to+\infty} \frac{\dim_k(V_n)}{n^d} = \mathrm{vol}(\Delta(V_\bullet)).$$

特别地

$$\mathrm{vol}(V_\bullet) = d!\, \mathrm{vol}(\Delta(V_\bullet)).$$

给定 L 上受控制的度量族 $\varphi = (\varphi_v)_{v\in S_k}$. 对任意 $n\in\mathbb{N}$, 令

$$\xi_n = (\|\cdot\|_{n,v})_{v\in S_k}$$

为 V_n 上如下定义的范数族:

$$\forall s \in V_n \otimes_k k_v \subset H^0(X_v, L_v^{\otimes n}), \quad \|s\|_{n,v} := \sup_{x\in X_v^{\mathrm{an}}} |s|_{n\varphi_v}(x).$$

注意到 ξ_n 是受控制的范数族, 并且以下不等式成立:

$$\forall (s_n, s_m) \in V_{n,k_v} \times V_{m,k_v}.$$

所谓算术分次线性系的**凹变换**, 是指从 V_n 上的范数族 ξ_n 出发构造 Newton-Okounkov 凸体 $\Delta(V_\bullet)$ 上的一个凹函数用来描述算术分次线性系 $(\overline{V}_n)_{n\in\mathbb{N}}$. 在这个构造中起到关键作用的是 Harder-Narasimhan $\mathbb{R}$-链的工具.

4.7.4.1 Harder-Narasimhan $\mathbb{R}$-链

令 E 为有限维 k-线性空间, ξ 为 E 上受控制的范数族. 所谓 (E,ξ) 的 Harder-Narasimhan $\mathbb{R}$-**链**, 是指 E 的线性子空间族 ($\widehat{\mu}_{\min}(\cdot)$ 的构造见定义 (4.5.5))

$$\mathcal{F}^t(E,\xi) := \sum_{\substack{\{0\}\neq F \subset V_n \\ \widehat{\mu}_{\min}(\overline{F}) \geqslant t}} F,$$

其中 F 取遍 V_n 的非零线性子空间, 并且在 $\overline{F}$ 中我们考虑 ξ 在 F 上的限制. 这个子空间族以 $\mathbb{R}$ 为指标, 同时体现了 (E,ξ) 的 Harder-Narasimhan 分解和其中各个子商空间的极小斜率的信息 (见定理 4.5.3). 事实上, 如果

$$0 = E_0 \subsetneqq E_1 \subsetneqq \cdots \subsetneqq E_n = E$$

是 (E,ξ) 的 Harder-Narasimhan 分解, 那么当 $t > \widehat{\mu}_{\min}(\overline{E}_1)$ 时 $\mathcal{F}^t(E,\xi) = \{0\}$, 当 $t \leqslant \widehat{\mu}_{\min}(\overline{E_n/E_{n-1}})$ 时 $\mathcal{F}^t(E,\xi) = E$; 对任意 $i\in\{1,\cdots,n-1\}$, 当

$$\widehat{\mu}_{\min}(\overline{E_{i+1}/E_i}) < t \leqslant \widehat{\mu}_{\min}(\overline{E_i/E_{i-1}})$$

时 $\mathcal{F}^t(E,\xi) = E_i$. Harder-Narasimhan $\mathbb{R}$-链还可以用来估计 Arakelov 度数. 对任意 $t \in \mathbb{R}$, 令

$$r_t = \dim_k(\mathcal{F}^t(E,\xi)),$$

那么如下不等式成立 (见 [38, Proposition 4.3.56])

$$-\int_{\mathbb{R}} t \, dr_t \leqslant \widehat{\deg}(\overline{E}) \leqslant -\int_{\mathbb{R}} t \, dr_t + \frac{\ln(r)}{2r}[K:\mathbb{Q}]. \tag{4.7.4}$$

4.7.4.2 $\mathbb{R}$-链的泛函分析解释

设 E 为有限维 k-线性空间. 用 $\Theta(E)$ 表示 E 的所有非零线性子空间构成的集合. 这个集合在包含关系下构成一个偏序集. 用 $|\cdot|'$ 表示 k 上平凡的绝对值, 也就是说 $|0|' = 0$ 并且对任意 $a \in k^\times$ 有 $|a|' = 1$. 如果 $\|\cdot\|'$ 是 E 上 (相对于绝对值 $|\cdot|'$) 的超范数, 那么对任意 $\varepsilon > 0$, 用

$$(E, \|\cdot\|')_{\leqslant \varepsilon} := \{s \in E \mid \|s\|' \leqslant \varepsilon\}$$

来表示 $(E, \|\cdot\|')$ 的以原点为中心且半径为 ε 的闭球. 可以证明, $(E, \|\cdot\|')_{\leqslant \varepsilon}$ 是 E 的线性子空间. 这样 E 的子空间族

$$(E, \|\cdot\|')_{\leqslant \mathrm{e}^{-t}}, \quad t \in \mathbb{R}$$

构成一个以 $\mathbb{R}$ 为指标的降链. 反过来, 如果 $(\mathcal{F}^t(E))_{t \in \mathbb{R}}$ 是 E 的线性子空间构成的降链, 满足以下条件:

(1) 存在 $t_0 > 0$ 使得 $\mathcal{F}^{t_0}(E) = \{0\}$, $\mathcal{F}^{-t_0}(E) = E$;

(2) 对任意 $t \in \mathbb{R}$, 存在 $\delta_t > 0$ 使得 $\mathcal{F}^{t-\delta_t}(E) = \mathcal{F}^t(E)$.

那么映射 $\|\cdot\|'_{\mathcal{F}} : E \to \mathbb{R}_{\geqslant 0}$,

$$\|s\|'_{\mathcal{F}} := \exp\left(-\sup\{t \in \mathbb{R} \mid s \in \mathcal{F}^t(E)\}\right)$$

构成了 E 上的一个超范数, 使得

$$(E, \|\cdot\|'_{\mathcal{F}})_{\leqslant \mathrm{e}^{-t}} = \mathcal{F}^t(E).$$

4.7.4.3 算术分次线性系的极限定理

我们用 Harder-Narasimhan $\mathbb{R}$-链为工具来研究本节开头设定的算术分次线性系. 对任意 $n \in \mathbb{N}$, 从 k-线性空间 V_n 上受控的范数族 ξ_n 出发在 V_n 上定义 Harder-Narasimhan $\mathbb{R}$-链的结构. 对任意 $t \in \mathbb{R}$, 令

$$\mathcal{F}^t(V_n, \xi_n) = \sum_{\substack{\{0\} \neq F \subset V_n \\ \widehat{\mu}_{\min}(\overline{F}) \geqslant t}} F$$

为 (V_n, ξ_n) 的 Harder-Narasimhan $\mathbb{R}$-链并用 $\|\cdot\|'_n$ 表示 $(\mathcal{F}^t(V_n, \xi_n))_{t \in \mathbb{R}}$ 所对应的 V_n 上 (相对于 k 上平凡绝对值 $|\cdot|'$) 的超范数. 可以证明, 对任意 $(n, m) \in \mathbb{N}^2$, $(t_n, t_m) \in \mathbb{R} \times \mathbb{R}$, 有

$$\mathcal{F}^{t_n}(V_n, \xi_n) \cdot \mathcal{F}^{t_m}(V_m, \xi_m) \subset \mathcal{F}^{t_n + t_m - \frac{3}{2}[K:\mathbb{Q}]\ln(r_n \cdot r_m)}(V_{n+m}, \xi_{n+m}), \qquad (4.7.5)$$

其中 $r_n = \dim_k(V_n)$, $r_m = \dim_k(V_m)$. 从这个关系以及

$$r_n = O(n^d), \quad n \to +\infty,$$

可以推出, 对任意 $s \in V_n$, 序列 $((\|s^\ell\|'_{n\ell})^{\frac{1}{\ell}})_{\ell \in \mathbb{N}, \ell \geqslant 1}$ 收敛. 我们用 $\|s\|''_n$ 来表示这个序列的极限. 从关系 (4.7.5) 还可以推出, 这样构造的函数 $\|\cdot\|''_n$ 仍是 V_n 上的超范数, 并且对任意 $(n, m) \in \mathbb{N}^2$ 及 $(t_n, t_m) \in \mathbb{R}^2$, 有

$$\|s_n \cdot s_m\|''_{n+m} \leqslant \|s_n\|''_n \cdot \|s_m\|''_m. \qquad (4.7.6)$$

对任意 $t \in \mathbb{R}$, 令

$$V_\bullet^t := \bigoplus_{n \in \mathbb{N}} \{s_n \in V_n \mid \|s_n\|''_n \leqslant \mathrm{e}^{-nt}\}.$$

由不等式 (4.7.6) 知 $V_\bullet^t$ 是分次线性系. 这样我们就得到 $\Delta(V_\bullet)$ 的闭子集降链 $\Delta(V_\bullet^t)$. 而且 $\Delta(V_\bullet^t)$ 非空的时候是闭凸集.

定义 4.7.3　所谓算术分次线性系

$$\overline{V}_\bullet = ((V_n, \xi_n))_{n \in \mathbb{N}}$$

的**凹变换**, 是指 Newton-Okounkov 凸体 $\Delta(V_\bullet)$ 上如下定义的函数

$$G_{\overline{V}_\bullet} : \Delta(V_\bullet) \longrightarrow \mathbb{R}, \quad x \longmapsto \sup\{t \in \mathbb{R} \mid x \in \Delta(V_\bullet^t)\}.$$

这是 $\Delta(V_\bullet)$ 上的凹函数. 当 $V_\bullet$ 是线丛 L 的完全分次线性系 $V_\bullet(L)$ 时, 也将函数 $G_{\overline{V}_\bullet}$ 记为 $G_{(L,\varphi)}$.

定理 4.7.3　对任意 $n \in \mathbb{N}$, $n \geqslant 1$, 令 ν_n 为 $\mathbb{R}$ 上如下定义的 Borel 概率测度:

$$\nu_n(dt) = -\frac{d(\dim_k(\mathcal{F}^{nt}(V_n, \xi_n)))}{\dim_k(V_n)},$$

那么对任意 $\mathbb{R}$ 上的有界连续函数 f,

$$\lim_{n \to +\infty} \int_{\mathbb{R}} f(t)\, \nu_n(dt) = \frac{1}{\mathrm{vol}(\Delta(V_\bullet))} \int_{\Delta(V_\bullet)} f(G_{\overline{V}_\bullet}(x))\, dx.$$

换句话说, 概率测度的序列 $(\nu_n)_{n \in \mathbb{N}}$ 弱收敛到 $\Delta(V_\bullet)$ 上的均匀分布在映射 $G_{\overline{V}_\bullet}$ 下的像.

注 4.7.4　用概率论的语言可以将上述定理的结论重新叙述如下. 对任意 $n \in \mathbb{N}$, 令 X_n 为一个实值随机变量, 以 ν_n 为其分布. 又令 Z 为取值在 $\Delta(V_\bullet)$ 中并且均匀分布的随机变量. 那么随机变量的序列 $(X_n)_{n \in \mathbb{N}}$ 依分布收敛到 $G_{\overline{V}_\bullet}(Z)$. 当 $V_\bullet$ 是有限生成 k-代数时, $G_{\overline{V}_\bullet}$ 是有界函数. 此时 X_n 的期望收敛到 $G_{\overline{V}_\bullet}(Z)$ 的期望. 再利用估计 (4.7.4) 可以得到如下渐近性质:

$$\lim_{n \to +\infty} \frac{\widehat{\deg}(V_n, \xi_n)}{n \dim_k(V_n)} = \frac{1}{\mathrm{vol}(\Delta(V_\bullet))} \int_{\Delta(V_\bullet)} G_{\overline{V}_\bullet}(x) \, dx, \tag{4.7.7}$$

其中 d 是 $V_\bullet$ 的 Kodaira-Iitaka 维数. 再结合

$$\lim_{n \to +\infty} \frac{\dim_k(V_n)}{n^d} = \mathrm{vol}(\Delta(V_\bullet)),$$

就得到

$$\lim_{n \to +\infty} \frac{\widehat{\deg}(V_n, \xi_n)}{n^{d+1}} = \int_{\Delta(V_\bullet)} G_{\overline{V}_\bullet}(x) \, dx. \tag{4.7.8}$$

类似地, 若令

$$\widehat{\deg}_+(V_n, \xi_n) := \sup_{F \subset V_n} \widehat{\deg}(\overline{F}),$$

其中 F 取遍 V_n 的线性子空间, 在 $\overline{F}$ 中我们考虑 ξ_n 在 F 上的限制. 那么 (这里不需要假设 $V_\bullet$ 是有限生成代数)

$$\lim_{n \to +\infty} \frac{\widehat{\deg}_+(V_n, \xi_n)}{n \dim_k(V_n)} = \frac{1}{\mathrm{vol}(\Delta(V_\bullet))} \int_{\Delta(V_\bullet)} \max\{G_{\overline{V}_\bullet}(x), 0\} \, dx. \tag{4.7.9}$$

4.7.4.4　算术容量函数与 Brunn-Minkowski 不等式

设 k 为数域, X 为 k 上几何整的射影概形, L 为 X 上的线丛, $\varphi = (\varphi_v)_{v \in S_k}$ 为 L 上受控制的度量族. 若 $V_\bullet$ 是 L 的分次线性系, 使得其 Kodaira-Iitaka 维数等于 X 的 Krull 维数 d, 则定义 $V_\bullet$ 相对于度量族 φ 的**算术容量**为

$$\widehat{\mathrm{vol}}_\varphi(V_\bullet) := \lim_{n \to +\infty} \frac{\widehat{\deg}_+(V_n, \xi_n)}{n^{d+1}/(d+1)!}. \tag{4.7.10}$$

这个定义最早是 Moriwaki[95,96] 提出来的, 原始定义中替代 $\widehat{\deg}_+(V_n, \xi_n)$ 的是 (V_n, ξ_n) 作为赋范线性空间网格位于单位球中格点个数的对数. 可以证明上式中极限和原始定义的算术容量函数相等 (见 [38, §4.3.6]).

用算术分次线性系 $\overline{V}_\bullet$ 的凹变换 $G_{\overline{V}_\bullet}$ 可以构造 $\mathbb{R}^{d+1}$ 中的如下子集

$$\widehat{\Delta}(\overline{V}_\bullet) = \{(x,t) \in \Delta(V_\bullet) \times \mathbb{R} \mid 0 \leqslant t \leqslant G_{\overline{V}_\bullet}(x)\}. \tag{4.7.11}$$

由于 $G_{\overline{V}_\bullet}$ 是 $\Delta(V_\bullet)$ 上的凹函数, $\widehat{\Delta}(\overline{V}_\bullet)$ 是 $\mathbb{R}^{d+1}$ 中的凸体, 并且其体积为

$$\mathrm{vol}(\widehat{\Delta}(\overline{V}_\bullet)) = \int_{\Delta(\overline{V}_\bullet)} \max\{G_{\overline{V}_\bullet}(x), 0\}\,dx.$$

我们称之为**算术 Newton-Okounkov 凸体**. 结合 (4.7.9) 和关系

$$\lim_{n \to +\infty} \frac{\dim_k(V_n)}{n^d} = \mathrm{vol}(V_\bullet)$$

得到

$$\widehat{\mathrm{vol}}_\varphi(V_\bullet) = (d+1)!\,\mathrm{vol}(\widehat{\Delta}(\overline{V}_\bullet)).$$

设 (L, φ) 和 (M, ψ) 为 X 上带有受控制度量族的线丛, $V_\bullet$, $W_\bullet$ 和 $U_\bullet$ 分别为 L, M 和 $L \otimes M$ 的分次线性系, 其 Kodaira-Iitaka 维数都等于 d. 假设对任意 $n \in \mathbb{N}$ 有

$$V_n \cdot W_n := \mathrm{Span}_k(\{s \cdot t \mid s \in V_n,\ t \in W_n\}) \subset U_n.$$

此时如下关系成立

$$\Delta(V_\bullet) + \Delta(W_\bullet) := \{x + y \mid x \in \Delta(V_\bullet),\ y \in \Delta(W_\bullet)\} \subset \Delta(U_\bullet), \tag{4.7.12}$$

$$\forall\,(x, y) \in \Delta(V_\bullet) + \Delta(W_\bullet), \quad G_{\overline{U}_\bullet}(x + y) \geqslant G_{\overline{V}_\bullet}(x) + G_{\overline{W}_\bullet}(y). \tag{4.7.13}$$

从中可以推出

$$\widehat{\Delta}(\overline{U}_\bullet) \supset \widehat{\Delta}(\overline{V}_\bullet) + \widehat{\Delta}(\overline{W}_\bullet).$$

这样由经典的 Brunn-Minkowski 不等式得到算术 Brunn-Minkowski 不等式

$$\widehat{\mathrm{vol}}_{\varphi+\psi}(U_\bullet)^{\frac{1}{d+1}} \geqslant \widehat{\mathrm{vol}}_\varphi(V_\bullet)^{\frac{1}{d+1}} + \widehat{\mathrm{vol}}_\psi(W_\bullet)^{\frac{1}{d+1}} \tag{4.7.14}$$

在 $U_\bullet$, $V_\bullet$ 和 $W_\bullet$ 都是完全分次线性系的情形下, 这个不等式是袁新意[130] 的结果. 他的方法也是基于凸几何, 但他的算术 Newton-Okounkov 凸体的构造方法与这里介绍的不同.

4.8 随机耦合与测度传输在算术几何中的应用

本章介绍凸几何结合应用数学中两个方法——随机变量耦合和测度传输——在算术几何研究中的应用.

4.8.1 随机变量的耦合与 Hodge 指标定理

4.8.1.1 凸体的耦合系数

随机变量的耦合是数理统计中处理随机变量相关性的数学方法, 它的主要思想是在已知边缘分布的前提下模拟随机变量族的各种可能的联合分布. 这里我们讨论 Euclid 空间凸体中均匀分布的耦合. 用 $\mathrm{Conv}(d)$ 表示 $\mathbb{R}^d$ 的内部非空的紧凸子集构成的集合. 如果 Δ_0 和 Δ_1 是 $\mathrm{Conv}(d)$ 中两个元素, 用 $\Delta_0 + \Delta_1$ 表示它们的 Minkowski 和, 其定义为

$$\Delta_0 + \Delta_1 := \{x + y \mid x \in \Delta_0, \, y \in \Delta_1\}.$$

这样 $\mathbb{R}^d$ 中向量的加法定义了从 $\Delta_0 \times \Delta_1$ 到 $\Delta_0 + \Delta_1$ 的满射, 将 $(x, y) \in \Delta_0 \times \Delta_1$ 映为 $x + y$.

定义 4.8.1 用 $\mathscr{A}(\Delta_0, \Delta_1)$ 表示由满足如下条件的 $\Delta_0 \times \Delta_1$ 上的 Borel 概率测度 ν 构成的集合:

ν 在两个投影 $\Delta_0 \times \Delta_1 \to \Delta_0$ 和 $\Delta_0 \times \Delta_1 \to \Delta_1$ 下的像分别是 Δ_0 和 Δ_1 上的均匀分布.

换句话说, $\mathscr{A}(\Delta_0, \Delta_1)$ 是取值在 $\Delta_0 \times \Delta_1$ 中并且边缘分布是均匀分布的随机变量所有可能的联合分布组成的集合. 如果 ν 是 $\mathscr{A}(\Delta_0, \Delta_1)$ 中的元素, 令

$$\rho(\nu) := \sup_f \frac{\displaystyle\int_{\Delta_0 \times \Delta_1} f(x + y) \, \nu(dx, dy)}{\displaystyle\int_{\Delta_0 + \Delta_1} f(z) \, dz},$$

其中 f 取遍所有 $\Delta_0 + \Delta_1$ 上 Lebesgue 积分大于 0 的非负 Borel 函数.

注 4.8.1 用概率论的语言来讲, 如果 (Z_0, Z_1) 是取值在 $\Delta_0 \times \Delta_1$ 中以 ν 为分布的随机变量, Z 是取值在 $\Delta_0 + \Delta_1$ 中均匀分布的随机变量, 那么对任意 Borel 函数 $f : \Delta_0 \times \Delta_1 \to \mathbb{R}_{\geqslant 0}$ 有

$$\mathbb{E}[f(Z_1 + Z_2)] \leqslant \rho(\nu) \, \mathbb{E}[f(Z)].$$

设 a 为不小于 1 的实数. 用单调类定理可以证明, 要验证关系 $\rho(\nu) \leqslant a$, 只须证明不等式

$$\mathbb{E}[f(Z_1 + Z_2)] \leqslant a \, \mathbb{E}[f(Z)]$$

对任意 $\Delta_1 + \Delta_2$ 上的非负连续函数成立.

令 $\mathscr{P}(\Delta_0 \times \Delta_1)$ 为 $\Delta_0 \times \Delta_1$ 上的 Borel 概率测度构成的集合. 由 Prokhorov 定理, $\mathscr{P}(\Delta_0 \times \Delta_1)$ 在密收敛 (tight convergence) 拓扑[①]下是可度量化的可分紧拓扑空间. 而 $\mathscr{A}(\Delta_0, \Delta_1)$ 是 $\mathscr{P}(\Delta_0 \times \Delta_1)$ 的闭子集, 从而也是紧拓扑空间. 注意到

$$\rho : \mathscr{A}(\Delta_0, \Delta_1) \longrightarrow [1, +\infty]$$

可以写成一族连续函数的上确界, 从而是下半连续的函数. 特别地, $\rho(\cdot)$ 在 $\mathscr{A}(\Delta_0, \Delta_1)$ 上取到其最小值. 我们将这个最小值记作 $\rho(\Delta_0, \Delta_1)$, 称为凸体 Δ_0 和 Δ_1 的 **耦合系数**. 从函数 ρ 的定义不难看出对任意 $\nu \in \mathscr{A}(\Delta_0, \Delta_1)$ 有 $\rho(\nu) \geqslant 1$. 从而

$$\rho(\Delta_0, \Delta_1) \geqslant 1.$$

另外, 由 Bobkov 和 Madiman [13] 的结果知, 如果 ν 是 $\Delta_0 \times \Delta_1$ 上的均匀分布, 那么

$$\rho(\nu) \leqslant \binom{2d}{d}.$$

这说明了

$$\rho(\Delta_0, \Delta_1) \leqslant \binom{2d}{d}.$$

例 4.8.1 假设存在 $r > 0$ 以及 $y \in \mathbb{R}^d$ 使得

$$\Delta_1 = r\Delta_0 + y := \{rx + y \mid x \in \Delta_0\}.$$

那么 $\rho(\Delta_0, \Delta_1) = 1$. 事实上, 若 Z 为在 Δ_0 中均匀分布的随机变量, 那么 $rZ + y$ 是在 Δ_1 中均匀分布的随机变量, 并且 $Z + (rZ + y)$ 是在 $\Delta_0 + \Delta_1 = (r+1)\Delta_0 + y$ 中均匀分布的随机变量. 从而函数 ρ 在 $(Z, rZ + y)$ 的联合分布上取到最小值 1. 特别地, 如果 $d = 1$, 那么对任意 Conv(d) 中的凸体 Δ_0 和 Δ_1 有 $\rho(\Delta_0, \Delta_1) = 1$.

4.8.1.2 平均值估计

设 Δ_0 和 Δ_1 为 Conv(d) 中的两个元素, $G_0 : \Delta_0 \to \mathbb{R}$, $G_1 : \Delta_1 \to \mathbb{R}$ 和 $G : \Delta_0 + \Delta_1 \to [0, +\infty[$ 为有上界的 Borel 函数. 假设以下不等式成立

$$\forall (x, y) \in \Delta_0 \times \Delta_1, \quad G(x + y) \geqslant G_0(x) + G_1(y).$$

---

① 也就是说, 使得对任意连续函数 $f : \Delta_1 \times \Delta_2 \to \mathbb{R}$ 来说映射

$$(\nu \in \mathscr{P}(\Delta_0 \times \Delta_1)) \longmapsto \int_{\Delta_1 \times \Delta_2} f(x, y)\, \nu(dx, dy)$$

都连续的最粗的拓扑.

如果 (Z_0, Z_1) 是取值在 $\Delta_0 \times \Delta_1$ 中的随机变量, 边缘分布是均匀分布, ν 是其联合分布, 那么

$$\mathbb{E}[G_0(Z_0) + G_1(Z_1)] \leqslant \mathbb{E}[G(Z_0 + Z_1)] \leqslant \rho(\nu)\,\mathbb{E}[G(Z)],$$

其中 Z 是在 $\Delta_0 + \Delta_1$ 中均匀分布的随机变量. 对 ν 取下确界就得到下列不等式

$$\frac{\int_{\Delta_0 + \Delta_1} G(z)\, dz}{\operatorname{vol}(\Delta_0 + \Delta_1)} \geqslant \frac{1}{\rho(\Delta_0, \Delta_1)} \left(\frac{\int_{\Delta_0} G_0(x)\, dx}{\operatorname{vol}(\Delta_0)} + \frac{\int_{\Delta_1} G_1(y)\, dy}{\operatorname{vol}(\Delta_1)} \right). \tag{4.8.1}$$

注 4.8.2 假设 Δ_0 和 Δ_1 的耦合系数等于 1, 那么存在随机变量 Z_0 和 Z_1, 分别在 Δ_0 和 Δ_1 中均匀分布, 使得 $Z_0 + Z_1$ 在 $\Delta_0 + \Delta_1$ 中均匀分布. 假设 G_0, G_1 和 G 分别是 Δ_0, Δ_1 和 $\Delta_0 + \Delta_1$ 上的实值 Borel 函数, 对 Lebesgue 测度可积, 并使得

$$\forall (x, y) \in \Delta_0 \times \Delta_1, \quad G(x + y) \geqslant G_0(x) + G_1(y).$$

那么如下不等式成立

$$\mathbb{E}[G(Z_0 + Z_1)] \geqslant \mathbb{E}[G_0(Z_0)] + \mathbb{E}[G_1(Z_1)].$$

用积分的形式可以将该不等式表示为

$$\frac{\int_{\Delta_0 + \Delta_1} G(z)\, dz}{\operatorname{vol}(\Delta_0 + \Delta_1)} \geqslant \frac{\int_{\Delta_0} G_0(x)\, dx}{\operatorname{vol}(\Delta_0)} + \frac{\int_{\Delta_1} G_1(y)\, dy}{\operatorname{vol}(\Delta_1)}. \tag{4.8.2}$$

4.8.1.3 算术 Hodge 指标定理

本节中令 k 为数域. 设 X 为 $\operatorname{Spec} k$ 上几何整的射影曲线并且在 X 上固定一个 Newton-Okounkov 凸体理论 (见定义 4.7.2). 如果 L 是 X 上的线丛, 使得 $\deg(L) > 0$, 那么 $\Delta(L)$ 是 $\mathbb{R}$ 中长度为 $\deg(L)$ 的闭区间. 由于 $\mathbb{R}$ 中长度为正值的闭区间都是相似图形, 由例 4.8.1 知, 对任意 X 上两个线丛 L_0 和 L_1, 区间 $\Delta(L_0)$ 和 $\Delta(L_1)$ 的耦合系数等于 1. 这样, 结合极限公式 (4.7.7)、均值不等式 (4.8.1) 和算术 Hilbert-Samuel 公式得到如下结果 (见 [34]).

定理 4.8.1 设 X 为 $\operatorname{Spec} k$ 上几何整的射影曲线. 设 L 和 M 为 X 上的丰沛线丛, $\varphi = (\varphi_v)_{v \in S_k}$ 和 $\psi = (\psi_v)_{v \in S_k}$ 分别为 L 和 M 上受控的度量族, 使得每个度量 φ_v 和 ψ_v 都是半正度量. 那么如下不等式成立

$$2(\overline{L} \cdot \overline{M}) \geqslant \frac{\deg(M)}{\deg(L)}(\overline{L}^2) + \frac{\deg(L)}{\deg(M)}(\overline{M}^2). \tag{4.8.3}$$

证明   将不等式 (4.8.2) 用于 (L, φ), (M, ψ) 和 $(L \otimes M, \varphi + \psi)$ 的完全算术分次线性系的凹变换, 得到

$$\frac{((\overline{L} \otimes \overline{M})^2)}{\deg(L \otimes M)} \geqslant \frac{(\overline{L}^2)}{\deg(L)} + \frac{(\overline{M}^2)}{\deg(M)}. \tag{4.8.4}$$

由算术相交数的多重线性得到

$$((\overline{L} \otimes \overline{M})^2) = (\overline{L}^2) + 2(\overline{L} \cdot \overline{M}) + (\overline{M}^2).$$

另外又有 $\deg(L \otimes M) = \deg(L) + \deg(M)$. 不等式 (4.8.4) 两边乘以 $\deg(L) + \deg(M)$, 消项以后就得到 (4.8.3).   □

注 4.8.3   假设 $\overline{L}$ 和 $\overline{M}$ 的自相交数都是非负的, 那么由算术–几何平均值不等式得到

$$(\overline{L} \cdot \overline{M}) \geqslant \sqrt{(\overline{L}^2) \cdot (\overline{M}^2)}.$$

这个结果称为算术 Hodge 指标定理, 最早是 Faltings [48] 和 Hriljac [70] 分别证明的.

4.8.2   测度传输与相对 Brunn-Minkowski 不等式

上节中介绍的不等式 (4.8.1) 适用于一般维数的凸体, 所以也适用于高维算术射影簇上带度量族的线丛. 然而目前对于一般的凸体尚没有很好的耦合系数上界估计. 根据例 4.8.1 不难想象在强耦合的情形下耦合系数会更接近于 1. 一种强耦合的情形是通过测度传输映射来进行关联. 设 Δ_0 和 Δ_1 为 $\mathbb{R}^d$ 中两个内部非空的紧凸集, 其中 d 是正整数. 所谓从 Δ_0 到 Δ_1 的**均匀分布传输映射**, 是指从 Δ_0 到 Δ_1 的同胚 $f : \Delta_0 \to \Delta_1$, 使得 Δ_0 上的均匀分布在 f 下的像是 Δ_1 上的均匀分布. 当 f 限制在 Δ_0 的内部是微分同胚时, 测度传输的条件相当于是要求 f 的 Jacobi 行列式的绝对值是常值函数. 假设 X 是在 Δ_0 中均匀分布的随机变量, 那么 $f(X)$ 则是在 Δ_1 中均匀分布的随机变量. 用 ν_f 表示随机向量 $(X, f(X))$ 的联合分布, 那么相对于所有的均匀分布传输映射 f 求 $\rho(\nu_f)$ 的最小值就是一个最优传输问题. 虽然这个最优传输问题目前还没有得到解决, 但是我们用无穷小分析证明了不等式 (4.8.1) 的一个非对称版本. 证明的关键部分参考了 Knothe[78] 和 Brenier[26, 27] 的工作.

4.8.3   测度传输与相对等周不等式

Knothe 函数是一个测度传输映射. 它可以写成

$$f(x_1, \cdots, x_d) = (f_1(x_1), f_2(x_1, x_2), \cdots, f_d(x_1, \cdots, x_d))$$

的形式, 其中 f_k 是从 $\mathbb{R}^k$ 到 $\mathbb{R}$ 的映射, 使得对任意固定的 $(x_1, \cdots, x_{k-1})$ 来说函数

$$(x_k \in \mathbb{R}) \longrightarrow f_k(x_1, \cdots, x_{k-1}, x_k)$$

是单调上升函数, 并且在使得 $(x_1, \cdots, x_{k-1}, x_k) \in \Delta_0$ 的 x_k 值的区间之中该函数是严格单调上升函数. 这样 f 在 Δ_0 内部的每个点的 Jacobi 矩阵都是对角线元素为正的上三角矩阵.

定理 4.8.2 设 Δ_0 和 Δ_1 为 $\mathbb{R}^d$ 中两个内部非空的紧凸集, 设 G_0 和 G_1 分别为 Δ_0 和 Δ_1 上的 Lebesgue 可积函数. 对任意 $\varepsilon \in [0,1]$, 用 S_ε 表示加权 Minkowski 和

$$\Delta_0 + \varepsilon\Delta_1 = \{x + \varepsilon y \mid (x, y) \in \Delta_0 \times \Delta_1\},$$

并令 $H_\varepsilon : S_\varepsilon \to \mathbb{R}_{\geqslant 0}$ 为正值 Borel 函数. 假设对任意 $(x, y) \in \Delta_0 \times \Delta_1$ 有

$$H_\varepsilon(x + \varepsilon y) \geqslant G_0(x) + \varepsilon G_1(y), \tag{4.8.5}$$

那么以下不等式成立

$$
\begin{aligned}
&\liminf_{\varepsilon \to 0+} \frac{1}{\varepsilon} \left(\int_{S_\varepsilon} H_\varepsilon(z)dz - \int_{\Delta_0} G_0(x)dx \right) \\
&\geqslant d \left(\frac{\mathrm{vol}(\Delta_1)}{\mathrm{vol}(\Delta_0)} \right)^{1/d} \int_{\Delta_0} G_0(x)dx + \frac{\mathrm{vol}(\Delta_0)}{\mathrm{vol}(\Delta_1)} \int_{\Delta_1} G_1(y)dy.
\end{aligned}
\tag{4.8.6}
$$

证明 令 $f : \Delta_0 \to \Delta_1$ 为 Knothe 映射. 对任意 $\varepsilon \in [0,1]$, 令 $F_\varepsilon : \Delta_0 \to S_\varepsilon$ 为将 $x \in \Delta_0$ 映为 $x + \varepsilon f(x)$ 的映射. 由上述 f 的单调性质得到 F_ε 是单射, 所以

$$\int_{S_\varepsilon} H_\varepsilon(z)dz \geqslant \int_{\Delta_0^\circ} H_\varepsilon(x + \varepsilon f(x)) |\det(I_d + \varepsilon D_x f)| dx, \tag{4.8.7}$$

其中 I_d 表示 d 阶单位矩阵. 由于 $D_x f$ 是对角线上元素非负的上三角矩阵, 并且

$$\det(D_x f) = \frac{\mathrm{vol}(\Delta_1)}{\mathrm{vol}(\Delta_0)}$$

知

$$\det(I_d + \varepsilon D_x f) \geqslant \left(1 + \varepsilon \left(\frac{\mathrm{vol}(\Delta_1)}{\mathrm{vol}(\Delta_0)} \right)^{1/d} \right)^d. \tag{4.8.8}$$

结合不等式 (4.8.5)、(4.8.8) 和 (4.8.7) 就得到 (4.8.6), 细节见 [36, 第 663 页]. □

算术相对等周不等式

不等式 (4.8.6) 可以看作等周不等式的一个自然的推广. 若分别取 G_0 和 G_1 为 Δ_0 和 Δ_1 上取常值 1 的函数, H_ε 为 S_ε 上取常值 $1 + \varepsilon$ 的函数, 那么 (4.8.6) 式左边的下极限等于

$$d\operatorname{vol}_{d-1,1}(\Delta_0, \Delta_1) + \operatorname{vol}(\Delta_0),$$

其中 $\operatorname{vol}_{d-1,1}(\Delta_0, \Delta_1)$ 是 Δ_0 和 Δ_1 以 $(d-1, 1)$ 为指标的混合体积. 这样利用算术–几何平均值不等式从 (4.8.6) 推出凸几何中的等周不等式

$$\operatorname{vol}_{d-1,1}(\Delta_0, \Delta_1) \geqslant \operatorname{vol}(\Delta_0)^{(d-1)/d} \cdot \operatorname{vol}(\Delta_1)^{1/d}.$$

等周不等式和 Brunn-Minkowski 不等式是等价的. 事实上, 它可以看成是 Brunn-Minkowski 不等式的无穷小化 (infinitesimal) 版本. 感兴趣的读者可以参考 Gardner [56] 的综述.

与定理 4.8.1 类似, 结合相对等周不等式 (4.8.6) 和极限定理 4.7.3 得到如下结论, 证明细节见 [36, §3.2].

定理 4.8.3 设 k 为数域, X 为 $\operatorname{Spec} K$ 上几何整的 d 维射影概形, $\overline{L}_0$ 和 $\overline{L}_1$ 为 X 上带有由半正度量组成的受控制度量族的丰沛线丛. 假设它们的度量族中的度量都是半正的, 并且 $\overline{L}_0$ 是算术丰沛的, 那么如下不等式成立

$$(d+1)(\overline{L}_0^d \cdot \overline{L}_1) \geqslant d\left(\frac{(L_1^d)}{(L_0^d)}\right)^{1/d}(\overline{L}_0^{d+1}) + \left(\frac{(L_0^d)}{(L_1^d)}\right) \cdot (\overline{L}_1^{d+1}). \tag{4.8.9}$$

利用从等周不等式推出 Brunn-Minkowski 不等式的方法, 从上述定理可以推出如下相对算术 Brunn-Minkowski 不等式.

定理 4.8.4 设 k 为数域, X 为 $\operatorname{Spec} k$ 上几何整的 d 维射影概形, $\overline{M}_1, \cdots, \overline{M}_n$ 为 X 上带有由半正度量组成的受控制度量族的丰沛线丛. 假设 $\overline{M} = \overline{M}_1 \otimes \cdots \otimes \overline{M}_n$ 是算术丰沛的, 那么如下不等式成立

$$\frac{(\overline{M}^{d+1})}{(M^d)} \geqslant \frac{1}{\varphi(M_1, \cdots, M_n)} \sum_{i=1}^{n} \frac{(\overline{M}_i^{d+1})}{(M_i^d)}, \tag{4.8.10}$$

其中

$$\varphi(M_1, \cdots, M_n) = d + 1 - d\frac{(M_1^d)^{1/d} + \cdots + (M_n^d)^{1/d}}{(M^d)^{1/d}} \leqslant d + 1. \tag{4.8.11}$$

证明 在 (4.8.9) 中取 $\overline{L}_0 = \overline{M}$ 及 $\overline{L}_1 = \overline{M}_i$ 并对 $i \in \{1, \cdots, n\}$ 求和即得到 (4.8.10). $\qquad\square$

注4.8.4 考虑 $n=2$ 的情形, 如果直接应用 (4.8.1) 的话, 可以得到与 (4.8.10) 类似的一个不等式, 其中系数 $\varphi(M_1,M_2)^{-1}$ 应换成 $\rho(\Delta(M_1),\Delta(M_2))^{-1}$. 与 (4.8.11) 相比较, 我们用一个问题来结束讲义: 给定 $\mathbb{R}^d$ 中两个内部非空的紧凸集 Δ_0 和 Δ_1, 不等式 $\rho(\Delta_0,\Delta_1) \leqslant d+1$ 是否总是成立?

A 附 录

A.1 Caylay-Hamilton 定理

引理 A.1.1 设 A 为交换幺环, M 为有限生成 A-模. 假设 $(x_i)_{i=1}^n$ 是 M 的一族生成元, 其中 $n \in \mathbb{N}$, $n \geqslant 1$. 若

$$P = \begin{pmatrix} a_{1,1} & a_{1,2} & \cdots & a_{1,n} \\ a_{2,1} & a_{2,2} & \cdots & a_{2,n} \\ \vdots & \vdots & & \vdots \\ a_{n,1} & a_{n,2} & \cdots & a_{n,n} \end{pmatrix}$$

是 A-系数 $n \times n$ 矩阵, 使得

$$\forall i \in \{1,\cdots,n\}, \quad \sum_{j=1}^n a_{i,j} x_j = 0.$$

那么对任意 $x \in M$ 有 $\det(P)x = 0$.

证明 令 P' 为矩阵 P 的伴随矩阵, 依定义有

$$P'P = \det(P)I_n,$$

其中 I_n 是 n 阶单位矩阵. 从而

$$\det(P) \begin{pmatrix} x_1 \\ \vdots \\ x_n \end{pmatrix} = P'P \begin{pmatrix} x_1 \\ \vdots \\ x_n \end{pmatrix} = \begin{pmatrix} 0 \\ \vdots \\ 0 \end{pmatrix}.$$

由于 M 中的每个元素都可以写成 $x_1,\cdots,x_n$ 的 A-系数线性组合, 命题成立. □

定理 A.1.1 (Cayley-Hamilton) 设 A 为交换幺环, $\mathfrak{a}$ 为 A 的理想, M 为 A-模, $n \in \mathbb{N}$, $n \geqslant 1$, $\varphi : M \to M$ 为 M 的 A-模自同态, 使得 $\varphi(M) \subset \mathfrak{a}M$. 假设 M 由 n 个元素生成. 那么存在 $(a_1,\cdots,a_n) \in \mathfrak{a}^1 \times \mathfrak{a}^2 \times \cdots \times \mathfrak{a}^n$ 使得对任意 $x \in M$ 下列等式成立

$$\varphi^n(x) + a_1\varphi^{n-1}(x) + \cdots + a_n x = 0,$$

其中对任意 $k \in \{1, \cdots, n\}$, $\mathfrak{a}^k$ 表示由

$$\{\lambda_1 \cdots \lambda_k \mid \forall i \in \{1, \cdots, k\}, \lambda_i \in \mathfrak{a}\}$$

生成的 A 的理想.

证明　令 $A[T]$ 为 A 系数一元多项式环. 我们赋 M 以如下的 $A[T]$-模结构. 对任意

$$F = \lambda_0 + \lambda_1 T + \cdots + \lambda_d T^d \in A[T]$$

及任意 $x \in M$, 令

$$Fx := \lambda_0 x + \lambda_1 \varphi(x) + \cdots + \lambda_d \varphi^d(x).$$

设 $(x_i)_{i=1}^n$ 为 M 作为 A-模的一族生成元. 由于 $\varphi(M) \subset \mathfrak{a}M$, 存在某 $\mathfrak{a}$-系数 $n \times n$ 矩阵 P, 使得

$$\begin{pmatrix} \varphi(x_1) \\ \vdots \\ \varphi(x_n) \end{pmatrix} = P \begin{pmatrix} x_1 \\ \vdots \\ x_n \end{pmatrix}.$$

考虑 $A[T]$-系数 $n \times n$ 矩阵 $TI_n - P$. 按定义有

$$(TI_n - P) \begin{pmatrix} x_1 \\ \vdots \\ x_n \end{pmatrix} = \begin{pmatrix} 0 \\ \vdots \\ 0 \end{pmatrix}.$$

令

$$F = T^n + a_1 T^{n-1} + \cdots + a_n \in A[T]$$

为矩阵 $TI_n - P$ 的行列式. 由行列式的定义, 知对任意 $k \in \{1, \cdots, n\}$ 有 $a_k \in \mathfrak{a}^k$. 另外, 由引理 A.1.1 知对任意 $x \in M$ 有 $Fx = 0$, 亦即

$$\varphi^n(x) + a_1 \varphi^{n-1}(x) + \cdots + a_n x = 0. \qquad \square$$

推论 A.1.1 (Nakayama 引理)　设 A 为交换幺环, $\mathfrak{a}$ 为 A 的理想, M 为有限生成 A-模. 如果 $\mathfrak{a}M = M$, 那么存在 $a \in \mathfrak{a}$ 使得对任意 $x \in M$ 有 $ax = x$.

证明　将定理 A.1.1 应用于 $\varphi = \mathrm{Id}_M$ 的情形, 知存在自然数 n 以及

$$(a_1, \cdots, a_n) \in \mathfrak{a}^1 \times \cdots \times \mathfrak{a}^n$$

使得对任意 $x \in M$ 有 $(1 + a_1 + \cdots + a_n)x = 0$. 取 $a = -(a_1 + \cdots + a_n)$ 即可. $\qquad \square$

A.2 整元

定义 A.2.1   设 A 为交换幺环. 所谓 (交换的)A-代数, 是指从 A 到某交换幺环的幺环同态. 设 $f: A \to B$ 为 A-代数, 在对于幺环同态 f 没有歧义的情形下也可以简单地说 B **是 A-代数**. B 的包含 $f(A)$ 的子环称作 B 的子 A-代数. 若 $f: A \to B$ 和 $g: A \to C$ 是两个 A-代数, 所谓从 B 到 C 的 **A-代数同态**, 是指满足 $h \circ f = g$ 的交换幺环同态 $h: B \to C$. 我们用 $\mathrm{Hom}_{A\text{-alg}}(B, C)$ 来表示所有从 B 到 C 的 A-代数同态构成的集合.

定义 A.2.2   设 $f: A \to B$ 为交换幺环的同态. 如果 $\boldsymbol{b} = (b_i)_{i=1}^n$ 为 B 的一族元素, 用

$$f_{\boldsymbol{b}}: A[T_1, \cdots, T_n] \longrightarrow B$$

表示从 n 元多项式代数 $A[T_1, \cdots, T_n]$ 到 B 的 A-代数同态, 将多项式

$$P = \sum_{(\delta_1, \cdots, \delta_n) \in \mathbb{N}^n} \lambda_{\delta_1, \cdots, \delta_n} T_1^{\delta_1} \cdots T_n^{\delta_n}$$

映为

$$P(b_1, \cdots, b_n) := \sum_{(\delta_1, \cdots, \delta_n) \in \mathbb{N}^n} f(\lambda_{\delta_1, \cdots, \delta_n}) b_1^{\delta_1} \cdots b_n^{\delta_n}.$$

同态 $f_{\boldsymbol{b}}$ 的像是 B 的子 A-代数, 记作 $A[b_1, \cdots, b_n]$. 倘若存在 B 中有限多个元素 $(b_i)_{i=1}^n$, 使得 $A[b_1, \cdots, b_n] = B$, 则说 B **是有限生成 A-代数**.

定义 A.2.3   设 $f: A \to B$ 为交换幺环的同态. 任意 B-模 M 上自然地具有如下的 A-模结构

$$A \times M \longrightarrow M, \quad (a, x) \longmapsto f(a)x.$$

有时也将 $f(a)x$ 简记为 ax. 如果 B 作为 A-模是有限生成的, 那么说 B **是有限 A-代数**. 注意到 B 作为 A-模的一族生成元也是其作为 A-代数的一族生成元. 特别地, 有限 A-代数一定是有限生成 A-代数. 然而有限生成 A-代数却未必是有限 A-代数. 比如当 A 不是零环的时候多项式代数 $A[T]$ 就不是有限 A-代数.

注 A.2.1   设 $f: A \to B$ 为有限 A-代数, $(b_i)_{i=1}^n$ ($n \in \mathbb{N}$) 为 B 作为 A-模的一组生成元. 如果 M 是有限生成 B-模, $(x_j)_{j=1}^m$ ($m \in \mathbb{N}$) 是 M 作为 B-模的一组生成元, 那么

$$(b_i x_j)_{(i,j) \in \{1, \cdots, n\} \times \{1, \cdots, m\}}$$

是 M 作为 A-模的一组生成元. 从而 M 是有限生成 A-模. 特别地, 如果 $g: B \to C$ 是有限 B-代数, 那么 $g \circ f: A \to C$ 是有限 A-代数.

定义 A.2.4 设 $f : A \to B$ 为交换幺环的同态, b 为 B 中的元素. 如果存在 $(a_1, \cdots, a_n) \in A^n$ 使得

$$b^n - f(a_1)b^{n-1} - \cdots - f(a_n) = 0,$$

亦即 b 是 $A[T]$ 中某个首一多项式的根, 则说 b 是 A 上的**整元**.

命题 A.2.1 设 $f : A \to B$ 为交换幺环同态, $b \in B$. 以下条件等价.

(1) b 是 A 上的整元;

(2) $A[b]$ 是有限 A-代数;

(3) 存在 B 的包含 b 的有限子 A-代数;

(4) 存在某忠实[①]$A[b]$-模, 作为 A-模是有限生成的.

证明 (1)$\Longrightarrow$(2): 若存在 $(a_1, \cdots, a_n) \in A^n$ 使得

$$b^n - f(a_1)b^{n-1} - \cdots - f(a_n) = 0.$$

由多项式除法知道 $A[b]$ 作为 A-模可以由 $1, b, \cdots, b^{n-1}$ 生成, 所以是有限生成 A-模.

(2)$\Longrightarrow$(3) 显然.

(3)$\Longrightarrow$(4): 若 B_0 是 B 的包含 b 的子 A-代数, 那么 $A[b] \subset B_0$, 从而 B_0 作为 $A[b]$-模是忠实的.

(4)$\Longrightarrow$(1): 设 M 为忠实 $A[b]$-模, $(x_i)_{i=1}^n$ 为 M 作为 A-模的一族生成元, 其中 $n \in \mathbb{N}, n \geqslant 1$. 对任意 $i \in \{1, \cdots, n\}$, 存在 $(\lambda_{i,j})_{j=1}^n \in A^n$ 使得

$$bx_i = \sum_{j=1}^n f(\lambda_{i,j})x_j.$$

令 D 为矩阵

$$bI_n - (f(\lambda_{i,j}))_{(i,j) \in \{1, \cdots, n\} \times \{1, \cdots, n\}}$$

的行列式. 由引理 A.1.1 知对任意 $x \in M$ 有 $Dx = 0$. 而 M 是忠实 $A[b]$-模, 所以 $D = 0$. 行列式 D 可以写成 $F(b)$ 的形式, 其中 F 是 $A[T]$ 中的首一 n 次多项式, 所以 b 是 A 上的整元. $\qquad\square$

推论 A.2.2 设 $f : A \to B$ 为交换幺环同态.

(1) 若 $(b_i)_{i=1}^n$ 是 B 中一族元素, 其中每个 b_i 都是 A 上的整元. 那么 $A[b_1, \cdots, b_n]$ 是有限 A-代数.

---

① 设 R 为交换幺环, M 为 R-模. 如果对任意 $r \in R \setminus \{0\}$, R-模同态 $M \to M, x \mapsto rx$ 不是零同态, 则说 M 是忠实 R-模. 特别地, 如果存在从 R 到 M 的 R-模单同态, 那么 M 是忠实 R-模.

(2) B 中 A 上的整元组成 B 的子 A-代数.

(3) 假设 B 中的每个元素都是 A 上的整元. 若 $g : B \to C$ 是交换幺环的同态且 $c \in C$ 是 B 上的整元, 那么 c 也是 A 上的整元.

证明 (1) 对 n 用归纳法. $n = 1$ 的情形来自命题 A.2.1. 以下假设 $n \geqslant 1$ 且 $A[b_1, \cdots, b_{n-1}]$ 是有限 A-代数. 由于 b_n 是 A 上的整元, 它也是 $A[b_1, \cdots, b_{n-1}]$ 上的整元. 所以

$$A[b_1, \cdots, b_{n-1}][b_n] = A[b_1, \cdots, b_n]$$

是有限生成 $A[b_1, \cdots, b_{n-1}]$-模. 由注 A.2.1 知 $A[b_1, \cdots, b_n]$ 是有限生成 A-模.

(2) 设 x 和 y 为 B 中两个 A 上的整元. 由 (1) 知 $A[x, y]$ 是有限 A-代数. 由命题 A.2.1 知 $A[x, y]$ 中所有的元素都是 A 上的整元. 特别地, $x + y$, xy 都是 A 上的整元; 对任意 $a \in A$, $f(a)x$ 是 A 上的整元. 所以 B 中 A 上的整元构成 B 的子 A-代数.

(3) 设 $(b_1, \cdots, b_n) \in B^n$ 使得

$$c^n + g(b_1)c^{n-1} + \cdots + g(b_n) = 0.$$

那么 c 是 $A[b_1, \cdots, b_n]$ 上的整元. 所以

$$A[b_1, \cdots, b_n][c] = A[g(b_1), \cdots, g(b_n), c]$$

是有限 $A[b_1, \cdots, b_n]$-代数. 由 (1) 知 $A[b_1, \cdots, b_n]$ 是有限 A-代数. 由注 A.2.1 知 $A[g(b_1), \cdots, g(b_n), c]$ 是有限 A-代数. 所以 c 是 A 上的整元. $\square$

定义 A.2.5 设 $f : A \to B$ 为交换幺环的同态. B 中所有 A 上的整元组成的子环称为 A 在 B 中的**整闭包**. 如果 B 中所有的元素都是 A 上的整元, 则说 B 是**整闭**的 A-代数.

若 A 是整环, 所谓 A 的**整闭包**, 是指 A 在其分式域中的整闭包. 如果 A 等于自身的整闭包, 则说 A 是**整闭整环**.

引理 A.2.2 设 $f : A \to B$ 为交换幺环同态, B_0 为 A 在 B 中的整闭包. 如果 P 和 Q 是 $B[T]$ 中两个首一多项式, 使得 $PQ \in B_0[T]$. 那么 P 和 Q 都属于 $B_0[T]$.

证明 对 $n = \deg(P)$ 归纳. 当 $n = 0$ 时 $P(T) = 1$, 所以命题是显然的. 当 $n = 1$ 时 P 形如 $T + b$, 其中 $b \in B$. 假设

$$Q(T) = T^d + a_1 T^{d-1} + \cdots + a_d.$$

这样

$$P(T)Q(T) = T^{d+1} + (a_1 + b)T^d + (a_2 + ba_1)T^{d-1} + \cdots + (a_d + ba_{d-1})T + a_d b,$$

所以

$$\{a_1 + b, a_2 + ba_1, \cdots, a_d + ba_{d-1}, a_d b\} \subset B_0. \tag{A.1}$$

由于 $-b$ 是 PQ 的根, 知 $-b$ 是 B_0 上的整元. 由推论 A.2.2 知 $-b$ 也是 A 上的整元, 也就是说 $-b \in B_0$. 用归纳法从 (A.1) 可推出 $\{a_1, \cdots, a_d\} \subset B_0$.

以下假设 $n \geqslant 2$ 且当 P 的度数小于 n 时命题成立. 令 B' 为一元多项式环 $B[X]$ 模去 $P(X)$ 生成的主理想而得到的商环并将 B 视为 B' 的子环. 令 r 为单项式 X 在 B' 中的剩余类. 那么存在 $P_1 \in B'[T]$ 使得

$$P(T) = (T - r)P_1(T).$$

令 $Q_1(T) = (T - r)Q(T) \in B'[T]$. 依定义有 $PQ = P_1 Q_1$. 由归纳假设知 P_1 和 Q_1 中的元素都是 A 上的整元. 再对

$$Q_1(T) = (T - r)Q(T) \in B'[T],$$

应用归纳假设知 r 和 Q 的系数都是 A 上的整元. 由于

$$P(T) = (T - r)P_1(T),$$

由推论 A.2.2 知 P 的系数都是 A 上的整元. □

定义 A.2.6 设 K 为域, L 为 K-代数. 对任意 $\alpha \in L$, 如果 α 是 K 上的整元, 那么从多项式代数 $K[T]$ 到 L 将 $P \in K[T]$ 映为 $P(\alpha)$ 的 K-代数同态不是单同态. 用 $P_{K,\alpha}$ 表示生成主理想 $\mathrm{Ker}(P \mapsto P(\alpha))$ 的唯一的首一多项式, 称为 α 在 K 上的**极小多项式**.

命题 A.2.2 设 A 为整闭整环, K 为 A 的分式域, L/K 为域扩张, 且 B 为 A 在 L 中的整闭包. 对任意 $x \in B$, x 在 K 上的极小多项式属于 $A[T]$.

证明 设 $R \in A[T]$ 为某使得 $R(x) = 0$ 的首一多项式. 那么存在 $Q_x \in K[T]$ 使得 $R = P_x Q_x$, 其中 P_x 是 x 在 K 上的极小多项式. 由引理 A.2.2 知 $P_x \in A[T]$. □

A.3 域的代数扩张

定义 A.3.1 设 K 为域. 所谓 K 的**扩张**, 是指从 K 到某个域 L 的交换幺环同态 $f : K \to L$. 注意到这个同态一定是单同态[①], 从而在不引起歧义的情形下也可将 K 视为 L 的子环, 此时也可将该域扩张记作 L/K 并简单地说 L 是 K 的扩张. 另外, 运算

$$K \times L \longrightarrow L, \quad (a, s) \longmapsto f(a)s$$

---

① 按定义, 所有 K 中的非零元对于乘法运算可逆, 从而其在 L 中的像对于乘法运算也可逆. 特别地, 域之间的交换幺环同态是同构当且仅当它是满射.

赋予 L 一个 K-线性空间结构. 用 $[L:K]$ 来表示 L 作为 K-线性空间的维数. 域 L 中在 K 上的整元也称为 K 上的**代数元**. 如果 $[L:K]$ 有限, 则说扩张 $f:K \to L$ 是**有限扩张**. 如果 L 作为 K-代数是整代数, 则说扩张 L/K 是**代数扩张**. 命题 A.2.1 说明了有限扩张一定是代数扩张.

命题 A.3.1 设 K 为域, $f:K \to L$ 为 K-代数. 假设 L 是整环且所有 L 中的元素都是 K 上的整元, 那么 L 是域, 也就是说 L 是 K 的代数扩张.

证明 设 b 为 L 中的非零元素. 由于 b 是 K 上的整元, 由命题 A.2.1 知 $K[b]$ 是有限维 K-线性空间. 而 L 又是整环, K-线性映射 $K[b] \to K[b]$, $s \mapsto bs$ 是单射, 从而是 K-线性同构. 这说明了存在 $s \in K[b]$ 使得 $bs = 1$, 也就是说 b 是 L 中的乘法可逆元. $\square$

定义 A.3.2 设 L/K 为域扩张. 若 x 为 L 的元素, 用 $K(x)$ 表示 L 的包含 $K[x]$ 的最小的子域. 由命题 A.3.1 知, 如果 x 是 K 上的整元, 那么 $K[x]$ 是一个域, 从而 $K[x] = K(x)$.

命题 A.3.2 设 L/K 为域扩张. 如果 f 是代数扩张, 那么任意 K-代数同态 $g:L \to L$ 都是同构.

证明 首先域之间的幺环同态都是单同态, 所以只要证明 g 是满射. 设 α 为 L 中的元素,

$$P_\alpha(T) = T^d + a_1 T^{d-1} + \cdots + a_d$$

为 α 在 K 上的极小多项式. 令 $S(P_\alpha)$ 为 P_α 在 L 中的根组成的集合. $S(P_\alpha)$ 是有限集, 其基数不超过 $\deg(P_\alpha)$. 另外, 由于 g 是 K-代数同态, 对任意 $x \in S(P_\alpha)$, 有

$$P_\alpha(g(x)) = g(x)^d + a_1 g(x)^{d-1} + \cdots + a_d = g(P_\alpha(x)) = g(0) = 0,$$

从而 $g(S(P_\alpha)) \subset S(P_\alpha)$. 而 g 又是单射, 知 g 是一一对应. 这说明了 $\alpha \in g(S(P_\alpha)) \subset g(L)$. 这样便证明了 g 是满射. $\square$

记号 A.3.1 设 L/K 为域扩张. 用 $\mathrm{Aut}_{K\text{-alg}}(L)$ 表示 L 的 K-代数自同构群. 命题 A.3.2 说明了, 当 L/K 是代数扩张时 $\mathrm{Aut}_{K\text{-alg}}(L) = \mathrm{Hom}_{K\text{-alg}}(L, L)$.

定义 A.3.3 设 K 为域. 所谓 K 的**代数闭包**, 是指 K 的一个代数扩张 K^{ac}, 满足以下半泛性质 (versal property)[①]: 对任意 K 的代数扩张 L, 至少存在一个从 L 到 K^{ac} 的 K-代数同态, 也就是说集合 $\mathrm{Hom}_{K\text{-alg}}(L, K^{\mathrm{ac}})$ 非空. 如果 K 是自身的代数闭包, 那么说 K 是**代数闭域**.

注 A.3.1 代数闭包在差一个 K-代数同构的意义下是唯一的. 事实上, 如果 Ω_1 和 Ω_2 是 K 的两个代数闭包, 由半泛性质知道存在 K-代数同态 $g_1 : \Omega_1 \to \Omega_2$

---

① 通常范畴论中的泛性质 (universal property) 还要求唯一性.

和 $g_2 : \Omega_2 \to \Omega_1$. 由命题 A.3.2 知 $g_1 \circ g_2$ 和 $g_2 \circ g_1$ 分别是 Ω_2 和 Ω_1 的 K-代数自同构. 从而 g_1 和 g_2 是 K-代数同构. 注意到上述推理过程实际上证明了从 Ω_1 到 Ω_2 的任意 K-代数同态都是同构.

命题 A.3.3 设 Ω 为域. 以下条件等价.

(1) Ω 是代数闭域;

(2) 对任意域扩张 $f : \Omega \to \Omega'$, $f(\Omega)$ 是 Ω 在 Ω' 中的整闭包;

(3) 任意代数扩张 $\Omega \to \Omega'$ 都是域同构;

(4) 任意 $\Omega[T]$ 中的次数 $\geqslant 1$ 的多项式在 Ω 中至少有一个根;

(5) $\Omega[T]$ 中任意次数 $\geqslant 1$ 的多项式可以分解成线性多项式的乘积.

证明 (1) $\Longrightarrow$ (2): 设 x 为 Ω' 中 Ω 上的整元, 那么 $\Omega(x)$ 是 Ω 的有限扩张. 由代数闭包的半泛性质知存在从域 $\Omega(x)$ 到 Ω 的 Ω-代数同态. 这个同态作为 Ω-线性映射是单射, 从而只能是同构 (这是由于 $\Omega(x)$ 是非零 Ω-线性空间). 这说明了 $\Omega(x) = f(\Omega)$. 特别地, $x \in f(\Omega)$.

(2) $\Longrightarrow$ (3): 设 $f : \Omega \to \Omega'$ 为代数扩张. 由 (2) 知 f 是满射. 而域之间的同态都是单射, 故 f 是同构.

(3) $\Longrightarrow$ (4): 只须证明 $\Omega[T]$ 中的不可约多项式都是一次多项式. 设 P 为 $\Omega[T]$ 中的不可约多项式. 那么商环 $\Omega[T]/(P)$ 是域, 并且是 Ω 的有限扩张, 其作为 Ω-线性空间的维数等于多项式 P 的次数. 故由条件 (3) 知 P 的次数为 1.

(4) $\Longrightarrow$ (5): 由欧几里得除法对多项式的次数归纳可得.

(5) $\Longrightarrow$ (1): 设 $f : \Omega \to L$ 为 Ω 的代数扩张. 由于 L 中的元素都是 $\Omega[T]$ 中某多项式的根, 由条件 (5) 知 $L = f(\Omega)$. 这样便知 f 是域同构, 从而 $f^{-1} \in \mathrm{Hom}_{\Omega\text{-alg}}(L, \Omega)$. □

命题 A.3.4 设 $f : K \to \Omega$ 为域扩张.

(1) 如果 Ω 是代数闭域, 那么对任意 K 的代数扩张 L, 集合 $\mathrm{Hom}_{K\text{-alg}}(L, \Omega)$ 非空.

(2) 假设 $f : K \to \Omega$ 是代数扩张, 那么 Ω 是 K 的代数闭包当且仅当 Ω 是代数闭域.

证明 (1) 设 $u : K \to L$ 为代数扩张. 令 Θ 为所有形如 (M, φ) 的对组成的集合, 其中 M 是 L 的包含 $u(K)$ 的子域, $\varphi \in \mathrm{Hom}_{K\text{-alg}}(M, \Omega)$. 在 Θ 上定义序关系 $\prec$ 如下

$$(M', \varphi') \prec (M, \varphi) \text{ 当且仅当 } M' \subset M \text{ 且 } \varphi|_{M'} = \varphi'.$$

由于 $(u(K), u(x) \mapsto f(x)) \in \Theta$, 知集合 Θ 非空. 另外, Θ 的任意全序子集 Θ_0 都有上界[①]. 由 Zorn 引理知道 Θ 具有某极大元 (M_0, φ_0). 倘若存在 $x \in L \setminus M_0$,

---

① 可以取子域 $\bigcup_{(M, \varphi) \in \Theta_0} M$ 并考虑延拓所有 $\varphi : M \to \Omega$, $(M, \varphi) \in \Theta_0$ 的唯一的 K-代数同态.

那么 $M_0(x) \cong M_0[T]/(P_{M_0,x})$ 是严格包含 M_0 的 L 的子域, 其中 $P_{M_0,x}$ 是 x 在 M_0 上的极小多项式. 另外, 由于 Ω 是代数闭域, 由命题 A.3.3 知存在 $\alpha \in \Omega$ 使得 $P_{M_0,x}(\alpha) = 0$. 从而

$$M_0[T] \longrightarrow \Omega, \quad P \longmapsto P(\alpha)$$

诱导了 M_0-代数同态 $\tilde{\varphi} : M_0(x) \to \Omega$. 这说明了 $(M_0(x), \tilde{\varphi_0}) \in \Theta$ 并且 $(M_0, \varphi_0) \prec (M_0(x), \tilde{\varphi_0})$. 这与 (M_0, φ_0) 的极大性矛盾. 所以 $M_0 = L$ 且 $\varphi_0 \in \mathrm{Hom}_{K\text{-alg}}(L, \Omega)$.

(2) 假设 Ω 是 K 的代数闭包. 设 $g : \Omega \to \Omega'$ 为 Ω 的代数扩张. 对任意 K 的代数扩张 L/K, 存在 $h \in \mathrm{Hom}_{K\text{-alg}}(L, \Omega)$. 这样 $g \circ h \in \mathrm{Hom}_{K\text{-alg}}(L, \Omega')$, 这说明 $\mathrm{Hom}_{K\text{-alg}}(L, \Omega')$ 非空. 所以 Ω' 也是 K 的代数闭包, 从而 g 是同构 (见注 A.3.1). 由命题 A.3.3 知 Ω 是代数闭域.

反过来, 若 Ω 是代数闭域, 由 (1) 知扩张 $K \to \Omega$ 满足定义 A.3.3 中的半泛性质, 所以是 K 的代数闭包. □

推论 A.3.3 设 K 为域, $f : K \to \Omega$ 为 K 的代数闭包. 若 L_1 和 L_2 是 Ω 的包含 $f(K)$ 的子域, 那么任意 K-代数同态 $L_1 \to L_2$ 可以延拓为 Ω 的 K-代数自同构.

证明 只需要考虑 $L_2 = \Omega$ 的情形. 设 $g : L_1 \to \Omega$ 为 K-代数同态. 由于 f 是代数扩张, 知 g 也是代数扩张. 令 $i : L_1 \to \Omega$ 为包含映射. 由命题 A.3.4 知 Ω 是代数闭域, 进而知 $i : L_1 \to \Omega$ 是 L_1 的代数闭包, 从而存在自同态 $\varphi : \Omega \to \Omega$ 使得如下图表交换

由于 g 是 K-代数同态, 知 φ 亦然. 又由命题 A.3.2 知 φ 是 K-代数自同构. 从而 $\varphi^{-1} : \Omega \to \Omega$ 是延拓 g 的 K-代数自同构. □

推论 A.3.4 设 Ω'/K 为域扩张并令 Ω 为 K 在 Ω' 中的整闭包. 假设 Ω' 是代数闭域, 那么 Ω 是 K 的代数闭包.

证明 由命题 A.3.1 知 Ω 是域 K 的代数扩张. 若 L/K 是代数扩张, 由命题 A.3.4 (1) 知存在 K-代数同态 $f : L \to \Omega'$. 由于 $f(L)$ 中的元素都是 K 上的整元, 知 $f(L) \subset \Omega$, 从而 f 其实是 $\mathrm{Hom}_{K\text{-alg}}(L, \Omega)$ 中的元素. 这说明 $\mathrm{Hom}_{K\text{-alg}}(L, \Omega)$ 非空. 从而 Ω 是 K 的代数闭包. □

推论 A.3.5 设 L/K 为域的代数扩张, Ω 为 K 的代数闭包. 那么 K-代数自同构群 $\mathrm{Aut}_{K\text{-alg}}(\Omega)$ 如下左作用在 $\mathrm{Hom}_{K\text{-alg}}(L, \Omega)$ 之上:

$$\mathrm{Aut}_{K\text{-alg}}(\Omega) \times \mathrm{Hom}_{K\text{-alg}}(L, \Omega) \longrightarrow \mathrm{Hom}_{K\text{-alg}}(L, \Omega), \quad (\sigma, \tau) \longmapsto \sigma \circ \tau.$$

这个群作用满足传递性, 也就是说对任意 $\mathrm{Hom}_{K\text{-alg}}(L, \Omega)$ 中的两个元素 τ_0 和 τ, 均存在 $\sigma \in \mathrm{Aut}_{K\text{-alg}}(\Omega)$ 使得 $\tau = \sigma \circ \tau_0$.

证明 任取 L 到 Ω 的 K-代数同态后可将 L 视为 Ω 的包含 K 的子域. 由推论 A.3.3 知可将 τ_0 和 τ 分别延拓成 Ω 的 K-代数自同构 $\widetilde{\tau}_0$ 和 $\widetilde{\tau}$. 令 $\sigma = \widetilde{\tau} \circ \widetilde{\tau}_0^{-1}$. 那么对任意 $x \in L$ 有

$$\sigma(\tau_0(x)) = \widetilde{\tau}(\widetilde{\tau}_0^{-1}(\tau_0(x))) = \widetilde{\tau}(x) = \tau(x). \qquad \square$$

A.4 域上的可分有限代数

命题 A.4.1 设 K 为域, L 为有限 K-代数 (见定义 A.2.3). 令 K'/K 为域扩张并令 $\mathrm{Hom}_K(L, K')$ 为从 L 到 K' 的所有 K-线性映射构成的 K'-线性空间. 那么 $\mathrm{Hom}_{K\text{-alg}}(L, K')$ 是 $\mathrm{Hom}_K(L, K')$ 中的 K'-线性无关组.

证明 设 $f_1, \cdots, f_n$ 为 $\mathrm{Hom}_{K\text{-alg}}(L, K')$ 中两两不同的元素. 将对 n 归纳来证明 $f_1, \cdots, f_n$ 在 K' 上线性无关. $n = 0$ 的情形是显然的. 以下假设 $n \geqslant 1$ 且 $(\lambda_1, \cdots, \lambda_n)$ 是 $(K')^n$ 中的元素, 使得

$$\forall x \in L, \quad \lambda_1 f_1(x) + \cdots + \lambda_n f_n(x) = 0.$$

设 y 为 L 中任一元素, 注意到对任意 $x \in L$ 有

$$\sum_{i=1}^{n-1} \lambda_i(f_i(y) - f_n(y)) f_i(x) = \sum_{i=1}^{n} \lambda_i(f_i(y) - f_n(y)) f_i(x)$$

$$= \sum_{i=1}^{n} \lambda_i f_i(xy) - f_n(y) \sum_{i=1}^{n} \lambda_i f_i(x) = 0.$$

从而由归纳假设知

$$\forall i \in \{1, \cdots, n-1\}, \forall y \in L, \quad \lambda_i(f_i(y) - f_n(y)) = 0.$$

而 $f_1, \cdots, f_n$ 两两相异, 故 $\lambda_1 = \cdots = \lambda_{n-1} = 0$. 从而 $\lambda_n = \lambda_n f_n(1) = 0$. $\qquad \square$

定义 A.4.1 设 K 为域, Ω 为 K 的代数闭包. 若 L 是有限 K-代数, 用 $[L:K]$ 表示 L 作为 K-线性空间的维数. 用 $[L:K]_s$ 表示从 L 到 Ω 的 K-代数同态的个数, 也就是说,

$$[L:K]_s := \mathrm{Card}(\mathrm{Hom}_{K\text{-alg}}(L, \Omega)).$$

注 A.4.1 设 K 为域, L 为有限的交换 K-代数, Ω'/K 为域扩张, Ω 为 K 在 Ω' 中的整闭包 (见定义 A.2.5). 假设 $f: L \to \Omega'$ 是 K-代数同态, 那么 $f(L)$ 是有限维 K-线性空间. 由命题 A.2.1 知 $f(L)$ 中的元素都是 K 上的整元, 从而 $f(L) \subset \Omega$. 这说明

$$\mathrm{Hom}_{K\text{-alg}}(L, \Omega') = \mathrm{Hom}_{K\text{-alg}}(L, \Omega).$$

当 Ω' 是代数闭域时, Ω 是 K 的代数闭包 (见推论 A.3.4), 从而以下等式成立

$$[L:K]_s = \mathrm{Card}(\mathrm{Hom}_{K\text{-alg}}(L, \Omega')). \tag{A.2}$$

命题 A.4.2 设 K 为域, L 为有限 K-代数. 那么如下不等式成立

$$[L:K]_s \leqslant [L:K].$$

另外, 以下条件等价:

(1) $[L:K]_s = [L:K]$;

(2) 若 Ω/K 是域扩张, 其中 Ω 是代数闭域, 那么 $\mathrm{Hom}_{K\text{-alg}}(L, \Omega)$ 构成 $\mathrm{Hom}_K(L, \Omega)$ 的一组基;

(3) 若 Ω/K 是域扩张, 其中 Ω 是代数闭域, 那么 $L \otimes_K \Omega$ 作为 Ω-代数同构于 $\Omega^{[L:K]}$;

(4) 存在某个域扩张 Ω/K, 使得 $L \otimes_K \Omega$ 作为 Ω-代数同构于 $\Omega^{[L:K]}$.

证明 (1)$\Longrightarrow$(2): 设 Ω/K 为域扩张, 使得 Ω 是代数闭域. 命题 A.4.1 说明了 $\mathrm{Hom}_{K\text{-alg}}(L, \Omega)$ 是 $\mathrm{Hom}_K(L, \Omega)$ 中的 Ω-线性无关组. 从而

$$[L:K]_s = \mathrm{Card}(\mathrm{Hom}_{K\text{-alg}}(L, \Omega)) \leqslant \dim_\Omega(\mathrm{Hom}_K(L, \Omega)) = [L:K].$$

如果等号成立, 那么 $\mathrm{Hom}_{K\text{-alg}}(L, \Omega)$ 构成 Ω-线性空间 $\mathrm{Hom}_K(L, \Omega)$ 的一组基, 这便证明了 (1)$\Longrightarrow$(2).

(2)$\Longrightarrow$(3): 假设 $\mathrm{Hom}_{K\text{-alg}}(L, \Omega) = \{f_1, \cdots, f_n\}$ 构成 Ω-线性空间 $\mathrm{Hom}_K(L, \Omega)$ 的一组基. Ω-线性映射

$$\mathrm{Hom}_K(L, \Omega) \longrightarrow \mathrm{Hom}_\Omega(L \otimes_K \Omega, \Omega)$$
$$f \longmapsto (x \otimes a \mapsto af(x))$$

是一一对应, 其逆映射将 $\varphi: L \otimes_K \Omega \to \Omega$ 映为 $(x \in L) \mapsto \varphi(x \otimes 1)$. 所以 $f_1, \cdots, f_n$ 看作 $\mathrm{Hom}_\Omega(L \otimes_K \Omega, \Omega)$ 的元素后构成 $L \otimes_K \Omega$ 作为 Ω-线性空间的对偶空间的一组基. 从而 K-代数同态 $f: L \otimes_K \Omega \longrightarrow \Omega^n$,

$$f(x_1 \otimes \lambda_1 + \cdots + x_r \otimes \lambda_r) := \sum_{i=1}^r \lambda_i(f_1(x_i), \cdots, f_n(x_i))$$

是同构.

(3)$\Longrightarrow$(4) 是因为条件 (4) 是 (3) 的特例.

(4)$\Longrightarrow$(1): 若 Ω' 是 Ω 的代数闭包, 那么 $L \otimes_K \Omega' \cong (L \otimes_K \Omega) \otimes_K \Omega'$ 作为 Ω-代数同构于 $(\Omega')^{[L:K]}$, 因此不妨假设 Ω 是代数闭域. 注意到 $\Omega^{[L:K]}$ 到 Ω 的 $[L:K]$ 个投影映射都是 K-代数同态. 这说明了 $\mathrm{Hom}_{K\text{-alg}}(L, \Omega)$ 中有 $[L:K]$ 个两两不同的元素, 从而 $[L:K]_s = [L:K]$. □

定义 A.4.2 设 K 为域, L 为有限 K-代数. 倘若 $[L:K]_s = [L:K]$, 就说 L 是**可分**K-代数. 特别地, 如果 L 是域 K 的有限扩张, 作为 K-代数是可分代数, 则说 L 是 K 的**可分扩张**.

命题 A.4.3 设 K 为域, L 为有限 K-代数. 若 K'/K 是域扩张, 那么

$$[L:K]_s = [L \otimes_K K' : K']_s.$$

特别地, L 是可分 K-代数当且仅当 $L \otimes_K K'$ 是可分 K'-代数.

证明 设 Ω' 为 K' 的代数闭包. 依定义有

$$[L \otimes_K K' : K']_s = \mathrm{Card}(\mathrm{Hom}_{K'\text{-alg}}(L \otimes_K K', \Omega')).$$

而映射

$$\mathrm{Hom}_{K\text{-alg}}(L, \Omega') \longrightarrow \mathrm{Hom}_{K'\text{-alg}}(L \otimes_K K', \Omega'),$$
$$f \longmapsto (s \otimes \lambda \mapsto \lambda f(s))$$

是双射, 从而由公式 (A.2) 得到

$$[L \otimes_K K' : K']_s = \mathrm{Card}(\mathrm{Hom}_{K\text{-alg}}(L, \Omega')) = [L:K]_s.$$ □

命题 A.4.4 设 K'/K 为域的有限扩张, L 为有限 K'-代数. 那么 L 作为 K-代数是有限代数, 并且如下等式成立

$$[L:K] = [L:K'][K':K], \tag{A.3}$$

$$[L:K]_s = [L:K']_s[K':K]_s. \tag{A.4}$$

特别地, L 作为 K-代数是可分代数当且仅当 K'/K 是可分扩张且 L 作为 K'-代数是可分代数.

证明 设 $(b_i)_{i=1}^n$ 为 K' 在 K 上的一组基, $(s_j)_{j=1}^m$ 为 L 在 K' 上的一组基. 那么

$$(b_i s_j)_{(i,j) \in \{1, \cdots, n\} \times \{1, \cdots, m\}}$$

为 L 在 K 上的一组基. 从而 L 作为 K-线性空间是有限维的, 并且等式 (A.3) 成立.

设 Ω' 为 K' 的代数闭包. 对任意 $\varphi \in \mathrm{Hom}_{K\text{-alg}}(K', \Omega')$, 选择一个延拓 φ 的 K-代数自同构 $\widetilde{\varphi}: \Omega' \to \Omega'$ (这样的自同构的存在性见推论 A.3.3). 注意到映射

$$\mathrm{Hom}_{K\text{-alg}}(K', \Omega') \times \mathrm{Hom}_{K'\text{-alg}}(L, \Omega') \longrightarrow \mathrm{Hom}_{K\text{-alg}}(L, \Omega'),$$
$$(\varphi, \psi) \longmapsto \widetilde{\varphi}^{-1} \circ \psi$$

是双射, 其逆映射将 $\eta \in \mathrm{Hom}_{K\text{-alg}}(L, \Omega')$ 映为

$$(\eta|_{K'}, \widetilde{\eta|_{K'}} \circ \eta).$$

从而等式 (A.4) 成立. □

定义 A.4.3 设 K 为域, L 为有限 K-代数. 对任意 $\alpha \in L$,

(1) 用 $M_{L/K, \alpha}$ 表示从 L 到自身将 $s \in L$ 映为 αs 的 K-线性映射;

(2) 用 $Q_{L/K, \alpha} \in K[T]$ 表示 $M_{L/K, \alpha}$ 的特征多项式;

(3) 用 $\mathrm{Tr}_{L/K}(\alpha)$ 表示 $M_{L/K, \alpha}$ 的迹;

(4) 用 $N_{L/K}(\alpha)$ 表示 $M_{L/K, \alpha}$ 的行列式.

依定义, 多项式 $Q_{L/K, \alpha} \in K[T]$ 形如

$$Q_{L/K, \alpha}(T) = T^d - \mathrm{Tr}_{L/K}(\alpha) T^{d-1} + \cdots + (-1)^d N_{L/K}(\alpha),$$

其中 $d = [L:K]$. 另外, 若 α 和 β 是 L 中两个元素, 那么

$$M_{L/K, \alpha+\beta} = M_{L/K, \alpha} + M_{L/K, \beta}, \quad M_{L/K, \alpha\beta} = M_{L/K, \alpha} \circ M_{L/K, \beta}.$$

特别地, 如下等式成立

$$\mathrm{Tr}_{L/K}(\alpha + \beta) = \mathrm{Tr}_{L/K}(\alpha) + \mathrm{Tr}_{L/K}(\beta),$$

$$N_{L/K}(\alpha\beta) = N_{L/K}(\alpha) N_{L/K}(\beta).$$

命题 A.4.5 设 L 为可分有限 K-代数, Ω 为包含 L 的代数闭域. 那么以下命题成立.

(1) 对任意 $\alpha \in L$, 多项式 $Q_{L/K, \alpha}$ 在 $\Omega[T]$ 中可以分解成

$$Q_{L/K, \alpha}(T) = \prod_{\sigma \in \mathrm{Hom}_{K\text{-alg}}(L, \Omega)} (T - \sigma(\alpha)). \tag{A.5}$$

(2) 对任意 $\alpha \in L$,

$$\mathrm{Tr}_{L/K}(\alpha) = \sum_{\sigma \in \mathrm{Hom}_{K\text{-alg}}(L, \Omega)} \sigma(\alpha), \tag{A.6}$$

$$N_{L/K}(\alpha) = \prod_{\sigma \in \mathrm{Hom}_{K\text{-alg}}(L,\Omega)} \sigma(\alpha). \tag{A.7}$$

(3) 设 A 为 K 的子环, B 为 A 在 L 中的整闭包. 对任意 $\alpha \in B$, $\mathrm{Tr}_{L/K}(\alpha)$ 和 $N_{L/K}(\alpha)$ 都是 A 上的整元. 特别地, 如果 A 在 K 中整闭, 那么 $\mathrm{Tr}_{L/K}(\alpha)$ 和 $N_{L/K}(\alpha)$ 属于 A.

证明 设 $\mathrm{Hom}_{K\text{-alg}}(L,\Omega) = \{\sigma_1, \cdots, \sigma_d\}$. 由命题 A.4.2 及其证明知 K-代数同态

$$\varphi : L \otimes_K \Omega \longrightarrow \Omega^d, \quad x \otimes \lambda \mapsto (\lambda \sigma_i(x))_{i=1}^d$$

是同构. 在这个同构下, $M_{L/K,\alpha}$ 诱导的 Ω^d 的自同态将 $(\omega_1, \cdots, \omega_d)$ 映为 $(\sigma_1(\alpha)\omega_1, \cdots, \sigma_d(\alpha)\omega_d)$, 其特征多项式为

$$\prod_{i=1}^d (T - \sigma_i(\alpha)).$$

由于该特征多项式与 $M_{L/K,\alpha}$ 的特征多项式相同, 知 (1) 成立. (2) 是 (1) 的直接推论.

(3) 由于 α 是 A 上的整元, 对任意 $\sigma \in \mathrm{Hom}_{K\text{-alg}}(L,\Omega)$, $\sigma(\alpha)$ 是 A 上的整元. 由 (A.5) 知 $Q_{L/K,\alpha}$ 的系数都是 A 上的整元, 从而 $\mathrm{Tr}_{L/K}(\alpha)$ 和 $N_{L/K}(\alpha)$ 都是 A 上的整元. $\quad\square$

引理 A.4.1 设 K 为域, L 为有限的交换 K-代数. 假设 L 是约化环[①], 那么存在 K 的有限扩张 $K_1, \cdots, K_n$ 使得 L 同构于 $K_1 \times \cdots \times K_n$.

证明 对 $[L:K]$ 归纳. 当 $[L:K] = 0$ 时命题显然成立. 当 $[L:K] = 1$ 时 L 同构于 K, 命题成立. 另外, 如果 L 是一个域, 那么它是 K 的有限扩张, 从而命题也成立. 如果 L 不是一个域, 在 L 的非零理想中取一个作为 K-线性空间维数最小的, 记作 $\mathfrak{a}$. 由于 L 不是域, 知 $\mathfrak{a} \neq L$, 也就是说 $1 \notin \mathfrak{a}$. 在 $\mathfrak{a}$ 中任选一个非零元 x. 由于 $x^2 \neq 0$ 且 x^2 生成的理想包含于 $\mathfrak{a}$, 知 $\mathfrak{a} = x^2 L$. 这说明了 $\mathfrak{a}^2 = \mathfrak{a}$. 由推论 A.1.1 知存在 $b \in \mathfrak{a}$ 使得

$$\forall y \in \mathfrak{a}, \quad by = y.$$

特别地, $b \notin \{0,1\}$ 且 $b^2 = b$ 令 $L_0 = L/bL$, $L_1 = L/(1-b)L$, 并令 $p_0 : L \to L_0$ 和 $p_1 : L \to L_1$ 为投影同态. 用 $\varphi : L \to L_0 \times L_1$ 表示将 $s \in L$ 映为 $(p_0(s), p_1(s))$ 的 K-代数同态. 对任意 $(s,t) \in L \times L$ 有

$$p_0(bt + (1-b)s) = p_0(s), \quad p_1(bt + (1-b)s) = p_1(t),$$

---

① 即 L 不含有非零的幂零元.

从而 φ 是满射. 另外, 若 u 是 $bL \cap (1-b)L$ 中的元素, 那么存在 $(s,t) \in L \times L$ 使得 $u = bs = (1-b)t$. 这样

$$bu = b(1-b)t = 0, \quad (1-b)u = b(1-b)s = 0,$$

从而 $u = bu + (1-b)u = 0$. 如此便知道 φ 是 K-代数同构. 由于 $b \notin \{0,1\}$, 知

$$\max\{[L_0 : K], [L_1 : K]\} < [L : K].$$

由归纳假设就得到要证的命题. □

　　命题 A.4.6　设 K 为域, L 为有限的交换 K-代数. 那么以下条件等价:

(1) L 是可分 K-代数;

(2) 对任意域扩张 K'/K, $L \otimes_K K'$ 是约化环;

(3) 若 Ω 是 K 的代数闭包, 那么 $L \otimes_K \Omega$ 是约化环;

(4) 对任意 $\alpha \in L$, α 在 K 上的极小多项式 P_α 是可分多项式[①];

(5) L 上的对称 K-双线性形式

$$L \times L \longrightarrow K, \quad (\alpha, \beta) \longmapsto \mathrm{Tr}_{L/K}(\alpha\beta) \tag{A.8}$$

是非退化[②]的双线性形式.

　　证明　(1)$\Longrightarrow$(2): 首先证明 L 是约化环. 假设 L 具有非零的幂零元 α. 设 Ω 为 K 的代数闭包. 那么至少存在一个 K-线性映射 $f : L \to \Omega$ 使得 $f(\alpha)$ 非零. 然而对任意 K-代数同态 $\varphi : L \to \Omega$, $\varphi(\alpha)$ 是 Ω 中的幂零元, 从而 $\varphi(\alpha) = 0$. 这样 f 不能写成 K-代数同态的 Ω-线性组合. 由命题 A.4.2 知 L 不是可分 K-代数.

　　如果 K'/K 是域扩张, 由命题 A.4.3 知 $L \otimes_K K'$ 是可分 K'-代数, 由上述推理知 $L \otimes_K K'$ 是约化环.

　　(3) 是 (2) 的特例.

　　(3)$\Longrightarrow$ (4): 令 Ω 为 K 的代数闭包. 注意到 α 在 K 上的极小多项式也等于 K-线性映射 $M_{L/K,\alpha}$ 的极小多项式. 这说明了 P_α 也是 $\alpha \otimes 1 \in L \otimes_K \Omega$ 在 Ω 上的极小多项式. 如果 P_α 不是可分多项式, 那么存在 $Q \in \Omega[T]$ 以及自然数 $n \geqslant 1$, 使得 $\deg(Q) < \deg(P_\alpha)$ 且 P_α 整除 Q^n. 这样 $Q(\alpha \otimes 1) \neq 0$ 但 $Q(\alpha \otimes 1)^n = 0$, 这与 $L \otimes_K \Omega$ 是约化环矛盾.

　　(4)$\Longrightarrow$(5): 假设 $\alpha \in L \setminus \{0\}$ 使得对任意不小于 1 的自然数有 $\mathrm{Tr}_{L/K}(\alpha^n) = 0$. 令 Ω 为 K 的代数闭包. 假设 $M_{L/K,\alpha}$ 不是幂零映射, 并设 $\lambda_1, \cdots, \lambda_r$ 为 $M_{L/K,\alpha}$

---

①　即 P_α 在 K 的代数闭包中的根都不是重根.

②　也就是说, 对任意 $\alpha \in L \setminus \{0\}$ 都存在 $\beta \in L$ 使得 $\mathrm{Tr}_{L/K}(\alpha\beta) \neq 0$.

的特征多项式 $Q_{L/K,\alpha}$ 在 Ω 中两两不同的非零的根, $d_1, \cdots, d_r$ 分别为 $\lambda_1, \cdots, \lambda_r$ 的重数. 那么

$$\forall i \in \{1, \cdots, r\}, \quad \mathrm{Tr}_{L/K}(\alpha^i) = d_1\lambda_1^i + \cdots + d_r\lambda_r^i = 0.$$

然而由 Vandermonde 矩阵的行列式公式知

$$\det \begin{pmatrix} \lambda_1 & \lambda_2 & \cdots & \lambda_r \\ \lambda_1^2 & \lambda_2^2 & \cdots & \lambda_r^2 \\ \vdots & \vdots & & \vdots \\ \lambda_1^r & \lambda_2^r & \cdots & \lambda_r^r \end{pmatrix} = \lambda_1 \cdots \lambda_r \prod_{\substack{(i,j) \in \{1,\cdots,r\}^2 \\ i < j}} (\lambda_i - \lambda_j) \neq 0.$$

这与上式矛盾. 从而 $M_{L/K,\alpha}$ 必是幂零映射. 由于 $M_{L/K,\alpha}$ 的极小多项式 P_α 在 Ω 中没有重根, 知 $M_{L/K,\alpha} = 0$. 这与 α 非零的假设矛盾.

(5)$\Longrightarrow$(2): 令 K'/K 为域扩张并用 $L_{K'}$ 表示 $L \otimes_K K'$. 注意到

$$(L \otimes_K K') \times (L \otimes_K K') \longrightarrow \Omega, \quad (x,y) \longmapsto \mathrm{Tr}_{(L \otimes_K K')/K'}(xy) \tag{A.9}$$

是由 (A.8) 在域扩张 K'/K 下诱导的双线性形式, 从而也是非退化的双线性形式. 假设 x 是 $L \otimes_K K'$ 中的幂零元, 那么对任意 $y \in L \otimes_K K'$ 来说 xy 也是 $L \otimes_K K'$ 中的幂零元, 进而 $\mathrm{Tr}_{(L \otimes_K K')/K'}(xy) = 0$. 由于双线性形式 (A.9) 非退化, 知 $x = 0$. 这说明了 $L \otimes_K K'$ 是约化环.

(2)$\Longrightarrow$(1): 令 Ω 为 K 的代数闭包. 由于 $L \otimes_K \Omega$ 是约化环, 由引理 A.4.1 知存在 $n \in \mathbb{N}$ 使得 $L \otimes_K \Omega \cong \Omega^n$. 由命题 A.4.2 得到 L 是可分 K-代数. $\qquad\square$

推论 A.4.6 设 L 为可分有限 K 代数. 在 K-线性空间 $\mathrm{Hom}_K(L,K)$ 上考虑运算

$$L \times \mathrm{Hom}_K(L,K) \longrightarrow \mathrm{Hom}_K(L,K), \quad (a,f) \longmapsto (x \mapsto f(ax)).$$

在这个运算下 $\mathrm{Hom}_K(L,K)$ 构成秩为 1 的自由 L-模, 其一个生成元是迹映射 $\mathrm{Tr}_{L/K}$.

证明 考虑 L 上的 K-双线性形式

$$L \times L \longrightarrow K, \quad (a,b) \longmapsto \mathrm{Tr}_{L/K}(ab).$$

由于 L/K 是可分有限扩张, 这个 K-双线性形式非退化. 从而任意 $\mathrm{Hom}_K(L,K)$ 中的元素可以唯一地写成 $x \mapsto \mathrm{Tr}_{L/K}(ax)$ 的形式, 其中 $a \in L$. 这说明 $\mathrm{Hom}_K(L,K)$ 是由 $\mathrm{Tr}_{L/K}$ 生成的自由 L-模. $\qquad\square$

定义 A.4.4 设 L 为有限 K-代数. 如果 $(e_i)_{i=1}^r$ 是 L 在 K 上的一组基, 用 $H_{L/K}(e_1, \cdots, e_r)$ 表示对称矩阵

$$\begin{pmatrix} \mathrm{Tr}_{L/K}(e_1^2) & \mathrm{Tr}_{L/K}(e_1 e_2) & \cdots & \mathrm{Tr}_{L/K}(e_1 e_r) \\ \mathrm{Tr}_{L/K}(e_2 e_1) & \mathrm{Tr}_{L/K}(e_2^2) & \cdots & \mathrm{Tr}_{L/K}(e_2 e_r) \\ \vdots & \vdots & & \vdots \\ \mathrm{Tr}_{L/K}(e_r e_1) & \mathrm{Tr}_{L/K}(e_r e_2) & \cdots & \mathrm{Tr}_{L/K}(e_r^2) \end{pmatrix},$$

并用 $\mathrm{Disc}_{L/K}(e_1, \cdots, e_r)$ 来表示该矩阵的行列式, 称作 $(e_i)_{i=1}^r$ 的**判别式**. 由命题 A.4.6 知 L 为可分 K-代数当且仅当 L 上的 K-双线性形式 $(\alpha, \beta) \mapsto \mathrm{Tr}_{L/K}(\alpha\beta)$ 非退化, 即 $\mathrm{Disc}_{L/K}(e_1, \cdots, e_r) \neq 0$.

命题 A.4.7 设 L 为有限 K-代数, $(e_i)_{i=1}^d$ 为 L 作为 K-线性空间的一组基, Ω 为 K 的扩张, 使得 Ω 是代数闭域.

(1) 假设 L 是可分 K-代数, $\mathrm{Hom}_K(L, \Omega) = \{\sigma_1, \cdots, \sigma_d\}$, 并令

$$A_{L/K}(e_1, \cdots, e_d) = \begin{pmatrix} \sigma_1(e_1) & \sigma_2(e_1) & \cdots & \sigma_d(e_1) \\ \sigma_1(e_2) & \sigma_2(e_2) & \cdots & \sigma_d(e_2) \\ \vdots & \vdots & & \vdots \\ \sigma_1(e_d) & \sigma_2(e_d) & \cdots & \sigma_d(e_d) \end{pmatrix}.$$

那么如下等式成立

$$H_{L/K}(e_1, \cdots, e_d) = A_{L/K}(e_1, \cdots, e_d) A_{L/K}(e_1, \cdots, e_d)^{\mathrm{T}},$$

其中 $A_{L/K}(e_1, \cdots, e_d)^{\mathrm{T}}$ 表示 $A_{L/K}(e_1, \cdots, e_d)$ 的转置矩阵.

(2) 假设 L 是由一个元素 α 生成的. 那么 L 是可分 K-代数当且仅当 α 的极小多项式是可分多项式. 另外当 L 是可分 K-代数时

$$\mathrm{Disc}_{L/K}(1, \alpha, \cdots, \alpha^{d-1}) = \prod_{\substack{(i,j) \in \mathbb{N}^2 \\ 1 \leqslant i < j \leqslant d}} (\sigma_i(\alpha) - \sigma_j(\alpha))^2.$$

证明 (1) 由命题 A.4.5 (2) 知

$$\mathrm{Tr}_{L/K}(e_i e_j) = \sum_{\ell=1}^d \sigma_\ell(e_i e_j) = \sum_{\ell=1}^d \sigma_\ell(e_i) \sigma_\ell(e_j).$$

从而要证的等式成立.

(2) 由命题 A.4.6 知, 如果 L 是可分 K-代数, 那么 α 的极小多项式是可分多项式. 反过来, 假设 α 的极小多项式

$$P(T) = T^d + a_1 T^{d-1} + \cdots + a_d$$

是可分多项式. 令 Ω 为 K 的代数闭包, 并令 $\omega_1, \cdots, \omega_d$ 为 P 在 Ω 中 d 个相异的根. 由于 L 由 α 生成, 知 $L \cong K[T]/(P)$. 对任意 $i \in \{1, \cdots, d\}$, 从 $K[T]/(P)$ 到 Ω 将多项式 Q 的等价类映为 $Q(\omega_i)$ 的映射是 K-代数同态. 这说明 $[L:K]_s = [L:K]$, 从而 L 是可分 K-代数.

注意到 $\{1, \alpha, \cdots, \alpha^{d-1}\}$ 构成 L 在 K 上的一组基. 此时

$$A_{L/K}(1, \alpha, \cdots, \alpha^{d-1}) = \begin{pmatrix} 1 & 1 & \cdots & 1 \\ \sigma_1(\alpha) & \sigma_2(\alpha) & \cdots & \sigma_d(\alpha) \\ \vdots & \vdots & & \vdots \\ \sigma_1(\alpha)^{d-1} & \sigma_2(\alpha)^{d-1} & \cdots & \sigma_d(\alpha)^{d-1} \end{pmatrix}$$

是 Vandermonde 矩阵, 从而

$$\begin{aligned} \mathrm{Disc}_{L/K}(1, \alpha, \cdots, \alpha^{d-1}) &= \det(A_{L/K}(1, \alpha, \cdots, \alpha^{d-1}))^2 \\ &= \prod_{\substack{(i,j) \in \mathbb{N}^2 \\ 1 \leqslant i < j \leqslant d}} (\sigma_i(\alpha) - \sigma_j(\alpha))^2. \quad \square \end{aligned}$$

定义 A.4.5 设 L/K 为域的有限扩张, $\alpha \in L$. 如果 α 在 K 上的极小多项式是可分多项式, 就说 α 在 K 上**可分**. L 中所有在 K 上可分的元素组成的集合称为 K 在 L 中的**可分闭包**. 由命题 A.4.6 知 K 在 L 中的可分闭包等于 L 当且仅当 L/K 是可分扩张. 如果 K 在 L 中的可分闭包等于自身, 则说 L/K 是**完全不可分扩张**.

命题 A.4.8 设 L/K 为域的有限扩张, K^s 为 K 在 L 中的可分闭包. 那么 K^s 是 L 的包含 K 的子域, 作为 K 的扩张是可分扩张. 另外, L/K^s 是完全不可分扩张.

证明 设 a 和 b 是 L 中两个可分元素. 由于 b 在 $K(a)$ 上的极小多项式整除它在 K 上的极小多项式, 知 b 是 $K(a)$ 上的可分元素. 由命题 A.4.7 (2) 知 $K(a,b)/K(a)$ 和 $K(a)/K$ 都是可分扩张, 进而由命题 A.4.4 知 $K(a,b)/K$ 是可分扩张. 由命题 A.4.6 知 $K(a,b)$ 中的元素都是 K 上的可分元素, 即 $K(a,b) \subset K^s$. 从而 K^s 是 L 的包含 K 的子域. 另外, 由于 K^s 中的元素都是 K 上的可分元素, 由命题 A.4.6 知 K^s/K 是可分扩张.

如果存在 $\alpha \in L \setminus K^s$ 是 K^s 上的可分元素, 由命题 A.4.7 (2) 知 $K^s(\alpha)/K^s$ 是可分扩张, 从而由命题 A.4.4 和扩张 K^s/K 的可分性知 $K^s(\alpha)/K$ 是可分扩张. 这说明 α 是 K 上的可分元素, 矛盾. □

注 A.4.2 设 L/K 为域的有限扩张, $\alpha \in L$,

$$P(T) = T^d + a_1 T^{d-1} + \cdots + a_d$$

为 α 的极小多项式. 令 P' 为 P 的导多项式, 定义为

$$P'(T) = dT^{d-1} + (d-1)a_1 T^{d-2} + \cdots + a_{d-1}.$$

注意到 P 是可分多项式当且仅当多项式 P 和 P' 互素. 由于 P 是不可约多项式, 而 $\deg(P') < \deg(P)$, 所以 P 是可分多项式当且仅当 $P' \neq 0$. 这说明了当 K 的特征为 0 时 L/K 总是可分扩张.

假设 K 的特征为某素数 p. 那么 $P' = 0$ 当且仅当 $p \mid d$ 且对任意的 $n \in \{1, \cdots, d\} \setminus p\mathbb{Z}$ 有 $a_n = 0$. 此时多项式 P 可以写成

$$P(T) = (T^p)^{d/p} + a_{d-p}(T^p)^{(d-p)/p} + \cdots + a_d$$

的形式. 特别地, α^p 的特征多项式的次数不超过 d/p. 通过递归可以证明存在 $b \in \mathbb{N}$, $b \geqslant 1$, 使得 $p^b \leqslant d$ 且 α^{p^b} 在 K 上可分. 特别地, 如果 L/K 是完全不可分扩张, 那么存在 $b \in \mathbb{N}$, $b \geqslant 1$ 使得 $p^b \leqslant [L:K]$ 且对任意 $\alpha \in L$ 有 $\alpha^{p^b} \in K$.

命题 A.4.9 设 L/K 为域的有限扩张. 那么 $[L:K]_s = 1$ 当且仅当 L/K 是完全不可分扩张. 特别地, 如果 K^s 是 K 在 L 中的可分闭包, 那么

$$[K^s : K] = [L : K]_s. \tag{A.10}$$

证明 当 K 的特征为 0 时 L/K 总是可分扩张, 此时 $[L:K]_s = [L:K]$. 所以 $[L:K]_s = 1$ 当且仅当 $L = K$, 而 K/K 也是唯一的完全不可分扩张. 从而命题成立.

以下假设 K 的特征 p 大于 0 并令 Ω 为 K 的代数闭包. 假设 L/K 是完全不可分扩张. 由注 A.4.2 知存在 $b \in \mathbb{N}$, $b \geqslant 1$ 使得对任意 $\alpha \in L$ 有 $\alpha^{p^b} \in K$. 若 f 和 g 为从 L 到 Ω 的两个 K-代数同态, 那么

$$\forall \alpha \in L, \quad f(\alpha)^{p^b} = g(\alpha)^{p^b}.$$

而域 K 的特征为 p, 将 $(f(\alpha) - g(\alpha))^{p^b}$ 二项式展开知

$$(f(\alpha) - g(\alpha))^{p^b} = f(\alpha)^{p^b} + (-1)^{p^b} g(\alpha)^{p^b} = f(\alpha)^{p^b} - g(\alpha)^{p^b} = 0,$$

即 $f(\alpha) = g(\alpha)$. 反过来, 如果 $L \setminus K$ 中含有至少一个 K 上的可分元 β, 那么

$$[K(\beta) : K]_s = [K(\beta) : K] > 1,$$

从而由 (A.4) $[L : K]_s = [L : K(\beta)]_s [K(\beta) : K]_s > 1$.

最后, 由于 K^s/K 是可分扩张, 知

$$[K^s : K] = [K^s : K]_s = \frac{[L : K]_s}{[L : K^s]_s} = [L : K]_s. \qquad \square$$

引理 A.4.2 设 L 为域. 那么 $L^\times$ 的任何有限子群都是循环群.

证明 设 G 为 $L^\times$ 的有限子群, n 为 G 中元素阶的最大值. 那么对任意 $x \in G$ 有 $x^n = 1$. 由于多项式 $T^n - 1$ 在 L 中至多只有 n 个根, 知 n 等于 G 的基数, 从而 G 是循环群. $\qquad \square$

命题 A.4.10 设 L/K 为域的有限扩张. 设 K 是有限域, 那么扩张 L/K 是可分扩张, 并且它是单扩张, 也就是说存在 $\alpha \in L^s$ 使得 $L = K(\alpha)$.

证明 首先考虑 K 是有限域的情形. 此时 L 也是有限域. 由引理 A.4.2 知 $L^\times$ 是循环群. 若 α 为该循环群的一个生成元, 那么有 $L = K(\alpha)$. 另外, 如果 q 是 L 的基数, 那么 L 中的每一个元素都是多项式 $T^q - T$ 的根, 也就是说

$$T^q - T = \prod_{x \in L} (T - x).$$

这说明 $T^q - T$ 是 $K[T]$ 中的可分多项式, 从而 L 中任意元素的极小多项式都是可分多项式, 即 $L^s = L$. 由命题 A.4.6 知 L/K 是可分扩张. $\qquad \square$

命题 A.4.11 域的有限可分扩张都是单扩张.

证明 设 L/K 是有限可分扩张. 由命题 A.4.10 知不妨假设 K 是无限域. 用归纳法可将命题化归为如下结论: 如果 a 和 b 是 L 中两个可分元素, 那么存在 $\theta \in K(a, b)$ 使得 $\{a, b\} \subset K(\theta)$. 设 P 和 Q 为 a 和 b 的极小多项式. 令 Ω 为 K 的代数闭包. 将 P 和 Q 在 $\Omega[T]$ 中分解成单项式的乘积

$$P(T) = (T - a_1) \cdots (T - a_n), \quad Q(T) = (T - b_1) \cdots (T - b_m),$$

其中 $a_1, \cdots, a_n$ 两两不同, $b_1, \cdots, b_m$ 也两两不同. 不妨设 $a_1 = a, b_1 = b$. 由于 K 是无限域, 存在

$$\lambda \in K^\times \setminus \left\{ \frac{a - a_i}{b - b_j} \mid (i, j) \in \{2, \cdots, n\} \times \{2, \cdots, m\} \right\}.$$

令 $\theta = a + \lambda b$, 并令

$$H(T) = P(\theta - \lambda T) \in K(\theta)[T].$$

依定义, b 是 H 在 L 中的根, 而对任意 $j \in \{2, \cdots, m\}$, b_j 都不是 H 的根. 这说明了 H 和 Q 作为 $K(\theta)[T]$ 中多项式的最大公因式等于 $T - b$, 从而 $b \in K(\theta)$, 进而 $a = \theta - \lambda b$ 也是 $K(\theta)$ 中的元素. □

注 A.4.3　设 A 为整闭整环, K 为 A 的分式域, L/K 为可分有限 K-代数, B 为 A 在 L 中的整闭包. 由命题 A.4.5 知, 对任意 $\alpha \in B$, $\mathrm{Tr}_{L/K}(\alpha)$ 是 A 上的整元, 从而属于 A. 设 $(e_i)_{i=1}^r$ 为 L 在 K 上的一组基, 使得 $\{e_1, \cdots, e_r\} \subset B$. 令 $(e_i^*)_{i=1}^r$ 为 $(e_i)_{i=1}^r$ 相对于非退化对称双线性形式 $(\alpha, \beta) \mapsto \mathrm{Tr}_{L/K}(\alpha\beta)$ 的对偶基, 也就是说

$$\forall (i,j) \in \{1, \cdots, r\}^2, \quad \mathrm{Tr}_{L/K}(e_i e_j^*) = \begin{cases} 1, & i = j, \\ 0, & i \neq j. \end{cases}$$

如果 $s = \lambda_1 e_1^* + \cdots + \lambda_r e_r^*$ 是 B 中的元素, 其中 $(\lambda_1, \cdots, \lambda_r) \in K^r$, 那么有

$$\forall i \in \{1, \cdots, r\}, \quad \lambda_i = \mathrm{Tr}_{L/K}(s e_i) \in A.$$

这说明了

$$B \subset A e_1^* + \cdots + A e_r^*.$$

另外, 按定义 $H_{L/K}(e_1, \cdots, e_r)$ 是从基 $(e_i^*)_{i=1}^r$ 到 $(e_i)_{i=1}^r$ 的转移矩阵. 若用 $H_{L/K}(e_1, \cdots, e_r)'$ 表示 $H_{L/K}(e_1, \cdots, e_r)^{\mathrm{T}}$ 的伴随矩阵, 那么有

$$\mathrm{Disc}_{L/K}(e_1, \cdots, e_r) \begin{pmatrix} e_1^* \\ \vdots \\ e_r^* \end{pmatrix} = H_{L/K}(e_1, \cdots, e_r)' H_{L/K}(e_1, \cdots, e_r)^{\mathrm{T}} \begin{pmatrix} e_1^* \\ \vdots \\ e_r^* \end{pmatrix}$$

$$= H_{L/K}(e_1, \cdots, e_r)' \begin{pmatrix} e_1 \\ \vdots \\ e_r \end{pmatrix}.$$

这说明了

$$\mathrm{Disc}_{L/K}(e_1, \cdots, e_r) B \subset A e_1 + \cdots + A e_r.$$

A.5　Galois 扩张

命题 A.5.1　设 K 为域, L 为 K 的代数扩张, Ω 为 K 的代数闭包. 下列条件等价:

(1) 对任意 $K[T]$ 中的不可约多项式 F, 如果 F 在 L 中有根, 那么它在 $L[T]$ 中可以分解成次数为 1 的多项式的乘积.

(2) 对任意 $x \in L$, x 在 $K[T]$ 中的极小多项式可以在 $L[T]$ 中分解成次数为 1 的多项式的乘积.

(3) 若 φ_1 和 φ_2 是从 L 到 Ω 的 K-代数同态, 那么 $\varphi_1(L) = \varphi_2(L)$.

(4) 若 φ_1 和 φ_2 是从 L 到 Ω 的 K-代数同态, 那么存在 L 的 K-代数自同构 σ, 使得 $\varphi_2 = \varphi_1 \circ \sigma$.

证明 (1)$\Longrightarrow$(2): 依定义, x 的极小多项式是以 x 为根的 $K[T]$ 中的不可约多项式.

(2)$\Longrightarrow$(3): 设 x 为 L 中的元素, $P \in K[T]$ 为 x 的极小多项式, S 为 P 在 L 中的根组成的集合. 由于 P 在 $L[T]$ 中可以分解成线性多项式的乘积, 知 $\varphi_1(S)$ 和 $\varphi_2(S)$ 等于 P 在 Ω 中的根组成的集合. 这说明了 $\varphi_1(S) = \varphi_2(S)$. 特别地, $\varphi_1(x) \in \varphi_2(S) \subset \varphi_2(L)$, $\varphi_2(x) \in \varphi_1(S) \subset \varphi_1(L)$. 这样就得到 $\varphi_1(L) = \varphi_2(L)$.

(3)$\Longrightarrow$(4): 令 ψ_1 为 $\varphi_1 : L \to \varphi_1(L)$ 的逆映射, 并令 σ 为复合 K-代数同构

$$L \xrightarrow{\varphi_2} \varphi_2(L) = \varphi_1(L) \xrightarrow{\psi_1} L \,,$$

那么等式 $\varphi_2 = \varphi_1 \circ \sigma$ 成立.

(4)$\Longrightarrow$(3) 是显然的.

(3)$\Longrightarrow$(2): 设 $x \in L$, P 为 x 在 $K[T]$ 中的极小多项式. 任意取定一个 K 代数同态 $\varphi : L \to \Omega$. 假设 y 是 P 在 Ω 中的一个根, 并令 $\psi_0 : K(x) \to \Omega$ 为使得 $\psi_0(x) = y$ 的 K-代数同态. 由推论 A.3.3 知 ψ_0 可以延拓成 Ω 的某 K-代数自同构 ψ. 条件 (3) 说明 $\varphi(L) = \psi(L)$, 从而 $y \in \varphi(L)$. 由命题 A.3.3 知 P 在 $\Omega[T]$ 中可以分解成线性多项式的乘积, 而 P 在 Ω 中的根又都是 $\varphi(L)$ 中的元素, 从而 P 在 $L[T]$ 中也可以分解成线性多项式的乘积.

(2)$\Longrightarrow$(1): 不妨设 F 是首一多项式. 若 x 是 F 在 L 中的根, 那么 F 等于 x 在 $K[T]$ 中的极小多项式. $\square$

定义 A.5.1 设 K 为域, L 为 K 的代数扩张. 如果 L/K 满足命题 A.5.1 中的任一条件, 则说 L/K 为**正规扩张**. 如果 L/K 既是可分扩张又是正规扩张, 就说 L/K 是 Galois **扩张**, 并将 $\mathrm{Aut}_{K\text{-alg}}(L)$ 称为 Galois 扩张 L/K 的 Galois **群**, 记作 $\mathrm{Gal}(L/K)$.

参 考 文 献

[1] Abbes A, Bouche T. Théorème de Hilbert-Samuel "arithmétique". Annales de l'Institut Fourier, 1995, 45(2): 375-401.

[2] Adleman L M, Heath-Brown D R. The first case of Fermat's last theorem. Inventiones Mathematicae, 1985, 79(2): 409-416.

[3] André Y. Slope filtration. Confluentes Mathematici, 2009, 1(1): 1-85.

[4] Arakelov S. An intersection theory for divisors on an arithmetic surface. Izvestiya Akademii Nauk SSSR. Seriya Matematicheskaya, 1974, 38: 1179-1192.

[5] Arakelov S. Theory of intersections on the arithmetic surface. Proceedings of the International Congress of Mathematicians, 1975, 1: 405-408.

[6] Bachmakova I. Diophante et Fermat. Revue d'histoire des sciences et de leurs applications, 1966, 19(4): 289-306.

[7] Bachmakova I. Diophantus and Diophantine equations. Translated from the 1972 Russian original by Abe Shenitzer and updated by Joseph Silverman, The Dolciani Mathematical Expositions, 20. Mathematical Association of America, Washington, DC, 1997. xiv+90 pp.

[8] Banaszczyk W. New bounds in some transference theorems in the geometry of numbers. Mathematische Annalen. 1993, 296(4): 625-635.

[9] Barthe F. Autour de l'inégalité de Brunn-Minkowski. Annales de la Faculté des Sciences de Toulouse. Mathématiques. Série 6, 2003, 12(2): 127-178.

[10] Berkovich V. Spectral theory and analytic geometry over non-Archimedean fields. Mathematical Surveys and Monographs 33, American Mathematical Society, Providence, RI, 1990, x+169 pp.

[11] Bernstein D. The number of roots of a system of equations, Akademija Nauk SSSR. Funkcional'nyi Analiz i ego Priloženija, 1975, 9(3): 1-4.

[12] Bernstein D, Kouchnirenko A, Khovanskiǐ A. Newton polyhedra (in Russian). Akademiya Nauk SSSR i Moskovskoe Matematicheskoe Obshchestvo. Uspekhi Matematicheskikh Nauk, 1976, 31(3(189)): 201-202.

[13] Bobkov S, Madiman M. Reverse Brunn-Minkowski and reverse entropy power inequalities for convex measures. Journal of Functional Analysis, 2012, 262 (7): 3309-3339.

[14] Borel E. Contribution à l'analyse arithmétique du continu. Journal de mathématiques pures et appliquées, 5e série, 1903, 9: 329-375.

[15] Bost J B. Périodes et isogenies des variétés abéliennes sur les corps de nombres (d'après D. Masser et G. Wüstholz). Séminaire Bourbaki, Vol. 1994/95, Astérisque, 1996, 237: 115-161.

[16] Bost J B. Germs of analytic varieties in algebraic varieties: Canonical metrics and arithmetic algebraization theorems. Geometric aspects of Dwork theory. Vol. I, II, 371-418, Walter de Gruyter, Berlin, 2004.

[17] Bost J B. Theta invariants of Euclidean lattices and infinite-dimensional Hermitian vector bundles over arithmetic curves. Progress in Mathematics, vol. 334, Birkhaüser, Cham, 2020.

[18]　Bost J B. Réseaux euclidiens, série thêta et pentes (d'après W. Banasczyk, O. Regev, D. Dadush, S. Stephens-Davidowitz, $\cdots$), Séminaire Bourbaki, Exposé 1151, octobre 2018, Astérisque, 2020, 422: 1-59.

[19]　Bost J B, Gillet H, Soulé C. Heights of projective varieties and positive Green forms. Journal of the American Mathematical Society, 1994, 7(4): 903-1027.

[20]　Boucksom S. Corps d'Okounkov (d'après Okounkov, Lazarsfeld-Mustaţă et Kaveh-Khovanskii). Astérisque, 2014, 361, Exposé 1059, vii, 1-41.

[21]　Boucksom S, Chen H. Okounkov bodies of filtered linear series. Compositio Mathematica, 2011, 147(4): 1205-1229.

[22]　Bourbaki N. Univers, in Artin M, Grothendieck A, Verdier J L ed., Séminaire de géométrie algébrique du Bois Marie 1963-1964, Théorie des topos et cohomologie étale des schémas (SGA4), vol. 1, Lecture Notes in Mathematics 269, Springer-Verlag, 1972: 185-217.

[23]　Bourbaki N. Éléments de mathématique. Algèbre commutative, Chapitres 8 à 9, Masson, Paris, 1983, 200 pp.

[24]　Bourbaki N. Éléments de mathématique. Algèbre commutative, Chapitres 5 à 7, Masson, Paris, 1985, 362 pp.

[25]　Bourbaki N. Éléments d'histoire des mathématiques. Masson, Paris, 1984, 351 pp.

[26]　Brenier Y. Décomposition polaire et réarrangement monotone des champs de vecteurs. Comptes Rendus des Séances de l'Académie des Sciences. Série I. Mathématique, 1987, 305(19): 805-808.

[27]　Brenier Y. Polar factorization and monotone rearrangement of vector-valued functions. Communications on Pure and Applied Mathematics, 1991, 44(4): 375-417.

[28]　Brill A, Noether M. Ueber algebraische Funktionen. Mathematische Annalen, 1874, 7(2,3): 269-310.

[29]　Cantor G. Ueber eine Eigenschaft des Inbegriffes aller reellen algebraischen Zahlen. Journal für die Reine und Angewandte Mathematik, 1874, 77: 258-262.

[30]　Cartan H. Idéaux et modules de fonctions analytiques de variables complexes. Bulletin de la Société Mathématique de France, 1950, 78: 29-64.

[31]　Cartan H, Serre J P. Un théorème de finitude concernant les variétés analytiques compactes. Comptes Rendus Hebdomadaires des Séances de l'Académie des Sciences, 1953, 237: 128-130.

[32]　Chen H. Harder-Narasimhan categories. Journal of Pure and Applied Algebra, 2010, 214(2): 187-200.

[33]　Chen H. Majorations explicites des fonctions de Hilbert-Samuel géométrique et arithmétique. Mathematische Zeitschrift, 2015, 279(1,2): 99-137.

[34]　Chen H. Inégalité d'indice de Hodge en géométrie et arithmétique: Une approache probabiliste. Journal de l'École polytechnique. Mathématiques, 2016, 3: 231-262.

[35] Chen H. Newton-Okounkov bodies: An approach of function field arithmetic. Journal de Théorie des Nombres de Bordeaux, 2018, 30(3): 829-845.

[36] Chen H. On isoperimetric inequality in Arakelov geometry. Bulletin de la Société Mathématique de France, 2018, 146(4): 649-673.

[37] Chen H, Ikoma H. On subfiniteness of graded linear series. European Journal of Mathematics, 2020, 6(2): 367-399.

[38] Chen H, Moriwaki A. Arakelov geometry over adelic curves. Lecture Notes in Mathematics 2258, Springer Nature Singapore, 2020: xviii+450pp.

[39] Chen H, Moriwaki A. Arithmetic intersection theory over adelic curves. arXiv:2103.15646.

[40] Cornut C. On Harder-Narasimhan filtrations and their compatibility with tensor products. Confluentes Mathematici, 2018, 10(2): 3-49.

[41] Dedekind R, Weber H. Theorie der algebraischen Functionen einer Veränderlichen. Journal für die Reine und Angewandte Mathematik, 1882, 92: 181-290.

[42] Dedekind R. Gesammelte mathematische Werke. Bände I-III, Braunschweig, 1932.

[43] Deligne P. La conjecture de Weil I.. Institut des Hautes Études Scientifiques. Publications Mathématiques, 1974, 43: 273-307.

[44] Deligne P. La conjecture de Weil II.. Institut des Hautes Études Scientifiques. Publications Mathématiques, 1980, 52: 137-252.

[45] Demazure P. Sous-groupes algébriques de rang maximum du groupe de Cremona. Annales Scientifiques de l'École Normale Supérieure. Quatrième Série, 1970, 3: 507-588.

[46] Eisenbud D. Commutative algebra, with a view toward algebraic geometry. Graduate Texts in Mathematics, 150. New York: Springer-Verlag, 1995, xvi+785 pp.

[47] Faltings G. Endlichkeitssätze für abelsche Varietäten über Zahlkörpern. Inventiones Mathematicae, 1983, 73(3): 349-366.

[48] Faltings G. Calculus on arithmetic surfaces. Annals of Mathematics. Second Series, 1984, 119(2): 387-424.

[49] Faltings G. Diophantine approximation on abelian varieties. Annals of Mathematics. Second Series, 1991, 133(3): 549-576.

[50] Fang Y. Non-Archimedean metric extension for semipositive line bundles. arXiv:1904.03696.

[51] Fargues L. La filtration de Harder-Narasimhan des schémas en groupes finis et plats. Journal für die Reine und Angewandte Mathematik, 2010, 645: 1-39.

[52] de Fermat P. Second défi de Fermat aux mathématiciens. in Œuvre de Fermat, ed. P. Tannery et C. Henry, Tome II, Gauthier-Villars et fils, Paris, 1894: 334-335.

[53] Fontaine J M. Représentations p-adiques semi-stables, avec une appendice par P. Colmez, in Périodes p-adiques (Bures-sur-Yvette, 1988), Astérisque, 1994, 223: 113-184.

[54] Fouvry É. Théorème de Brun-Titchmarsh: Application au théorème de Fermat. Inventiones Mathematicae, 1985, 79(2): 383-407.

[55] Fulton W. Introduction to toric varieties. Annals of Mathematics Studies, 131, Princeton University Press, Princeton, NJ, 1993. xii+157 pp.

[56] Gardner R. The Brunn-Minkowski inequality. American Mathematical Society. Bulletin. New Series, 2002, 39(3): 355-405.

[57] Gaudron É. Pentes des fibrés vectoriels adéliques sur un corps global. Rendiconti del Seminario Matematico della Università di Padova, 2008, 119: 21-95.

[58] Gillet H, Soulé C. Arithmetic intersection theory. Institut des Hautes Études Scientifiques. Publications Mathématiques, 1990, 72: 93-174.

[59] Gillet H, Soulé C. On the number of lattice points in convex symmetric bodies and their duals. Israel Journal of Mathematics, 1991, 74(2,3): 347-357 (Erratum: Israel Journal of Mathematics, 2009, 171: 443-444).

[60] Grauert H. On Levi's problem and the imbedding of real-analytic manifolds. Annals of Mathematics. Second Series, 1958, 68: 460-472.

[61] Grayson D. Reduction theory using semistability. Commentarii Mathematici Helvetici, 1984, 59(4): 600-634.

[62] Grothendieck A. Sur la classification des fibrés holomorphes sur la sphère de Riemann. American Journal of Mathematics, 1957, 79: 121-138.

[63] Grothendieck A. Éléments de géométrie algébrique, rédigé avec la collaboration de J. Dieudonné. Publications Mathématiques de l'Institut des Hautes Études Scientifiques, 4, 8, 11, 17, 20, 24, 28, 32, 1960-1967.

[64] Grothendieck A. Récoltes et semailles, réflexions et témoignage sur un passé de mathématicien. jmrlivres.files.wordpress.com/2009/11/recoltes-et-semailles.pdf.

[65] Guenot J, Narasimhan R. Introduction à la théorie des surfaces de Riemann. L'Enseignement Mathématique, 2e Série, 1975, 21(2-4): 123-328.

[66] Hankel H. Zur Geschichte der Mathematik in Alterthum und Mittelalter. Druck und Verlag von B. G. Teubner, Leipzig, 1874.

[67] Harder G. Narasimhan M S. On the cohomology groups of moduli spaces of vector bundles on curves. Mathematische Annalen, 1974/75, 212: 215-248.

[68] Hilbert D. Sur les problèmes futurs des mathématiques// Compte rendu du deuxième congrès international des mathématiques, 58-114, Gauthier-Villars, Paris, 1902, 455 pp.

[69] Hörmander L. L^2 estimates and existence theorems for the $\bar{\partial}$ operator. Acta Mathematica, 1965, 113: 89-152.

[70] Hriljac P. Heights and Arakelov's intersection theory. American Journal of Mathematics, 1985, 107(1): 23-38.

[71] 华罗庚. 谈谈与蜂房结构有关的数学问题. 北京: 人民教育出版社, 1964.

[72] Jost J. Compact Riemann surfaces. Universitext, An introduction to contemporary mathematics, Translated from the German manuscript by R. R. Simha. Berlin: Springer-Verlag, 1997, xiv+291.

[73] Katz N. Slope filtration of F-crystals// Journées de Géométrie Algébrique de Rennes (Rennes, 1978), Vol. I, Astérisque, 1979, 63: 113-163.

[74] Kaveh K, Khovanskiĭ A G. Newton-Okounkov bodies, semigroups of integral points, graded algebras and intersection theory. Annals of Mathematics, Second Series, 2012, 176(2): 925-978.

[75] Kedlaya K. Slope filtrations for relative Frobenius// Représentations p-adiques de groupes p-adiques. I. Représentations galoisiennes et (ϕ, Γ)-modules. Astérisque, 2008, 319: 259-301.

[76] Khovanskiĭ A. Geometry of convex polytopes and algebraic geometry (in Russian)// Geometric Joint sessions of the Petrovskii Seminar on differential equations and mathematical problems of physics and of the Moscow Mathematical Society (second meeting, 18-20 January 1979). Uspekhi Mat. Nauk, 1979, 34(4(208)): 160-161.

[77] Khovanskiĭ A. The Newton polytope, the Hilbert polynomial and sums of finite sets. Funktsional'nyĭ Analiz i ego Prilozheniya, 1992, 26(4): 57-63, 96.

[78] Knothe H. Contributions to the theory of convex bodies. Michigan Mathematical Journal, 1957, 4: 39-52.

[79] Kouchnirenko A. Polyèdres de Newton et nombres de Milnor. Inventiones Mathematicae, 1976, 32(1): 1-31.

[80] Kronecker L. Grundzüge einer arithmetischen Theorie der algebraische Grössen. Journal für die Reine und Angewandte Mathematik, 1982, 92: 1-122.

[81] Kuhlmann F V. Valuation theoretic and model theoretic aspects of local uniformization// Resolution of singularities (Obergurgl, 1997), 381–456, Progress in Mathematics 181, Birkhäuser, Basel, 2000.

[82] Lafforgue L. Chtoucas de Drinfeld et conjecture de Ramanujan-Petersson. Astérisque, 1997, 243: ii+329 pp.

[83] Landsberg G. Algebraische Untersuchungen über den Riemann-Roch'schen Satz. Mathematische Annalen, 1898, 50(2,3): 333-380.

[84] Lang S. Diophantine geometry. Interscience Tracts in Pure and Applied Mathematics, No. 11, Interscience Publishers, New York-London, 1962, x+170 pp.

[85] Lazarsfeld R, Mustaţă M. Convex bodies associated to linear series. Annales Scientifiques de l'École Normale Supérieure. Quatrième Série, 2009, 42(5): 783-835.

[86] Leinster T. Basic Category Theory. Cambridge: Cambridge University Press, 2014, viii+183 pp.

[87] Leray J. L'anneau spectral et l'anneau filtré d'homologie d'un espace localement compact et d'une application continue. Journal de Mathématiques Pures et Appliquées, Neuvième Série, 1950, 29: 1-139.

[88] Li Y. Categorification of Harder-Narasimhan theory via slope functions valued in totally ordered sets. Manuscripta Math., published online, 2023.

[89] Mac Lane S. Categories for the working mathematician. 2nd ed. New York: Springer-Verlag, 1998, xii+314 pp.

[90] Maillot V, Géométrie d'Arakelov des variétés toriques et fibrés en droites intégrables. Mémoires de la Société Mathématique de France. Nouvelle Série, 2000, 80, vi+129 pp.

[91] Manivel L. Un théorème de prolongement L^2 de sections holomorphes d'un fibré hermitien. Mathematische Zeitschrift, 1993, 212(1): 107-122.

[92] Matsumura H. Commutative ring theory. 2nd ed. Cambridge: Cambridge University Press, 1989, xiv+320 pp.

[93] Miranda R. Algebraic Curves and Riemann Surfaces. Providence, RI: American Mathematical Society, 1995, xxii+390 pp.

[94] Mordell L. On the rational solutions of the indeterminate equation of the third and fourth degrees. Proceedings of the Cambridge Philosophical Society, 1922, 21: 179-192.

[95] Moriwaki A. Arithmetic height functions over finitely generated fields. Inventiones Mathematicae, 2000, 140(1): 101-142.

[96] Moriwaki A. Continuity of volumes on arithmetic varieties. Journal of Algebraic Geometry, 2009, 18(3): 407-457.

[97] Moriwaki A. Semiample invertible sheaves with semipositive continuous hermitian metrics. Algebra & Number Theory, 2015, 9(2): 503-509.

[98] Neukirch J. Algebraic number theory. Berlin, Heidelbery: Springer-Verlag, 1999, xviii+571 pp.

[99] Northcott D G. An inequality in the theory of arithmetic on algebraic varieties. Proceedings of the Cambridge Philosophical Society, 1949, 45: 502-509.

[100] Northcott D G. A further inequality in the theory of arithmetic on algebraic varieties. Proceedings of the Cambridge Philosophical Society, 1949, 45: 510-518.

[101] Oda T. Convex bodies and algebraic geometry: An introduction to the theory of toric varieties. Ergebnisse der Mathematik und ihrer Grenzgebiete (3), 15, Berlin: Springer-Verlag, 1988. viii+212 pp.

[102] Ohsawa T, Takegoshi K. On the extension of L^2 holomorphic functions. Mathematische Zeitschrift, 1987, 195(2): 197-204.

[103] Okounkov A. Brunn-Minkowski inequality for multiplicities. Inventiones Mathematicae, 1996, 125(3): 405-411.

[104] Ostrowski A. Über einige Lösungen der Funktionalgleichung $\psi(x) \cdot \psi(x) = \psi(xy)$. Acta Mathematica, 1916, 41(1): 271-284.

[105] Philippon P. Critères pour l'indépendance algébrique. Institut des Hautes Études Scientifiques. Publications Mathématiques, 1986, 64: 5-52.

[106] Philippon P. Sur des hauteurs alternatives. I. Mathematische Annalen, 1991, 289(2): 255-283.

[107] Philippon P. Sur des hauteurs alternatives. II. Annales de l'Institut Fourier, 1994, 44(4): 1043-1065.

[108] Philippon P. Sur des hauteurs alternatives. III. Journal de Mathématiques pures et appliquées, neuvième série, 1995, 74(4): 345-365.

[109] Poincaré H. Sur les propriétés arithmétiques des courbes algébriques. Journal de mathématiques pures et appliquées, 5e série, 1901, 7: 161-234.

[110] Randriambololona H. Métriques de sous-quotient et théorème de Hilbert-Samuel arithmétique pour les faisceaux cohérents. Journal für die Reine und Angewandte Mathematik, 2006, 590: 67-88.

[111] Randriambololona H. Harder-Narasimhan theory for linear codes (with an appendix on Riemann-Roch theory). Journal of Pure and Applied Algebra, 2019, 223(7): 2997-3030.

[112] Rashed R. Diophante: Les Arithmétiques, Tome III: Livre IV.. "Collection des Universités de France", Les Belles Lettres, Paris, 1984.

[113] Rashed R, Hozel C. Les Arithmétiques de Diophante, Lecture historique et mathématique. Walter de Gruyter, 2013.

[114] Ribenboim P. Equivalent forms of Hensel's lemma. Expositiones Mathematicae, 1985, 3(1): 3-24.

[115] Serre J P. Faisceaux algébriques cohérents. Annals of Mathematics, Second Series, 1955, 61: 197-278.

[116] Stuhler U. Eine Bemerkung zur Reduktionstheorie quadratischer Formen. Archiv der Mathematik, 1976, 27(6): 604-610.

[117] Tanney P. Diophanti Alexandrini Opera Omnia, vol. I. Lipsiae, 1893.

[118] Tanney P. Diophanti Alexandrini Opera Omnia, vol. II. Lipsiae, 1895.

[119] Tate J. Rigid analytic spaces. Inventiones Mathematicae, 1971, 12: 257-289.

[120] Taylor R, Wiles A. Ring-theoretic properties of certain Hecke algebras. Annals of Mathematics, Second Series, 1995, 141(3): 553-572.

[121] Teissier B. Du théorème de l'index de Hodge aux inégalités isopérimétriques. Comptes Rendus Hebdomadaires des Séances de l'Académie des Sciences. Séries A et B, 1979, 288(4): A287-A289.

[122] Tian G. On a set of polarized Kähler metrics on algebraic manifolds. Journal of Differential Geometry, 1990, 32(1): 99-130.

[123] Viète F. Zetetica, in Opera Mathematica. ed. Francisci à Schooten (reproduced by Georg Olms Verlag, Hildesheim, 1970), Elzevier, Leiden, 1646.

[124] Weil A. Sur l'analogie entre les corps de nombres algébriques et les corps de fonctions algébrique (1939a). in Œuvres Scientifiques, Collected Papers, vol I, New York: Spring-Verlag, 1979: 236-240.

[125] Weil A. Numbers of solutions of equations in finite fields. Bulletin of the American Mathematical Society, 1949, 55: 497-508.

[126] Weil A. Number-theory and algebraic geometry. Proceedings of the International Congress of Mathematicians. Cambridge, Mass., 1950, 2: 90-100. Amer. Math. Soc., Providence, R. I., 1952.

[127] Weil A. Arithmetic on algebraic varieties. Annals of Mathematics. Second Series, 1951, 53: 412-444.

[128] Weil A. Sur les origines de la géométrie algébrique. Compositio Mathematica, 1981, 44(1-3): 395-406.

[129] Wiles A. Modular elliptic curves and Fermat's last theorem. Annals of Mathematics, Second Series, 1995, 141(3): 443-551.

[130] Yuan X. On volumes of arithmetic line bundles. Compositio Mathematica, 2009, 145(6): 1447-1464.

[131] Zhang S. Small points and adelic metrics. Journal of Algebraic Geometry, 1995, 4(2): 281-300.

[132] Zhang S. Positive line bundles on arithmetic varieties. Journal of the American Mathematical Society, 1995, 8(1): 187-221.

5 有限复叠与曲面的映射类群

刘　毅[①]

今天我报告的题目叫作映射类群和有限复叠.[②] 前半段我会主要讲曲面拓扑的内容, 后面我会把它们和三维流形的拓扑联系起来. 这样也便于说明我今天为什么挑选这个题目.

5.1　曲面的映射类

给定连通、可定向闭曲面 S, 它的**映射类群**是全体保向自同胚 $f\colon S \to S$ 在同痕关系下的等价类, 记为

$$\mathrm{Mod}(S) = \pi_0(\mathrm{Homeo}_+(S)),$$

保向自同胚的同痕等价类就叫作**映射类**. 给定映射类, 我们可以看它在同调上诱导的同构:

$$f_*\colon H_1(S;\mathbb{C}) \to H_1(S;\mathbb{C}),$$

其实这里用什么系数区别不是很大. 有时如果想保留更多算术信息的话, 可以用整系数 $\mathbb{Z}$, 那么我们其实是在看 f 在基本群交换化作用的效果. 不过复系数已经相当够用. 一般来说, 我们会认为交换化后的对象更容易研究, 因为线性代数的工具, 比如向量空间、矩阵, 在我们看来非常熟悉. 不过, 我们需要分析一下.

问题 5.1.1　同调水平的同构在多大程度上保留了映射类的信息?

球面 S^2 可以排除在外, 因为 $\mathrm{Mod}(S^2)$ 其实是平凡的. 轮胎面 T^2 的基本群本来就是交换的, 所以过渡到同调不会丢失任何信息. 其实可以证明 $\mathrm{Mod}(T^2) \cong \mathrm{SL}(2,\mathbb{Z})$. 具体来讲, 我们可以把 T^2 等同为 $\mathbb{R}^2/\mathbb{Z}^2$. 这时任何二阶方阵 $A \in \mathrm{SL}(2,\mathbb{Z})$ 在 $\mathbb{R}^2$ 上的线性变换保持整格 $\mathbb{Z}^2$, 它就定义一个线性的自同构 $f_A\colon T^2 \to$

---

① 北京大学北京国际数学研究中心.

② 本章是作者根据 2019 年 11 月 6 日的数学所讲座重写的文字讲义, 细节有增删. 为了大体反映原貌, 行文依照当时的顺序, 并保留穿插的听众提问.

T^2. 上面的同构表明 T^2 的每个保向自同构都同痕于一个线性自同构, 而且它在同调 $H_1(T^2; \mathbb{Z}) \cong \mathbb{Z}^2$ 的诱导作用也就是 A.

高亏格的时候, f_* 必须保持同调 $H_1(S; \mathbb{Z}) \cong \mathbb{Z}^{2g}$ 上的一个相交形式. 这是一个非退化、反对称的整系数配对. 所以, 选好一组基底的话, f_* 会落在整数辛群里. 我们有一个短正合列:

$$1 \longrightarrow \mathcal{T}(S) \longrightarrow \mathrm{Mod}(S) \xrightarrow{f \mapsto f_*} \mathrm{Sp}(2g, \mathbb{Z}) \longrightarrow 1 ,$$

重要的是这里的核 $\mathcal{T}(S)$; 它通常是一个非常大的群, 叫作映射类群的 Torelli **子群**. 这个群有多大呢? 我们来考虑几个例子, 建立一些感觉.

例 5.1.1   (1) 给定 S 的定向和 S 上的简单闭曲线 c, 我们把 c 的一个平环邻域保向等同为 $U(1) \times [-1, 1]$, 其中 $U(1)$ 是 $\mathbb{C}$ 的单位圆周. 关于 c 的 Dehn **右拧转** (right-hand Dehn twist) 定义为如下的自同胚 $D_c \colon S \to S$, 它在 $U(1) \times [-1, 1]$ 上形如 $(z, t) \mapsto (e^{i(t+1)\pi} z, t)$, 而在 $U(1) \times [-1, 1]$ 之外为恒同. 效果上, D_{c*} 把任何同调类 $[x] \in H_1(S; \mathbb{Z})$ 映作 $[x] + I([x], [c])[c]$, 其中 I 表示代数相交数. 注意这里的定义其实与 c 的定向选取无关. 由此可见, 如果 c 本身是 S 的某个子曲面的唯一边界, 那么 $[c] = 0$, 从而 $D_c \in \mathcal{T}(S)$.

(2) 如果不相交的简单闭曲线 a 和 b 共同构成 S 的某个子曲面的边界, 有时称它们为**界定对** (bounding pair), 那么关于外边缘定向, $[a] + [b] = 0$, 那么同样有 $D_a^{-1} \circ D_b \in \mathcal{T}(S)$.

(3) 如果取两条相交状态的非常复杂简单闭曲线 c 和 c', 且 $[c] = [c'] = 0$, 那么可以想见 $D_{c'} \circ D_c$ 可能会非常复杂, 但还是有 $D_{c'} \circ D_c \in \mathcal{T}(S)$. 用界定对也可以进行类似的构造.

(4) 实际上, 已经知道 $\mathcal{T}(S)$ 包含许多伪 Anosov 映射类 (pseudo-Anosov mapping class). 这是一大类相当复杂的映射类, 我们等下讲到 Nielsen-Thurston 分类时还会谈到它们.

从这些例子可以看出, 在高亏格的时候, Torelli 子群包含很多非平凡元素. 在同调水平上, 尽管我们能够读出映射类的许多信息, 但是也会丢失许多信息. 如果事情仅仅止步于此, 那将会非常遗憾. 所以我们还想寻找一些挽救的办法.

注记 5.1.1   以上所举事实及曲面映射类群的一般理论, 见 [1].

低维拓扑里有一种十分常见的手法, 就是考虑曲面的有限复叠. 我说 f' 是 f 在有限复叠 $S' \to S$ 上的提升, 如果我有这样的交换图表:

因为 S 的全体有限复叠和基本群 $\pi_1(S)$ 的全体有限指数子群是双射对应的, 所以 S 有大量的有限复叠. 而且, 有一类所谓的**特征有限复叠**, 对应于 $\pi_1(S)$ 的特征有限指数子群. 这样的子群在 $\pi_1(S)$ 的自同构下都不变, 于是同伦提升理论告诉我们, 提升 f' 这时总是存在. 有了这个认识, 我们可以转而考虑 $f'_*: H_1(S';\mathbb{C}) \to H_1(S';\mathbb{C})$. 感觉上它很有机会留下映射类 f 的更多信息.

今天来的听众可能不都是有拓扑背景的, 所以这里需要强调一下: 在许多拓扑学文献里, 不加声明的 "复叠" 都是指非分歧的复叠, 我今天的报告里也一样. 这就是说 $S' \to S$ 是局部同胚, 而不是像 $\mathbb{C} \to \mathbb{C}$ 的映射 $z \mapsto z^2$ 在 0 附近那样.

现在我们带着有限复叠提升把前面的问题重提一遍.

问题 5.1.2 给定 (S, f),

(1) 映射类的哪些性质可以通过某个有限复叠提升 (S', f') 和它的同调作用 f'_* 读出?

(2) 通过全体 (S', f') 的 f'_*, 能够在多大程度上决定 f 的映射类?

乍一听, 第二问好像是能够完全确定, 但仔细讨论会发现并非如此, 事实上也有反例. 大致来讲, 我们毕竟是在某种交换化的层次上分析映射类, 但最终要求读取一个很大的非交换群的信息. 二者的差别正好是我想谈谈的方面, 也是最近许多三维拓扑学家关注的课题. 今天的报告里, 针对第一问, 我会提出部分回答, 说明伪 Anosov 成分的存在性可以通过某个有限复叠提升、通过它的同调特征值得到反映. 针对第二问, 我会把映射类决定到只相差有限多种可能性.

以下, 我将以这两项回答为样本讨论上面的问题. 我会着重解释: 第二项回答中为什么会出现有限性; 第一项回答为什么是非平凡的论断; 这些问题为什么恰好最近能取得进展; 以及三维拓扑到底为我们带来了怎样的帮助.

5.2 Nielsen-Thurston 分类

现在我们需要对映射类的复杂程度有所估计. 矩阵有多复杂, 我们多少心中有数, 因为在 $\mathbb{C}$ 上我们有 Jordan 标准型那样的结构理论. 曲面映射类的 Nielsen-Thurston 标准型理论有点儿类似于矩阵的 Jordan 标准型理论. 在给出一般陈述之前, 我们先举一个例子.

例 5.2.1 设 S 是亏格 3 的可定向闭曲面. 我们沿着三条简单闭曲线把它分解为

$$S = P \cup R_a \cup R_b \cup R_c,$$

其中 P 是裤曲面 (指球面挖去三个互不相交的开圆盘), 边界 $\partial P = a \cup b \cup c$; R_a, R_b, R_c 都是单洞轮胎面 (指轮胎面挖去一个开圆盘), 边界 ∂R_a 被同胚黏合到 a, 至于 $\partial R_b, \partial R_c$ 也类似. 我们看见几个明显的自同胚; $f_1: S \to S$ 是 P 的周期旋转, 轮换 a, b, c, 同时也轮换 R_a, R_b, R_c, 使得三次迭代为恒同; $f_2\colon S \to S$ 是关于 a 的 Dehn 右拧转; $f_3\colon S \to S$ 在 P, R_b, R_c 上是恒同, 只是在 R_a 内部由一个 $A \in \mathrm{SL}(2, \mathbb{Z})$ 描述, 比如

$$A = \begin{bmatrix} 1 & 1 \\ 1 & 2 \end{bmatrix}$$

相当于线性自同胚 $f_A\colon \mathbb{R}^2/\mathbb{Z}^2 \to \mathbb{R}^2/\mathbb{Z}^2$ 在原点之外那样. 我们把这三个自同胚依次复合, 就得到一个看上去更有趣的自同胚 $f_3 \circ f_2 \circ f_1$, 记为

$$f\colon S \to S.$$

在此我们观察到:

(1) 曲线 a, b, c 的并集在 f 下不变, 它们的补集是 P, R_a, R_b, R_c 的内部;

(2) 把 f 迭代多次之后, 上述区域各自在迭代下不变;

(3) 迭代的限制作用在 P 上是周期的;

(4) 迭代的限制作用在 R_a, R_b, R_c 上是伪 Anosov 的, 也就是说, 它保持它们各自上的两族叶状结构 (foliation); 在 $\mathbb{R}^2/\mathbb{Z}^2$ 去掉原点的模型上, 我们看见两族不变的斜线族, 分别平行于 A 的两个特征方向.

上面的例子里, 我们构造映射类的方式已经明确地带来了后来有关映射类的描述. 但即使映射类是任给的, 类似的描述也能够成立. 这件事情需要非常深刻的证明, 而它的结论就是 Nielsen-Thurston 分解.

定理 5.2.1 (Nielsen-Thurston) 任给可定向闭曲面的保向自同胚 $f\colon S \to S$, 总存在 S 上的一组互不平行、互不相交的简单闭曲线 $c_1, \cdots, c_n$, 把 S 分解为互不相交的连通区域 $R_1, \cdots, R_m$, 使得经过适当同痕, f 保持所有 c_i 的并集不变, 从而适当的迭代 f^k 也保持每个 R_j 不变. 并且这时, f^k 在每个 R_j 的作用要么是周期的, 要么是伪 Anosov 的.

注记 5.2.1 可定向闭曲面的保向自同胚 $f\colon S \to S$ 称为伪 Anosov (pseudo-Anosov) 的, 如果存在常数 $\lambda > 1$ 和 S 的有测叶状结构 (measured foliation), 记作 $(\mathscr{F}^u, \mu^u)$ 和 $(\mathscr{F}^s, \mu^s)$, 使得 $f \cdot (\mathscr{F}^u, \mu^u) = (\mathscr{F}^u, \lambda\mu^u)$ 和 $f \cdot (\mathscr{F}^s, \mu^s) = (\mathscr{F}^s, \lambda^{-1}\mu^s)$ 都成立. 除去有限多个奇点外, $\mathscr{F}^u$ 和 $\mathscr{F}^s$ 在 S 上处处横截相交, 奇点附近则 $\mathscr{F}^u$ 和 $\mathscr{F}^s$ 都呈现共同的叉齿状奇性 (prong singularity), 且叉齿数至少为 3. 对于有限穿孔、有限亏格的可定向闭曲面也有推广定义, 详见 [2].

让我们来分析一下 Nielsen-Thurston 图景如何带来了映射类复杂程度的估计. 在 Nielsen-Thurston 分解中, 断言的简单闭曲线 c_i 在适当意义下是唯一的, 它们被称为**化约曲线** (reduction curves). 因为互不平行, 它们总共的条数不会太多, 其实 $n \leqslant 3g - 3$(其中 $g \geqslant 2$ 是曲面亏格). 我们把 R_j 称为 f 的**周期型成员**或者**伪 Anosov 型成员**. 在每个周期型成员上, $f^k\colon R_j \to R_j$ 的最小正周期有用

g 表达的一致上界估计, 比如可以用 Hurwitz 定理, 所以这里的复杂程度也被曲面的拓扑限制住. 衡量伪 Anosov 型成员上的复杂程度有个常用的量, 就是前面注记里的 λ; 或者我们应该用正规化的 $\lambda_j = \lambda(f^k: R_j \to R_j)^{1/k}$, 使它不依赖迭代次数 k 的选取. 这个量在文献里有许多名字, 比如**拉伸因子** (stretch factor)、**放大率** (dilatation), 它取自然对数又称为**熵** (entropy).

除了化约曲线的复杂度和映射类在各个成员上的复杂度, 还有一种复杂度来自分解的逆过程, 就是成员的组装. 如果观察例 5.2.1, 我们可以把沿着化约曲线 a 的 Dehn 右拧转 f_2 替换为 f_2 的任意次迭代, 就得到不同的 f, 但它们具有相同的 Nielsen-Thurston 分解, 连在各个成员上作用的效果都一样. 所以可以想见在组装的过程中, 沿着每条化约曲线还会贡献一个整数. 从动力系统角度讲, 它比起放大率来, 影响较为次要, 但仍然表征着 Nielsen-Thurston 分解中忽略的某种复杂性. 我们可以适当地加以定义, 然后称它为**偏置率** (deviation). 我们谈映射类 (S, f) 的放大率或者偏置率, 就是对所有成员或者化约曲线取这些量的最大值.

定理 5.2.2 给定可定向闭曲面 S 和常数 $C > 0$, 假设映射类 f 的放大率和偏置率都不超过 C, 那么这样的映射类只占据 $\mathrm{Mod}(S)$ 中有限多个共轭类.

注记 5.2.2 见 [3].

这个定理的陈述至少看上去是合理的: 首先是我们确实只应该估计映射类的共轭类个数, 因为放大率和偏置率都是共轭不变量. 而且, 如果我们看某个共轭 $h \circ f \circ h^{-1}$, 它的行为其实完全模仿着 f, 只是 S 用 h 重新摆放了一下. 另外, 陈述里没有提及周期型的成员和分解的花样, 因为这部分已经由 S 的拓扑复杂度 (亏格) 估计住了.

回想之前的问题 5.1.2, 定理 5.2.2 为第二问的回答提供了基本的途径, 因为我们知道了需要估计的量就是放大率和偏置率. 这里的有限性也将导致回答中出现的有限性. 另外, 我们发现到目前为止的讨论都只涉及映射类的 Nielsen-Thurston 分类, 它有时也被称为映射类的几何化. 这本身与有限复叠的提升没有什么关系, 但是我们已经开始看到伪 Anosov 型成员处在讨论的关键位置. 在三维流形的几何化图景下, 这些成员将联系于几何化分解中双曲几何的片. 我们会在那里把有限复叠的工具用起来.

问题 5.2.1 如果是轮胎面的映射类, Nielsen-Thurston 分解是怎样的呢?

这是听众插入的问题. 因为 $\mathrm{Mod}(T^2) \cong \mathrm{SL}(2, \mathbb{Z})$, 我们只需考虑矩阵, 举例说明.

例 5.2.2

(1) 环面上最多只有一条化约曲线, 如果有的话, 切开来的平环实际上不再有同痕非平凡的保向自同胚. 这时的矩阵会共轭于

$$\begin{bmatrix} \pm 1 & m \\ 0 & \pm 1 \end{bmatrix},$$

其中 $m \in \mathbb{Z}$ 非零. 如果没有化约曲线, 按照 Nielsen-Thurston 分解, 矩阵要么是周期的, 要么是 Anosov 的 (这时的不变叶状结构没有奇点, 是伪 Anosov 的原型), 只要看特征多项式的判别式 $\mathrm{tr}(A)^2 - 4$ 的符号.

(2) 周期型的例子比如

$$\begin{bmatrix} 1 & 1 \\ -1 & 0 \end{bmatrix},$$

它的周期是 6.

(3) Anosov 型的例子比如

$$\begin{bmatrix} 188 & 275 \\ 121 & 177 \end{bmatrix}, \quad \begin{bmatrix} 188 & 11 \\ 3025 & 177 \end{bmatrix},$$

这对矩阵非常有趣, 是由 P. F. Stebe 在 1972 年发现的. 它们在 $\mathrm{SL}(2, \mathbb{Z})$ 中不共轭, 但在 $\mathrm{SL}(2, \mathbb{Q})$ 中共轭, 而且对于任何正整数 n, 它们的模 n 剩余在 $\mathrm{SL}(2, \mathbb{Z}/n\mathbb{Z})$ 中都共轭.

5.3 几何化之后的三维拓扑

在尝试回答问题 5.1.2 之前, 也许我们应该先想一想: 为什么这个问题没有在更早, 比如十年、二十年前引起关注? 我想这大概有两方面的原因: 一是更早的拓扑学中, 涉及有限复叠的课题还没有成为关心的重点; 二是三维拓扑的相关工具直到最近才准备成熟. 那么, 进入 21 世纪以来的三维拓扑为我们提供了哪些新工具呢?

我们稍微回顾一下三维流形的几何化纲领. 三维流形课题几乎是伴随现代拓扑学一起诞生的, 它的历史至少可以追溯到 Poincaré 的时代. 进入 20 世纪 70 年代, 人们已经知道用链环手术、Heegaard 分解、三角剖分等手段去描述三维流形, 知道一族一族的三维流形, 但当时没有分类的图景, 所以很难说知道三维流形到底有多少. 我们可以对比今天四维流形的情况, 来想象当时的情况. 到了 20 世纪 70 年代后期, Thurston 通过对 8 字结补空间的观察, 发现许多扭结和链环的补空

间都具有双曲结构 (即完备的、常曲率 -1 的 Riemann 度量). 于是他提出了几何
化猜想.

粗略地讲, 我们拿到可定向的闭三维流形, 可以先沿着其中嵌入的球面切割,
把它分解为素流形. 然后我们沿着其中嵌入的轮胎面 (或 Klein 瓶) 切割. 几何化
猜想断言, 存在某种典范的切割方式, 使得切开后的每片 (piece) 上都具有八种之
一的三维几何结构. 这八种三维几何结构是 Thurston 最初定义和分类的. 其中有
七种都比较清楚, 尤其有六种, 它们对应的几何片都形如曲面上的圆圈纤维丛, 或
者被这样的流形有限复叠. 拓扑来讲, 它们都是所谓的 Seifert 纤维空间. 只有 (有
限体积的) 双曲三维流形分类不完全清楚.

大家都知道, 几何化猜想的证明是 2003 年由 Perelman 用微分几何的方法
彻底完成的. 不过 Thurston 已经证明了定理的一类重要情形. 如果一个可定向
的、素的闭三维流形 M 里面包含一个嵌入的、基本群也嵌入可定向闭曲面 S,
并且不是球面, 就把 M 叫作一个 Haken 流形, 其中 S 叫作一个**不可压缩曲面**
(incompressible surface). 对于 Haken 流形, 我们可以从不可压缩曲面开始, 设法
把 M 逐步切割, 直到有限步之后, 获得一堆三维的实心球. 这种有限步切割的过
程通常称为 Haken **层级** (Haken hierarchy). 利用反过来的过程, Thurston 证明
了 Haken 流形的几何化猜想.

在他 1982 年的综述文章里, Thurston 给出了 Haken 情形几何化猜想的证明
梗概. 他在文章末尾列出了一串问题. 前些天, 我又把这些问题翻出来看了一下,
其实里面有的问题到现在都还没有解决. 他的问题里面有几个涉及三维双曲流形
某些有限复叠的存在性, 比如:

问题 5.3.1 (Thurston)   闭的三维双曲流形 M 是否总有某个有限复叠 M',
使得 M' 是 Haken 流形?

问题 5.3.2 (Thurston)   闭的 (或带尖点的) 三维双曲流形 M 是否总有某个
有限复叠 M', 使得 M' 同胚于圆圈上的曲面纤维丛?

为了讨论方便, 有时候人们把 M 的某个有限复叠能够满足的性质称为 M
的**庶几性质** (virtual property), 比如问题 5.3.1 在文献里就称为**庶几 Haken 猜
想** (virtual haken conjecture), 问题 5.3.2 称为**庶几纤维化猜想** (virtual fibering
conjecture). 这几个关于庶几性质的猜想在 Perelman 工作之后又存活了大概十
年, 到 2012 年左右才由 Agol[4] 全部同时解决.

在 2003—2012 年这段时间, 出现了一些重要的新工作, Agol 的证明其实是建
立在它们之上. 首先是 Kahn 和 Markovic 的曲面子群构造方法, 它可以在闭双
曲三维流形里先构造一个浸入的、基本群嵌入的子曲面, 所以它后来在问题 5.3.1
证明里成为初始的一步. 此外, Wise 和他的合作者建立了所谓 "特殊方块复形"
(special cube complex) 的相关理论. 这套理论早先完全是几何群论的, 不过 Agol

在 2008 年左右有篇庶几纤维化判则的文章, 把它和三维拓扑联系起来. 用 Agol 的判则, Wise 对于 Haken 的闭双曲三维流形解决了问题 5.3.2. 他采用的策略后来被归纳为所谓的庶几特殊化 (virtual specialization). 总之, 这个时期产生了解决 Thurston 问题的纲领, 各种构造用的工具箱也升了级. 许多三维流形庶几性质方面的工作在 2012—2019 年陆续完成.

注记 5.3.1 几何化猜想和庶几性质猜想方面的综述见 [5].

5.4 映射类与映射环

现在我们来把曲面映射类和三维拓扑联系起来. 假设 $f: S \to S$ 还是可定向闭曲面的保向自同胚. 这时有一个基本的构造, 叫作**映射环** (mapping torus), 有时也叫作**扭扩** (suspension), 它是一个三维流形, 实际上是圆圈上的曲面纤维丛, 定义为

$$M_f = \frac{S \times \mathbb{R}}{(x, r+1) \sim (f(x), r)},$$

你可以把它想成 $S \times [0,1]$ 两端用 $(x,1) \mapsto (f(x),0)$ 黏合起来.

利用这个构造我们就能把许多曲面映射类中的对象和结构搬到映射环上, 找到它们的对应物, 或者反过来. 比如, (S, f) 的 Nielsen-Thurston 分解就对应着 M_f 的几何化分解. 第一同调群 $H_1(M_f; \mathbb{Z})$ 可以等同为余核 $\mathrm{Coker}(f_* - 1: H_1(S; \mathbb{Z}) \to H_1(S; \mathbb{Z}))$, 所以 $b_1(M_f)$ 可以刻画为 $\mathrm{Cofix}(f_*) \otimes_{\mathbb{Z}} \mathbb{Q}$ 的维数加 1.

从曲面动力系统的角度, 我们关心 f 的不动点和它的指标. 更一般地, 我们还关心 f 的迭代周期轨道和它们的指标. 关于这部分的研究, 有相当成熟的 Nielsen 不动点理论. 在映射环上, 我们有相应的**扭扩流** (suspension flow), 它是单参数化的一族自同胚 $\theta_t: M_f \to M_f$, 其中 $t \in \mathbb{R}$. 在时间 t, 我们把 $S \times \mathbb{R}$ 沿 $\mathbb{R}$ 向前平移 t; 这样的平移与商空间交换, 所以 $\theta_t(x, r) = (x, r+t)$. 扭扩流实际上给出 M_f 上的一个连续动力系统, 与 (S, f) 那个迭代动力系统相对应, 所以周期轨、指标等概念都可以在 M_f 上找到相应解释.

还有个比较有趣的不变量是 $f_*: H_1(S; \mathbb{C}) \to H_1(S; \mathbb{C})$ 的特征多项式. 它正好对应着 M_f 的 Alexander 多项式. 也许有的听众知道扭结的 Alexander 多项式. 其实, 给定可定向三维流形 M 和上同调类 $\phi \in H^1(M; \mathbb{Z})$, 也都有相应的 Alexander 多项式. 在映射环 M_f 上有个天然的特定上同调类 ϕ_f: 一种看法是利用等同 $H^1(M; \mathbb{Z}) \cong [M, S^1]$, 这时 ϕ_f 就对应从投影 $M_f \to S^1$, 它下降自投影 $S \times \mathbb{R} \to \mathbb{R}$, 并且我们等同 $S^1 \cong \mathbb{R}/\mathbb{Z}$.

你还可以把这些对应继续扩展下去. 总而言之, 我们在映射类和映射环之间

有一部相当满意的字典, 借助它我们能在二维和三维之间自如地进行翻译, 在需要的时候采用合适的观点 (表 1).

表 1 对照翻译表

映射类 (S, f)	映射环 M_f
Nielsen-Thurston 分解	几何化分解
第一上同调不动维数 +1	第一 Betti 数
迭代的周期轨道	扭扩流的周期轨
周期轨的指标	周期轨附近的相关叶状结构特征
同调诱导作用的特征多项式	Alexander 多项式
$\vdots$	$\vdots$

5.5 曲面映射类的有限复叠提升

有了前边的铺垫, 我们就可以比较细致地回答问题 5.1.2 了. 这就是下面我要说明的定理 5.5.1 和 5.5.2.

定理 5.5.1 给定可定向闭曲面的保向自同胚 $f: S \to S$, 如果 f 的 Nielsen-Thurston 分解包含非空的伪 Anosov 成员, 那么存在某个有限复叠提升 $f': S' \to S'$, 使得 $f'_*: H_1(S'; \mathbb{C}) \to H_1(S'; \mathbb{C})$ 具有某个同调特征值 λ', 满足 $|\lambda'| > 1$.

注记 5.5.1 见 [6].

换成比较紧凑的说法, 定理 5.5.1 相当于: 映射类拓扑熵大于 0 意味着某个庶几同调谱半径大于 1.

我主要谈谈这个定理的背景. 定理最核心的情形就是伪 Anosov 的情形. 这时候, 首先想猜测的其实是存在某个有限复叠提升 $f': S' \to S'$, 使得 f' 模长最大的同调特征值刚好是 f 的放大率. 事实上, 有些情况下确实如此. 但是, McMullen 有个著名的间隙定理 (gap theorem)[7] 打消了一般的幻想. 按照一般的术语用法, 我们用**庶几同调谱半径** (virtual homological spectral radius) 来指称 f 的任何某个有限复叠提升 f' 的同调特征值的模长最大值. 如此, McMullen 发现, 庶几同调谱半径之能否实现放大率, 其实完全取决于伪 Anosov 的不变叶状结构的奇点性质. 具体来讲, 如果 f 的不变叶状结构只有叉齿数为偶数的奇点, 那么适当的庶几同调谱半径就可以实现放大率, 这个方向其实不太困难; 出乎意料的是, 如果 f 的不变叶状结构至少有一个叉齿数为奇数的奇点, 那么任何的庶几同调谱半径都小于放大率乘以一个小于 1 的常数 $1 - \epsilon$, 而且 ϵ 只依赖于 (S, f) 而不依赖于有限复叠提升的选取. 由此可见, 对于定理 5.5.1 结论中的 λ', 我们确实不能要求得太强. 实际上, McMullen 曾经猜想过定理 5.5.1 的结果, 这与他的间隙定理的工作是紧密联系的.

定理 5.5.1 的结论其实对带边界的曲面也成立, 这里的陈述主要是为了方便. 对于带边界的情形, Hadari 有一个独立的证明. 我们注意当 S 带边界时, $\pi_1(S)$ 其实是有限秩的自由群, Hadari 的证明其实还能用在自由群的外自同构情形. 另外, 定理 5.5.1 的逆命题是早已熟知的一个伪 Anosov 成员存在性的判则, 证明可以由 Nielsen-Thurston 分解立即得到, 所以定理 5.5.1 表明了那个判则是充要的.

下一个定理的陈述需要一些记号. 给定映射类 $f \in \mathrm{Mod}(S)$, 我们可以得到一个良好定义的外自同构 $[f] \in \mathrm{Out}(\pi_1(S))$. 这是因为 S 没有选定基点, 所以自同构 $f_\sharp \colon \pi_1(S) \to \pi_1(S)$ 只能确定到相差一个共轭, 即相差一个内自同构. 如果 K 是 $\pi_1(S)$ 的特征子群, 就是说 K 在 $\pi_1(S)$ 的自同构下都不变, 那么还能类似得到一个良好定义的 $[f]_K \in \mathrm{Out}(\pi_1(S)/K)$. 当然我们今天的报告关心的是有限复叠提升, 翻译到基本群水平相当于要考虑有限指数的特征子群 K.

定理 5.5.2 假设 S 是可定向闭曲面, $f \in \mathrm{Mod}(S)$ 是给定的映射类, 那么存在有限多个映射类 $f_1, \cdots, f_n \in \mathrm{Mod}(S)$, 满足如下性质: 如果 $f' \in \mathrm{Mod}(S)$ 是这样的映射类, 对于任何 $\pi_1(S)$ 的有限指数特征子群 K, $[f]_K, [f']_K \in \mathrm{Out}(\pi_1(S)/K)$ 都相互共轭, 那么 f' 一定与某个 f_i 在 $\mathrm{Mod}(S)$ 中相互共轭.

注记 5.5.2 见 [3].

这里的陈述稍微有点烦琐, 但只要记住我们真正关心的是映射类的共轭类有限性, 定理 5.5.2 大致就是说: 曲面的映射类由它在基本群的全体有限商群上的作用几乎决定.

余下的时间, 我提几处定理 5.5.2 证明里的关键想法, 主要是为了展现二、三维技术怎样结合. 因为由前面的有限性定理 5.2.2, 我们知道要用 f 和假设去获得 f' 的放大率和偏置率. 只是为了初步展现想法, 我们干脆假设 f 就是伪 Anosov 的, 并且只是设法说明 f' 必须与 f 有相同的放大率. 这里关键的公式是

$$\lambda(f) = \lim_{m \in \mathbb{N}} N_m(f)^{1/m},$$

其中 $N_m(f)$ 是伪 Anosov 自同构 f 的 m-周期轨道个数, 又称为**第 m 个 Nielsen 数**; $\lambda(f)$ 是放大率. 此外, 经典的 Lefschetz 数 $L_1(f)$ 是 $f_* \colon H_*(S; \mathbb{Q}) \to H_*(S; \mathbb{Q})$ 的迹按维数的交错和. 通过适当推广, 我们可以关于映射环基本群的任何有限维线性复表示 $\rho \colon \pi_1(M_f) \to \mathrm{SL}(k, \mathbb{C})$ 和任何正整数 m 定义**第 m 个有扭曲的 Lefschetz 数** $L_m(f; \rho)$, 形如

$$L_m(f; \rho) = \sum_{\mathbf{O} \in \mathrm{Orb}_m(f)} \chi_\rho(\ell_m(f; \mathbf{O})) \cdot \mathrm{ind}_m(f; \mathbf{O}),$$

其中 $\mathrm{Orb}_m(f)$ 是 f 的所有 m-周期轨道; $\ell_m(f; \mathbf{O}) \in \mathrm{Orb}(\pi_1(M_f))$ 是相应的扭扩流周期轨代表的基本群共轭类; $\chi_\rho \colon \mathrm{Orb}(\pi_1(M_f)) \to \mathbb{C}$ 是表示 ρ 的特征 (即

$\chi_\rho(g) = \mathrm{tr}(\rho(g))$, 而视为共轭类上的函数); $\mathrm{ind}_m(f; \mathbf{O}) \in \mathbb{Z}$ 是 m-周期轨道的指标.

如果我们有一个有限商群 $\pi_1(M_f) \to \Gamma$, 我们将考虑 Γ 的所有不可约复表示拉回给出的 $\pi_1(M_f)$ 的表示, 考虑它们的 Lefschetz 数. 这时你大概会联想起有限群表示论中的有用事实: Γ 的不可约复表示 (等价类) 个数恰好等于 Γ 共轭类的个数, 并且相应的不可约复特征恰好足够区分不同的共轭类. 因为 $N_m(f)$ 由定义就是加项的个数 $|\mathrm{Orb}_m(f)|$, 所以观察上面的式子, 看起来有希望用适当的有限商群 $\pi_1(M_f) \to \Gamma$ 读出 $N_m(f)$, 而且用假设的条件说明适当对应的 $\pi_1(M_{f'}) \to \Gamma$ 以同样的方式读出同样的 $N_m(f')$.

沿着这个思路, 更细致的分析就会表明我们所需的条件; 我们希望 $\pi_1(M_f) \to \Gamma$ 是这样的有限商群, 它使得 $\ell_m(f; \mathbf{O})$ 被映到 Γ 中互不相同的共轭类, 其中 m 取定而 $\mathbf{O}$ 跑遍 $\mathrm{Orb}_m(f)$.

三维流形群确实都满足所需的条件. 事实上, 假设 M 是紧致三维流形, 那么任何不同的共轭类 $\mathbf{c}, \mathbf{c}' \in \mathrm{Orb}(\pi_1(M))$ 都能在某个有限商群 $\pi_1(M) \to \Gamma$ 中被映到不同的共轭类. 这叫作 $\pi_1(M)$ 的**共轭可分性** (conjugacy separability). 不过, 三维流形群的共轭可分性是 Hamilton, Wilton 和 Zalesskii 在 2013 年才证明的结果[8], 它直接依赖于 Agol, Wise 等的工作. 利用 $\pi_1(M_f)$ 和 $\pi_1(M_{f'})$ 的共轭可分性, 我们最终能完成之前希望的比较, 从而得到 $N_m(f) = N_m(f')$, 又从而 $\lambda(f) = \lambda(f')$. 再加上定理 5.2.2, 我们就至少能对伪 Anosov 的情况证明定理 5.5.2. 更一般的情况则牵涉到偏置率的等同, 还需要利用其他一些新结果.

尽管以上只是定理 5.5.2 证明的一个非常粗略的讲解, 我们还是能清楚地看见前面翻译表起到的连接作用; 在映射类的一侧, 我们关键是利用了 Nielsen 不动点理论; 在映射环的另一侧, 我们通过三维拓扑的新工具获得了想要的有限复叠. 那我的报告就到这里.

参 考 文 献

[1] Farb B, Margalit D. A Primer on Mapping Class Groups. Princeton Mathematical Series, 49. Princeton, NJ: Princeton University Press, 2012.

[2] Fathi A, Laudenbach F, Poénaru V. Thurston's Work on Surfaces// Kim D M, Margalit D. Translated from the 1979 French original. Princeton, NJ: Princeton University Press, 2012.

[3] Liu Y. Mapping classes are almost determined by their finite quotient actions. Duke Math. J., 2023, 172(3): 569-631.

[4] Agol I. The virtual Haken conjecture. With an appendix by I. Agol, D. Groves, J. Manning, Documenta Math., 2013, 18: 1045-1087.

[5] Aschenbrenner M, Friedl S, Wilton H. 3-Manifold Groups. EMS Series of Lectures in Mathematics, 2015.

[6] Liu Y. Virtual homological spectral radii for automorphisms of surfaces. J. Amer. Math. Soc., 2020, 33: 1167-1227.

[7] McMullen C T. Entropy on Riemann surfaces and the Jacobians of finite covers. Comm. Math. Helv., 2013, 83: 953-964.

[8] Hamilton E, Wilton H, Zalesskii P. Separability of double cosets and conjugacy classes in 3-manifold groups. J. Lond. Math. Soc., 2013, 87(2): 269-288.

6 全正性、丛变异和泊松结构

路江华[①]

摘 要

泊松几何 (Poisson geometry) 起源于 19 世纪理论力学, 而矩阵的全正性 (total positivity) 也是一个可以追溯到 20 世纪初的有着广泛应用的经典理论. 在这篇短文中, 我们通过丛代数 (cluster algebras) 这个新兴的数学学科来解释泊松几何与矩阵全正性之间的一些联系.

6.1 引 言

称一个实数方阵 M 为全正的 (totally positive), 如果 M 的所有的子式, 即其所有子方阵的行列式, 都是正的. 全正矩阵理论可以追溯到 Fekete-Pólya(1912)、Schoenberg(1930) 和 Gantmacher-Krein(1935) 的著作 [12, 20, 38], 而且它在若干不同的领域都有应用: 例如机械系统中的振荡、概率论、随机过程、逼近论、平面电阻网络和枚举组合学等. 关于这个传统课题的历史、应用和最新发展的更详细的说明, 建议查阅 [2, 17, 21, 27].

在 [35] (另见 [36, 37]) 中, Lusztig 把经典的矩阵全正性推广到了任意的复简约李群 G. Lusztig 的工作源于他对量子泛包络代数 (量子群) $U_q(\mathfrak{g})$ 的典范基的研究, 其中 $\mathfrak{g}$ 是 G 的李代数. 通过量子群 $U_q(\mathfrak{g})$ 的对偶 Hopf 代数的半经典极限, 我们也得到 G 上的所谓**标准可乘泊松结构** π_{st}. (G, π_{st}) 是**泊松李群** (Poisson Lie groups) 的一个典型例子. 泊松李群的一般理论首先由 Drinfeld 在 [10, 11] 中引入和研究.

由于 Lusztig 的全正性和 G 上的标准可乘泊松结构 π_{st} 都起源于量子群 $U_q(\mathfrak{g})$, 我们很自然地要问 G 上的这两个结构之间是否存在联系. 在这篇短文中, 我们通过丛代数的概念给出它们之间的一种联系. 更准确地说, 我们以复半单李群为例来解释全正结构、丛结构和泊松结构之间的相容性概念.

---

① 香港大学数学系. 邮箱: jhlu@maths.hku.hk

6.2 全正性和丛变异

6.2.1 参数化和判别准则

这里只讨论经典全正矩阵理论的两个方面. 令 $G = GL(n, \mathbb{C})$. 对于 $g \in G$, 记 $g > 0$ 若 g 是全正的. 令 $G_{>0} = \{g \in G : g > 0\} \subset GL(n, \mathbb{R})$.

1. 参数化 (parametrization)

令 $n \geqslant 3$. 首先注意到如果 $a_n > a_{n-1} > \cdots > a_1 > 0$, 则范德蒙德 (Vandermonde) 矩阵

$$\begin{pmatrix} 1 & 1 & \cdots & 1 \\ a_1 & a_2 & \cdots & a_n \\ \vdots & \vdots & & \vdots \\ a_1^{n-1} & a_2^{n-1} & \cdots & a_n^{n-1} \end{pmatrix}$$

是全正的. 这给出了许多 $G_{>0}$ 中元素的例子. 全正矩阵参数化问题是指能否使用某些参数把 $G_{>0}$ 中的元素全部唯一地表达出来.

2. 判别准则 (testing criteria)

注意到一个 $n \times n$ 矩阵的子式数量是

$$\sum_{k=1}^{n} \binom{n}{k}^2 = \binom{2n}{n} - 1.$$

一个自然的问题是: 给定 $g \in G$, 我们是否需要检验 g 的所有子式以判别是否 $g > 0$? 判别准则将为此问题提供一个答案.

早在 20 世纪 70 年代之前, 人们已经知道 (参见 [8,9,30,40] 和综述文章 [17]) 有很多种方式可以建立 $(\mathbb{R}_{>0})^{n^2}$ 和集合 $G_{>0}$ 之间的一一对应, 并且只需要使用**适当挑选**的 n^2 个子式来检验全正性. 这里注意 $n^2 = \dim_{\mathbb{C}} G$. Lusztig[35] 和 Fomin-Zelevinsky[15] 的最近工作从更广泛和现代的角度极大地改进了经典的全正性理论. 我们将在 6.3 节中讨论 [15,35] 中对于任意复简约群 G 的一些结果. 在这里我们先看一下 $G = GL(2, \mathbb{C})$ 和 $G = GL(3, \mathbb{C})$ 的例子.

例 6.2.1 令 $G = GL(2, \mathbb{C})$. 很容易看到有如下 $(\mathbb{R}_{>0})^4$ 和 $G_{>0}$ 的一一对应:

$$(\mathbb{R}_{>0})^4 \ni (a_1, b_1, t_1, t_2) \longmapsto \begin{pmatrix} 1 & 0 \\ a_1 & 1 \end{pmatrix} \begin{pmatrix} t_1 & 0 \\ 0 & t_2 \end{pmatrix} \begin{pmatrix} 1 & b_1 \\ 0 & 1 \end{pmatrix}$$

$$= \begin{pmatrix} t_1 & t_1 b_1 \\ t_1 a_1 & t_2 + t_1 a_1 b_1 \end{pmatrix}.$$

而为了判断 $g = \begin{pmatrix} a & b \\ c & d \end{pmatrix}$ 的全正性, 则只需考虑 a, b, c 和 det 这四个子式.

例 6.2.2　令 $G = GL(3, \mathbb{C})$. 经典理论已经告诉我们 $(\mathbb{R}_{>0})^9$ 和 $G_{>0}$ 之间有如下的一一对应, 从而给出 $GL(3, \mathbb{C})_{>0}$ 参数化的一个答案:

$$(\mathbb{R}_{>0})^9 \ni p$$

$$= (a_1, a_2, a_3, t_1, t_2, t_3, b_1, b_2, b_3) \longmapsto g(p)$$

$$= \begin{pmatrix} 1 & 0 & 0 \\ a_1 & 1 & 0 \\ 0 & 0 & 1 \end{pmatrix} \begin{pmatrix} 1 & 0 & 0 \\ 0 & 1 & 0 \\ 0 & a_2 & 1 \end{pmatrix} \begin{pmatrix} 1 & 0 & 0 \\ a_3 & 1 & 0 \\ 0 & 0 & 1 \end{pmatrix} \begin{pmatrix} t_1 & 0 & 0 \\ 0 & t_2 & 0 \\ 0 & 0 & t_3 \end{pmatrix}$$

$$\begin{pmatrix} 1 & 0 & 0 \\ 0 & 1 & b_1 \\ 0 & 0 & 1 \end{pmatrix} \begin{pmatrix} 1 & b_2 & 0 \\ 0 & 1 & 0 \\ 0 & 0 & 1 \end{pmatrix} \begin{pmatrix} 1 & 0 & 0 \\ 0 & 1 & b_3 \\ 0 & 0 & 1 \end{pmatrix}$$

$$= \begin{pmatrix} t_1 & b_2 t_1 & b_2 b_3 t_1 \\ (a_1 + a_3) t_1 & (a_1 + a_3) b_2 t_1 + t_2 & (a_1 + a_3) b_2 b_3 t_1 + (b_1 + b_3) t_2 \\ a_2 a_3 t_1 & a_2 a_3 b_2 t_1 + a_2 t_2 & a_2 a_3 b_2 b_3 t_1 + a_2 (b_1 + b_3) t_2 + t_3 \end{pmatrix}.$$

至于判别准则, 对于 $g = (a_{ij}) \in G$ 考虑下面两个 9 元子式的集合

$$\mathbf{\Delta}_1 = \{a_{11}, a_{12}, a_{21}, a_{13}, a_{31}, \Delta_{12,23}, \Delta_{23,12}, \Delta_{12,12}, \det\},$$

$$\mathbf{\Delta}_2 = \{a_{22}, a_{12}, a_{21}, a_{13}, a_{31}, \Delta_{12,23}, \Delta_{23,12}, \Delta_{12,12}, \det\},$$

其中对于 $1 \leqslant i < j \leqslant 3$ 和 $1 \leqslant k < l \leqslant 3$, $\Delta_{ij,kl} = \det \begin{pmatrix} a_{ik} & a_{il} \\ a_{jk} & a_{jl} \end{pmatrix}$. 则可证明

$\mathbf{\Delta}_1$ 和 $\mathbf{\Delta}_2$ 都构成了全正性的判别准则, 即对于 $g \in G$,

$$g > 0 \quad \Longleftrightarrow \quad \Delta(g) > 0, \ \forall \, \Delta \in \mathbf{\Delta}_1 \quad \Longleftrightarrow \quad \Delta(g) > 0, \ \forall \, \Delta \in \mathbf{\Delta}_2.$$

类似的更多的 $G_{>0}$ 的参数化和全正性判别准则, 请参阅 [15, §4] 和 [17].

我们现在给出全正矩阵的参数化和判别准则的一个几何解释: 例 6.2.2 中的映射 $p \mapsto g(p)$ 可扩展为 $\mathbb{C}^9$ 的一个 Zariski 开子集到 $GL(3, \mathbb{C})$ 的开嵌入, 并且 $\mathbf{\Delta}_1$ 和 $\mathbf{\Delta}_2$ 两者都给出 $GL(3, \mathbb{C})$ 上的局部坐标图. 另外注意到从 $\mathbf{\Delta}_1$ 变到 $\mathbf{\Delta}_2$, 我们只需要将 a_{11} 替换为 a_{22}, 并且

$$a_{11} = \frac{a_{12} a_{21} + \Delta_{12,12}}{a_{22}}. \tag{6.2.1}$$

这种类型的坐标变换称为**丛变异 (cluster mutation)** [18] (精确的定义将在 6.2.3 节中介绍). 基于这一非凡的发现, 即经典全正性的不同的参数化和判别准则与丛变异相关, Fomin 和 Zelevinsky 提出了丛代数的概念 [18].

在接下来的两个小节中, 我们从坐标图的角度来解释全正性和丛变异. 读者可参考文献 [14] 以获得更多背景信息.

6.2.2 正结构与全正性

令 $\mathbb{C}^{\times} = \mathbb{C} \backslash \{0\}$.

定义 6.2.1[5,13] 令 Y 是 $\mathbb{C}$ 上的 n 维有理不可约簇.

(1) 称任何一个开嵌入 $\rho : (\mathbb{C}^{\times})^n \to Y$ 为 Y 里的一个**开环面** (open torus); 相应的逆映射 $\rho^{-1} : \rho((\mathbb{C}^{\times})^n) \to (\mathbb{C}^{\times})^n \subset \mathbb{C}^n$ 叫作 Y 上的**环面坐标图** (toric coordinate chart).

(2) 称 Y 中的两个开环面 ρ_1 和 ρ_2 是**正等价的** (positively equivalent) 若

$$\rho_2^{-1} \circ \rho_1 \quad \text{和} \quad \rho_1^{-1} \circ \rho_2 : \ \mathbb{C}^n \dashrightarrow \mathbb{C}^n$$

作为有理映射都有不涉及减法的表达 (subtraction-free expressions), 并且在这种情况下同样称相应的环面坐标图 ρ_1^{-1} 和 ρ_2^{-1} 是正等价的.

(3) 称 Y 上的一个开环面的正等价类 (positive equivalence class) $\mathcal{P}$ 为 Y 上的一个**正结构** (positive structure).

(4) 一个**正簇** (positive variety) 是指一个簇同时附加上一个正结构 $\mathcal{P}$.

我们将简称 Y 中的开环面为 Y 中的**环面** (torus). 当 $\rho : (\mathbb{C}^{\times})^n \to Y$ 是 $\mathcal{P}$ 中的环面时, 也称环面坐标图 $\rho^{-1} : \rho((\mathbb{C}^{\times})^n) \to (\mathbb{C}^{\times})^n$ 属于 $\mathcal{P}$.

例 6.2.3 以下是 $\mathbb{C}^3$ 到 $\mathbb{C}^3$ 的不涉及减法的有理映射一个的例子:

$$x_1 = \frac{1}{y_2}, \qquad x_2 = \frac{y_1}{y_2 + y_3}, \qquad x_3 = \frac{y_1 y_3}{y_2 + y_3}.$$

它的逆映射也不涉及减法:

$$y_1 = \frac{x_2 + x_1 x_3}{x_2}, \qquad y_2 = \frac{1}{x_1}, \qquad y_3 = \frac{x_3}{x_2}.$$

定义 6.2.2 令 $(Y, \mathcal{P})$ 为一个正簇并取 $\mathcal{P}$ 中任意一个环面 $\rho : (\mathbb{C}^{\times})^n \to Y$. 称 $\rho((\mathbb{R}_{>0})^n) \subset Y$ 为 $(Y, \mathcal{P})$ 的**全正部分** (totally positive part) 并将之记为 $Y_{>0}$.

很明显, $Y_{>0}$ 的定义与 $\mathcal{P}$ 中环面 ρ 的选择无关. 直接由 $Y_{>0}$ 的定义也可得出如下推论:

引理 6.2.1 如果 $(Y, \mathcal{P})$ 是一个正簇, 则任意属于 $\mathcal{P}$ 的环面 $\rho : (\mathbb{C}^{\times})^n \hookrightarrow Y$ 都给出 $Y_{>0}$ 的一个**参数化** $\rho|_{(\mathbb{R}_{>0})^n} : (\mathbb{R}_{>0})^n \xrightarrow{\sim} Y_{>0}$.

以下定义基于我们希望使用 Y 上的正则函数给出 $Y_{>0}$ 的判别准则.

定义 6.2.3 如果一个正则映射 $\varphi = (\varphi_1, \varphi_2, \ldots, \varphi_n) : Y \to \mathbb{C}^n$ 限制出一个双正则同构

$$\{y \in Y : \varphi_1(y) \cdots \varphi_n(y) \neq 0\} \longrightarrow (\mathbb{C}^\times)^n,$$

则称相应的开嵌入 $\varphi^{-1} : (\mathbb{C}^\times)^n \to Y$ 为 Y 上的一个 **正则 (开) 环面** (regular (open) torus), 同时称 φ 为 Y 上的一个 **正则环面坐标图** (regular toric coordinate chart).

引理 6.2.2 对于一个正簇 $(Y, \mathcal{P})$, 每一个属于 $\mathcal{P}$ 的正则环面坐标图

$$\varphi = (\varphi_1, \ldots, \varphi_n) : \quad Y \longrightarrow \mathbb{C}^n$$

都给出一个 $Y_{>0}$ 的判别准则: 元素 $y \in Y$ 属于 $Y_{>0}$ 当且仅当对任意 $i \in [1, n]$ 都有 $\varphi_i(y) > 0$.

鉴于引理 6.2.1 和引理 6.2.2, 对于 Y 上一个给定的正结构 $\mathcal{P}$, 我们希望构造尽可能多的属于 $\mathcal{P}$ 的正则环面坐标图. 丛变异正是一种由旧环面坐标图构建正等价的新环面坐标图的特定方法.

6.2.3 环面坐标图的丛变异

在本小节中, 我们遵循 [4] 来介绍几何型的丛代数. 假设 Y 是 $\mathbb{C}$ 上的 n 维光滑不可约有理仿射簇, 并令 $\mathbb{C}(Y)$ 为 Y 上的有理函数域. $\mathbb{C}(Y)$ 的自由生成元可以看作 Y 上的局部坐标图, 而后面要解释的丛变异则是一种特殊的坐标变换.

在接下来的讨论中, 对于 $a \in \mathbb{R}$, 设 $[a]_+ = \max\{a, 0\}$. 记 $[1, n] = \{1, 2, \cdots, n\}$. 对于 $[1, n]$ 的两个子集 I 和 J, 我们称一个行由 I 中的元素标记、列由 J 中的元素标记的整数矩阵为 $(I \times J)$-整数矩阵. 一个 $(I \times I)$-整数矩阵 M 称为 **可斜对称化的**, 如果存在一个对角元素为正整数的 $(I \times I)$-对角矩阵 D 使得 DM 是斜对称的.

定义 6.2.4[4] (1) $\mathbb{C}(Y)$ 中一个秩为 r 的 **种子** (seed) 是一个三元组

$$\Sigma = (\varphi, \widetilde{M}, \mathbf{ex}),$$

其中 $\varphi = (\varphi_1, \ldots, \varphi_n)$ 是 $\mathbb{C}(Y)$ 在 $\mathbb{C}$ 上的一个自由生成元集合, 也称为 Σ 的 **扩展丛** (extended cluster), $\mathbf{ex}$ 是 $[1, n]$ 的一个基数为 r 的子集, $\widetilde{M}$ 是一个 $([1, n] \times \mathbf{ex})$-整数矩阵, 并且其所有由 $\mathbf{ex}$ 中元素标记的行和所有的列组成的子矩阵 M 是可斜对称化的.

(2) 给定种子 $\Sigma = (\varphi, \widetilde{M}, \mathbf{ex})$ 并记 $\widetilde{M} = (m_{i,j})_{i \in [1,n], j \in \mathbf{ex}}$, 对于 $k \in \mathbf{ex}$, Σ 沿着方向 k 的 **变异** (mutation) 是新的种子

$$\mu_k(\Sigma) = \left(\varphi' = (\varphi_1, \ldots, \varphi_{k-1}, \varphi_k', \varphi_{k+1}, \ldots, \varphi_n), \ \widetilde{M}' = (\widetilde{m}_{i,j})_{i \in [1,n], j \in \mathbf{ex}}, \ \mathbf{ex} \right),$$

其中

$$\varphi'_k = \frac{1}{\varphi_k} \left(\prod_{j \neq k} \varphi_j^{[m_{j,k}]_+} + \prod_{j \neq k} \varphi_j^{[-m_{j,k}]_+} \right),$$

$$\widetilde{m}_{i,j} = \begin{cases} -m_{i,j}, & i = k \text{ 或 } j = k, \\ m_{i,j} + [m_{i,k}]_+[m_{k,j}]_+ - [-m_{i,k}]_+[-m_{k,j}]_+, & i \neq k, j \neq k. \end{cases}$$

(3) $\mathbb{C}(Y)$ 中的两个种子 Σ_1 和 Σ_2 被称为**变异等价的** (mutation equivalent), 如果存在 **ex** 中的有限序列 $(k_1, k_2, \cdots, k_m)$ 使得 $\Sigma_2 = \mu_{k_m} \cdots \mu_{k_2} \mu_{k_1}(\Sigma_1)$.

对于 $\mathbb{C}(Y)$ 中的任何种子 Σ 和任何 $k \in$ **ex**, 可以从定义验证 $\mu_k \mu_k(\Sigma) = \Sigma$. 因此, 定义 6.2.4 中的 (3) 确实定义了 $\mathbb{C}(Y)$ 中的种子之间的一个等价关系.

令 $\mathbf{\Sigma}$ 为 $\mathbb{C}(Y)$ 中的一个种子等价类. 对于 $\mathbf{\Sigma}$ 中的种子 $\Sigma = (\varphi, \widetilde{M}, \mathbf{ex})$, 令

$$L(\Sigma) = \mathbb{C}[\varphi_1^{\pm 1}, \cdots, \varphi_n^{\pm 1}].$$

我们将 $L(\Sigma)$ 视为 $\mathbb{C}(Y)$ 的子代数. 种子 Σ 的扩展丛 φ 也称为 $\mathbf{\Sigma}$ 的一个**扩展丛**, 并且称每个 φ_i, $i \in [1, n]$ 为 $\mathbf{\Sigma}$ 的**扩展丛变量** (extended cluster variable). 更准确地说, 对于 $i \in \mathbf{ex}$, φ_i 称为 $\mathbf{\Sigma}$ 的一个**丛变量**; 对于 $i \in [1, n] \backslash \mathbf{ex}$, φ_i 称为 $\mathbf{\Sigma}$ 的一个**冻结变量** (frozen variable). 根据定义, 冻结变量集包含在 $\mathbf{\Sigma}$ 的每个扩展丛里面, 我们将其表示为 Froz($\mathbf{\Sigma}$).

定义 6.2.5 (1) 对于 $\mathbb{C}(Y)$ 中的一个种子等价类 $\mathbf{\Sigma}$, 称 $\mathbb{C}(Y)$ 的子代数

$$\overline{\mathcal{A}}_{\mathbb{C}}(\mathbf{\Sigma}) \stackrel{\text{def}}{=} \bigcap_{\Sigma \in \mathbf{\Sigma}} L(\Sigma)$$

为由 $\mathbf{\Sigma}$ 定义的**上丛代数** (upper cluster algebra).

(2) 如果 $\mathbb{C}(Y)$ 中的一个种子等价类 $\mathbf{\Sigma}$ 满足

$$\overline{\mathcal{A}}_{\mathbb{C}}(\mathbf{\Sigma}) = \mathbb{C}[Y], \tag{6.2.2}$$

其中 $\mathbb{C}[Y]$ 是由 Y 上的正则函数组成的代数, 则称 $\mathbf{\Sigma}$ 为 Y 上的一个**上丛结构** (upper cluster structure).

注 6.2.1 对于 $\mathbb{C}(Y)$ 中的一个种子等价类 $\mathbf{\Sigma}$, 由 $\mathbf{\Sigma}$ 的所有丛变量和所有 $\{f^{\pm 1} : f \in \text{Froz}(\mathbf{\Sigma})\}$ 生成的 $\mathbb{C}(Y)$ 的子代数 $\mathcal{A}_{\mathbb{C}}(\mathbf{\Sigma})$ 称为由 $\mathbf{\Sigma}$ 定义的**丛代数**. 著名的 **Laurent 现象** (Laurent Phenomenon)[18] 断言 $\mathcal{A}_{\mathbb{C}}(\mathbf{\Sigma}) \subset \overline{\mathcal{A}}_{\mathbb{C}}(\mathbf{\Sigma})$. 不过, 本文中我们只考虑上丛代数.

我们现在陈述丛代数的 Laurent 现象的一个推论.

引理-定义 6.2.3　假定 Σ 为 Y 上的一个上丛结构, 则 Σ 的每个扩展丛 $\varphi = (\varphi_1, \ldots, \varphi_n)$ 都给出 Y 上的一个正则环面坐标图 $\varphi : Y \to \mathbb{C}^n$ (见定义 6.2.3). 我们称这样的映射 $\varphi : Y \to \mathbb{C}^n$ 为 Y 上来自 Σ 的**丛环面坐标图** (cluster toric coordinate chart), 而对应的逆映射

$$\varphi^{-1} : \quad (\mathbb{C}^\times)^n \longrightarrow \{y \in Y : \varphi_1(y) \cdots \varphi_n(y) \neq 0\} \subset Y \tag{6.2.3}$$

则被称为 Y 上来自 Σ 的一个**丛环面** (cluster torus).

证明　令 $\varphi = (\varphi_1, \cdots, \varphi_n)$ 是 Σ 的任何扩展丛. 根据 Laurent 现象, 对于每个 $i \in [1, n]$ 和 Σ 中的每个种子 Σ', 我们有 $\varphi_i \in L(\Sigma')$, 所以 $\varphi_i \in \overline{\mathcal{A}}_\mathbb{C}(\Sigma) = \mathbb{C}[Y]$. 因此映射 $\varphi : Y \to \mathbb{C}^n$ 是正则的. 此外, 由包含关系

$$\mathbb{C}[Y] \subset \mathbb{C}[\varphi_1^{\pm 1}, \cdots, \varphi_n^{\pm 1}]$$

导出的开嵌入 $\mathrm{Spec}_\mathbb{C}[\varphi_1^{\pm 1}, \cdots, \varphi_n^{\pm 1}] \subset Y$ 则给出 $(\mathbb{C}^\times)^n$ 与 Y 的 Zariski 开子簇

$$\{y \in Y : \varphi_1(y) \cdots \varphi_n(y) \neq 0\}$$

之间的一个双正则同构. 证毕.

由变异公式我们知道来自 Y 的上丛结构的所有丛环面都是正等价的. 因此, 我们有以下自然定义.

定义 6.2.6　(1) 如果 Σ 是 Y 上的一个上丛结构, 令 $\mathcal{P}(\Sigma)$ 为由来自 Σ 的任何一个 (等价地, 全部) 丛环面定义的正等价类. 称 $\mathcal{P}(\Sigma)$ 为 Y **上由 Σ 定义的正结构**.

(2) 给定 Y 上的一个正结构 $\mathcal{P}$, 如果 $\mathcal{P} = \mathcal{P}(\Sigma)$, 或者, 等价地, 如果来自 Σ 的一个 (因此每个) 丛环面属于 $\mathcal{P}$, 则称 Y 上的上丛结构 Σ 与 $\mathcal{P}$ **相容**.

令 $\mathcal{P}$ 为 Y 上的一个正结构, $Y_{>0}$ 为 Y 上对应的全正部分. 从定义中可以明显看出, 如果 Σ 是 Y 上与 $\mathcal{P}$ 相容的一个上丛结构, 那么, 由引理 6.2.1 和引理 6.2.2, Σ 的每个扩展丛 $\varphi = (\varphi_1, \ldots, \varphi_n)$ 都会给出由 n 个正则函数 $\{\varphi_1, \ldots, \varphi_n\}$ 组成的 Y 中 $Y_{>0}$ 的一个判别准则, 而 (6.2.3) 中的映射 φ^{-1} 则给出 $Y_{>0}$ 的一个参数化 $\varphi^{-1}|_{(\mathbb{R}_{>0})^n} : (\mathbb{R}_{>0})^n \to Y_{>0}$.

在介绍了全正性和上丛结构的相容性概念之后, 我们现在可以介绍任意一个复简约李群 G 上的 Lusztig 全正性和与之相容的上丛结构.

6.3　Lusztig 全正性和 BFZ 丛结构

6.3.1　G 上的 Lusztig 全正结构

为简单起见, 假设 G 是单连通的和半单的. 我们首先固定一些记号.

记号 6.3.1 令 (B, B_-) 为 G 的一对相反的 Borel 子群, 从而 $T = B \cap B_-$ 是 G 的一个极大环面. 令 $N \subset B$, $N_- \subset B_-$ 为相应的幺幂根 (unipotent subgroups). 令 $\mathfrak{h}$ 为 T 的李代数, 并令 $\{\alpha_1, \cdots, \alpha_r\} \subset \mathfrak{h}^*$ 为对应于 (T, B) 的单根集. 对于每个 $i \in [1, r]$, 我们固定 α_i 的一个根向量 e_i 和 $-\alpha_i$ 的一个根向量 e_{-i}, 使得 $\alpha_i^\vee = [e_i, e_{-i}] \in \mathfrak{h}$ 是 α_i 的余根. 我们使用相同的符号记对应的单参数子群 $\alpha_i^\vee : \mathbb{C}^\times \to T$ 和

$$e_i : \; \mathbb{C} \longrightarrow N, \quad e_i(a) = \exp(ae_i), \quad e_{-i} : \; \mathbb{C} \longrightarrow N_-, \quad e_{-i}(a) = \exp(ae_{-i}).$$

令 W 为由单反射 $s_1, \cdots, s_r$ 生成的 Weyl 群, 并令 $w_0 \in W$ 是 W 中的最长元. 令 $l : W \to \mathbb{N}$ 为 W 上的长度函数, 并令 $l_0 = l(w_0) = \dim N$. 给定 w_0 的任意两个约化字

$$\mathbf{w}_0 = (s_{i_1}, s_{i_2}, \cdots, s_{i_{l_0}}) \quad \text{和} \quad \mathbf{w}_0' = (s_{j_1}, s_{j_2}, \cdots, s_{j_{l_0}}),$$

定义 $\rho_{(\mathbf{w}_0, \mathbf{w}_0')} : (\mathbb{C}^\times)^{r+2l_0} \longrightarrow G$ 为

$$(t_1, \ldots, t_r, a_1, a_2, \ldots, a_{l_0}, b_1, b_2, \ldots, b_{l_0}) \longmapsto$$

$$\underbrace{e_{-i_1}(a_1) e_{-i_2}(a_2) \cdots e_{-i_{l_0}}(a_{l_0})}_{\text{in } N_-} \underbrace{\alpha_1^\vee(t_1) \cdots \alpha_r^\vee(t_r)}_{\text{in } T} \underbrace{e_{j_1}(b_1) e_{j_2}(b_2) \cdots e_{j_{l_0}}(b_{l_0})}_{\text{in } N}. \quad (6.3.1)$$

注意到 $r + 2l_0 = \dim_{\mathbb{C}} G$.

定理 6.3.1[35] 对于 w_0 的任意两个约化字 $(\mathbf{w}_0, \mathbf{w}_0')$, 映射 $\rho_{(\mathbf{w}_0, \mathbf{w}_0')}$ 都是 G 中的一个开环面. 此外, 任何两个 $(\mathbf{w}_0, \mathbf{w}_0')$ 的不同选取都在 G 中给出正等价的环面.

定义 6.3.1 取 w_0 的任意两个约化字 $(\mathbf{w}_0, \mathbf{w}_0')$. 由 $\rho_{(\mathbf{w}_0, \mathbf{w}_0')}$ 定义的 G 上的环面正等价类称为 G 上的 Lusztig **正结构**, 而对应的 $G_{>0}$ 称为 G 的**全正部分**.

从定理 6.3.1 可以看出 G 上的 Lusztig 正结构不依赖于 w_0 的两个约化字 $(\mathbf{w}_0, \mathbf{w}_0')$ 的选择, 而且每个 $(\mathbf{w}_0, \mathbf{w}_0')$ 都给出全正部分 $G_{>0}$ 的参数化

$$\rho_{(\mathbf{w}_0, \mathbf{w}_0')}|_{(\mathbb{R}_{>0})^{\dim G}} : \; (\mathbb{R}_{>0})^{\dim G} \; \overset{\sim}{\longrightarrow} \; G_{>0}.$$

例 6.3.1 令 $G = GL(3, \mathbb{C})$, B 和 B_- 分别由 G 中的所有上三角矩阵和下三角矩阵组成, 并取 $(\mathbf{w}_0, \mathbf{w}_0') = (s_1, s_2, s_1, s_2, s_1, s_2)$. 我们得到 $G_{>0}$ 在例 6.2.2 中的参数化.

给定 w_0 的两个约化字 $(\mathbf{w}_0, \mathbf{w}_0')$, 考虑对应的开嵌入

$$\rho_{(\mathbf{w}_0, \mathbf{w}_0')} : \; (\mathbb{C}^\times)^{r+2l_0} \longrightarrow G.$$

文章 [15] 的主要结果之一是给出上述映射的逆映射的具体公式. 更准确地说, [15, Theorem 1.9] 表明, 在相差一个**扭** (twist) 的意义下 (为简单起见, 我们这里不解释扭的含义), 逆映射

$$\rho_{(\mathbf{w}_0, \mathbf{w}_0')}^{-1} : \quad G \dashrightarrow \mathbb{C}^{r+2l_0}$$

的每一个分量都是 G 上某些所谓的**广义子式** (generalized minors) 的单项式. 因此 (参见 [15, Theorem 1.11]), w_0 的每一对约化字 $(\mathbf{w}_0, \mathbf{w}_0')$ 都会给出一个由 $r+2l_0$ 个广义子式组成的集合 $\boldsymbol{\Delta}_{(\mathbf{w}_0, \mathbf{w}_0')}$, 后者构成 $G_{>0}$ 的一个判别准则. 例 6.2.2 中的两个判别准则 $\boldsymbol{\Delta}_1$ 和 $\boldsymbol{\Delta}_2$ 就是这样得到的. 请参阅 [15, §4] 了解更多细节.

对于 $i \in [1, r]$, 令 ω_i 为 G 对应于单根 α_i 的基本权. 简单来说, G 上的一个广义子式是 G 上的一个记为 $\Delta_{u\omega_i, v\omega_i}$ 的正则函数, 其中 $i \in [1, r]$, $u, v \in W$. 我们建议参考 [15] 来了解它们的精确定义和性质. 对于 $G = SL(n, \mathbb{C})$, G 的广义子式是通常的矩阵子式. 结合 [15, Theorem 1.9] 和 [15, Theorem 1.12], 我们得到以下 $G_{>0}$ 的等价描述. 这个描述表明任意半单复李群 G 上的 Lusztig 全正性确实是经典的矩阵全正性的推广.

定理 6.3.2 令 $g \in G$, 则 $g \in G_{>0}$ 当且仅当对任意的广义子式 $\Delta \in \mathbb{C}[G]$, $\Delta(g) > 0$.

在 [35] 中, Lusztig 还定义了 G 的**全非负部分** (totally non-negative part) 为

$$G_{\geqslant 0} := \overline{G_{>0}},$$

即 $G_{>0}$ 在 G 的经典拓扑中的闭包. 对于 $G = SL(n, \mathbb{C})$, 一个矩阵 $g \in G$ 是全非负的当且仅当它的所有子式都是非负的. 类似的陈述适用于单连通的复半单李群 G: 一个元素 $g \in G$ 属于 $G_{\geqslant 0}$ 当且仅当对于 G 的每个广义子式 Δ, $\Delta(g) \geqslant 0$ (参见 [16, Theorem 3.1]).

文章 [15,35] 的另一个重要发现是 $G_{\geqslant 0}$ 可以分解为**胞腔** (cells), 而其主要工具之一是所谓的双 Bruhat 胞腔 (double Bruhat cells). 我们现在解释双 Bruhat 胞腔上的正结构及相容的上丛结构.

6.3.2 双 Bruhat 胞腔上的 BFZ 上丛结构

对于 $u, v \in W$, 定义

$$G^{u,v} = BuB \cap B_- v B_- \subset G,$$

并称之为 G 中的一个**双 Bruhat 胞腔**. 由 G 上的 Bruhat 分解

$$G = \bigsqcup_{u \in W} BuB = \bigsqcup_{u \in W} B_- u B_-,$$

我们能将 G 分解成双 Bruhat 胞腔的无交并, 即

$$G = \bigsqcup_{u,v} G^{u,v}. \tag{6.3.2}$$

由 [15, Theorem 1.1] 知 $G^{u,v}$ 双正则同构于 $\mathbb{C}^{r+l(u)+l(v)}$ 的一个 Zariski 开子集. 特别地, G^{w_0,w_0} 是 G 的一个 Zariski 开子集 [4, §2.7]. 对于 w_0 的任何一对约化字 $(\mathbf{w}_0, \mathbf{w}_0')$, 不难看出嵌入映射 $\rho_{(\mathbf{w}_0, \mathbf{w}_0')} : (\mathbb{C}^{\times})^{r+2l_0} \to G$ 的像落入 G^{w_0,w_0} 中.

类似于 (6.3.1) 中的嵌入, 对于任何 $u, v \in W$, 任何一对约化字 $\mathbf{u}$ (对于 u) 和 $\mathbf{v}$ (对于 v) 都会给出一个开嵌入 [15, Theorem 1.2]

$$\rho_{(\mathbf{u},\mathbf{v})} : \quad (\mathbb{C}^{\times})^{r+l(u)+l(v)} \longrightarrow G^{u,v}, \tag{6.3.3}$$

由此在 $G^{u,v}$ 上定义了一个正结构, 称为 $G^{u,v}$ 上的 Lusztig 正结构. 令 $G^{u,v}_{>0} \subset G^{u,v}$ 为由 Lusztig 正结构定义的 $G^{u,v}$ 的全正部分. 根据 Lusztig 对 $G_{\geqslant 0}$ 的定义及 [15, Theorem 1.4 和 Proposition 2.29], 有

$$G^{u,v}_{>0} = G_{\geqslant 0} \cap G^{u,v}.$$

另一方面, 用 (6.3.2) 中的分解可以把 $G_{\geqslant 0}$ 写成一个无交并

$$G_{\geqslant 0} = \bigsqcup_{u,v \in W} G_{\geqslant 0} \cap G^{u,v}. \tag{6.3.4}$$

由于 $\rho_{(\mathbf{u},\mathbf{v})}|_{(\mathbb{R}_{>0})^{r+l(u)+l(v)}} : (\mathbb{R}_{>0})^{r+l(u)+l(v)} \to G^{u,v}_{>0}$ 是同胚, (6.3.4) 给出 $G_{\geqslant 0}$ 的一个胞腔分解.

双 Bruhat 胞腔 $G^{u,v}$ 及其全正部分 $G^{u,v}_{>0}$ 是 [15] 的主要研究对象. 特别地, [15, Theorem 1.9] 证明 (6.3.3) 中的嵌入的逆映射可以用 $r + l(u) + l(v)$ 个 (扭) 广义子式的单项式表达, 从而可由此类广义子式给出 $G^{u,v}_{>0}$ 的判别准则 [15, Theorem 1.12].

文章 [15] 中关于 $G^{u,v}_{>0}$ 的各种判别准则之间关系的结果对于 [18] 中丛代数的引入起了至关重要的作用. 事实上, 作为上丛结构的第一个系统的例子, Berenstein, Fomin 和 Zelevinsky 在 [4] 中证明每个 $G^{u,v}$ 都有一个上丛结构, 我们称之为 $G^{u,v}$ 上的 **BFZ 上丛结构** (BFZ upper cluster structure), 其对应的正结构正是 $G^{u,v}$ 上的 Lusztig 正结构. 根据我们在 6.2.3 节中的讨论, BFZ 上丛结构给 $G^{u,v}$ 提供了一组正则的环面坐标图, 即**丛环面坐标图**. 这些丛环面坐标图之间任意两个都可以通过一系列丛变异相互得到, 而且每个都给出 $G^{u,v}_{>0}$ 的一个参数化以及 $G^{u,v}_{>0}$ 的一个判别准则. 一般情况下 $G^{u,v}$ 上的 BFZ 上丛结构不是有限型的[19], 即它通常在 $G^{u,v}$ 上给出无限多个丛环面坐标图.

为了简单解释 $G^{u,v}$ 上的 BFZ 上丛结构, 令 $p = l(u)$, $q = l(u) + l(v)$, 且设 $\mathbf{u} = (s_{i_1}, \ldots, s_{i_p})$ 为 u 的一个约化字, $\mathbf{v} = (s_{i_{p+1}}, \ldots, s_{i_q})$ 为 v 的约化字. 对于 $k \in [1, r + l(u) + l(v)] = [1, r + q]$, 定义 $\varphi_k \in \mathbb{C}[G]$ 为广义子式 (具体定义请参考 [15])

$$
\varphi_k = \begin{cases}
\Delta_{\omega_k, v^{-1}\omega_k}, & k \in [1, r], \\
\Delta_{s_{i_1} \cdots s_{i_j} \omega_{i_j}, v^{-1}\omega_{i_j}}, & k = r + j, \ j \in [1, p], \\
\Delta_{u\omega_{i_j}, s_{i_q} \cdots s_{i_{j+1}} \omega_{i_j}}, & k = r + p + j, \ j \in [1, q - p].
\end{cases}
$$

将这些 φ_k 限制到 $G^{u,v}$ 上, 我们得到正则映射

$$
\varphi_{(\mathbf{u},\mathbf{v})} = (\varphi_1, \varphi_2, \cdots, \varphi_{r+l(u)+l(v)}) : \ G^{u,v} \longrightarrow \mathbb{C}^{r+l(u)+l(v)}. \tag{6.3.5}
$$

由 [4, Lemma 2.12], $\varphi_{(\mathbf{u},\mathbf{v})}$ 是 $G^{u,v}$ 上的正则环面坐标图. 另外, [4, Definition 2.3] 给出了 $[1, r + l(u) + l(v)]$ 的一个子集 $\mathbf{ex}$ 和一个 $([1, r + l(u) + l(v)] \times \mathbf{ex})$-整数变异矩阵 $\widetilde{M}_{(\mathbf{u},\mathbf{v})}$, 我们称之为 BFZ **变异矩阵**. 文章 [4] 的主要结果之一 [4, Theorem 2.10] 断言种子 $\Sigma = (\varphi_{(\mathbf{u},\mathbf{v})}, \widetilde{M}_{(\mathbf{u},\mathbf{v})}, \mathbf{ex})$ 的变异等价类是 $G^{u,v}$ 上的一个上丛结构, 即所谓的 $G^{u,v}$ **上的 BFZ 上丛结构**.

例 6.3.2   设 $G = SL(2, \mathbb{C})$ 并取 $u = v = s$ 为 G 的 Weyl 群中的唯一的非单位元. 则

$$
G^{u,v} = \left\{ \begin{pmatrix} a & b \\ c & d \end{pmatrix} : a, b, c, d \in \mathbb{C}, \ b \neq 0, \ c \neq 0, \ ad - bc = 1 \right\},
$$

而种子 Σ 的扩展丛为 (b, d, c), 其中 (b, c) 为冰冻变量, $\mathbf{ex} = \{2\}$, BFZ 变异矩阵为

$$
\widetilde{M}_{(\mathbf{u},\mathbf{v})} = \begin{pmatrix} -1 \\ 0 \\ -1 \end{pmatrix}.
$$

回忆一下, 定义 6.2.4 中 $\widetilde{M}_{(\mathbf{u},\mathbf{v})}$ 的列是由 $\mathbf{ex}$ 中的元素标记的, 并且其所有由 $\mathbf{ex}$ 中元素标记的行和所有的列组成的子矩阵 M 是可斜对称化的. 在当前的例子里 $\widetilde{M}_{(\mathbf{u},\mathbf{v})}$ 只有一列, 因而 M 是 1×1 的零矩阵. Σ 的变异等价类中唯一的另外一个种子的扩展丛为 (b, a, c), 变异矩阵为 $-\widetilde{M}_{(\mathbf{u},\mathbf{v})}$ 且唯一的丛变异公式为 $ad = 1 + bc$.

对于一般的双 Bruhat 胞腔 $G^{u,v}$, 由 u, v 的一对约化字 $(\mathbf{u}, \mathbf{v})$ 定义的 BFZ 变异矩阵 $\widetilde{M}_{(\mathbf{u},\mathbf{v})}$ 的公式比较复杂, 我们在这里不讨论了. 我们将在定理 6.4.2 中给出 $\widetilde{M}_{(\mathbf{u},\mathbf{v})}$ 的一个泊松几何的刻画. 实际上, 在 [33] 中建立的一个结果表明, 某些特殊的泊松簇带有由泊松几何唯一确定的上丛结构. 我们将在下一节中以双 Bruhat 胞腔为例来说明这个事实.

6.4 G 上的标准可乘泊松结构

6.4.1 泊松结构和 $\mathbb{T}$-泊松坐标图

回忆一下复流形 Y 上的一个泊松结构 (Poisson structures) 是指一个全纯双向量场 $\pi \in H^0(Y, \wedge^2 TY)$, 称为**泊松双向量场**, 使得运算 $\{f, g\} = (\pi, df \wedge dg)$ 将 Y 上的局部全纯函数层变成李代数层. 泊松几何基本定理说 Y 上一个泊松结构给出 Y 上的一个**辛叶** (symplectic leaves) 分解. 关于泊松结构的一般理论我们建议参考 [29].

令 $\mathbb{T} \cong (\mathbb{C}^\times)^m$ 为一个复环面. 一个 $\mathbb{T}$-**泊松流形** ($\mathbb{T}$-Poisson manifold) 是指一个复泊松流形 (Y, π) 并带有保持 π 的 $\mathbb{T}$ 全纯作用. 一片辛叶的 $\mathbb{T}$-轨道, 或简单称为 (Y, π) 的 $\mathbb{T}$-**叶** ($\mathbb{T}$-leaves), 指的是 Y 的一个形式为

$$L = \bigcup_{t \in \mathbb{T}} tS$$

的复子流形, 其中 S 是 Y 的辛叶, 并且映射 $\mathbb{T} \times S \to L, (t, y) \to ty$, 是一个满的浸没 (surjective submersion). 在本文所讨论的例子中, 我们假设 Y 是一个光滑的 $\mathbb{T}$-代数泊松簇, 并且它的辛叶以及 $\mathbb{T}$-叶都是局部闭子簇.

令 (Y, π) 为维数 n 的光滑有理仿射 $\mathbb{T}$-泊松簇. 令 $X(\mathbb{T})$ 为 $\mathbb{T}$ 的特征格.

定义 6.4.1 (1) 一个由双有理映射 $\varphi = (\varphi_1, \ldots, \varphi_n)$: $Y \dashrightarrow \mathbb{C}^n$ 给出的 Y 上的局部坐标图称作是 $\mathbb{T}$-**泊松的**, 如果每个 $\varphi_i \in \mathbb{C}(Y)$ 是 $\mathbb{T}$ 在 $\mathbb{C}(Y)$ 上的诱导作用的权向量, 并且存在 $c_{i,j} \in \mathbb{C}$, 使得

$$\{\varphi_i, \varphi_j\} = c_{i,j} \varphi_i \varphi_j, \quad \forall\ i, j \in [1, n]. \tag{6.4.1}$$

此时, 记 $\chi_\varphi = (\chi_{\varphi_1}, \ldots, \chi_{\varphi_n})$, 其中 $\chi_{\varphi_i} \in X(\mathbb{T})$ 是 φ_i 的 $\mathbb{T}$-权, 而且称 $\Omega = (c_{i,j})$ 为 π 在坐标 φ 下的**泊松系数矩阵** (Poisson coefficient matrix).

(2) 如果每个 φ_i 是 Y 上的正则函数, 称坐标图 φ 是**正则的** (regular). 如果对于任意 $i, j \in [1, n]$ 都有 $c_{i,j} \in \mathbb{Z}$, 则称 φ 为**整的** (integral). 如果 φ 是正则整的环面坐标图, 则称对应的开嵌入 $(\mathbb{C}^\times)^n \to Y$ 为 Y 中一个**正则 (开) $\mathbb{T}$-泊松环面** (regular (open) $\mathbb{T}$-Poisson torus).

泊松簇 Y 上满足条件 (6.4.1) 的局部坐标图称为**对数典范的** (log-canonical). 正则 $\mathbb{T}$-泊松环面的重要性在于它们可以经量子化后成为非交换环[6]. 下面一个简单引理说明我们可以给出用线性代数描述的非常简单的充分必要条件来保证整的 $\mathbb{T}$-泊松坐标图在丛变异下仍然是整的 $\mathbb{T}$-泊松坐标图. 令 $\{e_1, \ldots, e_n\}$ 为 $\mathbb{Z}^n$ (由列向量组成) 的标准基.

引理 6.4.1[23,Theorem 4.5] 令 $\Sigma = (\varphi, \widetilde{M}, \mathbf{ex})$ 为 $\mathbb{C}(Y)$ 中的一个种子, 并假设 φ 是 $\mathbb{T}$-泊松的. 则 Σ 的变异等价类中的每个扩展丛仍是 $\mathbb{T}$-泊松的当且仅当

$$\chi_\varphi \widetilde{M} = 0 \quad \text{且} \quad \Omega_\varphi \widetilde{M} = \Lambda, \tag{6.4.2}$$

其中 Λ 满足: 对于 $k \in \mathbf{ex}$, 存在某个整数 λ_k, 使得 Λ 的第 k 列是 $\lambda_k e_k$.

定义 6.4.2 令 (Y, π) 为 $\mathbb{T}$-泊松簇. 称 Y 上的一个上丛结构 $\boldsymbol{\Sigma}$ 与 π **相容** (compatible), 如果 $\boldsymbol{\Sigma}$ 包含一个种子 $\Sigma = (\varphi, \widetilde{M}, \mathbf{ex})$, 其中 φ 是正则整 $\mathbb{T}$-泊松的, 并且变异矩阵 $\widetilde{M}$ 满足 (6.4.2).

由定义我们看出, 对于一个 $\mathbb{T}$-泊松簇 (Y, π), 任何一个与 π 相容的 Y 上的上丛结构的任何一个种子都给出 Y 上的一个正则 $\mathbb{T}$-泊松环面.

定义 6.4.3 我们称一个非零整数列向量为**本原的** (primitive), 如果其非零元素的最大公约数为 1. 一个整数矩阵 M 被称为**本原的**, 如果 M 的每一列都是非零且本原的.

定理 6.4.1[33] 如果 (Y, π) 是单片 $\mathbb{T}$-叶 (a single $\mathbb{T}$-leaf) 并且 φ 是 Y 上的正则整 $\mathbb{T}$-泊松坐标图, 那么 (6.4.2) 中的线性系统有且仅有一个使得对于每一个 $k \in \mathbf{ex}$ 都有 $\lambda_k > 0$ 的本原解 $\widetilde{M}_\phi$.

称定理 6.4.1 中的 $\widetilde{M}_\phi$ 为由正则整 $\mathbb{T}$-泊松坐标图 ϕ 定义的变异矩阵. 因此, 如果 Y 是单片 $\mathbb{T}$-叶, 而且 φ 是 Y 上的一个正则整 $\mathbb{T}$-泊松坐标图, 则 φ 唯一地确定了 $\mathbb{C}(Y)$ 里的一个种子使得所有通过丛变异生成的种子都给出 Y 上的 $\mathbb{T}$-泊松坐标图.

注 6.4.1 在量子丛代数理论中, 满足引理 6.4.1 中的 $\Omega\widetilde{M} = \Lambda$ 的矩阵对 $(\Omega, \widetilde{M})$, 被称为**相容对** (compatible pair)[6]. 由于泊松结构是量子结构的半经典极限, 泊松结构反映了量子丛结构的一些性质也就不足为奇了. 读者可参考 [6] 以了解关于量子丛结构的基础知识.

6.4.2 泊松李群 (G, π_{st})

我们现在回到 6.3 节中的单连通半单复李群 G. 作为一个双向量场, G 上的标准可乘泊松结构 π_{st} 的定义是

$$\pi_{\mathrm{st}}(g) = l_g \Lambda_{\mathrm{st}} - r_g \Lambda_{\mathrm{st}}, \quad g \in G,$$

其中 $\Lambda_{\mathrm{st}} = \sum_{\alpha>0} e_\alpha \wedge e_{-\alpha} \in \wedge^2 \mathfrak{g}$ (并对于每一个正根 α, 适当选取 α 的根向量 e_α 和 $-\alpha$ 的根向量 $e_{-\alpha}$). 则 (G, π_{st}) 是一个泊松李群, 也就是说 G 的乘法映射 $G \times G \to G$ 是一个泊松映射. 作为泊松李群, (G, π_{st}) 是量子坐标环 $\mathbb{C}_q[G]$ 的半经典极限. 读者可查阅[7,11,31] 以获得关于一般泊松李群和 (特别地) 关于 (G, π_{st}) 的更多细节.

回忆 $T = B \cap B_-$ 是 G 的极大环面. 泊松结构 π_{st} 在 T 中元素的左平移下是不变的. 泊松李群 (G, π_{st}) 的一个基本性质是它的 T-叶正好是所有双 Bruhat 胞腔 $G^{u,v} = BuB \cap B_-vB_-$, $u, v \in W^{[25,26,28]}$. 因此, 我们可以将每个 $(G^{u,v}, \pi_{\mathrm{st}})$ 视为一个 T-泊松簇, 它实际上是一个单片 T-叶.

我们现在来说明泊松结构 π_{st} 和双 Bruhat 胞腔上的 BFZ 上丛结构之间的关系.

定理 6.4.2[33] 对于任何 $u, v \in W$ 以及 u 的约化字 **u** 和 v 的约化字 **v**, (6.3.5) 中 $G^{u,v}$ 上的正则坐标图 $\varphi_{(\mathbf{u},\mathbf{v})}$ 是整 T-泊松的, 并且 BFZ 变异矩阵 $\widetilde{M}_{(\mathbf{u},\mathbf{v})}$ 是由 $\varphi_{(\mathbf{u},\mathbf{v})}$ 定义的变异矩阵 (见定理 6.4.1).

例 6.4.1 在例 6.3.2 中, $SL(2, \mathbb{C})$ 上的标准可乘泊松结构由以下给出

$$\{a, b\} = ab, \quad \{a, c\} = ac, \quad \{a, d\} = -2bc, \quad \{b, c\} = 0, \quad \{b, d\} = bd, \quad \{c, d\} = cd.$$

同时, 相对于极大环面 $T = \{\mathrm{diag}(t, t^{-1}) : t \in \mathbb{C}^\times\} \cong \mathbb{C}^\times$ 在 G 上的左平移作用, 函数 b, d, c 的 T-权分别为 $1, -1, -1$. 取 $\phi = (b, d, c)$, 则

$$\chi_\phi = (1, -1, -1), \quad \Omega_\phi = \begin{pmatrix} 0 & 1 & 0 \\ -1 & 0 & -1 \\ 0 & 1 & 0 \end{pmatrix}.$$

对于 $k \in \{1, 2, 3\}$, 不难推出如下关于 3×1 的列向量 M_k 的方程

$$\chi_\phi M_k = 0, \quad \text{且} \quad \Omega_\varphi M_k = \lambda_k e_k, \quad \lambda_k > 0,$$

有非零整数解当且仅当 $k = 2$, 并且其唯一满足 $\lambda_2 > 0$ 的本原解是取 $\lambda_2 = 2$ 得到的 $M_2 = \begin{pmatrix} -1 \\ 0 \\ -1 \end{pmatrix}$. 我们因此得到例 6.3.2 中给出的 $\mathbf{ex} = \{2\}$ 和 $\widetilde{M}_{(\mathbf{u},\mathbf{v})} = \begin{pmatrix} -1 \\ 0 \\ -1 \end{pmatrix}$.

很多具有李理论背景的代数簇都带有自然的 Lusztig **正结构**, 其中包括全旗簇 G/B、部分旗簇 G/P、格拉斯曼流形 (Grassmannians), 以及 G 的完美紧化 (wonderful compactification). 特别有意思的是在很多例子里全非负部分是一个正则的 CW-复形. 我们建议查阅 [3] 以获取参考资料和最新进展, 并参考 [1,41] 以了解与散射幅度物理学的联系. 另一方面, 所有这些簇也都是只有有限多个 T-叶的 T-泊松簇[24,31,32,34], 其中一些例子的上丛结构已经有些研究 (参见 [22,39]).

从本文中定义 6.2.6 和定义 6.4.2 的意义上来说, 还有待探索这三个结构之间的相容性.

致谢 非常感谢中国科学院数学研究所的邀请, 以及在访问过程中席南华院长和付保华教授的热情接待. 本文由中国科学院桂弢同学将英文原稿翻译成中文初稿. 在此笔者向桂弢同学表示衷心感谢. 感谢曹培根博士帮助笔者校对中文的终稿, 同时也感谢匿名审稿人提出的非常详细及很有帮助的建议. 文中的研究得到了中国香港特别行政区研究资助委员会 (HKUGRF 17307718 和 HKUGRF 17306621) 的部分资助.

参 考 文 献

[1] Arkani-Hamed N, Bourjaily J, Cachazo F, et al. Grassmannian Geometry of Scattering Amplitudes. Cambridge University Press, 2016.

[2] Ando T. Totally positive matrices. Linear Alg. Appl.,1987, 90: 165-219.

[3] Bao H, He X. Product structure and regularity theorem for totally non-negative flag varieties. arXiv 2203.02137.

[4] Berenstein A, Fomin S, Zelevinsky A. Cluster algebras III, Upper bounds and double Bruhat cells, Duke Math. J., 2005, 126: 1-52.

[5] Berenstein A, Kazhdan D. Geometric and unipotent crystals. Geom. Funct. Anal., Special volume Part I, 2000: 188-236.

[6] Berenstein A, Zelevinsky A. Quantum cluster algebras. Adv. Math., 2005, 195 (2): 405-455.

[7] Chari V, Pressley A. A Guide to Quantum Groups. Cambridge University Press, 1994.

[8] Cryer C. The LU-factorization of totally positive matrices. Linear Alg. Appl., 1973, 7: 83-92.

[9] Cryer C. Some properties of totally positive matrices. Linear Alg. Appl., 1976, 15: 1-25.

[10] Drinfeld V. Hamiltonian structures on Lie groups, Lie bialgebras and the geometric meaning of the classical Yang-Baxter equations. Soviet Math. Dokl., 1982, 27(1): 68-71.

[11] Drinfeld V. Quantum groups. Proc. ICM, 1986: 798-820.

[12] Fekete M, Pólya G. Über ein Problem von Laguerre. Rend. Circ. Mat. Palermo, 1912, 34: 89-120.

[13] Fock V, Goncharov A. Moduli spaces of local systems and higher Teichmuller theory. Publ. Math. IHES, 2006, 103: 1-211.

[14] Fomin S. Total positivity and cluster algebra. Proc. ICM, 2010: 125-145.

[15] Fomin S, Zelevinsky A. Double Bruhat cells and total positivity. J. Amer. Math. Soc., 1999, 12: 335-380.

[16]　Fomin S, Zelevinsky A. Totally nonnegative and oscillatory elements in semisimple groups. Proc. Amer. Math. Soc., 2000, 12 (128): 3749-3759.

[17]　Fomin S, Zelevinsky A. Total positivity: Tests and parametrizations. Math. Intel., 2000, 22: 23-33.

[18]　Fomin S, Zelevinsky A. Cluster algebras I: Foundations. J. Amer. Math. Soc., 2002, 15: 497-529.

[19]　Fomin S, Zelevinsky A. Cluster algebras IV: Coefficients. Compos. Math., 2003, 143: 63-121.

[20]　Gantmacher F R, Krein M G. Oscillation matrices and kernels and small vibrations of mechanical systems. AMS Chelsea Publishing, Providence, RI, 2002. (Original Russian edition, 1941).

[21]　Gasca M, Micchelli C A. Total positivity and its applications. Mathematics and its Applications 359 , Kluwer Academic Publishers, Dordrecht, 1996.

[22]　Geiss C, Leclerc B, Schröer J. Cluster algebras in algebraic Lie theory. Trans. Groups, 2012, 18: 149-178.

[23]　Gekhtman M, Shapiro M, Vainshtein A. Cluster algebras and Poisson geometry. Mathematical Surveys and Monographs, AMS, 2010, 167.

[24]　Goodearl K, Yakimov M. Poisson structures on affine spaces and flag varieties, II, the general case. Trans. Amer. Math. Soc., 2009, 361(11): 5753-5780.

[25]　Hodges T, Levasseur T. Primitive ideals of $C_q[SL(3)]$. Comm. Math. Phys., 1993, 156(3): 581-605.

[26]　Hoffmann T, Kellendonk J, Kutz N, et al. Factorization dynamics and Coxeter-Toda lattices. Comm. Math. Phys., 2000, 212(2): 297-321.

[27]　Karlin S. Total positivity. Stanford University Press, 1968.

[28]　Kogan M, Zelevinsky A. On symplectic leaves and integrable systems in standard complex semisimple Poisson Lie groups. Inter. Math. Res. Notices, 2002 (32), 1685 - 1703.

[29]　Laurent-Gengoux C, Pichereau A, Vanhaecke P. Poisson structures. Springer, 2013.

[30]　Loewner C. On totally positive matrices. Math. Z., 1955, 63: 338-340.

[31]　Lu J H, Mouquin V. Mixed product Poisson structures associated to Poisson Lie groups and Lie bialgebras. Intern. Math. Res. Notices, 2017 (19): 5919-5976.

[32]　Lu J H, Mouquin V. On the T-leaves of some Poisson structures related to products of flag varieties. Adv. Math., 2017, 306: 1209-1261.

[33]　Lu J H. Mutation of T-Poisson coordinate charts. in preparation.

[34]　Lu J H, Yu S. Bott-Samelson atlases, total positivity, and Poisson structures on some homogeneous spaces. Sel. Math. New Ser., 2020, 26 (70).

[35]　Lusztig G. Total positivity in reductive groups. In Lie Theory and Geometry: In Honor of Bertram Kostant, Progr. in Math., 1994, 123: 531-568.

[36]　Lusztig G. Introduction to total positivity. Positivity in Lie theory: Open problems, de Gruyter Expositions in Mathematics, 1998, 26: 133-145.

[37]　Lusztig G. A survey of total positivity. Milan J. Math., 2008, 76: 125-134.

[38]　Schoenberg I. Über variationsvermindende lineare Transformationen. Math. Z., 1930, 32: 321-328.

[39]　Shen L, Weng D. Cluster structures on double Bott-Samelson cells. Forum of Math, Sigma, 2021, 9(e66): 1-89.

[40]　Whitney A. A reduction theorem for totally positive matrices. J. Anal. Math., 1952, 2: 88-92.

[41]　Williams L. The positive Grassmannian, the amplituhedron, and cluster algebras. arXiv: 2110.10856.

7　纳维-斯托克斯方程的研究
——成就与挑战

李家春①

7.1　关 于 题 目

今天来数学院进行学术交流, 首先说明为什么选择这个题目? 有如下两个原因:

(1) 19 世纪起经典力学成熟, 研究对象转向连续介质, 导出了纳维-斯托克斯方程 (N-S 方程). 它是流体动力学的核心, 除了在努森数 Kn 很大时的稀薄气体和微纳米尺度情况外, 可适用于从自然界到工程再到生命体中的各种流动现象, 包括航空、航天、气象、水利、交通、海洋、海岸、油气、地球和生物医学等工程应用. 近 200 年来的实践证明了它的普遍适用性.

(2) 我们对于这个方程的非线性行为和黏性项的作用认识不足, 迄今, 纳维-斯托克斯方程的某些性质尚未揭示, 因此, 在 2000 年, 美国克雷数学研究所宣布了千禧年七大数学难题, 纳维-斯托克斯方程解的存在性和正则性就是其中之一.

因此, 纳维-斯托克斯方程既极其重要, 还有未解之谜, 需要力学家和数学家的共同努力.

7.2　流体力学的两朵"乌云"

1899 年 12 月 31 日, 英国 Kelvin 勋爵的著名演讲认为, 除了以太的存在和黑体辐射两个问题外, 由牛顿力学、热力学和统计物理以及麦克斯韦电磁学理论构成的物理学坚实大厦已经完成了历史使命. 实际上, 正是这"两朵乌云", 导致了 20 世纪物理学的革命, 产生了相对论和量子力学, 使人类对于宇宙演化和物质结构的认识有了飞跃.

类似地, 流体力学界在该时期同样发生了两件大事, 极大地促进了学科发展、工程应用和文明进步:

① 中国科学院力学研究所, 北京, 100190.

(1) 1883 年, 雷诺圆管试验[1]发现流体运动有两种状态: 层流和湍流. 在湍流状态下, 流动结构发生变化, 尤其是动量、质量、能量的输运能力剧增; 区分这两种状态的无量纲参数是雷诺数 $Re = UL/\nu$, 其中 U 是流速, L 是特征长度, ν 是运动黏性系数. 力学家在一百多年的努力中探究如下问题:

(a) 这种从层流到湍流的转捩是自发产生的还是由强迫扰动引起的;

(b) 发生这种转捩的机理和过程是怎样的;

(c) 如何描述和计算完全发展的湍流.

(2) 1903 年, 莱特兄弟实现了人类第一次动力飞行, 发现人类可以依靠浮力或动力产生升力进行飞行, 两者相比, 后者显然远优于前者, 可使人类真正实现飞行的梦想; 空气动力学的关键无量纲参数是马赫数 $Ma = U/a$, 其中 U 是流速, a 是声速. 力学界和工程界在一百多年的努力中探寻答案[2]:

(a) 通过运动产生升力, 从而实现动力飞行的机理是什么;

(b) 科学家和工程师如何设计各种飞行器;

(c) 在不同的马赫数范围内, 流动特性有何本质的区别.

实际上, 这两个问题都需要对于纳维–斯托克斯方程进行深入研究.

7.3 纳维–斯托克斯方程的精确解和渐近解

纳维–斯托克斯方程可以用两种方式导出: 一是可以基于分子运动理论, 用统计方法导出相空间分布函数的玻尔兹曼方程, 该方程的求解也十分困难. 在稠密气体的情况下, 由于频繁碰撞而接近于平衡态, 可以在平衡态附近进行近似展开得到欧拉方程和纳维–斯托克斯方程; 二是基于连续介质假定, 即流场由无数个含有无数分子的流体团构成, 将牛顿力学的质量、动量等守恒律应用于连续介质, 便可导出纳维–斯托克斯方程. 这里, 我们仅讨论经典的不可压缩流体运动的 N-S 方程:

$$\begin{cases} \partial_t u - \nu \Delta u + (u \cdot \nabla)u + \nabla p/\rho = 0, \\ \nabla \cdot u = 0, \end{cases}$$

边界条件是在固壁上切向、法向速度均为零.

(1) 纳维–斯托克斯方程的精确解 [3,4].

尽管 N-S 方程式是非线性的, 但在特定的条件下, 即由于几何对称性, 流动均匀性可以化为有精确解的数学物理方程, 如: 平面库塔流、泊肃叶流、圆管哈根–泊肃叶流、旋转同心圆柱间的泰勒流、平板或圆管的突然启动、振荡平板或旋转圆盘附近的流动、冲向平板的二维或轴对称驻点流动. 必须指出, 这些流动只有当雷诺数不大时在流动稳定的条件下才能与实际现象一致.

(2) 纳维–斯托克斯方程的渐近解 [5].

对于其他情况, 一般说来就没有精确解, 从而对工程应用带来了极大困难. 以普朗特、冯·卡门为代表的应用力学学派发展了摄动理论, 获得了众多的渐近解, 使人类在发明计算机以前提前数十年进入空间时代.

(a) 在小黏性, 即大雷诺数的情况下, 虽然可以舍弃黏性项转化成欧拉方程, 但这只能在没有分离、只需求解远离边界的流场和计算型阻的条件下可以采用. 如果要设计飞行器必须计算摩阻, 这就要利用边界层理论. 这是因为: 在数学上, 由于略去的是二阶导数项, 欧拉方程不能同时满足切向、法向速度都为零的两个条件; 同时, 欧拉方程无法描述贴近边界确实存在的高剪切层, 这恰恰是产生摩阻的源泉.

1904 年, 普朗特的平板边界层理论将纳维–斯托克斯方程分成两个区域来求解, 在外区是均匀流动, 在内区可以忽略纳维–斯托克斯方程黏性项的水平导数项, 从而导出相似解的布拉休斯方程, 并得到平板边界层的阻力系数公式 [3,6]:

$$C_f = \frac{D}{\frac{1}{2}\rho U_\infty^2 L} = \frac{1.328}{\sqrt{Re}}, \quad Re = \frac{U_\infty L}{\nu}.$$

郭永怀 [7] 考虑到人类将飞出大气层, 这时会遇到中等雷诺数的情况, 他提出了 PLK 方法, 即将变形坐标法应用到平板边界层理论的高阶展开, 从而可以在 $Re = 15$ 时还可以与实验相符. 随即他将这一新方法应用到钝楔和钝锥的高超声速黏性干扰问题. 利用高阶边界层理论, 郭永怀得到了有限平板边界层阻力公式:

$$C_F = \frac{\int_0^L \tau dx}{\frac{1}{2}\rho U^2 L} \sim \frac{1.328}{\sqrt{Re}} + \frac{4.12}{Re} + \cdots.$$

(b) 在大黏性或小雷诺数的情况, 可以忽略惯性项, 从而导出流函数的双调和方程, 并得到圆球的斯托克斯阻力公式, 可计算雨滴、气溶胶、尘埃的沉降运动,

$$C_D = \frac{D}{\rho U^2 a^2} \sim \frac{6\pi}{R} \quad \left(R = \frac{Ua}{\nu} \to \infty\right).$$

在进行高阶展开时, 由于无穷域出现长期项使得解不是一致有效的, 因此要采用保留部分惯性项的奥辛近似得到一致有效的渐近解.

7.4 流动稳定性理论

流动稳定性的研究主要是探究从层流状态到湍流状态转捩的机理、临界参数和全过程. 可以分为线性理论 [8] 和非线性理论 [9]:

(1) 线性理论.

线性理论指的是随机的小扰动是否会不断增长而转变到新的流动状态. 奥尔-索末菲首先从纳维–斯托克斯方程导出了线性稳定性理论的基本方程, 这是一个四阶常微分方程的特征值问题:

$$
\begin{cases}
(D^2 - \alpha^2)^2 \phi = i\alpha R[(U - c)(D^2 - \alpha^2) - D^2 U]\phi, \\
\phi(\pm 1) = \phi'(\pm 1) = 0,
\end{cases}
$$

其解含有 $\exp[i(kx - \omega t)]$ 的因子, 因此特征值 ω 虚部为 0 是中性曲线, 即流动是否稳定的分界线. 由于求解奥尔-索末菲方程的困难, 许多科学家都没有成功, 直至 1945 年林家翘研究平面泊肃叶流动稳定性给出了解答. 他的主要贡献是:

(a) 将 WKB(Wentzel, Kramers, Brilloin) 方法推广至四阶方程, 特别是克服了在转向点和边界点同时具有奇异性的困难, 获得了用广义 Airy 函数表达的一致有效渐近解, 由中性曲线确定了临界雷诺数;

(b) 从物理上解释了黏性的作用, 它通过做功在平均流和扰动之间交换能量, 所以, 它不仅有耗散能量的作用, 有时也可使扰动增强的作用;

(c) 将稳定性理论成功应用于边界层流动, 考虑了可压缩、压力梯度、边界层吹吸等影响;

上述理论结果为 1947 年美国国家标准局的低湍流度风洞实验、日本大阪州立大学的实验验证.

(2) 非线性理论.

非线性理论应用于不稳定流动的后续变化或初始大扰动的情况, 它的扰动振幅应满足如下的朗道方程:

$$
\begin{cases}
\dfrac{d|A|^2}{dt} = 2\sigma |A|^2 - l|A|^4, \\
\sigma = \omega(Re - Rec) \quad (\omega > 0),
\end{cases}
$$

其中, Re 是雷诺数, Rec 是临界雷诺数, σ 为增长率参数, l 的符号决定是超临界或亚临界的性质. 朗道方程可以积分得到解析解. 由此可以推断转捩的过程: 在亚临界情况下, 小扰动时流动稳定, 扰动超过阈值就通过旁路转捩直接转变成湍流 (bypass transition); 在超临界情况下, 基本流动要经过多次分叉才能转变成湍流状态. 以边界层转捩为例, 该过程需要经历 TS(Tollmine-Schlichting) 波、二次失稳、发卡涡、高低速条带、强剪切层、湍流斑等阶段才达到完全发展湍流阶段.

7.5 走近湍流

直观地说, 流体运动有两种状态, 由无数分子组成的流体团做有规则运动是处于层流状态, 由无数分子组成的流体团做无规则运动则是处于湍流状态. 湍流在日常生活中随处可见, 工厂烟囱冒出的滚滚浓烟, 江河湖泊中的潺潺急流, 大气中雾霾的快速消散, 燃烧室中燃料、氧化剂充分混合, 高空飞机的剧烈颠簸都是湍流现象的具体体现. 湍流是自发产生的随机现象, 同时, 它还有规则的大尺度拟序结构, 它是具有能量耗散的系统, 能量通过级串现象从大尺度输送到小尺度涡, 再耗散成热能.

研究湍流最重要的是关注其动量、能量和物质输运, 由于依靠流体团的无规则运动进行, 所以其输运能力比分子无规则运动大得多, 从而使阻力增加, 传热增强, 扩散加快. 但是, 由于分子扩散系数是物性参数, 可以测量或用统计物理学导出, 层流运动迎刃而解. 相比之下, 湍流状态的输运系数, 比如: 涡黏性等不仅不是可以测量的物性参数, 而且在不同的问题中都是时空的函数, 导致求解雷诺平均方程困难; 另一方面, 高雷诺数下的小尺度涡结构使得计算工作量极其巨大. 因此, 正如物理学家费曼所说: "湍流是 20 世纪经典物理学的最后一个难题."

(1) 湍流研究的成就.

20 世纪 30 年代, 泰勒的湍流统计理论给出了其统计行为的描述方法: 平均量、脉动量、方差、湍流动能、偏度、间隙性等, 在频域和波数空间有湍流能谱. 苏联数学家柯尔莫哥洛夫获得了各向同性湍流的 $-5/3$ 的普适能谱, 与此同时, 导出了相关函数的卡门–霍华思方程, 于是对局部各向同性湍流进行了深入研究. 另一方面, 1960—1970 年, Kline 和 Brown & Roshko 实验发现了自由湍流和边界层的相干结构. 基于理论、计算和实验方法, 可以给出典型湍流的理论解, 湍流模式理论被广泛成功应用于工业各领域, 大涡模拟方法正在探索复杂湍流前沿问题研究[10,12].

(2) 湍流模式理论 (turbulent modeling).

雷诺平均方程的求解的关键在于如何确定涡黏性, 从而使雷诺平均方程封闭[10,12].

(a) 普朗特混合长度理论. 普朗特将湍流输运与分子输运相比拟, 给出了涡黏性的具体公式, 由此, 可以得到壁湍流的对数速度廓线等.

(b) Spalart-Allmaras 壹方程模型是补充一个涡黏性的输运方程, 主要应用于航空领域的壁湍流, 并显示出很好的效果. 在透平机械中的应用也愈加广泛, 但不能用于自由湍流.

(c) k-ε 两方程模型. 增加了湍流动能和耗散率的方程, 可以兼顾物理合理性与计算可能性, 由 Launder-Spalding 发展以来, 嵌入工程软件, 得到广泛应用. 由于忽略了分子黏性, 不能应用于低雷诺数湍流模型. 重正化群 (renormalization group, RNG) 和可实现性 k-ε 模型可以扩充其应用范围.

(d) k-ω 两方程模型. 为考虑低雷诺数和可压缩效应, 由 Wilcox 提出标准模型, 其改进版为剪应力输运 (SST)k-ω 两方程模型, 后者可考虑剪切流的传输. 这两个模型也在 Fluent 软件中为可选项, 广泛应用于混合层、尾流、射流等自由湍流.

(e) 雷诺应力模型. 由周培源和 Rota 导出完整雷诺应力的微分方程, 由于仍包含三阶矩, 三阶矩方程中则包含四阶矩, 所以必须依赖物理假设使方程封闭[13]. 为了减少计算工作量, 还有代数应力模型等.

(3) 大涡模拟方法 (LES).

湍流模型尽管取得了很大进展, 但它的局限性是难以得到一个较为普适的湍流模型, 而且计算的结果只是平均量, 不能分析湍流统计行为. 随着超级计算机的发展, 计算稍粗网格的纳维–斯托克斯方程成为可能, 但是小尺度涡的影响也要用一个模型加以考虑, 这就是大涡模拟的滤波思想. 大涡模拟首先被气象学家斯马果林斯基应用于对流边界层, 在那里对流大涡起主导作用, 后来被 Deardorff 推广应用于工业流动. 随着研究进展, 大涡模拟也出现了不同类型的亚格子 (subgrid) 模型[11,14]:

(a) Smagoringsky 涡黏性模式. 该最早的模型仅考虑亚格子应力张量对称分量的能量耗散作用, 涡黏性正比于亚格子长度尺度平方和应力张量的乘积, 经验的比例系数可取 0.1. 在近壁区由于涡的小尺度结构, 需要采用 Van Driest 方法修正. 实际上, 由于能量耗散是不断变化的, 动态模式可以采用不断优化来改进耗散率的估计.

(b) Bardina 相似模型. 通过比较, 发现上述模型随机的亚格子应力与 DNS 或实验结果的相关系数小于 0.4, 需要改进. 而从大尺度向小尺度的能量传递可以间隙性地逆向传递, 这就是 Backscatter 效应, 在缓冲区其效应更为明显, 这是 Smagoringsky 模型力所不能及的. 根据柯尔莫哥洛夫理论和实验发现, 在亚格子附近的速度场是相似的, 于是 Bardina 用两次滤波获得亚格子应力来构建大涡模拟的相似模型, 取得了很好的效果.

(c) 速度估计模型. 有学者认为, 亚格子应力可以用较准确的速度场来计算, 如上述的 Bardina 的方法. 在通过理论、计算和实验研究发现, 不同尺度间的相互作用仅发生在截断波数 k_c 附近, Kraichnan 估计在高雷诺数时, 在 $0.5k_c$—$1.0k_c$ 的能量传输占 75%, 在低雷诺数时, 几乎全部来自该区域的相互作用. 槽道湍流模拟表明, 速度估计模型的优点是没有待定常数, 不需要壁模型, 可以反映能量的 Backscatter 现象, 物理量的计算与实验有较好的相关性.

(d) DES(detached eddy simulation) 模型. 鉴于壁湍流近壁区涡的小尺度, 大涡模拟的计算工作量不亚于直接数值模拟, 因此, 采用了湍流模型和 LES 相结合的方法来研究复杂湍流的流动现象.

结 束 语

综上所述, 纳维–斯托克斯方程的数学理论和工程应用极其重要, 近 200 年来, 在方程的精确和渐近解、流动稳定性和完全发展湍流的认识和求解方面取得了重大进展, 中国科学家做出了重要贡献. 另一方面, 流体动力学也与其他基础学科一样, 对它的认识也是从相对真理走向绝对真理的渐进过程, 因此, 仍然面临着许多挑战性的问题.

首先, 我们要基于纳维–斯托克斯方程的理论和方法, 揭示尚待认识的科学现象, 如核聚变相关的等离子体与界面稳定性等; 发展有效的大涡模拟方法解决重大工程中的复杂湍流问题, 如临近空间高超声速飞行器绕流, 发动机内充分混合和稳定燃烧, 飞机和水下航行器的流动噪声控制, 气候变化相关的地球界面过程, 人体血液、呼吸等系统内的生理流动等[15,16].

同时, 我们看到在 2000 年以后, 无论在数学界和力学界都对三维纳维–斯托克斯方程的性质开展了广泛的研究[17,18], 我们期望通过数学界与力学界的广泛交流与合作, 在同一数学表述下, 对纳维–斯托克斯解的存在性和正则性的条件和机理的认识深化不断取得新进展.

参 考 文 献

[1] Jackson D, Launder B. Osborne Reynolds and the publication of his papers on turbulent flow. Ann. Rev. Fluid Mech., 2007, 39:19-35.
[2] Von Kármán T. From Low Speed Aerodynamics to Astronautics. University of Maryland, 1963.
[3] Schlitchting H. Boundary Layer Theory. Brauenschweig, 1950.
[4] White F M. Viscous Fluid Flow. New York: McGraw-Hill Inc., 1974.
[5] Van Dyke M D. Perturbation Method in Fluid Mechanics. Stanford, California: Parabolic Press, 1975.
[6] 郭永怀. 边界层理论讲义. 合肥: 中国科技大学出版社, 2008.
[7] Kuo Y H. On the flow of incompressible viscous fluid past a flat plate at moderate Reynolds number. JMP, 1953, 32: 83-101.

[8] Lin C C. The Theory of Hydrodynamic Stability. Cambridge University Press, 1956.

[9] Drazin P G. Hydrodynamic stability. World Book Publication Company, 2012.

[10] Pope S B. Turbulent Flows. Cambridge University Press, 2000.

[11] 中国科学院. 中国学科发展战略·流体动力学. 北京: 科学出版社, 2014: 112-134.

[12] Davison P, et al. A Voyage through Turbulence. Cambridge University Press, 2011.

[13] Chou P Y, Chou R L. 50 Years of Turbulence Research in China. Ann. Rev. of Fluid Mech., 1995, 27: 1-15.

[14] Li J C. Large eddy simulation of complex flows; physical aspects and research trends. Acta Mechanica Sinica, 2001, 17: 289-300.

[15] Echhardt B, et al. Turbulent transition in pipe flow, Ann. Rev. of Fluid Mech., 2007, 39: 447-468.

[16] Kerswell R R. Nonlinear nonmodal stability theory. Ann. Rev. Fluid Mech., 2018, 50: 319-345.

[17] Robinson J C, et al. The Three Dimensional Navier-Stokes Equation. Cambridge: Cambridge University Press, 2016.

[18] Doering C R. 3D Navier-Stokes problem. Ann. Rev. of Fluid Mech., 2009, 41: 109-128.